工程数学与教学软件

概率论与数理统计

（第二版）

上海交通大学数学系　编

科学出版社
北　京

内 容 简 介

本书介绍概率论与数理统计的基本概念、基本理论和方法，并结合计算机使学生能利用数学软件解决一些简单的概率统计问题. 内容包括随机事件及其概率，随机变量及其分布，多维随机变量及其分布，随机变量的数字特征，大数定律和中心极限定理，数理统计的基本概念，参数估计，假设检验，方差分析和回归分析初步等. 每个章末均有习题，供学生练习之用.

本书可作为工科、理科（非数学）类各专业本科学生的教材和相关课程教师的参考用书.

图书在版编目(CIP)数据

概率论与数理统计/上海交通大学数学系编. —2 版. —北京：科学出版社，2007

工程数学与教学软件

ISBN 978-7-03-018498-6

Ⅰ. 概… Ⅱ. 上… Ⅲ. ①概率论-高等学校-教材②数理统计-高等学校-教材 Ⅳ. O21

中国版本图书馆 CIP 数据核字(2007)第 012823 号

责任编辑：姚莉丽/责任校对：张 琪
责任印制：张 伟/封面设计：陈 敬

科学出版社出版
北京东黄城根北街 16 号
邮政编码：100717
http://www.sciencep.com

北京虎彩文化传播有限公司印刷

科学出版社发行 各地新华书店经销

*

2000 年 1 月第 一 版 开本：B5（720×1000）
2007 年 2 月第 二 版 印张：18
2023 年 8 月第三十四次印刷 字数：334 000

定价：39.00 元

第二版前言

本教材是《概率论与数理统计》(科学出版社,2000)的第二版.

近年来,随着科学技术的发展,概率论与数理统计在众多的学科与行业中得到了越来越广泛的应用,另一方面,对学生数学素养和应用能力的要求明显提高.在这种情况下,在多年教学实践的基础上,再版编写一本突出基本思想方法、简明扼要、便于学习和适应教学新形势的概率论与数理统计教材是十分必要的.

本教材在保持第一版特点的基础上,努力将概率论和数理统计的基本思想和方法融入各部分内容的阐述之中,力求做到科学性与通俗性相结合,在内容的处理上由具体到一般,由直观到抽象,由浅入深,循序渐进.书中对主要的内容和方法做了归纳总结,略去了一些较难或叙述较繁琐的证明.修改了一些例题和习题,以使学生能较好地掌握概率统计的基本概念和方法.

本教材课内教学需要 36～45 学时,教师可根据需要酌情选用标注“*”的章节.

本书由贺才兴教授主编.第一、四章由贺才兴撰写,第二、三章由王纪林撰写,第五～九章由童品苗撰写,第十章由刘小军修撰.希望本书更有利于学生数学素养的培养和提高,更有利于概率论教学的改革和发展.希望广大读者提出宝贵的意见.

本书的再版得到了科学出版社鼎力帮助与上海交通大学教务处及数学系领导的关心和支持,在此深表感谢.

编　者

2006 年 10 月于上海交通大学

第一版前言

本书可作为高等学校工科、理科(非数学专业)概率论与数理统计课程的教材，也可供成人教育的广大师生和工程技术人员使用.

本书分三个部分.第一章至第五章为概率论部分，作为基础知识，为读者提供了必要的理论基础.第六章至第九章为数理统计部分，主要介绍了有广泛应用意义的参数估计、假设检验和简单的方差分析与一元回归分析.第十章为数学软件部分，可用于计算机辅助教学，读者可根据需要选用.

我们在选材和叙述上尽量联系工科专业的实际，力图做到叙述简洁，清晰易懂，便于教学.例题和习题的配置注意启发性和应用性.全书以基础概念和基本思想方法为核心，突出重点，简明扼要.

我们认为，一本教材不能是教学材料的简单堆砌，为适用工科专业的学生，在选材上进行了全面的探索，同时为了进行理性思维训练，教材内容又具有必要的系统性和严谨性.我们注意到体现数学的活力，讲概念注意其背景，讲思想又有演化过程.合理运用“推导”与“归纳”方法，注意分析典型例子，教会学生如何思考和分析，使学生从不同内容的内在联系上体会数学思维和应用的精髓，同时注意培养使用计算机解决问题的能力，加强动手能力的训练.

面向 21 世纪我国的人才培养和大学的数学教育是一个十分重大的研究和实践课题.我校多年来在教育思想研究、课程体系和内容改革、教学方案的设计与实践等多方面做了一些探索和工作，本书的出版也是一个探索、改革的结果，希望广大读者提出宝贵的意见.

本书的出版得到了科学出版社鼎力帮助与上海交通大学教务处以及应用数学系的关心和支持，乐经良教授参加了第十章数学软件的编写，在此一并深表感谢.

编著者

1999 年 8 月于上海交通大学

目　录

引　言

客观世界中发生的现象多种多样，归纳起来不外乎两种：确定性的和随机性的. 在一定的条件下必然发生的现象，称之为确定性现象. 例如，水在 1 个大气压下温度达到 100℃时必然沸腾，温度为 0℃时必然结冰，等等. 另有一类现象，在一定的条件下，具有多种可能的结果，但事先又不能预知确切的结果，此类现象称为随机现象. 例如，在相同条件下抛掷同一枚硬币，其结果可能是国徽面朝上，也可能是国徽面朝下，并且在抛掷之前无法预知抛掷的结果.

经典的数学理论如微积分学、微分方程等都是研究确定性现象的有力的数学工具. 随着社会生产与科学技术的发展，研究随机现象的统计规律性的理论和方法获得了迅速的发展，形成了数学的一个重要分支，并被广泛应用于工业、农业、军事和科学技术中. 概率论与数理统计就是现代数学理论中研究和揭示随机现象统计规律性的一门基础学科.

经典数学和概率论与数理统计是相辅相成、互相渗透的. 若视炮弹为一个质点，且不考虑阻力及其他因素的微小影响，则一枚炮弹在空中飞行的曲线——弹道曲线可归结为微分方程问题，从而得到一条确定的抛物线. 若把空气阻力按一定方式考虑进去，则仍可由微分方程的方法得到一条确定的弹道曲线. 然而，在实际发射中会发现炮弹的飞行路线与弹道曲线存在着明显的差异，这些差异正是由于飞行路线受到捉摸不定的空气阻力、炮弹本身的不均匀性及弹身振动等的影响而造成的. 概率统计的方法就是研究将这些次要因素加以考虑而造成飞行路线的不确定性的规律.

必须指出，若没有了用经典数学方法求出的弹道曲线，则考察飞行路线的偏差就毫无意义. 这说明某些概率统计的问题必须辅之以经典数学的方法；经典数学研究的某些问题又必须用概率统计的方法加以补充解决. 应正确认识两者之间这种相辅相成的关系.

第一章　随机事件及其概率

1.1　随机事件及其运算

1.1.1　随机试验

在进行个别试验或观察时其结果具有不确定性，但在大量的重复试验中其结果又具有统计规律性的现象，称为**随机现象**. 为对随机现象加以研究所进行的观察或实验，称为**试验**. 若一个试验满足下列三个特点：

(1) 在相同条件下可以重复进行；

(2) 每次试验的可能结果不止一个，并且事先可以知道试验的所有可能结果；

(3) 进行一次试验之前不能确定出现的是哪个结果，

则称这一试验为**随机试验**，记为 E. 例如，

E_1：抛掷一枚硬币，观察正面和反面出现的情况；

E_2：掷一颗骰子，观察出现的点数；

E_3：对某一目标发射一发炮弹，观察弹着点到目标的距离；

E_4：记录电话交换台在上午 9 时到 10 时接到的电话呼唤次数；

E_5：测试某种型号的灯泡的寿命；

等等.

1.1.2　随机事件与样本空间

在随机试验中，可能发生也可能不发生的结果，称为**随机事件**，简称**事件**.

在一个试验中，不论可能的结果有多少个，总可以从中找出这样一组基本结果，满足：

(1) 每进行一次试验，必然出现且只能出现其中的一个基本结果；

(2) 任何事件，都是由其中的一些基本结果所组成.

随机试验中的每一个基本结果是一个随机事件，称为**基本事件**，或称为**样本点**，记为 ω.

随机事件 E 的全体样本点组成的集合称为试验 E 的**样本空间**，记为 Ω.

随机事件可表述为样本空间中样本点的某个集合，一般记为 A，或 B，C 等等.

所谓事件 A 发生，是指在一次试验中，当且仅当 A 中包含的某个样本点出现.

在每次试验中一定发生的事件称为**必然事件**. 样本空间 Ω 包含所有的样本点,每次试验它必然发生,它就是一个必然事件. 必然事件用 Ω 表示,它是样本空间 Ω 的全集.

在每次试验中一定不发生的事件称为**不可能事件**,记为$\varnothing$. 它是样本空间的一个空子集.

下面写出 1.1.1 节中随机试验 E 的样本空间及随机事件的例子.

E_1:$\Omega=\{$(正面),(反面)$\}$.

E_2:$\Omega=\{$(1 点),(2 点),…,(6 点)$\}$.

E_3:$\Omega=\{$(弹着点到目标的距离 w 米)$|0\leqslant w<+\infty\}$.

E_4:$\Omega=\{$(0 次),(1 次),…$\}$.

E_5:$\Omega=\{t$ 小时$|t_1\leqslant t\leqslant t_2\}$.

在 E_2 中,若 A 为"出现奇数点"的事件,则 $A=\{$(1 点),(3 点),(5 点)$\}$;若 B 为"出现的点数小于 5"的事件,则 $B=\{$(1 点),(2 点),(3 点),(4 点)$\}$.

在 E_3 中,若 A 为"弹着点到目标的距离在 1 米到 3 米之间"的事件,则 $A=\{w|1\leqslant w\leqslant 3\}$.

1.1.3 事件之间的关系及其运算

事件是一个集合,因此事件之间的关系及其运算可用集合之间的关系及运算来处理. 下面我们通过例 1 来加以说明.

例 1 袋中装有 2 只白球和 1 只黑球,从袋中依次任意地摸出 2 只球. 设球是编号的:白球为 1 号、2 号,黑球为 3 号. (i,j)表示第一次摸得 i 号球、第二次摸得 j 号球的基本事件,则这一试验的样本空间

$$\Omega=\{(1,2),(1,3),(2,1),(2,3),(3,1),(3,2)\}.$$

且可得下列随机事件:

$A=\{(3,1),(3,2)\}=\{$第一次摸得黑球$\}$;

$B=\{(1,2),(1,3),(2,1),(2,3)\}=\{$第一次摸得白球$\}$;

$C=\{(1,2),(2,1)\}=\{$两次都摸得白球$\}$;

$D=\{(1,3),(2,3)\}=\{$第一次摸得白球,第二次摸得黑球$\}$;

$G=\{(1,2),(2,1)\}=\{$没有摸到黑球$\}$.

下面我们讨论事件之间的关系及运算.

设 Ω 为某试验 E 的样本空间,$A,B,A_k(k=1,2,\cdots)$为随机事件.

1. 事件的包含与相等

若事件 A 发生必然导致事件 B 发生,即 A 中的样本点一定属于 B,则称事件 B **包含**事件 A,记为 $A\subset B$.

如在例 1 中，事件 C 发生必然导致事件 B 发生，故 $C\subset B$.

显然对任意事件 A，都有 $\varnothing\subset A\subset\Omega$.

若 $A\subset B$，且 $B\subset A$，则称事件 A 与事件 B 是**相等**的，记为 $A=B$.

如在例 1 中，$G\subset C$，且 $C\subset G$，故 $C=G$.

2. 事件的和、积、差

事件 A 与事件 B 中至少有一个发生的事件，称为事件 A 与事件 B 的**和**，记为 $A\cup B$. 事件的和也称为事件的**并**. 事件 A 与 B 的和是由 A 与 B 的样本点合并而成的事件.

类似地，可列个事件 $A_1,A_2,\cdots,A_n,\cdots$的和可记为 $A_1\cup A_2\cup\cdots\cup A_n\cup\cdots$，或 $\bigcup\limits_{i=1}^{\infty}A_i$. n 个事件 $A_1,A_2,\cdots,A_n$ 的和可记为 $\bigcup\limits_{i=1}^{n}A_i$.

事件 A 与事件 B 同时发生的事件，称为事件 A 与事件 B 的**积**，记为 $A\cap B$，也可简写为 AB. 事件的积也称为事件的**交**. 事件 A 与 B 的积是由 A 与 B 的公共的样本点所构成的事件.

类似地，可列个事件 $A_1,A_2,\cdots,A_n,\cdots$的积可记为 $\bigcap\limits_{i=1}^{\infty}A_i$. n 个事件 $A_1,A_2,\cdots,A_n$ 的积可记为 $\bigcap\limits_{i=1}^{n}A_i$.

事件 A 发生而事件 B 不发生的事件，称为事件 A 与 B 的**差**，记为 $A-B$. 事件 A 与 B 的差是由属于 A 而不属于 B 的样本点所构成的事件.

如在例 1 中，$B=C\cup D$，$C=B\cap C$，$D=B-C$.

3. 事件的互不相容（互斥）

若 $A\cap B=\varnothing$，则称事件 A 与事件 B 是**互不相容**的，或称 A 与 B 是**互斥**的. A 与 B 互不相容，是指事件 A 与事件 B 不能同时发生. 例如，基本事件是两两互不相容的.

在例 1 中，$A\cap B=\varnothing$，$A\cap C=\varnothing$，即事件 A 分别与事件 B 和事件 C 互不相容.

4. 对立事件

若 $A\cap B=\varnothing$，且 $A\cup B=\Omega$，则称事件 A 与事件 B 互为**对立事件**，或称 A 与 B 互为**逆事件**. A 与 B 对立，是指事件 A 与事件 B 既不能同时发生又不能同时不发生，即在每次试验中，A 与 B 有且仅有一个发生. A 的对立事件记为$\bar{A}$. 显然，$\bar{A}=\Omega-A$.

如在例 1 中，A 与 B 互为对立事件，即$\bar{A}=B$.

由定义可知，对立事件必为互不相容事件，反之，互不相容的两个事件未必为对立事件.

以上事件之间的关系及运算可以用**文氏(Venn)图**来直观地表示. 若用平面上的一个矩形表示样本空间 Ω，矩形内的点表示基本事件，圆 A 与圆 B 分别表示事件 A 与事件 B，则 A 与 B 的各种关系及运算如图(图 1-1～图 1-6)所示.

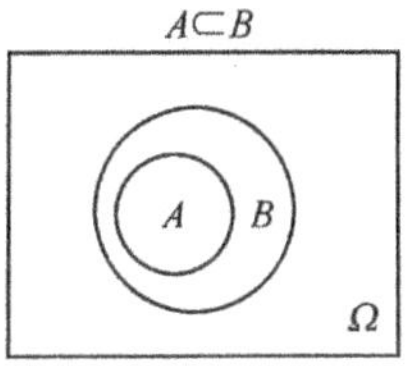

图 1-1

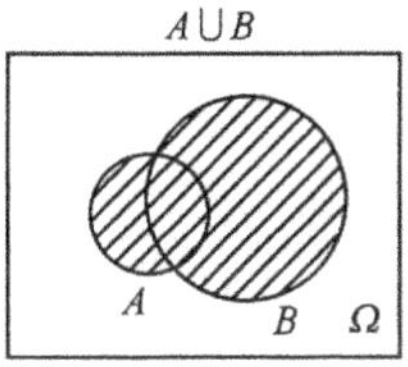

图 1-2

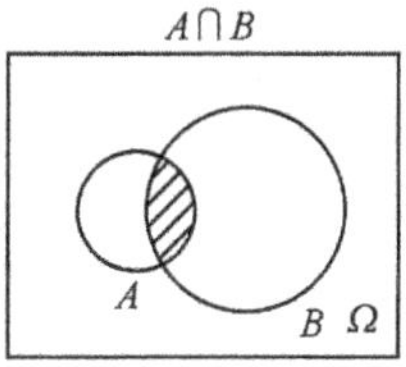

图 1-3

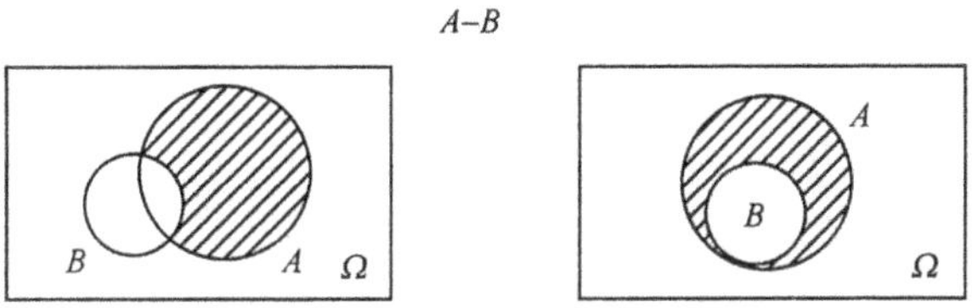

图 1-4

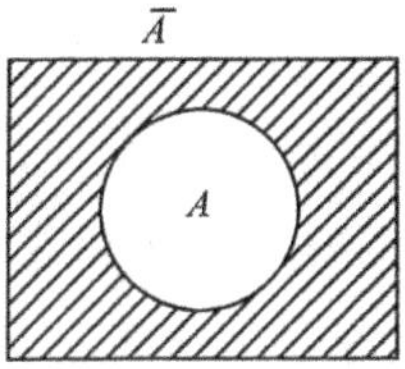

图 1-5

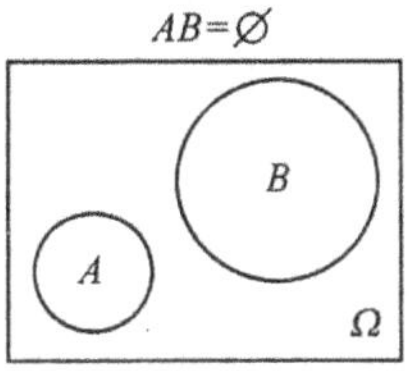

图 1-6

5. 事件的运算律

设 $A,B,C,A_k(k=1,2,\cdots)$ 为事件，则有

交换律 $A\cup B=B\cup A$；$A\cap B=B\cap A$.

结合律 $(A\cup B)\cup C=A\cup(B\cup C)$；$(A\cap B)\cap C=A\cap(B\cap C)$.

分配律 $(A\cup B)\cap C=(A\cap C)\cup(B\cap C)$；$A\cup(B\cap C)=(A\cup B)\cap(A\cup C)$.

德·摩根(De Morgan)律 $\overline{A\cup B}=\overline{A}\cap\overline{B}$；$\overline{A\cap B}=\overline{A}\cup\overline{B}$.

一般地，对有限个事件及可列无限个事件也有

$$\overline{\bigcup_{k=1}^{n} A_k} = \bigcap_{k=1}^{n} \overline{A_k}; \qquad \overline{\bigcap_{k=1}^{n} A_k} = \bigcup_{k=1}^{n} \overline{A_k};$$

$$\overline{\bigcup_{k=1}^{\infty} A_k} = \bigcap_{k=1}^{\infty} \overline{A_k}; \qquad \overline{\bigcap_{k=1}^{\infty} A_k} = \bigcup_{k=1}^{\infty} \overline{A_k}.$$

例 2　设 A,B,C 为三个事件，试用 A,B,C 表示下列事件：

(1) A 发生而 B 与 C 都不发生；

(2) A 与 B 都发生而 C 不发生；

(3) A,B,C 都发生；

(4) A,B,C 恰有一个发生；

(5) A,B,C 中至少有一个发生；

(6) A,B,C 中不多于两个发生；

(7) A,B 至少有一个发生而 C 不发生；

(8) A,B,C 恰有两个发生.

解　(1) $A\overline{B}\,\overline{C}$ 或 $A-B-C$.

(2) $AB\overline{C}$ 或 $AB-C$.

(3) ABC.

(4) $A\overline{B}\overline{C}+\overline{A}B\overline{C}+\overline{A}\overline{B}C$* .

(5) $A\cup B\cup C$，或 $A\overline{B}\overline{C}+\overline{A}B\overline{C}+\overline{A}\overline{B}C+AB\overline{C}+A\overline{B}C+\overline{A}BC+ABC$.

(6) $\overline{A}\overline{B}\overline{C}+A\overline{B}\overline{C}+\overline{A}B\overline{C}+\overline{A}\overline{B}C+AB\overline{C}+A\overline{B}C+\overline{A}BC$，或 $\overline{ABC}$.

(7) $(A\cup B)\overline{C}$，或 $A\overline{B}\overline{C}+\overline{A}B\overline{C}+AB\overline{C}$.

(8) $AB\overline{C}+A\overline{B}C+\overline{A}BC$.

例 3　试求事件“甲种产品滞销，且乙种产品畅销”的对立事件.

解　设 A 表示“甲种产品畅销”，B 表示“乙种产品畅销”，则由题意，有

$$\overline{\overline{A} \cap B} = \overline{\overline{A}} \cup \overline{B} = A \cup \overline{B},$$

即所求对立事件为“甲种产品畅销或乙种产品滞销”.

1.2　概率的定义及其运算

除必然事件与不可能事件外，任一随机事件在一次试验中都有发生的可能性，人们常常通过实际观察来确定某个事件发生的可能性的大小. 例如遇到某种天气，人们常会说“今天十之八九要下雨”，这个“十之八九”就是表示“今天下雨”这一事件发生可能性的大小. 这是人们通过大量实践所得出的一种统计规律，即已经历过 n 次这种天气，下雨的天数在这 n 天中所占比例大约是 $\frac{8}{10}$ 到 $\frac{9}{10}$. 一般地，人们希望

* 若 A 与 B 为互不相容事件，则 $A\cup B$ 可记为 $A+B$.

用一个适当的数字来表示事件在一次试验中发生的可能性的大小. 这是就下雨所讨论的随机事件发生的频率与概率.

1.2.1 频率

定义 1.1 设在相同的条件下,进行了 n 次试验. 若随机事件 A 在这 n 次试验中发生了 n_A 次,则比值 $\frac{n_A}{n}$ 称为事件 A 发生的**频率**,记为 $f_n(A)$.

频率具有如下性质:

1° 对任一事件 A,有 $0 \leqslant f_n(A) \leqslant 1$;

2° 对必然事件 Ω,有 $f_n(\Omega)=1$;

3° 若事件 A,B 互不相容,则

$$f_n(A \cup B) = f_n(A) + f_n(B).$$

一般地,若事件 $A_1,A_2,\cdots,A_n$ 两两互不相容,则

$$f_n\left(\bigcup_{i=1}^{n} A_i\right) = \sum_{i=1}^{n} f_n(A_i).$$

事件 A 发生的频率表示 A 发生的频繁程度. 频率越大,事件 A 发生得越频繁,即 A 在一次试验中发生的可能性越大. 但是,频率具有随机波动性,即使同样进行了 n 次试验,n_A 却会不同. 但这种波动不是杂乱无章的,在第五章大数定律中,我们将看到若增加试验次数 n,则随机波动性将会减小. 随着 n 逐渐增大,频率 $f_n(A)$ 也就逐渐稳定于某个常数 $P(A)$. 这样,常数 $P(A)$ 客观上反映了事件 A 发生的可能性的大小.

历史上著名的统计学家蒲丰(Buffon)和皮尔逊(Pearson)曾进行过大量掷硬币的试验,所得结果如下:

试验者	掷硬币次数	出现正面的次数	出现正面的频率
蒲　丰	4040	2048	0.5069
皮尔逊	12000	6019	0.5016
皮尔逊	24000	12012	0.5005

可见出现正面的频率总在 0.5 附近波动. 随着试验次数的增加,它逐渐稳定于 0.5. 这个 0.5 就能反映正面出现的可能性的大小.

每个事件都有这样一个常数与之对应. 这就是说频率具有**稳定性**. 因而可将事件 A 的频率 $f_n(A)$ 在 n 无限增大时所逐渐趋向稳定的那个常数 $P(A)$ 定义为事件 A 发生的概率. 这就是概率的**统计定义**.

1.2.2 概率的统计定义

定义 1.2 设随机事件 A 在 n 次重复试验中发生的次数为 n_A. 若当试验次数

n 很大时，频率$\frac{n_A}{n}$稳定地在某一数值 p 的附近摆动，且随着试验次数 n 的增加，其摆动的幅度越来越小，则称数 p 为随机事件 A 的**概率**，记为 $P(A)=p$.

由定义，显然有

$$0 \leqslant P(A) \leqslant 1, \quad P(\Omega)=1, \quad P(\varnothing)=0.$$

概率的统计定义本身存在着很大的缺陷，即定义中的“稳定地在某一数值 p 的附近摆动”含义不清，如何理解“摆动的幅度”？或多或少地带有人为的主观性. 是否能抓住一个事件所对应的客观上表示该事件发生可能性大小的一个数，及它所固有的性质来作为概率的定义呢？概率的公理化定义解决了这一问题.

1.2.3　概率的公理化定义

定义 1.3　设随机试验 E 的样本空间为 Ω. 若按照某种方法，对 E 的每一事件 A 赋于一个实数 $P(A)$，且满足以下公理：

1°　**非负性**：$P(A) \geqslant 0$；

2°　**规范性**：$P(\Omega)=1$；

3°　**可列(完全)可加性**：对于两两互不相容的可列无穷多个事件 $A_1, A_2, \cdots, A_n, \cdots$，有

$$P(A_1 \cup A_2 \cup \cdots \cup A_n \cup \cdots)=P(A_1)+P(A_2)+\cdots+P(A_n)+\cdots,$$

则称实数 $P(A)$ 为事件 A 的**概率**.

由概率的定义可以推得概率的如下一些性质.

性质 1　不可能事件的概率为零，即 $P(\varnothing)=0$.

证　因为令 $A_n=\varnothing, n=1,2,\cdots$，且 $A_iA_j=\varnothing, i \neq j$，则 $\varnothing=\bigcup\limits_{n=1}^{\infty} A_n$，于是

$$P(\varnothing)=P\left(\bigcup_{n=1}^{\infty} A_n\right)=\sum_{n=1}^{\infty} P(A_n)=\sum_{n=1}^{\infty} P(\varnothing),$$

从而由 $P(\varnothing) \geqslant 0$，得 $P(\varnothing)=0$.

性质 2　概率具有有限可加性，即若事件 $A_1, A_2, \cdots, A_n$ 两两互不相容，则

$$P(A_1 \cup A_2 \cup \cdots \cup A_n)=P(A_1)+P(A_2)+\cdots+P(A_n).$$

证　因为

$$A_1 \cup A_2 \cup \cdots \cup A_n=A_1 \cup A_2 \cup \cdots \cup A_n \cup \varnothing \cup \varnothing \cup \cdots,$$

所以由概率的可列可加性及性质 1，得

$$P(A_1 \cup A_2 \cup \cdots \cup A_n)=P(A_1)+P(A_2)+\cdots+P(A_n).$$

性质 3　对任何事件 A，有

$$P(\bar{A})=1-P(A).$$

证　因为

$$A \cup \overline{A} = \Omega, \quad A \cap \overline{A} = \varnothing,$$

所以由

$$1 = P(\Omega) = P(A \cup \overline{A}) = P(A) + P(\overline{A}),$$

即得

$$P(\overline{A}) = 1 - P(A).$$

同时,由 $P(\overline{A}) \geqslant 0$ 可推得:对任一事件 A,有

$$P(A) \leqslant 1.$$

性质 4 对事件 A,B,若 $A \subset B$,则有

$$P(B-A) = P(B) - P(A), \qquad P(B) \geqslant P(A).$$

证 由 $A \subset B$ 及图 1-1 可知

$$B = A \cup (B-A) \quad 且 \quad A \cap (B-A) = \varnothing,$$

因此由性质 2,得

$$P(B) = P(A) + P(B-A),$$

即

$$P(B-A) = P(B) - P(A).$$

再由 $P(B-A) \geqslant 0$,得

$$P(B) \geqslant P(A).$$

性质 5 对任意两事件 A,B,有

$$P(A \cup B) = P(A) + P(B) - P(AB).$$

证 由图 1-2 可知

$$A \cup B = A \cup (B-A), \qquad B = AB \cup (B-A),$$

且

$$A \cap (B-A) = \varnothing, \qquad AB \cap (B-A) = \varnothing,$$

故得

$$P(A \cup B) = P(A) + P(B-A),$$

及

$$P(B) = P(AB) + P(B-A),$$

将以上两式相减,并将 $P(B)$ 移至等号右端,即得

$$P(A \cup B) = P(A) + P(B) - P(AB).$$

性质 5 还可推广到 n 个事件的情况. 当 $n=3$ 时,有

$$P(A_1 \cup A_2 \cup A_3) = P(A_1) + P(A_2) + P(A_3) - P(A_1A_2) - P(A_1A_3) - P(A_2A_3) + P(A_1A_2A_3).$$

一般地,设 $A_1, A_2, \cdots, A_n$ 为 n 个事件,则有

$$P(A_1 \cup A_2 \cup \cdots \cup A_n) = \sum_{i=1}^{n} P(A_i) - \sum_{1 \leqslant i < j \leqslant n} P(A_iA_j) + \sum_{1 \leqslant i < j < k \leqslant n} P(A_iA_jA_k) - \cdots$$

$$+(-1)^{n-1}P(A_1A_2\cdots A_n).$$

例 1 某人外出旅游两天.据天气预报,第一天下雨的概率为 0.6,第二天下雨的概率为 0.3,两天都下雨的概率为 0.1.试求:

(1) 第一天下雨而第二天不下雨的概率;

(2) 第一天不下雨而第二天下雨的概率;

(3) 至少有一天下雨的概率;

(4) 两天都不下雨的概率;

(5) 至少有一天不下雨的概率.

解 设 A_i 表示第 i 天下雨的事件,$i=1,2$.由题意,有

$$P(A_1)=0.6,\quad P(A_2)=0.3,\quad P(A_1A_2)=0.1.$$

(1) 设 B 表示第一天下雨而第二天不下雨的事件,则由

$$B=A_1\overline{A_2}=A_1-A_2=A_1-A_1A_2,\qquad A_1A_2\subset A_1,$$

得

$$\begin{aligned}P(B)&=P(A_1-A_1A_2)=P(A_1)-P(A_1A_2)\\&=0.6-0.1=0.5.\end{aligned}$$

(2) 设 C 表示第一天不下雨而第二天下雨的事件,则同(1)的解法,有

$$\begin{aligned}P(C)&=P(A_2-A_1A_2)=P(A_2)-P(A_1A_2)\\&=0.3-0.1=0.2.\end{aligned}$$

(3) 设 D 表示至少有一天下雨的事件,则由

$$D=A_1\cup A_2,$$

得

$$\begin{aligned}P(D)&=P(A_1\cup A_2)=P(A_1)+P(A_2)-P(A_1A_2)\\&=0.6+0.3-0.1=0.8.\end{aligned}$$

(4) 设 E 为两天都不下雨的事件,则由

$$E=\overline{A_1}\,\overline{A_2}=\overline{A_1\cup A_2},$$

得

$$P(E)=P(\overline{A_1\cup A_2})=1-P(A_1\cup A_2)=1-0.8=0.2.$$

(5) 设 F 表示至少有一天不下雨的事件,则

$$P(F)=P(\overline{A_1A_2})=1-P(A_1A_2)=1-0.1=0.9.$$

例 2 某地发行 A,B,C 三种报纸.已知在市民中订阅 A 报的有 45%,订阅 B 报的有 35%,订阅 C 报的有 30%,同时订阅 A 及 B 报的有 10%,同时订阅 A 及 C 报的有 8%,同时订阅 B 及 C 报的有 5%,同时订阅 A,B,C 报的有 3%.试求下列事件的概率:

(1) 只订 A 报;

(2) 只订 A 及 B 报;

(3) 至少订一种报纸；

(4) 不订任何报纸；

(5) 恰好订两种报纸；

(6) 恰好订一种报纸；

(7) 至多订一种报纸.

解 设 A,B,C 分别表示订 A 报、订 B 报、订 C 报的事件，则由题设，有

$$P(A)=0.45,\quad P(B)=0.35,\quad P(C)=0.30,$$
$$P(AB)=0.10,\quad P(AC)=0.08,\quad P(BC)=0.05,$$
$$P(ABC)=0.03.$$

(1) $P(A\overline{B}\overline{C})=P(A-B-C)=P(A-AB-AC)=P(A-A(B\cup C))$
$=P(A)-P(AB\cup AC)=P(A)-P(AB)-P(AC)+P(ABC)$
$=0.45-0.10-0.08+0.03=0.30.$

(2) $P(AB\overline{C})=P(AB-C)=P(AB-ABC)=P(AB)-P(ABC)$
$=0.10-0.03=0.07.$

(3) $P(A\cup B\cup C)=P(A)+P(B)+P(C)-P(AB)-P(AC)-P(BC)$
$+P(ABC)$
$=0.45+0.35+0.30-0.10-0.08-0.05+0.03$
$=0.90.$

(4) $P(\overline{A}\overline{B}\overline{C})=P(\overline{A\cup B\cup C})=1-P(A\cup B\cup C)=1-0.90=0.10.$

(5) 由(2)，可知

$$P(A\overline{B}C)=P(AC)-P(ABC)=0.08-0.03=0.05,$$
$$P(\overline{A}BC)=P(BC)-P(ABC)=0.05-0.03=0.02,$$

故所求概率为

$$P(AB\overline{C}+A\overline{B}C+\overline{A}BC)=P(AB\overline{C})+P(A\overline{B}C)+P(\overline{A}BC)$$
$$=0.07+0.05+0.02=0.14.$$

(6) $P(A\overline{B}\overline{C}+\overline{A}B\overline{C}+\overline{A}\overline{B}C)=1-P(\overline{A}\overline{B}\overline{C})-P(AB\overline{C}+A\overline{B}C+\overline{A}BC)$
$-P(ABC)$
$=1-0.10-0.14-0.03=0.73.$

(7) 由(4)与(6)，得

$$P(A\overline{B}\overline{C}+\overline{A}B\overline{C}+\overline{A}\overline{B}C+\overline{A}\overline{B}\overline{C})=0.73+0.10=0.83.$$

1.2.4 古典概型

定义 1.4 设随机试验 E 满足下列条件：

1° 试验的样本空间只有有限个样本点，即 $\Omega=\{w_1,w_2,\cdots,w_n\}$；

2° 每个样本点的发生是等可能的，即

$$P(w_1)=P(w_2)=\cdots=P(w_n),$$

则称此试验为**古典概型**，也称为**等可能概型**.

由于每个样本点所表示的基本事件是互不相容的，因此有

$$\begin{aligned}1=P(\Omega)&=P\{(w_1)\cup(w_2)\cup\cdots\cup(w_n)\}\\&=P(w_1)+P(w_2)+\cdots+P(w_n),\end{aligned}$$

再由 2°，即得

$$P(w_i)=\frac{1}{n},\qquad i=1,2,\cdots,n.$$

设事件 A 包含了 k 个基本事件 $w_{i_1},w_{i_2},\cdots,w_{i_k}$，即

$$A=(w_{i_1})\cup(w_{i_2})\cup\cdots\cup(w_{i_k})\qquad(1\leqslant i_1<\cdots<i_k\leqslant n),$$

则有

$$\begin{aligned}P(A)&=P\{(w_{i_1})\cup(w_{i_2})\cup\cdots\cup(w_{i_k})\}\\&=P(w_{i_1})+P(w_{i_2})+\cdots+P(w_{i_k})\\&=\frac{k}{n}=\frac{A\text{ 所包含的基本事件数}}{\Omega\text{ 中基本事件总数}}.\end{aligned}$$

古典概型中事件的概率称为**古典概率**，即如上述的 $P(A)$. 古典概率的计算关键在于计算基本事件总数和所求事件包含的基本事件数. 由于样本空间的设计可有各种不同的方法，因此古典概率的计算就变得五花八门、纷繁多样了.

一般地，当基本事件总数相当大的时候，可利用排列、组合及乘法原理、加法原理的知识计算基本事件数，进而求得相应的概率.

例 3 一只口袋中装有 5 只乒乓球，其中 3 只是白色的，2 只是黄色的. 现从袋中取球两次，每次 1 只，取出后不再放回. 试求：

(1) 两只球都是白色的概率；

(2) 两只球颜色不同的概率；

(3) 至少有一只白球的概率.

解 设 A 表示"两只球都是白色"的事件，B 表示"两只球颜色不同"的事件，C 表示"至少有一只白球"的事件，则由

基本事件总数 $n=\mathrm{P}_5^2=5\times4=20$；

A 所包含的基本事件数 $k_A=\mathrm{P}_3^2=3\times2=6$；

B 所包含的基本事件数 $k_B=\mathrm{P}_3^1\mathrm{P}_2^1+\mathrm{P}_2^1\mathrm{P}_3^1=3\times2+2\times3=12$；

C 所包含的基本事件数 $k_C=\mathrm{P}_3^1\mathrm{P}_2^1+\mathrm{P}_2^1\mathrm{P}_3^1+\mathrm{P}_3^2=12+6=18$，

得

(1) $P(A)=\dfrac{k_A}{n}=\dfrac{3}{10}$.

(2) $P(B)=\frac{k_B}{n}=\frac{3}{5}$.

(3) $P(C)=\frac{k_C}{n}=\frac{9}{10}$.

在(3)中,若利用 $P(\overline{C})$来求 $P(C)$则更为简单. 因为 $\overline{C}$ 是表示两只球均为黄色的事件,所以

$$P(C)=1-P(\overline{C})=1-\frac{\mathrm{P}_2^2}{20}=1-\frac{2}{20}=\frac{9}{10}.$$

本例也可另外设计样本空间. 若对于取出的两只球不考虑其先后次序,则有

$$n=\mathrm{C}_5^2=\frac{5\times 4}{2!}=10,\quad k_A=\mathrm{C}_3^2=3,$$

$$k_B=\mathrm{C}_3^1\mathrm{C}_2^1=6,\quad k_{\overline{C}}=\mathrm{C}_2^2=1.$$

于是

$$P(A)=\frac{k_A}{n}=\frac{3}{10},\quad P(B)=\frac{k_B}{n}=\frac{3}{5},$$

$$P(C)=1-P(\overline{C})=1-\frac{1}{10}=\frac{9}{10}.$$

应特别注意的是,为了便于问题的解决,样本空间可以作不同的设计,但必须满足等可能性的要求. 本例若视白球间是无区别的,黄球间也是无区别的话,则得

$$\Omega=\{(白,白),(白,黄),(黄,白),(黄,黄)\},$$

在这个样本空间中,基本事件的发生不是等可能的,因此不能用古典概率的方法来计算事件的概率.

例 4 袋中有 a 只白球、b 只红球,依次将球一只只摸出,取出后不放回. 求第 k 次摸出白球的概率($1\leqslant k\leqslant a+b$).

解 本题可用选排列的方法求解. 设想球是编号的,一只只摸取直至第 k 次取球为止,则基本事件总数就是从 $a+b$ 个编号的球中选出 k 个球进行排列的个数,即 $n=\mathrm{P}_{a+b}^k$.

设 A 为第 k 次摸出白球的事件,则 A 的发生相当于从 a 只白球中选出一只放在第 k 个位置上,从 $a+b-1$ 只球中任选 $k-1$ 只球放在前面 $k-1$ 个位置上,于是由乘法原理,可得

$$k_A=\mathrm{P}_a^1\mathrm{P}_{a+b-1}^{k-1},$$

从而

$$P(A)=\frac{\mathrm{P}_a^1\mathrm{P}_{a+b-1}^{k-1}}{\mathrm{P}_{a+b}^k}=\frac{a(a+b-1)(a+b-2)\cdots(a+b-k+1)}{(a+b)(a+b-1)(a+b-2)\cdots(a+b-k+1)}$$

$$=\frac{a}{a+b}.$$

本题也可用全排列的方法求解. 设每次试验为将摸出的 $a+b$ 只编号的球依次排列在 $a+b$ 个位置上,则有

$$n=(a+b)!,\qquad k_A=(a+b-1)!a,$$

于是

$$P(A)=\frac{(a+b-1)!a}{(a+b)!}=\frac{a}{a+b}.$$

本题还可用组合的方法求解. 设基本事件是从 $a+b$ 个排列好的编号球中选出 k 个球的事件,则样本空间所含的基本事件总数

$$n=\mathrm{C}_{a+b}^{k}\cdot k!,$$

事件 A 所含的基本事件数

$$k_A=\mathrm{C}_a^1\mathrm{C}_{a+b-1}^{k-1}\cdot(k-1)!,$$

于是

$$P(A)=\frac{a}{a+b}.$$

本题不用排列组合的方法也可求解. 设球编号,前 a 个球为白球,后 b 个球为红球,则样本空间为第 k 次摸出球的全部可能的结果,$\Omega=\{w_1,w_2,\cdots,w_{a+b}\}$,其中 w_i 表示第 k 次摸出第 i 号球($i=1,2,\cdots,a+b$),而事件

$$A=\{w_1,w_2,\cdots,w_a\}.$$

因为每个球被摸到的可能性相同,都可能在第 k 次被摸到,所以

$$P(A)=\frac{a}{a+b}.$$

本题的各种解法均抓住了所求事件的本质特点,而把与之无关的因素都加以排除.

本题是求第 k 次摸到白球的概率,然而结果却与 k 无关,即与摸球的次序无关,摸到白球的概率总是 $\frac{a}{a+b}$. 这一结果表明,在进行与此类似的抽签活动时,中签的概率与抽签的先后次序无关,机会是均等的.

若将本题改为放回抽样,即每次取出一球记录下颜色后,再将其放回袋中. 如此接连摸取,求第 k 次摸出白球的概率.

设抽取 k 只球的结果为一基本事件,则基本事件总数为 $(a+b)^k$,第 k 次摸出白球的事件 A 所包含的基本事件数为 $(a+b)^{k-1}a$,于是

$$P(A)=\frac{(a+b)^{k-1}a}{(a+b)^k}=\frac{a}{a+b}.$$

例 5　某批产品有 a 件正品,b 件次品. 从中用放回和不放回两种抽样方式抽取 n 件产品,问其中恰有 $k(k\leqslant n)$ 件次品的概率是多少?

解　(1) 放回抽样.

从 $a+b$ 件产品中有放回地抽取 n 件产品，所有可能的取法有 $(a+b)^n$ 种. 取出的 n 件产品中有 k 件次品，它们可以出现在不同的位置，所有可能的取法有 C_n^k 种. 对于取定的一种位置，由于取正品有 a 种可能，取次品有 b 种可能，即有 $a^{n-k}b^k$ 种可能，于是取出的 n 件产品中恰有 k 件次品的可能取法共有 $C_n^k a^{n-k}b^k$ 种，故所求概率为

$$P_1=\frac{C_n^k a^{n-k}b^k}{(a+b)^n}=C_n^k\left(\frac{a}{a+b}\right)^{n-k}\left(\frac{b}{a+b}\right)^k.$$

(2) 不放回抽样.

从 $a+b$ 件产品中抽取 n 件(不计次序)的所有可能的取法有 C_{a+b}^n 种. 在 a 件正品中取 $n-k$ 件的所有可能的取法有 C_a^{n-k} 种，在 b 件次品中取 k 件的所有可能的取法有 C_b^k 种，于是取出的 n 件产品中恰有 k 件次品的所有可能的取法有 $C_a^{n-k}C_b^k$ 种. 故所求概率为

$$P_2=\frac{C_a^{n-k}C_b^k}{C_{a+b}^n}.$$

这个公式称为**超几何分布**的概率公式.

例 6 设有 n 个颜色互不相同的球，每个球都以概率 $\frac{1}{N}$ 落在 $N(n\leqslant N)$ 个盒子中的每一个盒子里，且每个盒子能容纳的球数是没有限制的. 试求下列事件的概率：

$A=\{$某指定的一个盒子中没有球$\}$，

$B=\{$某指定的 n 个盒子中各有一个球$\}$，

$C=\{$恰有 n 个盒子中各有一个球$\}$，

$D=\{$某指定的一个盒子中恰有 m 个球$\}(m\leqslant n)$.

解 因为每个球落在 N 个盒子中的可能均有 N 种，所以基本事件总数相当于从 N 个元素中选取 n 个的重复排列数，即为 N^n. 事件 A、B、C、D 所包含的基本事件数分别为

$$k_A=(N-1)^n,\quad k_B=n!,\qquad k_C=C_N^n\cdot n!,$$
$$k_D=C_n^m\cdot(N-1)^{n-m},$$

于是

$$P(A)=\frac{(N-1)^n}{N^n}=\left(1-\frac{1}{N}\right)^n,\quad P(B)=\frac{n!}{N^n},$$

$$P(C)=\frac{C_N^n\cdot n!}{N^n},\qquad P(D)=\frac{C_n^m(N-1)^{n-m}}{N^n}.$$

上述问题称为球在盒中的分布问题. 有好些实际问题可以归结为球在盒中的分布问题，但必须分清问题中的“球”与“盒”，不可弄错.

例如，有 $n(n\leqslant 365)$ 个人，设每人的生日在一年 365 天中任一天的可能性是相等的. 试求下列事件的概率：

$A=\{n$ 个人的生日均不相同$\}$，　　$B=\{$至少有两人生日相同$\}$.

在上述问题中可视人为"球"，365 天为 365 只"盒子"，归结为球在盒中的分布问题. 得

$$P(A)=\frac{P_{365}^{n}}{(365)^{n}},\qquad P(B)=1-P(A)=1-\frac{P_{365}^{n}}{(365)^{n}}.$$

当 $n=64$ 时，$P(B)\approx 0.997$，"至少有两人生日相同"的事件的概率非常接近于 1，几乎是一个必然事件了.

例 7　已知 100 个产品中有 6 个次品，从中任取 3 个，求次品不超过 2 个的概率.

解　设 A 为"次品不超过 2 个"的事件.

方法一　设 A_0, A_1, A_2 分别表示任取的 3 个产品中恰有 0 个，1 个，2 个次品的事件，则显然 A_0, A_1, A_2 两两互不相容，且

$$A=A_0\cup A_1\cup A_2.$$

因为样本点总数为 100 个产品中任选 3 个的组合数，即 $n=C_{100}^{3}$. 事件 A_0 所含样本点数 $k_0=C_{94}^{3}$，事件 A_1 所含样本点数 $k_1=C_6^1C_{94}^2$，事件 A_2 所含样本点数 $k_2=C_6^2C_{94}^1$，于是由

$$P(A_0)=\frac{C_{94}^{3}}{C_{100}^{3}},\quad P(A_1)=\frac{C_6^1C_{94}^2}{C_{100}^{3}},\quad P(A_2)=\frac{C_6^2C_{94}^1}{C_{100}^{3}},$$

得

$$P(A)=P(A_0)+P(A_1)+P(A_2)=0.999876.$$

方法二　设 A_3 为"任取的 3 个产品全是次品"的事件，则事件 A_3 所含样本点数 $k_3=C_6^3$，即

$$P(A_3)=\frac{C_6^3}{C_{100}^{3}}.$$

注意到 A_3 是 A 的对立事件，故

$$P(A)=1-P(A_3)=1-\frac{C_6^3}{C_{100}^{3}}=0.999876.$$

例 8　从 1～2000 中任意取一整数，求取到的整数能被 6 或 8 整除的概率.

解　设 A 为"取到的整数能被 6 整除"的事件，B 为"取到的整数能被 8 整除"的事件，则由

$$333<\frac{2000}{6}<334,\qquad \frac{2000}{8}=250,$$

得

$$k_A = 333, \quad k_B = 250.$$

由

$$83 < \frac{2000}{24} < 84,$$

得"同时能被 6 和 8 整除"的数 $k_{AB}=83$，基本事件总数 $n=2000$，于是所求的概率为

$$P(A \cup B) = P(A) + P(B) - P(AB)$$
$$= \frac{333}{2000} + \frac{250}{2000} - \frac{83}{2000} = \frac{1}{4}.$$

例 9 从 n 双不同的鞋子中任取 $2k(2k<n)$ 只，求没有成双的鞋子的概率.

解 样本空间含 C_{2n}^{2k} 个基本事件. 设 A 为"没有成双的鞋子"的事件，则实现这一事件可从 n 双鞋子中任取 $2k$ 双，共有 C_n^{2k} 种取法，再从每一双取出的鞋子中，任取其中一只，有 C_2^1 种取法，于是 A 共含 $C_n^{2k}(C_2^1)^{2k}$ 个基本事件，从而

$$P(A) = \frac{C_n^{2k} \cdot (C_2^1)^{2k}}{C_{2n}^{2k}} = \frac{C_n^{2k} \cdot 2^{2k}}{C_{2n}^{2k}}.$$

例 10 将 12 名工人随机地平均分配到三个班组中去，其中有 3 名熟练工. 试问：

(1) 每一班组各分配到一名熟练工的概率是多少？

(2) 3 名熟练工分配在同一班组的概率是多少？

解 12 名工人平均分配到三个班组中去的可能的分法总数，即基本事件总数为

$$C_{12}^4 C_8^4 C_4^4 = \frac{12!}{4!4!4!}.$$

(1) 每一班组各分配到一名熟练工的分法有 3! 种. 对于这样的每一种分法，其余 9 名工人平均分配到三个班组的分法共有 $\frac{9!}{3!3!3!}$ 种，于是，每一班组各分配到一名熟练工的分法共有$\frac{3!\ 9!}{3!\ 3!\ 3!}$种，从而所求概率

$$P_1 = \frac{3!9!}{3!3!3!} \Big/ \frac{12!}{4!4!4!} = \frac{16}{55} \approx 0.2909.$$

(2) 将 3 名熟练工分配在同一班组的分法有 3 种，对于这样的每一种分法，其余 9 名工人的分法总数为

$$C_9^1 C_8^4 C_4^4 = \frac{9!}{1!4!4!},$$

于是 3 名熟练工分配在同一班组的分法共有 $\frac{3 \cdot 9!}{1!4!4!}$ 种，从而所求概率

$$P_2 = \frac{3 \cdot 9!}{1!4!4!} \Big/ \frac{12!}{4!4!4!} = \frac{3}{55} \approx 0.0545.$$

1.2.5 几何概率

定义 1.5　设样本空间是一个有限区域 Ω. 若样本点落在 Ω 内的任何区域 G 中的事件 A 的概率与区域 G 的测度(或长度、或面积、或体积等)成正比,则区域 Ω 内任意一点落在区域 G 内的概率为区域 G 的测度与区域 Ω 的测度的比值,即

$$P(A) = \frac{G\text{ 的测度}}{\Omega\text{ 的测度}}.$$

这一类概率通常称为**几何概率**.

因为几何概率的定义及计算与几何图形的测度密切相关,所以,我们所考虑的事件应是某种可定义测度的集合,且这类集合的并、交也是事件.

常见的几何概率有以下三种情况.

(1) 设线段 l 是线段 L 的一部分,向线段 L 上任投一点. 若落在线段 l 上的点数与线段 l 的长度成正比,而与线段 l 在线段 L 上的相对位置无关,则点落在线段 l 上的概率

$$P = \frac{l\text{ 的长度}}{L\text{ 的长度}}.$$

(2) 设平面区域 g 是平面区域 G 的一部分,向区域 G 上任投一点. 若落在区域 g 上的点数与区域 g 的面积成正比,而与区域 g 在区域 G 上的相对位置无关,则点落在区域 g 上的概率

$$P = \frac{g\text{ 的面积}}{G\text{ 的面积}}.$$

(3) 设空间区域 v 是空间区域 V 的一部分,向区域 V 上任投一点. 若落在区域 v 上的点数与区域 v 的体积成正比,而与区域 v 在区域 V 上的相对位置无关,则点落在区域 v 上的概率

$$P = \frac{v\text{ 的体积}}{V\text{ 的体积}}.$$

下面,我们以平面区域为例,介绍几何概率的计算方法.

例 11　在间隔时间 T 内的任何瞬间,两个信号等可能地进入收音机. 若这两个信号的间隔时间小于 2(单位:秒),则收音机将受到干扰,试求收音机受到干扰的概率.

解　设两个信号进入收音机的瞬间分别为 x 与 y,x 与 y 的变化范围为

$$0 \leqslant x \leqslant T, \quad 0 \leqslant y \leqslant T,$$

则样本空间 Ω 是边长为 T 的正方形,且当 $|x-y| \leqslant 2$ 时收音机受到干扰,即当样本点 (x,y) 落在两条直线

$$y=x+2,\quad y=x-2$$

之间,且在正方形Ω之内的区域A中时,收音机才受到干扰(图1-7),于是所求概率

$$P=\frac{A\text{ 的面积}}{\Omega\text{ 的面积}}=\frac{T^2-(T-2)^2}{T^2}=1-\left(1-\frac{2}{T}\right)^2.$$

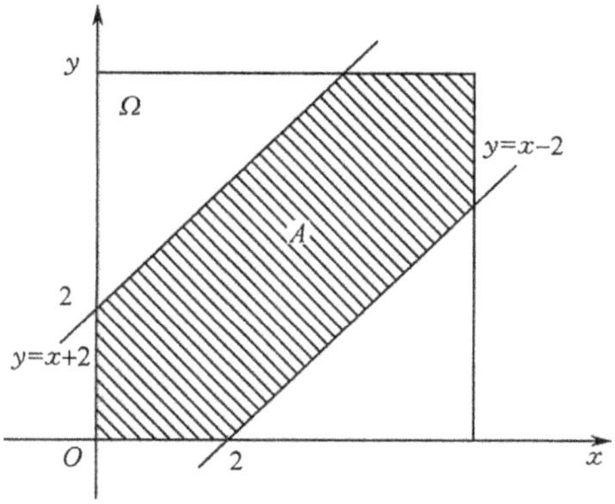

图1-7

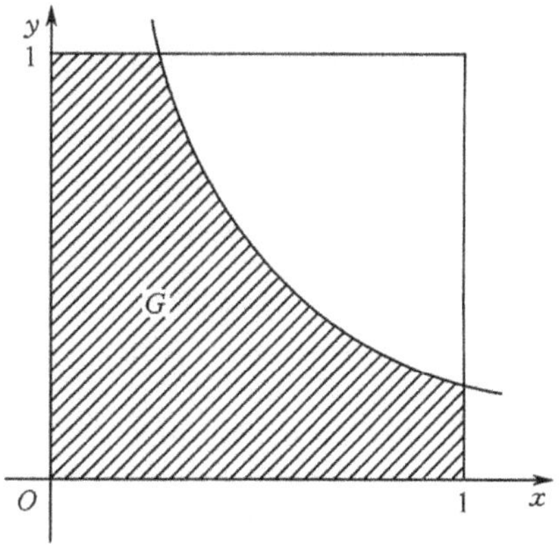

图1-8

例12 从区间(0,1)内任取两个数,求这两个数的积小于$\frac{1}{4}$的概率.

解 设从区间(0,1)内任取两个数为x与y,则x与y的变化范围为

$$0<x<1,\quad 0<y<1.$$

样本空间Ω是边长为1的正方形,两个数的积小于$\frac{1}{4}$的充要条件为

$$xy<\frac{1}{4},\quad 0<x<1,\quad 0<y<1,$$

即当样本点(x,y)落在由双曲线$xy=\frac{1}{4}$及四条直线

$$x=0,\quad x=1,\quad y=0,\quad y=1$$

所围成的区域G(图1-8)内时,两个数的积小于$\frac{1}{4}$,于是所求的概率

$$P=\frac{G\text{ 的面积}}{\Omega\text{ 的面积}}=\frac{\frac{1}{4}\cdot 1+\int_{\frac{1}{4}}^{1}\frac{1}{4x}\mathrm{d}x}{1}=\frac{1}{4}+\frac{1}{2}\ln 2.$$

1.3 条件概率

1.3.1 条件概率

在实际问题中，常常需要计算在某个事件 B 已经发生的条件下，另一个事件 A 发生的概率. 在概率论中，称此概率为事件 B 已发生的条件下事件 A 发生的**条件概率**，简称为 A 对 B 的**条件概率**，记为 $P(A|B)$. 一般地，因为增加了"事件 B 已经发生"的条件，所以 $P(A|B)\neq P(A)$.

下面举例引出条件概率的定义.

例 1　某工厂有职工 500 人，男女各占一半，男女职工中技术优秀的分别为 40 人与 10 人. 现从中任选一名职工，试问：

(1) 该职工为技术优秀的概率是多少？

(2) 已知选出的是女职工，她为技术优秀的概率是多少？

解　设 A 表示选出的职工为技术优秀的事件，B 表示选出的是女职工的事件.

(1) $P(A)=\frac{40+10}{500}=\frac{1}{10}$.

(2) $P(A|B)=\frac{10}{250}=\frac{1}{25}$.

显然，$P(A)\neq P(A|B)$. 这是因为限制在 B 已发生的条件下求 A 的概率的缘故.

另外，可由

$$P(A|B)=\frac{10}{250}=\frac{10/500}{250/500}=\frac{P(AB)}{P(B)},$$

推得一般情况下条件概率的定义.

设试验的基本事件总数为 n，事件 B 所包含的基本事件数为 m_B，事件 AB 所包含的基本事件数为 m_{AB}，则有

$$P(A|B)=\frac{m_{AB}}{m_B}=\frac{m_{AB}/n}{m_B/n}=\frac{P(AB)}{P(B)}.$$

由此可得条件概率的定义.

定义 1.6　设 A、B 为两个事件，且 $P(B)>0$，则称 $\frac{P(AB)}{P(B)}$ 为事件 B 发生的条件下事件 A 发生的**条件概率**，记为

$$P(A|B)=\frac{P(AB)}{P(B)}.$$

根据条件概率定义，不难验证它符合概率定义中的三个条件，即

1° $P(A|B)\geqslant 0$;

2° $P(\Omega|B)=1$;

3° 若事件 $A_1,A_2,\cdots$是两两互不相容的,则

$$P\left(\bigcup_{i=1}^{\infty}A_i|B\right)=\sum_{i=1}^{\infty}P(A_i|B).$$

条件概率 $P(A|B)$既然是一个概率,也就满足概率的一般性质.条件概率是概率论中一个很重要、很基本的概念,必须很好地理解和掌握它.

条件概率也可利用"缩减样本空间"的方法来计算.如求 $P(A|B)$,可把事件 B 所包含的基本事件作为样本空间 Ω_B,在这个"小"的样本空间中求事件 A 发生的概率.

例 2 甲、乙两车间各生产 50 件产品,其中分别含有次品 3 件与 5 件.现从这 100 件产品中任取 1 件,在已知取到甲车间产品的条件下,求取得次品的概率.

解 设 A 为取得次品的事件,B 为取得甲车间产品的事件,则由 B 已发生即已知抽得甲车间产品,可得缩减的样本空间 Ω_B 中有 50 件产品(100 件产品去掉乙车间的产品之后的产品数),于是用"缩减样本空间"的方法,得

$$P(A|B)=\frac{3}{50}=0.06.$$

若用条件概率定义计算,则为

$$P(A|B)=\frac{P(AB)}{P(B)}=\frac{3/100}{50/100}=\frac{3}{50}=0.06.$$

例 3 从含有 5 台次品的 100 台电脑中任取 2 台,发现其中 1 台是正品,求取到的 2 台都是正品的概率.

解 设 A 为"取到的 2 台中至少有 1 台是正品"的事件,B 为"取到的 2 台都是正品"的事件,则

$$B\subset A,\quad AB=B.$$

$$n=\mathrm{C}_{100}^2,\quad k_A=\mathrm{C}_{95}^1\mathrm{C}_5^1+\mathrm{C}_{95}^2,\quad k_{AB}=k_B=\mathrm{C}_{95}^2,$$

故所求概率

$$P(B|A)=\frac{P(AB)}{P(A)}=\frac{P(B)}{P(A)}=\frac{k_B}{k_A}\approx 0.9038.$$

1.3.2 乘法公式

设有事件 A 和 B.若 $P(A)>0$,$P(B)>0$,则由条件概率定义,得

$$P(AB)=P(A)P(B|A),$$

或

$$P(AB)=P(B)P(A|B).$$

一般地,设事件 $A_1,A_2,\cdots,A_n$,若 $P(A_1A_2\cdots A_{n-1})>0$,则有

$$P(A_1A_2\cdots A_n)=P(A_1)P(A_2|A_1)P(A_3|A_1A_2)\cdots P(A_n|A_1A_2\cdots A_{n-1}).$$

事实上，由

$$A_1\supset A_1A_2\supset A_1A_2A_3\supset\cdots\supset A_1A_2\cdots A_{n-1},$$

有

$$P(A_1)\geqslant P(A_1A_2)\geqslant P(A_1A_2A_3)\geqslant\cdots\geqslant P(A_1A_2\cdots A_{n-1})>0,$$

故公式右边的每个条件概率都是有意义的，于是由条件概率定义可得

$$\begin{aligned}&P(A_1)P(A_2|A_1)P(A_3|A_1A_2)\cdots P(A_n|A_1A_2\cdots A_{n-1})\\&=P(A_1)\cdot\frac{P(A_1A_2)}{P(A_1)}\cdot\frac{P(A_1A_2A_3)}{P(A_1A_2)}\cdots\frac{P(A_1A_2\cdots A_n)}{P(A_1A_2\cdots A_{n-1})}\\&=P(A_1A_2\cdots A_n).\end{aligned}$$

例 4　一批零件共 100 件，其中有 10 件次品，采用不放回抽样依次抽取 3 次，求第 3 次才抽到合格品的概率.

解　设 $A_i(i=1,2,3)$ 为第 i 次抽到合格品的事件，则由题意得所求概率

$$\begin{aligned}P&=P(\overline{A_1}\,\overline{A_2}A_3)=P(\overline{A_1})P(\overline{A_2}\mid\overline{A_1})P(A_3\mid\overline{A_1}\,\overline{A_2})\\&=\frac{10}{100}\cdot\frac{9}{99}\cdot\frac{90}{98}=0.0083.\end{aligned}$$

若视抽取 3 次为一基本事件，则本题可用古典概型计算所求概率，得

$$P=\frac{\mathrm{P}_{10}^2\cdot 90}{\mathrm{P}_{100}^3}=\frac{10\cdot 9\cdot 90}{100\cdot 99\cdot 98}=0.0083.$$

本题若改为“求第 3 次抽到合格品的概率”，则由 1.2.4 节例 4 可得此概率

$$P=\frac{90}{100}=0.9.$$

例 5　甲、乙、丙 3 人参加面试抽签，每人的试题通过不放回抽签的方式确定. 假设被抽的 10 个试题签中有 4 个难题签，按甲先、乙次、丙最后的次序抽签. 试求甲抽到难题签，甲和乙都抽到难题签，甲没抽到难题签而乙抽到难题签及甲、乙、丙都抽到难题签的概率.

解　设 A,B,C 分别表示甲、乙、丙各抽到难题签的事件，则有

$$P(A)=\frac{4}{10}=\frac{2}{5},$$

$$P(AB)=P(A)P(B|A)=\frac{4}{10}\times\frac{3}{9}=\frac{2}{15},$$

$$P(\overline{A}B)=P(\overline{A})P(B|\overline{A})=\left(1-\frac{4}{10}\right)\times\frac{4}{9}=\frac{4}{15},$$

$$P(ABC)=P(A)P(B|A)P(C|AB)=\frac{4}{10}\times\frac{3}{9}\times\frac{2}{8}=\frac{1}{30}.$$

例 6　设袋中有 a 只白球、b 只黑球. 任意取出一球后放回，并再放入与取出的球同色的球 c 只，再取第二次，如此继续，共取了 n 次. 问前 n_1 次出现黑球，后

$n_2=n-n_1$ 次出现白球的概率是多少?

解 设 $A_i(i=1,2,\cdots,n_1)$表示第 i 次取到黑球的事件,$A_{n_1+j}(j=1,2,\cdots,n_2)$表示第 n_1+j 次取到白球的事件,则由

$$P(A_1)=\frac{b}{a+b},$$

$$P(A_2|A_1)=\frac{b+c}{a+b+c},$$

$$P(A_3|A_1A_2)=\frac{b+2c}{a+b+2c},$$

$$\cdots\cdots$$

$$P(A_{n_1}|A_1A_2\cdots A_{n_1-1})=\frac{b+(n_1-1)c}{a+b+(n_1-1)c},$$

$$P(A_{n_1+1}|A_1A_2\cdots A_{n_1})=\frac{a}{a+b+n_1c},$$

$$P(A_{n_1+2}|A_1A_2\cdots A_{n_1+1})=\frac{a+c}{a+b+(n_1+1)c},$$

$$\cdots\cdots$$

$$P(A_n|A_1A_2\cdots A_{n-1})=\frac{a+(n_2-1)c}{a+b+(n-1)c},$$

得

$$P(A_1A_2\cdots A_n)=\frac{b}{a+b}\cdot\frac{b+c}{a+b+c}\cdot\frac{b+2c}{a+b+2c}\cdots\frac{b+(n_1-1)c}{a+b+(n_1-1)c}\cdot\frac{a}{a+b+n_1c}\cdot\frac{a+c}{a+b+(n_1+1)c}\cdots\frac{a+(n_2-1)c}{a+b+(n-1)c}.$$

值得指出的是,这个概率只与黑球和白球出现的次数有关,而与它们出现的先后次序无关.

1.3.3 全概率公式

在概率论中,我们经常利用已知的简单事件的概率,推算出未知的复杂事件的概率.为此,常需把一个复杂事件分解为若干个互不相容的简单事件的和,再由简单事件的概率求得最后结果.

在 1.3.2 节例 5 中,若把甲、乙、丙抽到难题签的事件作为上述的复杂事件,则可用分解的方法计算如下:

$$P(A)=\frac{4}{10}.$$

$$P(B)=P(AB)+P(\overline{A}B)=P(A)P(B|A)+P(\overline{A})P(B|\overline{A})$$
$$=\frac{4}{10}\times\frac{3}{9}+\frac{6}{10}\times\frac{4}{9}=\frac{4}{10}.$$

$$P(C)=P(ABC)+P(\bar{A}BC)+P(A\bar{B}C)+P(\bar{A}\bar{B}C)$$
$$=\frac{1}{30}+\frac{6}{10}\times\frac{4}{9}\times\frac{3}{8}+\frac{4}{10}\times\frac{6}{9}\times\frac{3}{8}+\frac{6}{10}\times\frac{5}{9}\times\frac{4}{8}=\frac{4}{10}.$$

为了将此类问题推广到一般情况,下面介绍样本空间的划分的定义.

定义 1.7 设 Ω 为试验 E 的样本空间,$B_1,B_2,\cdots,B_n$ 为 Ω 的一组事件,若

(1) $B_iB_j=\varnothing, i\neq j, i,j=1,2,\cdots,n$;

(2) $\bigcup\limits_{i=1}^{n}B_i=\Omega$,

则称 $B_1,B_2,\cdots,B_n$ 为样本空间 Ω 的一个**划分**.

若 $B_1,B_2,\cdots,B_n$ 为样本空间的一个划分,则在每次试验中,事件 $B_1,B_2,\cdots,B_n$ 必有且仅有一个发生.

设 A 为样本空间 Ω 的事件,$B_1,B_2,\cdots,B_n$ 为 Ω 的一个划分,且 $P(B_i)>0(i=1,2,\cdots,n)$,则

$$P(A)=P(B_1)P(A|B_1)+P(B_2)P(A|B_2)+\cdots+P(B_n)P(A|B_n).$$

证 因为由划分的定义,有

$$A=A\Omega=A\left(\bigcup_{i=1}^{n}B_i\right)=\bigcup_{i=1}^{n}AB_i.$$

再由 $P(B_i)>0(i=1,2,\cdots,n)$ 与 AB_i 与 $AB_j(i\neq j)$ 互不相容,所以便得

$$P(A)=P\left(\bigcup_{i=1}^{n}AB_i\right)=\sum_{i=1}^{n}P(AB_i)=\sum_{i=1}^{n}P(B_i)P(A|B_i)$$
$$=P(B_1)P(A|B_1)+P(B_2)P(A|B_2)+\cdots+P(B_n)P(A|B_n).$$

这一公式称为**全概率公式**.

全概率公式表明,在很多实际问题中若事件 A 发生的概率的计算比较困难,则可利用全概率公式转为寻求划分 $B_1,B_2,\cdots,B_n$ 及计算 $P(B_i)$ 和 $P(A|B_i)$ 的问题.

例 7 盒中有 12 只新乒乓球,每次比赛时取出 3 只,用后放回,求第 3 次比赛时取到的 3 只球都是新球的概率.

解 设 A 表示第 3 次比赛时取到 3 只新球的事件,$B_i(i=0,1,2,3)$ 表示第 2 次比赛时取到 i 只新球的事件,则由

$$P(B_i)=\frac{C_9^iC_3^{3-i}}{C_{12}^3},\qquad P(A|B_i)=\frac{C_{9-i}^3}{C_{12}^3},$$

得

$$P(A)=\sum_{i=0}^{3}P(B_i)P(A|B_i)$$
$$=\frac{C_3^3}{C_{12}^3}\cdot\frac{C_9^3}{C_{12}^3}+\frac{C_9^1C_3^2}{C_{12}^3}\cdot\frac{C_8^3}{C_{12}^3}+\frac{C_9^2C_3^1}{C_{12}^3}\cdot\frac{C_7^3}{C_{12}^3}+\frac{C_9^3}{C_{12}^3}\cdot\frac{C_6^3}{C_{12}^3}\approx 0.146.$$

例 8 某工厂生产的产品以 100 件为一批，假定每一批产品中的次品最多不超过 4 件，且具有如下的概率：

一批产品中的次品数	0	1	2	3	4
概　率	0.1	0.2	0.4	0.2	0.1

现进行抽样检验，从每批中随机取出 10 件来检验，若发现其中有次品，则认为该批产品不合格，求一批产品通过检验的概率.

解 设 A 表示一批产品通过检验的事件，$B_i(i=0,1,2,3,4)$表示一批产品中含有 i 件次品，则由

$$P(B_0)=0.1,\quad P(A|B_0)=1,$$

$$P(B_1)=0.2,\quad P(A|B_1)=\frac{C_{99}^{10}}{C_{100}^{10}}=0.900,$$

$$P(B_2)=0.4,\quad P(A|B_2)=\frac{C_{98}^{10}}{C_{100}^{10}}=0.809,$$

$$P(B_3)=0.2,\quad P(A|B_3)=\frac{C_{97}^{10}}{C_{100}^{10}}=0.727,$$

$$P(B_4)=0.1,\quad P(A|B_4)=\frac{C_{96}^{10}}{C_{100}^{10}}=0.652,$$

得

$$\begin{aligned}P(A)&=\sum_{i=0}^{4}P(B_i)P(A|B_i)\\&=0.1\times1+0.2\times0.900+0.4\times0.809+0.2\times0.727+0.1\times0.652\\&\approx0.814.\end{aligned}$$

本题的结果提供给人们这样的信息，即若工厂生产了 1000 批产品，则可以通过检验，以合格品出厂的约有 814 批. 而作为合格品出售的产品，每批中仍可能含有 $i(i=0,1,2,3,4)$件次品. 因此，就顾客而言，希望所买的产品中含次品少的概率要大，即概率 $P(B_i|A)(i=0,1,2,3,4)$中最大的一个所对应的 i 越小越好. 这就是我们下面要讨论的另一个重要公式：**贝叶斯公式**.

1.3.4 贝叶斯(Bayes)公式

设 A 为样本空间 Ω 的事件，$B_1,B_2,\cdots,B_n$ 为 Ω 的一个划分，且 $P(A)>0$，$P(B_i)>0(i=1,2,\cdots,n)$，则

$$P(B_i|A)=\frac{P(B_i)P(A|B_i)}{\sum_{j=1}^{n}P(B_j)P(A|B_j)},\qquad i=1,2,\cdots,n.$$

证 由条件概率定义及全概率公式,即可得

$$P(B_i|A)=\frac{P(B_iA)}{P(A)}=\frac{P(B_i)P(A|B_i)}{\sum\limits_{j=1}^{n}P(B_j)P(A|B_j)},\quad i=1,2,\cdots,n.$$

这一公式称为**贝叶斯公式**. 现通过一个具体问题,来说明这个公式的实际意义.

若有一病人高烧到40℃,医生要确定他患有何种疾病,则必须考虑病人可能发生的疾病 $B_1,B_2,\cdots,B_n$. 这里假定一个病人不会同时得几种疾病,即事件 $B_1,B_2,\cdots,B_n$ 互不相容. 医生可凭以往的经验估计出发病率 $P(B_i)(i=1,2,\cdots,n)$,这通常称为**先验概率**. 进一步要考虑的是一个人得 B_i 这种病时高烧到40℃的可能性,即 $P(B_i|A)(i=1,2,\cdots,n)$ 的大小,它可由贝叶斯公式算得. 这个概率表示在获得新的信息(即知病人高烧40℃)后,病人得 $B_1,B_2,\cdots,B_n$ 这些疾病的可能性的大小,这通常称为**后验概率**. 有了后验概率,就为医生的诊断提供了重要依据.

若我们把 A 视为观察的"结果",把 $B_1,B_2,\cdots,B_n$ 理解为"原因",则贝叶斯公式反映了"因果"的概率规律,并作出了"由果溯因"的推断.

例 9 设某工厂甲、乙、丙 3 个车间生产同一种产品,产量依次占全厂的45%,35%,20%,且各车间的次品率依次为4%,2%,5%. 现在从待出厂产品中检查出 1 个次品,问该产品是由哪个车间生产的可能性大?

解 设 A 表示产品为次品的事件,B_1、B_2、B_3 分别表示产品由甲、乙、丙车间生产的事件,则由

$$P(B_1)=45\%,\quad P(B_2)=35\%,\quad P(B_3)=20\%,$$
$$P(A|B_1)=4\%,\quad P(A|B_2)=2\%,\quad P(A|B_3)=5\%,$$

得

$$\begin{aligned}P(A)&=P(B_1)P(A|B_1)+P(B_2)P(A|B_2)+P(B_3)P(A|B_3)\\&=45\%\times4\%+35\%\times2\%+20\%\times5\%\\&=0.035,\end{aligned}$$

于是由

$$P(B_1|A)=\frac{0.45\times0.04}{0.035}\approx0.514,$$

$$P(B_2|A)=\frac{0.35\times0.02}{0.035}\approx0.200,$$

$$P(B_3|A)=\frac{0.20\times0.05}{0.035}\approx0.286,$$

可知该产品是由甲车间生产的可能性最大.

例 10 假定用血清甲胎蛋白诊断肝癌,A 表示诊断出被检查者患有肝癌的事件,B 表示被检查者确实患有肝癌的事件. 已知确实患肝癌者被诊断为有肝癌的概率 $P(A|B)=0.95$,确实不患肝癌者被诊断为有肝癌的概率 $P(A|\overline{B})=0.1$,且假

设在所有人中患有肝癌的概率 $P(B)=0.0004$. 现在有一个人被诊断为患有肝癌，求此人确实为肝癌患者的概率 $P(B|A)$.

解 由贝叶斯公式，得

$$P(B|A)=\frac{P(B)P(A|B)}{P(B)P(A|B)+P(\overline{B})P(A|\overline{B})}$$
$$=\frac{0.0004\times0.95}{0.0004\times0.95+(1-0.0004)\times0.1}\approx0.0038.$$

本例中，$P(B)=0.0004$ 就是先验概率，而 $P(B|A)=0.0038$ 就是后验概率，由结果可见，后验概率比先验概率提高了近 10 倍. 虽然诊断的可靠性($P(A|B)$)较高，但是确诊(即被诊断患有肝癌者确实有肝癌)的可能性很小，所以还须不断提高诊断的准确率.

1.4 事件的独立性

1.4.1 事件的独立性

独立性是概率论中的一个重要概念，在介绍独立性的概念之前，先看一个例题.

例 1 在 100 件产品中有 5 件次品. 现采用有放回抽样，即每次从中取出一件样品观察后再放回，然后进行下次抽样. 试求：

(1) 在第一次取得次品的条件下，第二次取得次品的概率；

(2) 在第一次取得正品的条件下，第二次取得次品的概率；

(3) 第二次取得次品的概率.

解 设 A,B 分别表示第一、二次取得次品的事件，则

$$P(A)=\frac{5}{100}=\frac{1}{20},\quad P(\overline{A})=\frac{19}{20}.$$

因为是有放回抽样，所以

$$P(AB)=P(A)P(B|A)=\frac{5}{100}\times\frac{5}{100}=\frac{1}{400},$$
$$P(\overline{A}B)=P(\overline{A})P(B|\overline{A})=\frac{95}{100}\times\frac{5}{100}=\frac{19}{400}.$$

于是

(1) $P(B|A)=\dfrac{P(AB)}{P(A)}=\dfrac{1}{400}\Big/\dfrac{1}{20}=\dfrac{1}{20}$.

(2) $P(B|\overline{A})=\dfrac{P(\overline{A}B)}{P(\overline{A})}=\dfrac{19}{400}\Big/\dfrac{19}{20}=\dfrac{1}{20}$.

(3) $P(B)=\dfrac{5}{100}=\dfrac{1}{20}$.

设A,B为试验E的两个事件. 若$P(A)>0$,则可定义$P(B|A)$. 一般地,$P(B)\neq P(B|A)$,即事件A的发生对B发生的概率是有影响的. 在特殊情况下,一个事件的发生对另一事件发生的概率没有影响,如例1,有

$$P(B|A)=P(B|\overline{A})=P(B).$$

此时乘法公式可简化为

$$P(AB)=P(A)P(B|A)=P(A)P(B).$$

定义 1.8　设事件A,B满足

$$P(AB)=P(A)P(B),$$

则称事件A,B是**相互独立**的.

由定义,可知必然事件Ω和不可能事件$\varnothing$与任何事件都是相互独立的.

若事件A,B相互独立,且$P(A)>0$,则有

$$P(B|A)=\frac{P(AB)}{P(A)}=\frac{P(A)P(B)}{P(A)}=P(B),$$

这与前面所理解的独立性是一致的.

若事件A,B相互独立,则$\overline{A}$与B,A与$\overline{B}$,$\overline{A}$与$\overline{B}$也相互独立.

事实上,由$\overline{A}B=B-A=B-AB$,有

$$\begin{aligned}P(\overline{A}B)&=P(B-AB)=P(B)-P(AB)\\&=P(B)-P(A)P(B)=[1-P(A)]P(B)\\&=P(\overline{A})P(B).\end{aligned}$$

故得$\overline{A}$与B相互独立,余可类推.

容易知道,若$P(A)>0,P(B)>0$,则A,B相互独立与A,B互不相容不能同时成立.

在实际问题中,常常不是根据定义来判断事件的独立性,而是由独立性的实际含义,即一个事件发生并不影响另一个事件发生的概率来判断两事件的相互独立性.

例 2　甲、乙两射手独立地射击同一目标,他们击中目标的概率分别为0.9与0.8. 求在一次射击中(每人各射一次)目标被击中的概率.

解　设A,B分别表示甲、乙射中目标的事件,C表示目标被击中的事件,则根据独立性和$\overline{C}=\overline{A}\overline{B}$,有

$$P(\overline{C})=P(\overline{A}\,\overline{B})=P(\overline{A})P(\overline{B})=(1-0.9)\times(1-0.8)=0.02,$$

于是所求概率

$$P(C)=1-P(\overline{C})=1-0.02=0.98.$$

在实际应用中,只有两个事件的独立性是不够的,还必须用到多个事件的独立性.

定义 1.9　对于3个事件A,B,C,若下面4个等式同时成立:

$$\left.\begin{aligned} P(AB) &= P(A)P(B), \\ P(AC) &= P(A)P(C), \\ P(BC) &= P(B)P(C), \end{aligned}\right\} \tag{1.4.1}$$

$$P(ABC) = P(A)P(B)P(C), \tag{1.4.2}$$

则称 A,B,C 是**相互独立的**.

(1.4.1)式成立表明 A,B,C 中任意两个事件均独立,称为 A,B,C **两两独立**.

应该指出的是由(1.4.1)式不能推得(1.4.2)式,反之由(1.4.2)式也不能推得(1.4.1)式,两式必须同时成立才称 A,B,C 相互独立.

由定义可知,若 A,B,C 相互独立,则 A,B,C 必两两独立. 一般地,若 A,B,C 两两独立,则 A,B,C 不一定相互独立.

定义 1.10 对 n 个事件 $A_1,A_2,\cdots,A_n$,若下面 2^n-n-1 个等式同时成立:

$P(A_iA_j)=P(A_i)P(A_j),\quad 1\leqslant i<j\leqslant n;$

$P(A_iA_jA_k)=P(A_i)P(A_j)P(A_k),\quad 1\leqslant i<j<k\leqslant n;$

$P(A_iA_jA_kA_l)=P(A_i)P(A_j)P(A_k)P(A_l),\quad 1\leqslant i<j<k<l\leqslant n;$

……

$P(A_1A_2\cdots A_n)=P(A_1)P(A_2)\cdots P(A_n),$

则称 $A_1,A_2,\cdots,A_n$ 是**相互独立**的.

若 $A_1,A_2,\cdots,A_n$ 相互独立,则将 $A_1,A_2,\cdots,A_n$ 中的任意多个事件换成它们的逆事件,所得的 n 个事件仍然相互独立.

若 $A_1,A_2,\cdots,A_n$ 相互独立,则易得

(1) $P(A_1A_2\cdots A_n)=P(A_1)P(A_2)\cdots P(A_n)$;

(2) $P(A_1\cup A_2\cup\cdots\cup A_n)=1-P(\overline{A}_1)P(\overline{A}_2)\cdots P(\overline{A}_n)$.

例 3 设某种高炮每次击中飞机的概率为 0.2,问至少需要多少门这种高炮同时独立发射(每门射一次)才能使击中飞机的概率达到 95%以上.

解 设所需高炮为 n 门,A 表示击中飞机的事件,$A_i(i=1,2,\cdots,n)$表示第 i 门炮击中飞机的事件,则由题意,得

$$P(A) = P(A_1 \cup A_2 \cup \cdots \cup A_n) \geqslant 0.95,$$

即

$$1 - P(\overline{A}_1)P(\overline{A}_2)\cdots P(\overline{A}_n) \geqslant 0.95.$$

将 $P(A_i)=0.2$ 代入,得

$$1-(1-0.2)^n \geqslant 0.95,$$

即 $0.8^n \leqslant 0.05$,解得

$$n \geqslant 14,$$

故至少需要 14 门高炮才能有 95%以上的把握击中飞机.

例 4 某工人看管甲、乙、丙三台机床,在一小时内,这三台机床不需照管的概

率分别为 0.8,0.9,0.6. 设三台机床是否需要照管是相互独立的,试求在一小时内:

(1) 有机床需要工人照管的概率;

(2) 机床因无人照管而停工的概率.

解　设 A,B,C 分别表示在一小时内机床甲、乙、丙不需照管的事件,则由题意,A,B,C 相互独立,且

$$P(A)=0.8,\quad P(B)=0.9,\quad P(C)=0.6.$$

(1) 有机床需要工人照管相当于至少有一台机床需要工人照管,即 $\bar{A},\bar{B},\bar{C}$ 至少有一个发生,其概率为

$$\begin{aligned}P(\bar{A}\cup\bar{B}\cup\bar{C})&=1-P(ABC)=1-P(A)P(B)P(C)\\&=1-0.8\times0.9\times0.6=0.568.\end{aligned}$$

(2) 机床因无人照管而停工相当于至少有两台机床需要照管,即 $\bar{A}\bar{B},\bar{A}\bar{C},\bar{B}\bar{C}$ 至少有一个发生,其概率为

$$\begin{aligned}P(\bar{A}\bar{B}\cup\bar{A}\bar{C}\cup\bar{B}\bar{C})&=P(\bar{A}\bar{B})+P(\bar{A}\bar{C})+P(\bar{B}\bar{C})-3P(\bar{A}\bar{B}\bar{C})+P(\bar{A}\bar{B}\bar{C})\\&=P(\bar{A})P(\bar{B})+P(\bar{A})P(\bar{C})+P(\bar{B})P(\bar{C})-2P(\bar{A})P(\bar{B})P(\bar{C})\\&=0.2\times0.1+0.2\times0.4+0.1\times0.4-2\times0.2\times0.1\times0.4\\&=0.124.\end{aligned}$$

例 5　在一个系统中部件能正常工作的概率称为部件的可靠度,由许多部件组成系统,它能正常工作的概率称为系统的可靠度. 现由 $2n$ 个部件按下面两种方式(图 1-9 和图 1-10)组成不同的系统:

系统 1

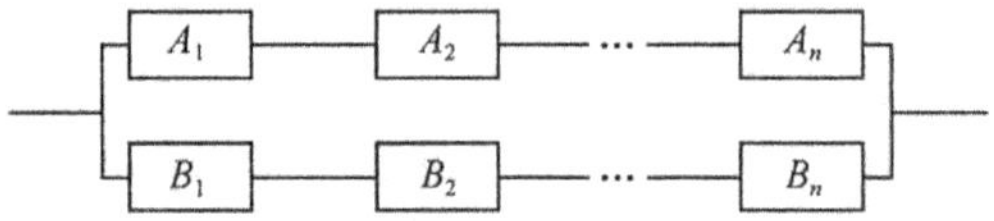

图 1-9

系统 2

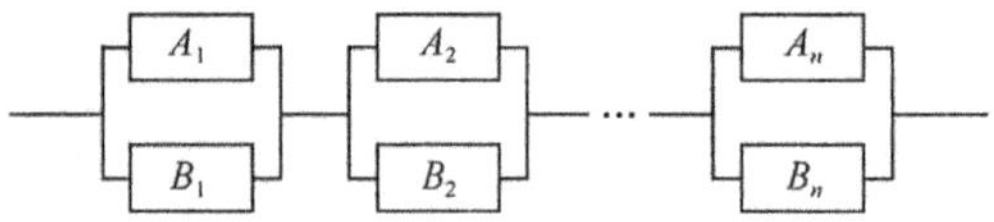

图 1-10

假设部件的可靠度均为 $r(0<r<1)$,且能否工作彼此是相互独立的. 试求两个系统的可靠度,并比较其大小.

解 设 $A_i(i=1,2,\cdots,n)$表示部件 A_i 正常工作的事件,$B_i(i=1,2,\cdots,n)$表示部件 B_i 正常工作的事件,$S_i(i=1,2)$表示系统 i 正常工作的事件,则因为一条通道正常工作的充要条件是此通道上每个部件均正常工作,所以

$$\begin{aligned}P(S_1) &= P(A_1A_2\cdots A_n \cup B_1B_2\cdots B_n)\\ &= P(A_1A_2\cdots A_n)+P(B_1B_2\cdots B_n)-P(A_1A_2\cdots A_nB_1B_2\cdots B_n)\\ &= P(A_1)P(A_2)\cdots P(A_n)+P(B_1)P(B_2)\cdots P(B_n)\\ &\quad -P(A_1)P(A_2)\cdots P(A_n)P(B_1)P(B_2)\cdots P(B_n)\\ &= 2r^n-r^{2n}=r^n(2-r^n),\end{aligned}$$

$$\begin{aligned}P(S_2) &= P[(A_1\cup B_1)(A_2\cup B_2)\cdots(A_n\cup B_n)]\\ &= P(A_1\cup B_1)P(A_2\cup B_2)\cdots P(A_n\cup B_n)\\ &= [P(A_1)+P(B_1)-P(A_1B_1)]\cdot[P(A_2)+P(B_2)-P(A_2B_2)]\\ &\quad \cdots[P(A_n)+P(B_n)-P(A_nB_n)]\\ &= (2r-r^2)^n=r^n(2-r)^n.\end{aligned}$$

现在来比较 $P(S_1)$与 $P(S_2)$的大小.

利用不等式

$$\frac{a^n+b^n}{2}\geqslant\left(\frac{a+b}{2}\right)^n,\qquad a>0,b>0,$$

因上式中当且仅当 $a=b$ 时等号成立,所以当 $a=2-r,b=r$ 时由

$$\frac{(2-r)^n+r^n}{2}>\left(\frac{2-r+r}{2}\right)^n$$

得

$$(2-r)^n>2-r^n,$$

于是

$$r^n(2-r)^n>r^n(2-r^n),$$

即

$$P(S_2)>P(S_1).$$

可见,虽然系统 1、系统 2 同样由 $2n$ 个部件构成,但系统 2 的构成方式的可靠度大于系统 1 的构成方式的可靠度.

1.4.2 伯努利(Bernoulli)试验模型

随机现象的规律性只有在相同条件下进行大量重复试验或观察才能表现出来.将一个试验重复独立地进行 n 次,这是最基本最重要的一种具有独立性试验的模型.

定义 1.11 设随机试验满足:

1° 在相同条件下进行 n 次重复试验;

2° 每次试验只有两种可能结果,A 发生或 A 不发生;

3° 在每次试验中,A 发生的概率均一样,即 $P(A)=p$;

4° 各次试验是相互独立的,

则称这种试验为**伯努利(Bernoulli)概型**,或称为 **n 重伯努利试验**.

在 n 重伯努利试验中,人们感兴趣的是事件 A 发生的次数.若 $P_n(k)$表示 n 重伯努利试验中 A 出现 $k(0\leqslant k\leqslant n)$次的概率,$P(A)=p$,$P(\overline{A})=1-p=q$,则因为

$$\{n\text{ 重伯努利试验中 }A\text{ 出现 }k\text{ 次}\}=\underbrace{AA\cdots A}_{k\text{个}}\underbrace{\overline{A}\overline{A}\cdots\overline{A}}_{(n-k)\text{个}}\cup\underbrace{A\cdots A}_{(k-1)\text{个}}\overline{A}A\underbrace{\overline{A}\cdots\overline{A}}_{(n-k-1)\text{个}}\cup\cdots\cup\underbrace{\overline{A}\overline{A}\cdots\overline{A}}_{(n-k)\text{个}}\underbrace{AA\cdots A}_{k\text{个}},$$

上式右端为互不相容的事件的和,由独立性可知每一项的概率均为 p^kq^{n-k},共有 C_n^k 项,所以

$$P_n(k)=C_n^kp^kq^{n-k},\quad k=0,1,2,\cdots,n.$$

这就是 n 重伯努利试验中 A 出现 k 次的概率计算公式.

例 6　一大楼装有 5 个同类型的独立供水设备,调查表明,在任一时刻 t,每个设备被使用的概率为 0.1,问在同一时刻

(1) 恰有 2 个设备被使用的概率是多少?

(2) 至少有 3 个设备被使用的概率是多少?

(3) 至多有 3 个设备被使用的概率是多少?

(4) 至少有 1 个设备被使用的概率是多少?

解　在同一时刻观察 5 个设备,它们工作与否是相互独立的,故可视为 5 重伯努利试验,$p=0.1,q=1-0.1=0.9$,于是可得

(1) $p_1=P_5(2)=C_5^2(0.1)^2(0.9)^3=0.0729$.

(2) $p_2=P_5(3)+P_5(4)+P_5(5)=\sum\limits_{k=3}^{5}C_5^k(0.1)^k(0.9)^{5-k}=0.00856$.

(3) $p_3=P_5(0)+P_5(1)+P_5(2)+P_5(3)=\sum\limits_{k=0}^{3}C_5^k(0.1)^k(0.9)^{5-k}$

$=0.99954$.

(4) $p_4=1-P_5(0)=1-(0.9)^5=0.40951$.

例 7　电灯泡使用寿命在 1000 小时以上的概率为 0.8,求 3 只灯泡在使用 1000 小时后,最多只有一只损坏的概率.

解　这是一个 $p=0.8,q=0.2$ 的 3 重伯努利试验,故所求概率

$$p=P_3(0)+P_3(1)=(0.8)^3+C_3^1(0.2)(0.8)^2=0.896.$$

例 8　设有外包装完全相同的优、良、中三个等级的产品,其数量也完全相同.现每次取一件,有放回地连续取 3 次,试计算下列各事件的概率:

A:3 件都是优质品;　　　　B:3 件都是同一等级的;

C:3 件等级全不相同;　　D:3 件等级不全相同;

E:3 件中无优质品;　　F:3 件中既无优质品也无中级品;

G:3 件中无优质品或无中级品.

解 由题意,有放回地连续取 3 次就是典型的 3 重伯努利试验,$p=\frac{1}{3}$,于是

$$P(A)=\left(\frac{1}{3}\right)^3=\frac{1}{27};\qquad P(B)=C_3^1\left(\frac{1}{3}\right)^3=\frac{1}{9};$$

$$P(C)=C_3^1C_2^1\left(\frac{1}{3}\right)^3=\frac{2}{9};\qquad P(D)=1-P(B)=1-\frac{1}{9}=\frac{8}{9};$$

$$P(E)=\left(\frac{2}{3}\right)^3=\frac{8}{27};\qquad P(F)=P(A)=\frac{1}{27};$$

设 H 表示无中级品的事件,则

$$\begin{aligned}P(G)&=P(E\cup H)=P(E)+P(H)-P(EH)\\&=2P(E)-P(F)=2\times\frac{8}{27}-\frac{1}{27}=\frac{5}{9}.\end{aligned}$$

习 题 一

1. 写出下列随机试验的样本空间:

(1) 记录一个小班一次数学考试的平均分数(百分制记分);

(2) 同时掷两颗骰子,记录两颗骰子的点数之和;

(3) 10 只产品中有 3 只是次品,每次从其中取 1 只,取后不放回,直到 3 只次品都取出为止,记录抽取的次数;

(4) 生产的产品直到得到 5 件正品为止,记录生产产品的总件数;

(5) 测量一汽车通过某定点的速度;

(6) 在单位圆内任意取一点,记录它的坐标.

2. 设 A,B,C 为三个事件,试用 A,B,C 的运算关系表示下列事件:

(1) A 发生,B 与 C 不发生;　　(2) A 与 B 都发生,C 不发生;

(3) A,B,C 都发生;　　(4) A,B,C 都不发生;

(5) A,B,C 不都发生;　　(6) A,B,C 中至少有 1 个发生;

(7) A,B,C 中不多于 1 个发生;　　(8) A,B,C 中至少有 2 个发生.

3. 在物理系的学生中任选一名学生. 若事件 A 表示被选学生是男生,事件 B 表示该生是三年级学生,事件 C 表示该生是运动员,则

(1) 叙述事件 $AB\overline{C}$ 的意义;　　(2) 在什么条件下 $ABC=C$ 成立?

(3) 什么时候关系式 $C\subset B$ 是正确的?　　(4) 什么时候 $\overline{A}=B$ 成立?

4. 试用作图的方法说明下列等式:

(1) $(A\cup B)C=AC\cup BC$;　　(2) $AB\cup C=(A\cup C)(B\cup C)$.

5. 指出下列关系中哪些成立,哪些不成立:

(1) $A\cup B=A\overline{B}\cup B$;　　(2) $\overline{A}B=A\cup B$;

(3) $(AB)(A\overline{B})=\varnothing$；　　(4) 若 $AB=\varnothing$，且 $C\subset A$，则 $BC=\varnothing$；

(5) 若 $A\subset B$，则 $A\cup B=B$；　　(6) 若 $A\subset B$，则 $AB=A$；

(7) 若 $A\subset B$，则 $\overline{B}\subset\overline{A}$；　　(8) $\overline{(A\cup B)C}=\overline{A}\overline{B}\overline{C}$.

6. 设 $\Omega=\left\{x \mid 0\leqslant x\leqslant\frac{3}{2}\right\}$，$A=\left\{x \mid \frac{1}{4}<x\leqslant 1\right\}$，$B=\left\{x \mid \frac{1}{2}\leqslant x<\frac{5}{4}\right\}$，试写出下列事件：

(1) $A\overline{B}$；　(2) $A\cup\overline{B}$；　(3) $\overline{\overline{A}\overline{B}}$；　(4) $\overline{AB}$.

7. 设 A,B 为随机事件，$P(A)=0.7$，$P(A-B)=0.3$，求 $P(\overline{AB})$.

8. 对事件 A,B 和 C，已知 $P(A)=P(B)=P(C)=\frac{1}{4}$，$P(AB)=P(BC)=0$，$P(AC)=\frac{1}{8}$，试求 A,B,C 中至少有一个发生的概率.

9. 有 5 个零件，其中有 2 个是次品，现任取 2 个，求：

(1) 均为合格品的概率；　　(2) 均为次品的概率；

(3) 一个是次品，一个是合格品的概率.

10. 电话号码由 8 个数字组成，每个数字可以是 0,1,2,…,9 中的任一个数，求电话号码后面 4 个数是由完全不相同的数字组成的概率.

11. 一部五卷的选集，按任意次序放到书架上去，试求下列事件的概率：

(1) 第一卷及第五卷出现在旁边；

(2) 第一卷及第五卷都不出现在旁边；

(3) 第三卷正好在正中.

12. 某市有 2 万辆自行车，其牌照号码从 00001 到 20000，求事件“市内偶然遇到的一辆自行车，其牌照号码中有数字 8”的概率.

13. 用 13 个字母 A,A,A,C,E,H,I,I,M,M,N,T,T 作拼字游戏. 已知字母的各种排列是随机的，求恰好组成“MATHEMATICIAN”一词的概率.

14. 一寝室住 4 个人，假定每个人的生日在 12 个月中的某一个月是等可能的，求至少有 2 个人的生日是在同一个月的概率.

15. 两封信随机地投向标号为Ⅰ、Ⅱ、Ⅲ、Ⅳ的四个邮筒，问第Ⅱ个邮筒恰好投入一封信的概率是多少？

16. 将 3 个相同的球放到 4 个盒子中，假设每个盒子能容纳的球数不限，而且各种不同的放法的出现是等可能的，试求有 3 个盒子各放一个球的概率.

17. 从 52 张扑克牌中任意取 13 张，求有 5 张黑桃、3 张红心、3 张方块、2 张草花的概率.

18. 在桥牌比赛中将 52 张牌随机地分给 4 人，每人 13 张，求每人各有 1 张“A”的概率.

19. 从 6 双不同的手套中任取 4 只，求其中恰有一双配对的概率.

20. 甲、乙两人约定在下午 1 时到 2 时之间到某站乘公共汽车，假定他们两人到达车站的时刻是互相不牵连的，且每人在 1 时到 2 时的任何时刻到达车站是等可能的. 在这段时间内共有 4 班公共汽车，它们的开车时刻分别为 1:15，1:30，1:45，2:00. 已知他们约定(1)见车就乘；(2)最多等一辆车. 试就这两种约定，求甲、乙同乘一车的概率.

21. 两人约定上午 9 点到 10 点在公园会面，试求一人要等另一人半小时以上的概率.

22. 从(0,1)中随机地取两个数，试求下列事件的概率：

(1) 两数之和小于 $\frac{6}{5}$；　　(2) 两数之积小于 $\frac{1}{4}$；

(3) 以上两条件同时满足.

23. 已知 $P(\overline{A})=0.3$,$P(B)=0.4$,$P(A\overline{B})=0.5$,求 $P(B|A\cup\overline{B})$.

24. 证明:若 $P(A|B)>P(A)$,则 $P(B|A)>P(B)$.

25. 一等麦种中混入了3%的二等麦种与2%的三等麦种.三种麦种结50粒麦子以上的穗的概率分别为0.5,0.2,0.1,求用上述这批麦种播种,结50粒麦子以上的穗的概率.

26. 某保险公司把被保险人分成“谨慎的”、“一般的”和“冒失的”3类,他们在被保险人中分别占20%,50%和30%,一年内他们出事故的概率分别为0.05,0.15和0.30.现有一投保人出了事故,求其是“谨慎的”客户的概率.

27. 在一盒子中装有15个乒乓球,其中有9个新球.在第一次比赛时任意取出3个球,比赛后仍放回原盒中;在第二次比赛时同样任意取出3个球,求第二次取出的3个球均为新球的概率.

28. 在某工厂里有甲、乙、丙3台机器生产螺丝钉,它们的产量各占25%,35%,40%,并且在各自的产品里,不合格品各占5%,4%,2%.现从产品中任取一只恰是不合格品,求此不合格品分别是机器甲、乙、丙生产的概率.

29. 有朋友自远方来访,他乘火车、轮船、汽车、飞机来的概率分别是0.3,0.2,0.1,0.4.已知他乘火车、轮船、汽车来的话,迟到的概率分别是 $\frac{1}{4}$,$\frac{1}{3}$,$\frac{1}{12}$,而乘飞机不会迟到,结果他迟到了,试问他是乘火车来的概率是多少?

30. 某工厂生产的产品以100件为一批,进行抽样检查时,只从每批中任取10件来检查,若发现其中有次品,则认为这批产品是不合格的.假定每批产品中的次品数最多不超过4件,并且次品数从0到4是等可能的.已知一批产品通过检查,求这批产品中次品数是0,1,2,3,4件的概率.

31. 已知一批产品中96%是合格品,检查产品时,一合格品被误认为是次品的概率是0.02,一个次品被误认为是合格品的概率是0.05,求在被检查后认为是合格品的产品确是合格品的概率.

32. 某种彩票的中奖面为10%,某人一次买了10张,求其中奖的概率.

33. 设袋中有4个乒乓球,一个涂有白色,一个涂有红色,一个涂有蓝色,另一个涂有白、红、蓝三种颜色.今从袋中随机地取一球.若事件 A、B、C 分别为“取出的是涂有白色的球”、“取出的是涂有红色的球”、“取出的是涂有蓝色的球”,试验证 A,B,C 两两独立,但不相互独立.

34. 设 A、B 为相互独立的事件,$P(A\cup B)=0.6$,$P(A)=0.4$,求 $P(B)$.

35. 已知 $P(B|A)=P(B|\overline{A})$,证明事件 A、B 相互独立.

36. 掷一颗骰子,并独立地从一副52张的扑克牌中随机地抽取一张牌.求下列事件的概率:

(1) 骰子掷出偶数点而扑克牌为红色;

(2) 骰子掷出偶数点或扑克牌为红色.

37. 甲、乙、丙三人按下面规则进行比赛,第一局由甲、乙参加而丙轮空,由第一局的优胜者与丙进行第二局比赛,而失败者则轮空,用这种方式一直进行到其中一人连胜两局为止,此人成为整场比赛的优胜者.已知甲、乙、丙每局胜的概率各为 $\frac{1}{2}$,问甲、乙、丙成为整场比赛优胜者的概率各是多少?

38. 图 1-11 中 1、2、3、4、5 表示继电器接点. 假设每一继电器接点闭合的概率为 p,且各继电器闭合与否相互独立,求 L 到 R 是通路的概率.

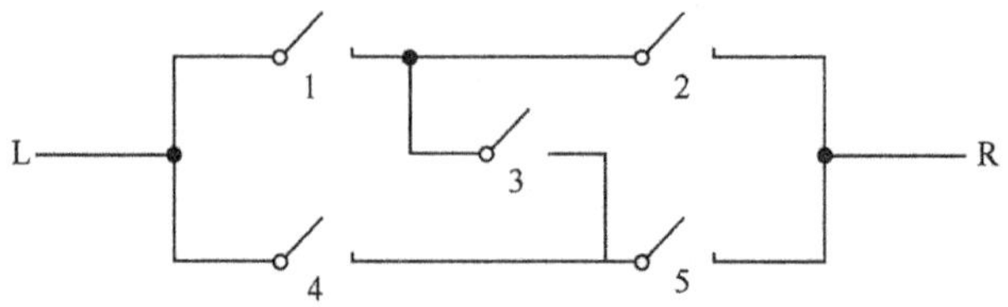

图 1-11

39. 三人独立地去破译一个密码,他们能译出的概率分别为$\frac{1}{5}$,$\frac{1}{3}$,$\frac{1}{4}$,求将此密码译出的概率.

40. 甲、乙、丙三人独立地向同一飞机射击,设击中的概率分别是 0.4,0.5,0.7. 若只有一人击中,则飞机被击落的概率是 0.2;若有两人击中,则飞机被击落的概率是 0.6;若三人都击中,则飞机一定被击落. 求飞机被击落的概率.

41. 袋中装有 30 只红球、70 只白球,现从袋中放回地抽取 5 次,求:

(1) 取出的 5 只球中恰有 2 只红球的概率;

(2) 取出的 5 只球中至少有 2 只红球的概率.

42. 在 4 次重复独立试验中事件 A 至少出现一次的概率为$\frac{65}{81}$,求在一次试验中 A 出现的概率.

43. 甲、乙两个篮球运动员,投篮命中率分别为 0.7 及 0.6,每人投篮 3 次,求:

(1) 两人进球数相等的概率;

(2) 甲比乙进球数多的概率.

44. 甲、乙两个乒乓球运动员进行乒乓球比赛,已知每一局甲胜的概率为 0.6,乙胜的概率为 0.4,比赛可以采用三局二胜制或五局三胜制,问在哪一种赛制下甲获胜的可能性较大?

45. 学生甲与乙都注册了同一门课,甲上课的概率为 0.8,乙上课的概率为 0.6,且两个学生的缺勤是相互独立的. 已知今天两个学生至少有一个上了课,求学生甲今天上课的概率.

第二章　随机变量及其分布

第一章用样本空间的子集表示随机事件，这种表示的方式对分析随机现象的统计规律性有较大的局限性. 本章将用变量来表示随机事件，即引进随机变量的概念. 在概率的发展过程中，正是由于随机变量的引入，才使得概率的研究工作借助于数学分析的知识，获得飞速发展，取得丰硕的研究成果，更全面地揭示了随机现象的统计规律性，而且为概率论知识的应用开辟了重要的通道.

2.1　随机变量及其分布函数

2.1.1　随机变量

在随机试验中，若把试验中观察到的结果与某个实数对应，即建立对应关系 X，使随机试验的每个可能的结果 ω，都有一个实数 $X(\omega)$ 与之对应，则 X 的取值将随着随机试验的结果而变化. X 是变量，且在随机试验的结果未产生之前，不能预知其取值，即 X 的取值是随机的，因此，很自然地称 X 为随机变量.

定义 2.1　设 Ω 为随机试验 E 的样本空间，若对 Ω 中的每个基本事件 ω，都有唯一的实数 $X(\omega)$ 与之对应，则称 $X(\omega)$ 为定义在 Ω 上的**随机变量**.

由定义可知，随机变量是定义在样本空间上的单值实值函数，通常以字母 X，Y，Z 等表示随机变量.

随机变量的取值是随机的，在随机试验的结果未产生之前，不能预知其取值，且随机变量取每个可能值，都表示了某个随机事件的发生，因此，随机变量取每个可能值都是有一定概率的.

例 1　已知一批产品有 100 件，其次品率为 10%. 从中任意抽取一件，观察其是否为正品. 由题意知，样本空间 $\Omega=\{正品,次品\}$，定义

$$X=\begin{cases}1, & 取到正品,\\ 0, & 取到次品,\end{cases}$$

则 X 为随机变量，且

$$P(X=1)=P\{取到正品\},\quad P(X=0)=P\{取到次品\}.$$

例 2　已知口袋中有 3 只红球，5 只白球，任取 3 球，观察所取的球中红球的只数. 本题的样本空间 $\Omega=\{k\text{ 只红球}\mid k=0,1,2,3\}$，定义 $X=k$ 为取到 k 只红球，$k=0,1,2,3$，则 X 为随机变量，且

$$P(X=k)=P\{取到\ k\ 只红球\},\qquad k=0,1,2,3.$$

例 3　观察某种型号的灯泡的寿命，其样本空间 $\Omega=\{t\,|\,t_1\leqslant t\leqslant t_2\}$，定义 $X=t$ 为所观察的灯泡的寿命是 t，$t_1\leqslant t\leqslant t_2$，则 X 是随机变量，且

$$P(X\leqslant t_0)=P\{\text{灯泡的寿命不超过 } t_0\}.$$

有些随机变量的取值是不能一一列举的. 如在例 3 中观察灯泡的寿命，随机变量 X 的取值是区间 $[t_1,t_2]$ 上的任一实数，且在实际中，对于任一实数 t_0，$t_1\leqslant t_0\leqslant t_2$，随机事件 $A=\{$灯泡的寿命为 $t_0\}$ 可能观察上百万次也不会发生，这就是说，随机事件 A 发生的频率在零附近波动，所以概率 $P(A)=P(X=t_0)=0$.

2.1.2　随机变量的分布函数

由于随机变量的概率分布情况并非都能以其取某个值的概率表示，所以需要考虑随机变量的取值在某个区域里的概率.

定义 2.2　设 X 是随机变量，x 是任一实数，则函数

$$F(x)=P(X\leqslant x)$$

称为随机变量 X 的分布函数.

由定义可知，随机变量 X 的分布函数是定义在实数域 $\mathbf{R}=(-\infty,+\infty)$ 上的实函数，X 的取值落在任一区间 $(x_1,x_2]$ $(x_1<x_2)$ 的概率

$$P(x_1<X\leqslant x_2)=P(X\leqslant x_2)-P(X\leqslant x_1)=F(x_2)-F(x_1).$$

因此，利用分布函数可以完整地表示随机变量 X 的概率分布.

若把 x 看作数轴上的点，则随机变量 X 的分布函数 $F(x)$ 的函数值是 X 的可能取值落在区间 $(-\infty,x]$ 上的概率.

分布函数 $F(x)$ 具有以下性质：

(1) $0\leqslant F(x)\leqslant 1$；

(2) 若 $x_1<x_2$，则 $F(x_1)\leqslant F(x_2)$；

(3) $F(+\infty)=\lim\limits_{x\to+\infty}F(x)=1$，$F(-\infty)=\lim\limits_{x\to-\infty}F(x)=0$；

(4) $F(x+0)=\lim\limits_{t\to x^+}F(t)=F(x)$，即 $F(x)$ 是右连续的函数.

以上的性质中，前 3 条由分布函数的定义直接可得，第 4 条的证明需用概率的连续性，故略.

可以证明，若实函数 $F(x)$ 满足以上性质中的 4 条，则 $F(x)$ 可以作为某个随机变量的分布函数.

利用分布函数，可得

$P(a\leqslant X\leqslant b)=F(b)-F(a)+P(X=a)$；

$P(X=a)=F(a)-F(a-0)$，其中 $F(a-0)=\lim\limits_{x\to a^-}F(x)$.

2.2 离散型随机变量及其概率分布

2.2.1 离散型随机变量及其分布律

定义 2.3 若随机变量 X 的全部可能取值为有限多个或可列无穷多个，则称 X 为**离散型随机变量**.

易知，离散型随机变量 X 的统计规律由 X 的每个取值以及对应的概率所确定.

设随机变量 X 的全部可能取值为 $x_i, i=1,2,\cdots$，而

$$P(X=x_i)=p_i, \quad i=1,2,\cdots \tag{2.2.1}$$

且满足

$$p_i \geqslant 0, \quad i=1,2,\cdots; \quad \sum_{i=1}^{+\infty} p_i = 1,$$

则称(2.2.1)式为 X 的**概率分布**或**分布律**. 反之，若数列 $p_i(i=1,2,\cdots)$满足

$$p_i \geqslant 0, \quad i=1,2,\cdots; \quad \sum_{i=1}^{+\infty} p_i = 1,$$

则数列 $p_i(i=1,2,\cdots)$就可以作为某个离散型随机变量的分布律.

随机变量 X 的分布律常列表（分布列）表示为

X	x_1	x_2	$\cdots$	x_n	$\cdots$
P	p_1	p_2	$\cdots$	p_n	$\cdots$

或者用矩阵表示为

$$X \sim \begin{pmatrix} x_1 & x_2 & \cdots & x_n & \cdots \\ p_1 & p_2 & \cdots & p_n & \cdots \end{pmatrix}.$$

易知，X 的分布函数 $F(x)$可表示为

$$F(x)=P(X\leqslant x)=P\Big(\bigcup_{x_i\leqslant x}(X=x_i)\Big)=\sum_{x_i\leqslant x}P(X=x_i)=\sum_{x_i\leqslant x}p_i,$$

而 X 的分布律又可由分布函数表示为

$$P(X=x_i)=p_i=P(x_{i-1}<X\leqslant x_i)=F(x_i)-F(x_{i-1}), \quad i=1,2,\cdots.$$

例 1 一盒元件有 5 件，已知其中有 2 件是合格品，从中逐一取出元件测试，直到首次取出的是合格品为止，求首次取到合格品时所取次数 X 的分布律和分布函数，并求出至少取 3 次才取得合格品的概率.

解 据题意，抽取的方式是不放回的，因此 X 的全部可能取值为 1,2,3,4.

设 A_i 为“第 i 次取到合格品”的事件，$i=1,2,3,4$，则 X 的分布律为

$$P(X=1)=P(A_1)=\frac{2}{5},$$

$$P(X=2)=P(\overline{A}_1A_2)=P(\overline{A}_1)P(A_2\mid\overline{A}_1)=\frac{3}{5}\times\frac{2}{4}=\frac{3}{10},$$

$$P(X=3)=P(\overline{A}_1\overline{A}_2A_3)=P(\overline{A}_1)P(\overline{A}_2\mid\overline{A}_1)P(A_3\mid\overline{A}_1\overline{A}_2)$$
$$=\frac{3}{5}\times\frac{2}{4}\times\frac{2}{3}=\frac{1}{5},$$

$$P(X=4)=1-\sum_{i=1}^{3}P(X=i)=\frac{1}{10},$$

即

$$X\sim\begin{pmatrix}1 & 2 & 3 & 4\\ \frac{2}{5} & \frac{3}{10} & \frac{1}{5} & \frac{1}{10}\end{pmatrix}.$$

X 的分布函数

$$F(x)=\begin{cases}0, & x<1,\\ \frac{2}{5}, & 1\leqslant x<2,\\ \frac{2}{5}+\frac{3}{10}=\frac{7}{10}, & 2\leqslant x<3,\\ \frac{2}{5}+\frac{3}{10}+\frac{1}{5}=\frac{9}{10}, & 3\leqslant x<4,\\ \frac{2}{5}+\frac{3}{10}+\frac{1}{5}+\frac{1}{10}=1, & x\geqslant 4.\end{cases}$$

事件“至少取 3 次才取得合格品”的概率

$$P(X\geqslant 3)=P(X=3)+P(X=4)=\frac{3}{10},$$

或

$$P(X\geqslant 3)=1-P(X\leqslant 2)=1-F(2)=\frac{3}{10}.$$

例 2　某人独立射击，每次射击命中目标的概率为 $p(0<p<1)$，设 X 为首次命中目标时已用的射击次数，求 X 的分布律和分布函数.

解　据题意，X 的全部可能取值为 $1,2,3,\cdots$. 设 A_i 为“第 i 次命中目标”的事件，$i=1,2,3,\cdots$，则 $A_i(i=1,2,3,\cdots)$ 为相互独立的事件. X 的分布律为

$$P(X=i)=P(\overline{A}_1\overline{A}_2\cdots\overline{A}_{i-1}A_i)=P(\overline{A}_1)P(\overline{A}_2)\cdots P(\overline{A}_{i-1})P(A_i)=pq^{i-1},$$

其中 $p+q=1,i=1,2,3,\cdots$，即

$$X\sim\begin{pmatrix}1 & 2 & 3 & \cdots & n & \cdots\\ p & pq & pq^2 & \cdots & pq^{n-1} & \cdots\end{pmatrix}.$$

因为对任意实数 x，有

$$P(X\leqslant x)=\sum_{i=1}^{[x]}P(X=i)=\sum_{i=1}^{[x]}pq^{i-1}=p\,\frac{1-q^{[x]}}{1-q}=1-q^{[x]},$$

所以 X 的分布函数

$$F(x)=\begin{cases}0, & x<1,\\ 1-q^{[x]}, & x\geqslant 1,\end{cases}$$

其中$[x]$为不超过 x 的最大整数.

通常,称例 2 中的分布律为**几何分布**,或称其中的随机变量 X 服从参数为 p 的几何分布.

在例 2 中,随机变量 X 是独立试验序列中,试验首次成功所需的试验次数. 若 X 为独立试验序列中,第 r 次成功所需的试验次数,则当一次试验成功的概率为 p $(0<p<1)$时,X 的分布律为

$$X\sim\begin{pmatrix} r & r+1 & r+2 & \cdots & n & \cdots \\ p^r & C_r^1p^rq & C_{r+1}^2p^rq^2 & \cdots & C_{n-1}^{r-1}p^rq^{n-r} & \cdots\end{pmatrix}(r\geqslant 1).$$

此时称随机变量 X 服从参数为 r,p 的**帕斯卡(Pascal)分布**. 当 $r=1$ 时,其为例 2 中的几何分布.

2.2.2 离散型随机变量的常用分布

通常离散型随机变量是按其分布律来分类的,离散型随机变量的概率分布简称为离散分布. 下面介绍几个常用的离散分布.

1. 二项分布

若随机变量 X 的全部可能取值为 $0,1,2,\cdots,n$,且其分布律为

$$P(X=k)=C_n^kp^kq^{n-k},\quad k=0,1,2,\cdots,n,$$

其中 $0<p<1,p+q=1$,则称 X 服从参数为 n,p 的**二项分布**,或称 X 服从参数为 n,p 的**伯努利(Bernoulli)分布**,记为 $X\sim B(n,p)$.

在 n 重伯努利试验中,设 X 为事件 A 发生的次数,则事件 A 恰好发生 k 次的概率

$$P(X=k)=C_n^kp^kq^{n-k},\quad k=0,1,2,\cdots,n,$$

即 $X\sim B(n,p)$. 故二项分布常用来描述可重复进行独立试验的随机现象.

容易验证,

$$P(X=k)=C_n^kp^kq^{n-k}\geqslant 0,$$

$$\sum_{k=0}^{n}P(X=k)=\sum_{k=0}^{n}C_n^kp^kq^{n-k}=(p+q)^n=1.$$

当 $n=1$ 时,称 X 服从参数为 p 的 **0-1 分布**,记为 $X\sim B(1,p)$,其分布律为

$$X\sim\begin{pmatrix}0 & 1\\ 1-p & p\end{pmatrix}.$$

例 3 某自动生产线每天能正常生产的概率为 0.8,各天是否能正常生产是

相互独立的. 设 X 为 1 周 5 个工作日中正常生产的天数，求 X 的分布律和生产线在 1 周内至少有 2 天能正常生产的概率.

解　据题意可知，X 是 5 次独立试验中事件 $A=\{$能正常生产$\}$发生的次数，故 $X\sim B(5,0.8)$，因此 X 的分布律为

$$P(X=k)=\mathrm{C}_5^k(0.8)^k(0.2)^{5-k},\quad k=0,1,2,\cdots,5,$$

即

$$X\sim\begin{pmatrix}0 & 1 & 2 & 3 & 4 & 5\\ 0.0003 & 0.0064 & 0.0512 & 0.2048 & 0.4096 & 0.3277\end{pmatrix}.$$

事件"1 周内至少有 2 天能正常生产"的概率

$P(X\geqslant 2)=1-P(X<2)=1-P(X=0)-P(X=1)=0.9933.$

服从二项分布的随机变量有以下常用性质.

性质 1　若 $X\sim B(n,p)$，则当 $k=[(n+1)p]$时，概率 $P(X=k)$取最大值.

证　因为由

$$\frac{P(X=k)}{P(X=k-1)}=\frac{\mathrm{C}_n^k p^k q^{n-k}}{\mathrm{C}_n^{k-1}p^{k-1}q^{n-k+1}}=\frac{(n-k+1)p}{kq}=1+\frac{(n+1)p-k}{kq},$$

可得

$k<(n+1)p$ 时，$P(X=k)>P(X=k-1)$，即 $P(X=k)$ 单调增加；

$k>(n+1)p$ 时，$P(X=k)<P(X=k-1)$，即 $P(X=k)$ 单调减少.

所以当 $k=[(n+1)p]$时，概率 $P(X=k)$取最大值.

通常，性质 1 中的$[(n+1)p]$称为在 n 次独立试验中**最可能的成功次数**. 如在例 3 中，$[(n+1)p]=[(5+1)\times 0.8]=[4.8]=4$，可见 $P(X=4)$是其概率的最大值，即有 4 天能正常生产的概率最大.

性质 2　设随机变量 $X_n\sim B(n,p_n)$，且 $\lim\limits_{n\to+\infty}np_n=\lambda$，其中 $\lambda>0$ 为常数，则对任意的非负整数 k，有

$$\lim_{n\to+\infty}P(X_n=k)=\lim_{n\to+\infty}\mathrm{C}_n^k p_n^k(1-p_n)^{n-k}=\frac{\lambda^k}{k!}\mathrm{e}^{-\lambda}.$$

证　记 $\lambda_n=np_n$，则 $p_n=\dfrac{\lambda_n}{n}$，于是对于任意的非负整数 k，有

$$\begin{aligned}\mathrm{C}_n^k p_n^k(1-p_n)^{n-k}&=\frac{n(n-1)\cdots(n-k+1)}{k!}\frac{\lambda_n^k}{n^n}(1-\lambda_n)^{n-k}\\&=\frac{\lambda_n^k}{k!}\left[\left(1-\frac{1}{n}\right)\left(1-\frac{2}{n}\right)\cdots\left(1-\frac{k-1}{n}\right)\right]\left(1-\frac{\lambda_n}{n}\right)^n\left(1-\frac{\lambda_n}{n}\right)^{-k},\end{aligned}$$

由于

$$\lim_{n\to+\infty}\lambda_n^k=\lim_{n\to+\infty}(np_n)^k=\lambda^k,\quad \lim_{n\to+\infty}\left(1-\frac{\lambda_n}{n}\right)^n=\mathrm{e}^{-\lambda},$$

因此

$$\lim_{n\to+\infty}P(X_n=k)=\lim_{n\to+\infty}C_n^k p_n^k(1-p_n)^{n-k}=\frac{\lambda^k}{k!}e^{-\lambda}.$$

通常,性质 2 称为**泊松(Poisson)定理**. 其表明,若 $X\sim B(n,p)$,则当 n 比较大而 p 又很小时,有近似计算式

$$P(X=k)=C_n^k p^k(1-p)^{n-k}\approx\frac{\lambda^k}{k!}e^{-\lambda},\quad k=0,1,2,\cdots,n.$$

例 4 一批元件有 400 件,已知它的次品率为 0.02,求其中至少有 2 件次品的概率.

解 设一批元件中次品有 X 件,据题意可得,每件元件是否是次品相互独立,因此随机变量 $X\sim B(400,0.02)$,事件"至少有 2 件次品"的概率

$$\begin{aligned}P(X\geqslant 2)&=1-P(X<2)=1-P(X=0)-P(X=1)\\&=1-0.98^{400}-400\times0.02\times0.98^{399},\end{aligned}$$

直接计算的计算量较大,可利用泊松定理,因为 $\lambda=400\times0.02=8$,所以

$$P(X\geqslant 2)=1-P(X=0)-P(X=1)\approx1-e^{-8}-8e^{-8}\approx0.997.$$

例 4 的结果说明两个事实:

其一,元件的次品率很小(0.02),从中任取一件,发现是次品的概率很小,但只要元件数较多(400 件),则其中至少有 2 件次品几乎是可以肯定的(概率为 0.997). 这个事实说明,一个事件尽管在一次试验中发生的概率很小,但在大量重复的独立试验中,这个事件的发生几乎是必然的. 也就是说,小概率事件,在一次试验中可以认为是不会发生的,但在大量重复的独立试验中是不可忽视的.

其二,如果发现在这批元件中次品少于 2 件,由于 $P(X<2)\approx0.003$,即这批元件少于 2 件的概率很小,而这个小概率事件在一次试验中竟然发生了,则根据实际可以推断,有理由怀疑"次品率为 0.02"的真实性,即有理由认为这批元件的次品率不是 0.02.

通常,称以上事实为**小概率原理**和**实际推断原理**.

例 5 某证券营业部开有 1000 个资金账户,每户资金 10 万元,设每日每个资金账户到营业部提取 20%现金的概率为 0.006,问该营业部每日至少要准备多少现金,才能保证以 95%以上的概率满足客户的提款需求.

解 设每日提取现金的账户数为 X,据题意,可认为每个客户是否需提取现金是相互独立的,因此随机变量 $X\sim B(1000,0.006)$,而每日提取的现金数为 $2X$ 万元. 又设营业部准备的现金数为 x(万元),则要求最小的 x,使

$$P(2X\leqslant x)=P\left(X\leqslant\frac{x}{2}\right)\geqslant0.95,$$

即求 x,使

$$\sum_{k=0}^{x/2}C_{1000}^k\times0.006^k\times0.994^{1000-k}\geqslant0.95.$$

利用泊松定理,由 $\lambda=1000\times0.006=6$,得

$$\sum_{k=0}^{x/2}C_{1000}^{k}\times0.006^{k}\times0.994^{1000-k}\approx\sum_{k=0}^{x/2}\frac{6^{k}}{k!}e^{-6}=1-\sum_{k=1+x/2}^{+\infty}\frac{6^{k}}{k!}e^{-6}\geqslant0.95.$$

查书后附表 1,得 $\frac{x}{2}\geqslant10$,于是 $x\geqslant20$.

故营业部每日至少应准备 20 万元现金.

例 6　设有 90 台同类的设备,各台设备的工作是相互独立的,每台设备发生故障的概率都是 0.01,且每台设备的故障可由 1 个维修工处理. 现有 3 个维修工,配备维修工的方法有两种:一种是 3 个维修工分开维护,每人负责 30 台设备;另一种是 3 个维修工共同负责 90 台设备的维护. 试比较这两种方法在设备发生故障且不能得到及时维修时的概率的大小.

解　当采用第一种方法时,设 $A_i(i=1,2,3)$ 为"第 i 个维修工负责的 30 台设备中,有的设备发生故障时不能及时得到维修"的事件,又设第 i 个维修工负责的 30 台设备中,同时有 X_i 台发生故障,则 $X_i\sim B(30,0.01)$,又 $\lambda=30\times0.01=0.3$,故

$$P(A_i)=P(X_i\geqslant2)\approx\sum_{k=2}^{+\infty}\frac{0.3^{k}}{k!}e^{-0.3}\approx0.0369.$$

设 A 为"90 台设备中,有的设备发生故障时不能及时得到维修"的事件,则 $A=A_1\cup A_2\cup A_3$. 据题意可得,事件 $A_i(i=1,2,3)$ 相互独立,故采用第一种方法时,所求的概率

$$\begin{aligned}P(A)&=P\Big(\bigcup_{i=1}^{3}A_i\Big)=1-P\Big(\bigcap_{i=1}^{3}\overline{A}_i\Big)\\&=1-\prod_{i=1}^{3}P(\overline{A}_i)\approx1-(1-0.0369)^{3}=0.1067.\end{aligned}$$

当采用第二种方法时,设 X 为 90 台设备中同时发生故障的设备台数,则由题意可得 $X\sim B(90,0.01)$,又 $\lambda=90\times0.01=0.9$,故所求概率

$$P(X\geqslant4)=\sum_{k=4}^{90}C_{90}^{k}\times0.01^{k}\times0.99^{90-k}\approx\sum_{k=4}^{+\infty}\frac{0.9^{k}}{k!}e^{-0.9}=0.0135.$$

由于 $0.0135<0.1067$,因此共同负责的维修效率较高.

2. 泊松分布

若随机变量 X 的全部可能取值为 $0,1,2,\cdots$,其分布律为

$$P(X=k)=\frac{\lambda^{k}}{k!}e^{-\lambda},\quad k=0,1,2,\cdots,$$

其中 $\lambda>0$ 是常数,则称 X 服从参数为 λ 的**泊松(Poisson)分布**,记为 $X\sim P(\lambda)$.

易知

$$\frac{\lambda^k}{k!}e^{-\lambda} \geqslant 0, \quad \sum_{k=0}^{+\infty}\frac{\lambda^k}{k!}e^{-\lambda} = e^{-\lambda}\sum_{k=0}^{+\infty}\frac{\lambda^k}{k!} = e^{-\lambda}e^{\lambda} = 1.$$

例 7 某急救中心在间隔 t 的时间段中收到呼救的次数 $X \sim P(t/2)$，且与时间间隔的起点无关(时间以小时记)，试求：

(1) 某天 12:00～15:00 之间没有收到呼救的概率；

(2) 某天 12:00～17:00 之间至少收到 1 次呼救的概率.

解 (1) 因为 $t=15-12=3$，所以 $X\sim P(1.5)$，故所求概率

$$P(X=0)=\frac{1.5^0}{0!}e^{-1.5}=e^{-1.5}.$$

(2) 因为 $t=17-12=5$，所以 $X\sim P(2.5)$，故所求概率

$$P(X\geqslant 1)=1-P(X<1)=1-P(X=0)=1-e^{-2.5}.$$

由泊松定理可知，若 $X\sim B(n,p_n)$，则当 $n\to+\infty$，$X\sim P(\lambda)$，其中 $\lambda=np_n$. 这个事实说明了泊松分布在理论上的重要性. 在应用中泊松分布也是一个很重要的分布，例如公共设施在某时间段内要求提供服务的人数，系统在某时间段内发生故障的次数，商店在某时间段内卖出某种商品的件数等等. 所以不论在工程技术中还是在管理工程中，泊松分布都占据了重要的位置.

2.3 连续型随机变量及其概率分布

2.3.1 连续型随机变量及其密度函数

若随机变量 X 的全部可能取值非离散时，就需定义非离散型的随机变量. 以下所述的连续型随机变量是一类重要的非离散型的随机变量.

定义 2.4 设 $F(x)$为随机变量 X 的分布函数，若存在非负函数 $f(x)$，对任意实数 x，有

$$F(x)=\int_{-\infty}^{x} f(t)\mathrm{d}t,$$

则称 X 为**连续型随机变量**，称 $f(x)$为 X 的**概率密度函数**或**分布密度函数**，简称为**概率密度**.

据定义，连续型随机变量 X 的分布函数可表示为实变量 x 的变上限积分. 可表示为变上限积分的函数是连续的，故 X 的分布函数是实数域上的连续(不仅是右连续)函数. 因此对任一实数 x_0，

$$\begin{aligned}P(X=x_0)&=\lim_{\Delta x\to 0^+}P(x_0-\Delta x<X\leqslant x_0)\\&=\lim_{\Delta x\to 0^+}(F(x_0)-F(x_0-\Delta x))=0,\end{aligned}$$

即 X 取任一值的概率都为 0. 所以须采用密度函数描述 X 的概率分布，而不能用分布律描述 X 的概率分布.

以上事实说明，$P(X=x_0)=0$ 并不意味着随机事件$\{X=x_0\}$是不可能事件，因此，概率为 0 的事件未必是不可能事件. 同样，概率为 1 的事件未必是必然事件. 此事实还说明，对于任意的实数 $a,b(a<b)$，有

$$\begin{aligned}F(b)-F(a)&=P(a<X\leqslant b)=P(a\leqslant X\leqslant b)\\&=P(a\leqslant X<b)=P(a<X<b).\end{aligned}$$

由定义及分布函数的性质可知，密度函数 $f(x)$有以下性质：

(1) $f(x)\geqslant 0$，$\int_{-\infty}^{+\infty}f(x)\mathrm{d}x=1$.

(2) 对于任意实数 $x_1,x_2(x_1<x_2)$有

$$P(x_1<X\leqslant x_2)=F(x_2)-F(x_1)=\int_{x_1}^{x_2}f(x)\mathrm{d}x.$$

(3) 若 $f(x)$在点 x 处连续，则 $F'(x)=f(x)$.

由性质(1)可知，密度函数 $y=f(x)$的几何意义是位于 x 轴上方的曲线(图 2-1)，此曲线与 x 轴所围平面图形的面积为 1. 由性质(2)可知，X 的取值落在区间$(x_1,x_2]$上的概率等于图 2-2 中阴影所示的曲边梯形的面积.

由性质(3)可知，

$$f(x)=\lim_{\Delta x\to 0}\frac{F(x+\Delta x)-F(x)}{\Delta x}=\lim_{\Delta x\to 0}\frac{P(x<X\leqslant x+\Delta x)}{\Delta x},$$

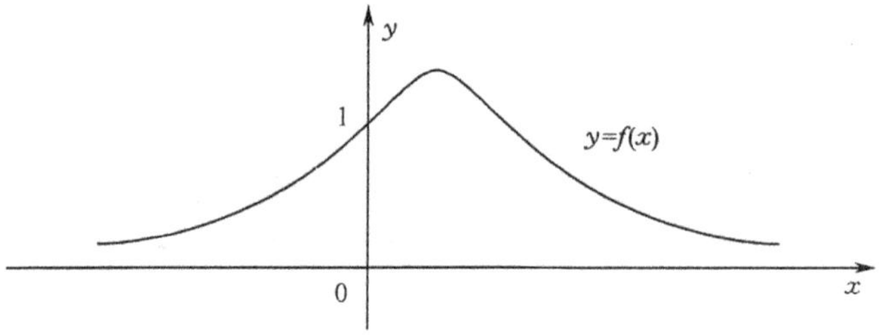

图 2-1

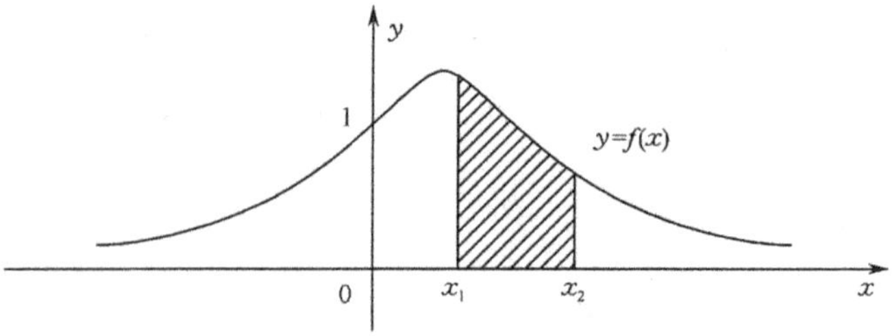

图 2-2

因此，当 Δx 充分小时，有

$$P(x < X \leqslant x + \Delta x) \approx f(x)\Delta x,$$

即 $f(x)$不是概率，但 $f(x)$的取值确定了 X 在区间$(x, x+\Delta x]$上概率的大小，也就是说，$f(x)$的取值确定了 X 在点 x 附近的概率的"疏密度"，故称 $f(x)$为密度函数.

例 1 射手射击，设目标靶是半径为 20 厘米的圆盘，以 X 表示弹着点到圆盘中心的距离，射手击中靶上任一点的概率，与圆盘上以 X 为半径的同心圆的面积成正比，设每次射击都能中靶，试求 X 的分布函数 $F(x)$，密度函数 $f(x)$以及概率 $P(5<X\leqslant 10)$.

解 据题意，当 $x<0$ 时，$\{X\leqslant x\}$为不可能事件，此时

$$F(x) = P(X \leqslant x) = 0;$$

当 $0\leqslant x<20$ 时，$P(0<X\leqslant x)=k\pi x^2$，其中 $k>0$ 为常数，又$\{0\leqslant X\leqslant 20\}$是必然事件，$1=P(0<X\leqslant 20)=k\pi 20^2$，即 $k=1/400\pi$，故此时

$$F(x) = P(X \leqslant x) = P(X \leqslant 0) + P(0 < X \leqslant x) = \frac{x^2}{400};$$

当 $x\geqslant 20$ 时，$\{X\leqslant x\}$为必然事件，此时

$$F(x) = 1.$$

因此 X 的分布函数

$$F(x) = \begin{cases} 0, & x < 0, \\ \dfrac{x^2}{400}, & 0 \leqslant x < 20, \\ 1, & x \geqslant 20. \end{cases}$$

由性质(3)，X 的密度函数

$$f(x) = F'(x) = \begin{cases} \dfrac{x}{200}, & 0 \leqslant x < 20, \\ 0, & \text{其他}. \end{cases}$$

由性质(2)可得

$$P(5 < X \leqslant 10) = \int_5^{10} f(x)\mathrm{d}x = \int_5^{10} \frac{x}{200}\mathrm{d}x = \frac{3}{16}.$$

概率 $P(5<X\leqslant 10)$也可以用分布函数计算得

$$P(5 < X \leqslant 10) = F(10) - F(5) = \frac{10^2}{400} - \frac{5^2}{400} = \frac{3}{16}.$$

例 2 设随机变量 X 的密度函数

$$f(x) = \begin{cases} k\mathrm{e}^{-3x}, & x > 0, \\ 0, & x \leqslant 0. \end{cases}$$

试求常数 k，以及随机变量 X 的分布函数 $F(x)$.

解　由性质(1)可得

$$1=\int_{-\infty}^{+\infty}f(x)\mathrm{d}x=\int_{0}^{+\infty}k\mathrm{e}^{-3x}\mathrm{d}x=\frac{k}{3},$$

故 $k=3$,而 X 的分布函数

$$F(x)=\int_{-\infty}^{x}f(t)\mathrm{d}t=\begin{cases}1-\mathrm{e}^{-3x} & x>0,\\ 0, & x\leqslant 0.\end{cases}$$

通常,若随机变量 X 的密度函数

$$f(x)=\begin{cases}\lambda\mathrm{e}^{-\lambda x}, & x>0,\\ 0, & x\leqslant 0,\end{cases}$$

其中 $\lambda>0$ 是常数,则 X 服从参数为 λ 的**指数分布**,记为 $X\sim E(\lambda)$. 而 X 的分布函数

$$F(x)=\int_{-\infty}^{x}f(t)\mathrm{d}t=\begin{cases}1-\mathrm{e}^{-\lambda x}, & x>0,\\ 0, & x\leqslant 0.\end{cases}$$

指数分布的密度函数 $y=f(x)$,当 $x>0$ 时是单调减少的,常用来描述随机系统中的等候时间及电子器件的寿命等随机现象.

例 3　已知顾客在某银行窗口等候服务的时间 X 服从参数为$\frac{1}{5}$的指数分布,X 的计时单位为分钟. 若等候时间超过 10 分钟,他就离开. 设他在一个月内要到银行 5 次,以 Y 表示一个月内他因等候时间超过 10 分钟,没有得到服务而离开银行的次数. 试求 Y 的分布律以及概率 $P(Y\geqslant 1)$.

解　据题意,$Y\sim B(5,p)$,而 $p=P(X>10)$. 由 $X\sim E\left(\frac{1}{5}\right)$,即 X 的密度函数

$$f(x)=\begin{cases}\lambda\mathrm{e}^{-\lambda x}, & x>0,\\ 0, & x\leqslant 0,\end{cases}$$

可得

$$p=P(X>10)=\int_{10}^{+\infty}\frac{1}{5}\mathrm{e}^{-\frac{x}{5}}\mathrm{d}x=-\mathrm{e}^{-\frac{x}{5}}\Big|_{10}^{+\infty}=\mathrm{e}^{-2}.$$

因此随机变量 Y 的分布律为

$$P(Y=k)=\mathrm{C}_5^k(\mathrm{e}^{-2})^k(1-\mathrm{e}^{-2})^{5-k},\quad k=0,1,2,\cdots,5.$$

概率

$$P(Y\geqslant 1)=1-P(Y=0)=1-(1-\mathrm{e}^{-2})^5\approx 0.5167.$$

2.3.2　连续型随机变量的常见分布

通常连续型随机变量是按其密度函数来分类的,连续型随机变量的概率分布简称连续分布. 下面介绍几个常用的连续分布.

1. 均匀分布

若随机变量 X 的密度函数

$$f(x)=\begin{cases}\dfrac{1}{b-a}, & a<x<b,\\ 0, & 其他,\end{cases}$$

则称 X 服从区间 (a,b) 上的**均匀分布**，记为 $X\sim U(a,b)$.

容易求得均匀分布的分布函数

$$F(x)=\begin{cases}0, & x\leqslant a,\\ \dfrac{x-a}{b-a}, & a<x<b,\\ 1, & x\geqslant b.\end{cases}$$

均匀分布的密度函数 $f(x)$ 和分布函数 $F(x)$ 的图形，分别见图 2-3 和图 2-4.

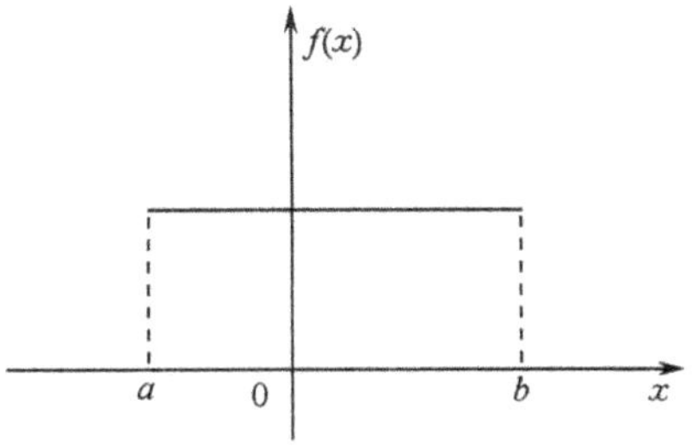

图 2-3

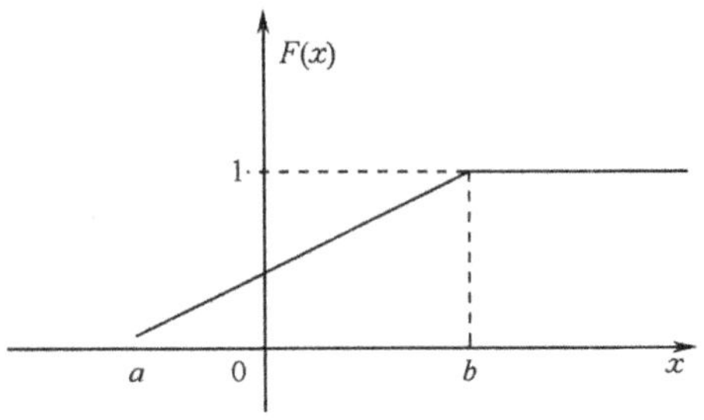

图 2-4

若 $X\sim U(a,b)$，则对于任意实数 $x_1,x_2(a<x_1<x_2<b)$ 有

$$P(x_1<X\leqslant x_2)=F(x_2)-F(x_1)=\frac{x_2-x_1}{b-a},$$

因此 X 的取值落在区间 (a,b) 内的任意子区间上的概率，与子区间的长度成正比，而与子区间的位置无关，即 X 的取值落在任意长度相等的子区间上的概率“均匀”地分布在区间 (a,b) 内.

均匀分布的应用很广泛，常用来描述数值计算中的舍入误差等概率“均匀”分布的随机现象，也常用作随机模型的模拟分布.

例 4 设随机变量 X 服从区间 $(1,6)$ 上的均匀分布，试求一元二次方程 $t^2+Xy+1=0$ 有实根的概率.

解 据题意，X 的密度函数

$$f(x)=\begin{cases}\dfrac{1}{5}, & 1<x<6,\\ 0, & 其他.\end{cases}$$

因为当 $\Delta=X^2-4\geqslant 0$ 时,方程 $t^2+Xy+1=0$ 有实根,故所求概率

$$P(X^2-4\geqslant 0)=P(|X|\geqslant 2)=P(X\geqslant 2\text{ 或 }X\leqslant -2)$$
$$=P(X\geqslant 2)+P(X\leqslant -2)=\int_2^{+\infty}f(x)\mathrm{d}x+\int_{-\infty}^{-2}f(x)\mathrm{d}x$$
$$=\int_2^6\frac{1}{5}\mathrm{d}x=\frac{4}{5}.$$

例 5　某长途汽车每天有两班,发车时间分别为 7:30 和 8:00,某乘客在 7:00 至 8:00 之间的任意时刻到达候车地点是等可能的,试求该乘客候车时间不超过 20 分钟的概率.

解　设乘客到达候车地点的时刻为 7 点 X 分,据题意,$X\sim U(0,60)$,其密度函数

$$f(x)=\begin{cases}\dfrac{1}{60}, & 0<x<60,\\ 0, & \text{其他}.\end{cases}$$

又设 Y 为乘客的等候时间,据题意,知

$$Y=\begin{cases}30-X, & 0<X\leqslant 30,\\ 60-X, & 30<X\leqslant 60,\end{cases}$$

事件

$$\{Y\leqslant 20\}=\{30-X\mid 0<X\leqslant 30\}\cup\{60-X\mid 30<X\leqslant 60\}$$
$$=\{10<X\leqslant 30\}+\{40<X\leqslant 60\}.$$

因此所求概率

$$P(Y\leqslant 20)=P(10<X\leqslant 30)+P(40<X\leqslant 60)$$
$$=\int_{10}^{30}\frac{1}{60}\mathrm{d}x+\int_{40}^{60}\frac{1}{60}\mathrm{d}x=\frac{2}{3}.$$

2. 正态分布

若随机变量 X 的密度函数

$$f(x)=\frac{1}{\sqrt{2\pi}\sigma}\mathrm{e}^{-\frac{(x-\mu)^2}{2\sigma^2}},\quad -\infty<x<+\infty,$$

其中 μ 和 σ 为常数,且 $\sigma>0$,则称 X 服从参数为 μ 和 σ^2 的**正态分布**,或称 X 服从参数为 μ 和 σ^2 的**高斯(Gauss)分布**,记为 $X\sim N(\mu,\sigma^2)$.

正态分布的分布函数

$$F(x)=\frac{1}{\sqrt{2\pi}\sigma}\int_{-\infty}^{x}\mathrm{e}^{-\frac{(t-\mu)^2}{2\sigma^2}}\mathrm{d}t.$$

易证,正态分布的密度函数 $y=f(x)$ 关于 $x=\mu$ 对称,且在 $x=\mu$ 处有最大值 $\dfrac{1}{\sqrt{2\pi}\sigma}$,在 $x=\mu\pm\sigma$ 处有拐点,$y=0$ 是其水平渐近线.

易见,若 $X\sim N(\mu,\sigma^2)$,则当其中的参数 μ 变化时,函数 $y=f(x)$的图形沿着 OX 轴平移,故参数 μ 确定了函数 $y=f(x)$的位置. 当其中的参数 σ^2 变化时,函数 $y=f(x)$的最大值发生变化. 因为 $y=f(x)$与 x 轴所围的平面图形的面积为 1,且与 σ^2 的变化无关,所以曲线 $y=f(x)$"峰"的陡峭度也随着 σ^2 的变化而改变,故参数 σ^2 确定了函数 $y=f(x)$的形状. 图 2-5 和图 2-6 分别给出参数 μ 和 σ^2 取不同值时,曲线 $y=f(x)$的不同形态.

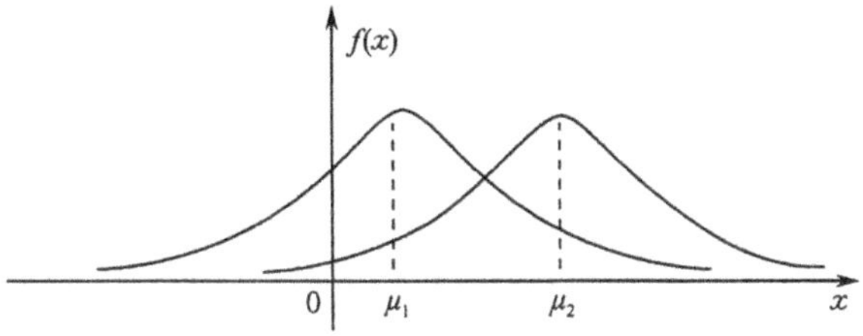

图 2-5

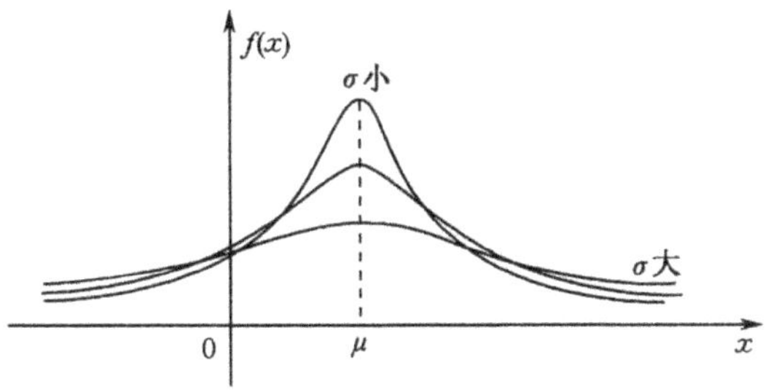

图 2-6

正态分布是一种被广泛应用的连续分布,常用于描述工业产品的质量指标,农作物的产量,材料的抗拉强度,学生的考试成绩等随机现象. 另外,还有许多分布以正态分布为其近似分布. 后面介绍的中心极限定理将进一步揭示正态分布的重要性.

当参数 $\mu=0$ 和 $\sigma^2=1$ 时,即 $X\sim N(0,1)$时,称 X 服从**标准正态分布**,此时 X 的密度函数记为

$$\varphi(x)=\frac{1}{\sqrt{2\pi}}\mathrm{e}^{-\frac{x^2}{2}},\quad -\infty<x<+\infty,$$

其分布函数记为

$$\Phi(x)=\frac{1}{\sqrt{2\pi}}\int_{-\infty}^{x}\mathrm{e}^{-\frac{t^2}{2}}\mathrm{d}t.$$

函数 $\varphi(x)$ 的图形见图 2-7，而 $y=\Phi(x)$ 的函数值为图 2-7 中的阴影部分.

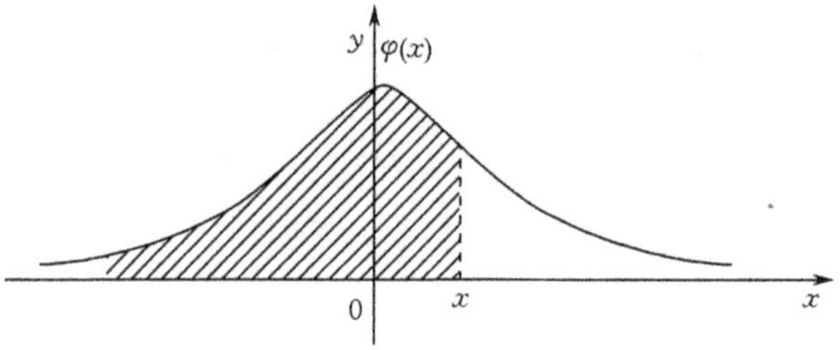

图 2-7

当 $X\sim N(0,1)$ 时，概率 $P(X\leqslant x)=\Phi(x)$，$\Phi(x)$ 的函数值已编制成表（附表 3），以供查找. X 的取值落在区间 $(x_1,x_2]$ 上的概率

$$P(x_1<X\leqslant x_2)=\Phi(x_2)-\Phi(x_1).$$

正态分布函数值表中仅有 $x\geqslant 0$ 时的函数值. 当 $x<0$ 时，因为密度函数 $\varphi(x)$ 是偶函数，所以利用其关于 y 轴的对称性，有

$$\Phi(x)=1-\Phi(-x).$$

当 $X\sim N(\mu,\sigma^2)$ 时，令 $y=\dfrac{t-\mu}{\sigma}$，则

$$F(x)=\frac{1}{\sqrt{2\pi}\sigma}\int_{-\infty}^{x}\mathrm{e}^{-\frac{(t-\mu)^2}{2\sigma^2}}\mathrm{d}t=\frac{1}{\sqrt{2\pi}}\int_{-\infty}^{\frac{x-\mu}{\sigma}}\mathrm{e}^{-\frac{y^2}{2}}\mathrm{d}y=\Phi\left(\frac{x-\mu}{\sigma}\right),$$

即 $F(x)=\Phi\left(\dfrac{x-\mu}{\sigma}\right)$. 因此 X 的取值落在区间 $(x_1,x_2]$ 上的概率

$$P(x_1<X\leqslant x_2)=\Phi\left(\frac{x_2-\mu}{\sigma}\right)-\Phi\left(\frac{x_1-\mu}{\sigma}\right).$$

例 6　已知 $X\sim N(0,1)$，试求 $P(-\infty<X\leqslant -3)$，$P(|X|<1.5)$.

解　查表可得 $\Phi(3)=0.9987$，$\Phi(1.5)=0.9332$，故

$$P(-\infty<X\leqslant -3)=\Phi(-3)=1-\Phi(3)=1-0.9987=0.0013.$$

$$\begin{aligned}P(|X|<1.5)&=P(-1.5<X<1.5)=\Phi(1.5)-\Phi(-1.5)\\&=\Phi(1.5)-(1-\Phi(1.5))=2\Phi(1.5)-1\\&=2\times 0.9332-1=0.8664.\end{aligned}$$

例 7　已知 $X\sim N(1,4)$，试求 $P(5<X\leqslant 7.2)$，$P(0<X\leqslant 1.6)$.

解　$P(5<X\leqslant 7.2)=\Phi\left(\dfrac{7.2-1}{2}\right)-\Phi\left(\dfrac{5-1}{2}\right)=\Phi(3.1)-\Phi(2)$

$$=0.9990-0.9772=0.0218.$$

$$P(0<X\leqslant 1.6)=\Phi\left(\frac{1.6-1}{2}\right)-\Phi\left(\frac{0-1}{2}\right)=\Phi(0.3)-\Phi(-0.5)$$

$$=\Phi(0.3)-(1-\Phi(0.5))=0.6179-(1-0.6915)$$
$$=0.3094.$$

例 8 已知 $X\sim N(\mu,\sigma^2)$，试求 $P(|X-\mu|<3\sigma)$.

解 $P(|X-\mu|<3\sigma)=P(\mu-3\sigma<X<\mu+3\sigma)=\Phi(3)-\Phi(-3)$
$$=\Phi(3)-(1-\Phi(3))=2\Phi(3)-1$$
$$=2\times 0.9987-1=0.9974.$$

由例 8 可知，若 $X\sim N(\mu,\sigma^2)$，则在一次试验中 X 的取值落在区间 $(\mu-3\sigma,\mu+3\sigma)$ 上的概率很大. 也就是说，X 的取值落在区间 $(\mu-3\sigma,\mu+3\sigma)$ 外的概率相当小，在一般情况下，可以忽略不计. 这就是通常说的 3σ **原则**.

例 9 把温度调节器放入储存着某种液体的容器中，调节器的设定温度为 d 度. 已知液体的温度 T 是随机变量，且 $T\sim N(d,0.5^2)$.

(1) 若 $d=90$ 度，求 $T\leqslant 89$ 的概率；

(2) 若要求保持液体的温度至少为 80 度的概率不小于 0.99，问 d 至少为多少度?

解 (1) 所求的概率

$$P(T\leqslant 89)=\Phi\left(\frac{89-90}{0.5}\right)=\Phi(-2)=1-\Phi(2)=1-0.9772=0.0228.$$

(2) 据题意，需求 d，使得 $P(T\geqslant 80)\geqslant 0.99$. 因为

$$P(T\geqslant 80)=1-P(T<80)=1-\Phi\left(\frac{80-d}{0.5}\right)\geqslant 0.99,$$

所以 $\Phi\left(\frac{80-d}{0.5}\right)\leqslant 0.01$，利用 0.99 反查正态分布表，有 $\Phi(2.33)=0.9901$，即

$$\Phi(-2.33)\leqslant 0.01.$$

于是 $\frac{80-d}{0.5}\leqslant -2.33$，即 $d\geqslant 81.165$ 时，可得 $\Phi\left(\frac{80-d}{0.5}\right)\leqslant 0.01$. 故设定温度 d 至少为 81.165 度.

在例 9(2)的求解中，给定一个概率的值，然后求出随机变量的一个取值区间，使得随机变量的取值落在这个区间上的概率等于给定值. 一般，给定实数 $\alpha(0<\alpha<1)$，存在实数 x_α，使得

$$P(X>x_\alpha)=\alpha,$$

则称 x_α 为随机变量 X 的**上 α 百分位点**.

若随机变量 $X\sim N(0,1)$，记 X 的上 α 百分位点为 z_α，由图 2-8 可知，z_α 可用等式 $\Phi(z_\alpha)=1-\alpha$，反查标准正态分布表得到. 如 $\alpha=0.05$，则由 $\Phi(1.65)=0.95=1-0.05$，知 $z_{0.05}=1.65$，即 $P(X>z_{0.05})=P(X>1.65)=0.05$.

若 $X\sim N(0,1)$，给定 $\alpha(0<\alpha<1)$，存在 $z_{\alpha/2}$，使得 $P(|X|>z_{\alpha/2})=\alpha$，则称 $z_{\alpha/2}$

为 X 的**双侧 α 百分位点**. 由图 2-9 可知, $z_{\alpha/2}$ 可用等式 $\Phi(z_{\alpha/2})=1-\frac{\alpha}{2}$, 反查标准正态分布表得到. 如 $\alpha=0.05$, 则由 $\Phi(1.96)=0.975=1-\frac{0.05}{2}$, 知 $z_{0.05/2}=1.96$, 即 $P(|X|>z_{0.05/2})=P(|X|>1.96)=0.05$.

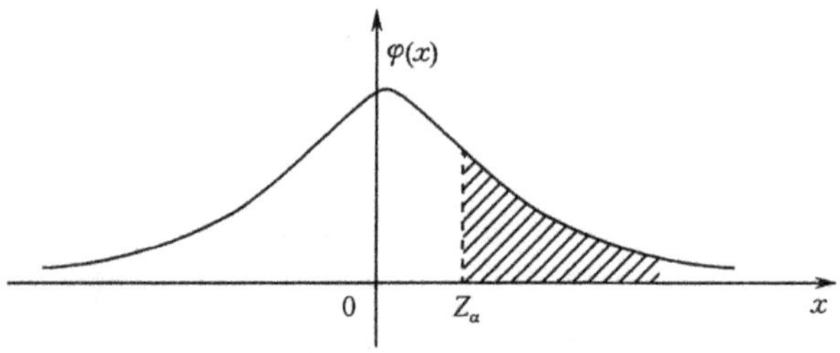

图 2-8

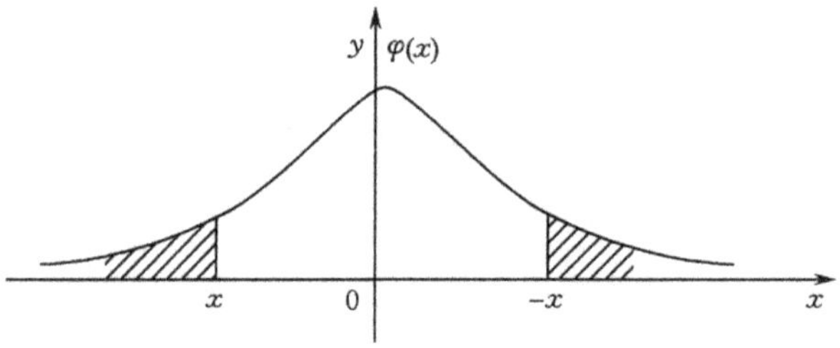

图 2-9

2.4　随机变量的函数及其分布

在实际中, 经常需要讨论随机变量的函数的分布. 例如, 在测量圆轴的截面面积时, 往往只能测量出圆轴的直径 D, 然后由函数 $S=\pi D^2/4$ 得到面积的值. 因此需要讨论, 如何由已知的随机变量的分布, 去求得这个随机变量的函数的分布. 设 X 为随机变量, $y=g(x)$ 是连续函数, 则**随机变量 $Y=g(X)$ 是 X 的函数**. 下面讨论, 如何从 X 的概率分布求出 Y 的概率分布.

2.4.1　离散型随机变量的函数的概率分布

设随机变量 X 的全部不同的可能取值为 $x_i, i=1,2,\cdots$, 其分布律为

$$P(X=x_i)=p_i,\qquad i=1,2,\cdots,$$

随机变量$Y=g(X)$的全部不同的可能取值为$y_j, j=1,2,\cdots$,则其分布律为

$$P(Y=y_j)=q_j, \qquad j=1,2,\cdots,$$

其中q_j是所有满足$g(x_i)=y_j$的x_i对应的X的概率$P(X=x_i)=p_i$的和,即

$$P(Y=y_j)=\sum_{g(x_i)=y_j} P(X=x_i).$$

例1 设随机变量X的分布律为

$$\begin{pmatrix} -1 & 0 & 1 & 2 \\ 0.2 & 0.3 & 0.1 & 0.4 \end{pmatrix},$$

试求随机变量$Y=(X-1)^2$的分布律.

解 因为Y的全部不同的可能取值为0,1,4,而

$$P(Y=0)=P((X-1)^2=0)=P(X=1)=0.1,$$

$$P(Y=1)=P((X-1)^2=1)=P(X=0)+P(X=2)=0.7,$$

$$P(Y=4)=P((X-1)^2=4)=P(X=-1)=0.2,$$

所以随机变量$Y=(X-1)^2$的分布律为

$$\begin{pmatrix} 0 & 1 & 4 \\ 0.1 & 0.7 & 0.2 \end{pmatrix}.$$

2.4.2 连续型随机变量的函数的概率分布

设随机变量X的密度函数为$f_X(x)$,$-\infty<x<+\infty$,则随机变量$Y=g(X)$的分布函数

$$F_Y(y)=P(Y\leqslant y)=P(g(X)\leqslant y)=\int_{g(x)\leqslant y} f_X(x)\mathrm{d}x,$$

随机变量$Y=g(X)$的密度函数可由$f_Y(y)=\dfrac{\mathrm{d}F_Y(y)}{\mathrm{d}y}$得到.

例2 设随机变量X的密度函数

$$f_X(x)=\begin{cases} \dfrac{x}{8}, & 0\leqslant x<4, \\ 0, & x\leqslant 0, \end{cases}$$

试求随机变量$Y=\mathrm{e}^X-1$的密度函数.

解 因为随机变量$Y=\mathrm{e}^X-1$的分布函数

$$F_Y(y)=P(Y\leqslant y)=P(\mathrm{e}^X-1\leqslant y)=P(X\leqslant \ln(y+1))$$

$$=\int_{-\infty}^{\ln(1+y)} f_X(x)\mathrm{d}x=\begin{cases} 0, & y<0, \\ \dfrac{1}{16}\ln^2(y+1), & 0\leqslant y<\mathrm{e}^4-1, \\ 1, & y\geqslant \mathrm{e}^4-1, \end{cases}$$

所以Y的密度函数

$$f_Y(y)=\frac{\mathrm{d}F_Y(y)}{\mathrm{d}y}=\begin{cases}\dfrac{\ln(y+1)}{8(y+1)}, & 0\leqslant y<\mathrm{e}^4-1,\\ 0, & \text{其他}.\end{cases}$$

例 3　设随机变量 X 的密度函数为 $f_X(x)$，$-\infty<x<+\infty$，求随机变量 $Y=X^2$ 的密度函数.

解　由于 $Y=X^2\geqslant 0$，故当 $y\leqslant 0$ 时，分布函数 $F_Y(y)=P(Y\leqslant y)=0$. 当 $y>0$ 时，分布函数

$$F_Y(y)=P(Y\leqslant y)=P(X^2\leqslant y)=P(-\sqrt{y}\leqslant X\leqslant\sqrt{y})$$
$$=\int_{-\sqrt{y}}^{\sqrt{y}}f_X(x)\mathrm{d}x,$$

因此随机变量 $Y=X^2$ 的密度函数

$$f_Y(y)=\frac{\mathrm{d}F_Y(y)}{\mathrm{d}y}=\begin{cases}\dfrac{1}{2\sqrt{y}}(f_X(\sqrt{y})+f_X(-\sqrt{y})), & y>0,\\ 0, & y\leqslant 0.\end{cases}$$

特别，若 $X\sim N(0,1)$，即 X 的密度函数

$$\varphi(x)=\frac{1}{\sqrt{2\pi}}\mathrm{e}^{-\frac{x^2}{2}},\qquad -\infty<x<+\infty,$$

则 $Y=X^2$ 的密度函数

$$f_Y(y)=\begin{cases}\dfrac{1}{\sqrt{2\pi}}y^{-\frac{1}{2}}\mathrm{e}^{-\frac{y}{2}}, & y>0,\\ 0, & y\leqslant 0.\end{cases}$$

此时，称 Y 服从自由度为 1 的 χ^2 分布，记为 $Y\sim\chi^2(1)$.

例 4　设随机变量 X 的密度函数为 $f_X(x)$，$-\infty<x<+\infty$，$y=g(x)$ 是 $(-\infty,+\infty)$ 内严格单调的可导函数，试证随机变量 $Y=g(X)$ 的密度函数

$$f_Y(y)=\begin{cases}f_X(h(y))\,|h'(y)|, & \alpha<y<\beta,\\ 0, & \text{其他},\end{cases}$$

其中 $h(y)$ 是函数 $y=g(x)$ 的反函数，而

$$\alpha=\min\{g(-\infty),g(+\infty)\},\qquad \beta=\max\{g(-\infty),g(+\infty)\}.$$

证　因为当 $y=g(x)$ 为严格单调增加函数时，其反函数 $x=h(y)$ 存在，且严格单调增加，此时随机变量 $Y=g(X)$ 的可能取值落在区间

$$(\alpha=g(-\infty),\quad \beta=g(+\infty))$$

内，所以 Y 的分布函数：

当 $y\leqslant\alpha$ 时，$F_Y(y)=P(Y\leqslant y)=0$；

当 $\alpha<y<\beta$ 时，

$$F_Y(y)=P(Y\leqslant y)=P(g(X)\leqslant y)=P(X\leqslant h(y))=\int_{-\infty}^{h(y)}f_X(x)\mathrm{d}x;$$

当 $\beta \leqslant y$ 时，$F_Y(y)=P(Y\leqslant y)=1$.

因此随机变量 $Y=g(X)$ 的密度函数

$$f_Y(y)=\begin{cases} f_X(h(y))h'(y), & \alpha<y<\beta, \\ 0, & \text{其他}. \end{cases}$$

若当 $y=g(x)$ 为严格单调减少函数时，其反函数 $x=h(y)$ 存在，且严格单调减少. 此时，随机变量 $Y=g(X)$ 的可能取值落在区间

$$(\alpha=g(+\infty), \quad \beta=g(-\infty))$$

内，所以 Y 的分布函数：

当 $y\leqslant\alpha$ 时，$F_Y(y)=P(Y\leqslant y)=0$；

当 $\alpha<y<\beta$ 时，

$$F_Y(y)=P(Y\leqslant y)=P(g(X)\leqslant y)=P(X\geqslant h(y))=\int_{h(y)}^{+\infty}f_X(x)\mathrm{d}x;$$

当 $\beta\leqslant y$ 时，$F_Y(y)=P(Y\leqslant y)=1$.

因此 Y 的密度函数

$$f_Y(y)=\begin{cases} f_X(h(y))(-h'(y)), & \alpha<y<\beta, \\ 0, & \text{其他}. \end{cases}$$

由上所述，Y 的密度函数可表示为

$$f_Y(y)=\begin{cases} f_X(h(y))|h'(y)|, & \alpha<y<\beta, \\ 0, & \text{其他}. \end{cases}$$

例 5 设随机变量 $X\sim N(\mu,\sigma^2)$，证明随机变量 $Y=aX+b$ 也服从正态分布，其中 a,b 为常数，且 $a\neq 0$.

证 据题意，随机变量 X 的密度函数

$$f_X(x)=\frac{1}{\sqrt{2\pi}\sigma}\mathrm{e}^{-\frac{(x-\mu)^2}{2\sigma^2}}, \qquad -\infty<x<+\infty,$$

因为 $y=g(x)=ax+b$ 是单调函数，其反函数及其导数分别为

$$x=h(y)=\frac{y-b}{a}, \qquad h'(y)=\frac{1}{a},$$

又函数 $y=ax+b$ 的取值 $y\in(-\infty,+\infty)$，所以由例 4，可得

$$\begin{aligned} f_Y(y)&=\frac{1}{|a|}f_X\left(\frac{y-b}{a}\right)=\frac{1}{|a|}\frac{1}{\sqrt{2\pi}\sigma}\mathrm{e}^{-\frac{((y-b)/a-\mu)^2}{2\sigma^2}} \\ &=\frac{1}{|a|\sigma\sqrt{2\pi}}\mathrm{e}^{-\frac{(y-(a\mu+b))^2}{2(a\sigma)^2}}, \qquad -\infty<y<+\infty. \end{aligned}$$

故随机变量 $Y=aX+b\sim N(a\mu+b,(|a|\sigma)^2)$，即 Y 服从正态分布.

例 6 设随机变量 X 的密度函数

$$f_X(x)=\begin{cases}\dfrac{2x}{\pi^2}, & 0<x<\pi,\\ 0, & \text{其他},\end{cases}$$

试求随机变量 $Y=\sin X$ 的密度函数.

解 因为随机变量 $Y=\sin X$ 的全部可能取值在区间$[0,1]$上，所以 Y 的分布函数：

当 $y\leqslant 0$ 时，$F_Y(y)=P(Y\leqslant y)=0$；

当 $1\leqslant y$ 时，$F_Y(y)=P(Y\leqslant y)=1$；

当 $0<y<1$ 时，$F_Y(y)=P(Y\leqslant y)=P(\sin X\leqslant y)$. 因为当 $0<x<\pi$ 时，满足不等式 $\sin x\leqslant y$ 的 x 有 $0<x<\arcsin y$ 和$(\pi-\arcsin y)<x<\pi$(图 2-10)，若记

$$x_1=\arcsin y,\qquad x_2=\pi-\arcsin y,$$

则 Y 的分布函数

$$\begin{aligned}F_Y(y)&=P(\sin X\leqslant y)=P(0<X<x_1)+P(x_2<X<\pi)\\&=\int_0^{x_1}f_X(x)\mathrm{d}x+\int_{x_2}^{\pi}f_X(x)\mathrm{d}x,\end{aligned}$$

所以 $Y=\sin X$ 的密度函数

$$f_Y(y)=\frac{\mathrm{d}F_Y(y)}{\mathrm{d}y}=\begin{cases}f_X(x_1)\dfrac{\mathrm{d}x_1}{\mathrm{d}y}-f_X(x_2)\dfrac{\mathrm{d}x_2}{\mathrm{d}y}, & 0<y<1,\\ 0, & \text{其他}.\end{cases}$$

又因为

$$f_X(x_1)\frac{\mathrm{d}x_1}{\mathrm{d}y}-f_X(x_2)\frac{\mathrm{d}x_2}{\mathrm{d}y}=\frac{2\arcsin y}{\pi^2\sqrt{1-y^2}}+\frac{2(\pi-\arcsin y)}{\pi^2\sqrt{1-y^2}}=\frac{2}{\pi\sqrt{1-y^2}},$$

所以 Y 的密度函数

$$f_Y(y)=\begin{cases}\dfrac{2}{\pi\sqrt{1-y^2}}, & 0<y<1,\\ 0, & \text{其他}.\end{cases}$$

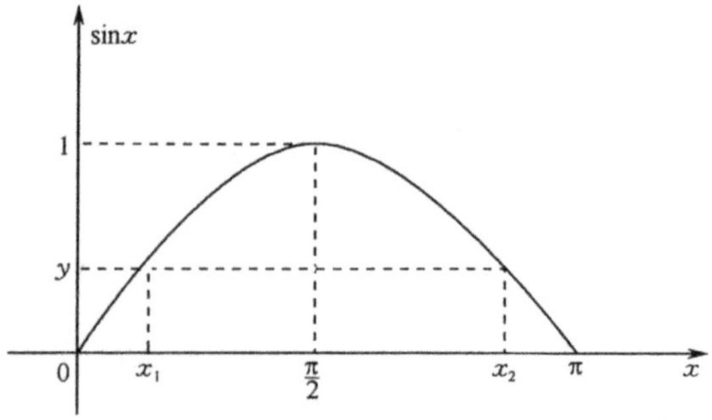

图 2-10

习 题 二

1. 一袋中装有 5 只球，编号为 1,2,3,4,5. 在袋中同时取 3 只球，以 X 表示取出的 3 只球中最大号码，写出随机变量 X 的分布律和分布函数.

2. 将一颗骰子抛掷两次，以 X_1 表示两次所得点数之和，以 X_2 表示两次中得到的小的点数，试分别求 X_1 和 X_2 的分布律.

3. 有 10 件产品，其中有 2 件是次品. 现从中不放回任取 2 件，求取得的产品中的次品数 X 的分布律.

4. 进行某种试验. 已知试验成功的概率为 3/4，失败的概率为 1/4，以 X 表示首次成功所需试验的次数，试写出 X 的分布律，并计算 X 取偶数的概率.

5. 从五个数 1,2,3,4,5 中任意取出三个数 x_1, x_2, x_3，试求：

(1) $X=\max\{x_1, x_2, x_3\}$的分布律及 $P(X\leqslant 4)$；

(2) $Y=\min\{x_1, x_2, x_3\}$的分布律及 $P(Y>3)$.

6. 从五个数 1,2,3,4,5 中任取三个数，再按大小排列为 $x_1<x_2<x_3$，令 $X=x_2$，求 X 的分布律、分布函数及 $P(X<2)$.

7.(1) 设随机变量 X 的分布律为

$$P(X=k)=a/N,\quad k=1,2.\cdots,N,$$

试确定常数 a；

(2) 设随机变量 X 的分布律为

$$P(X=k)=a\frac{\lambda^k}{k!},\quad k=0,1,2,\cdots,$$

其中 $\lambda>0$ 是已知的常数，试确定常数 a.

8. 设事件 A 在每一次试验中发生的概率为 0.3，当 A 发生不少于 3 次时，指示灯发出信号.

(1) 进行 5 次独立试验，求指示灯发出信号的概率；

(2) 进行 7 次独立试验，求指示灯发出信号的概率.

9. 甲、乙两人投篮，投中的概率分别为 0.6 和 0.7，今各投 3 次.

(1) 求两人投中次数相等的概率；

(2) 求甲比乙投中次数多的概率 .

10. 有甲、乙两种味道和颜色都极为相似的名酒各 4 杯，如果从中挑 4 杯，能把甲种酒全部挑出来，算是试验成功一次.

(1) 某人随机地去猜，问他试验一次就成功的概率是多少?

(2) 某人声称他通过品尝能区分两种酒. 他连续试验 10 次，成功 3 次. 试推断他是猜对的，还是他确有区分的能力(设各次试验是相互独立的).

11. 对同一目标作 3 次独立射击，设每次射击命中目标的概率为 p，试求：

(1) 3 次射击恰好命中 2 次的概率；

(2) 目标至少被击中 2 次的概率.

12. 一电话交换台每分钟的呼唤次数服从参数为 4 的泊松分布，试求：

(1) 每分钟恰有 6 次呼唤的概率；

(2) 每分钟的呼唤次数不超过 10 次的概率.

13. 设随机变量 X 服从泊松分布，且 $P(X=1)=P(X=2)$，求 $P(X=4)$.

14. 某单位订购灯泡 1000 只，在运输途中，灯泡被打破的概率为 0.003，设 X 为收到灯泡时，被打破的灯泡数，试求：$P(X=2)$；$P(X<2)$；$P(X>2)$；$P(X\geqslant 1)$.

15. 某急救中心在长度为 t 的时间间隔内收到紧急呼救的次数 X 服从参数为 $t/2$ 的泊松分布，而与时间间隔的起点无关(时间以小时计). 试求：

(1) 某天中午 12 时至下午 3 时没有收到紧急呼救的概率；

(2) 某天中午 12 时至下午 5 时至少收到 1 次紧急呼救的概率.

16. 设随机变量 X 的分布函数

$$F(x)=\begin{cases}0, & x<1,\\ \ln x, & 1\leqslant x<\mathrm{e},\\ 1, & x\geqslant \mathrm{e}.\end{cases}$$

试求：$P(X<2)$；$P(0<X\leqslant 3)$；$P(2<X<5/2)$；X 的概率密度函数 $f(x)$.

17. 设连续型随机变量 X 的分布函数

$$F(x)=\begin{cases}0, & x<0,\\ kx^2, & 0\leqslant x<1,\\ 1, & x\geqslant 1.\end{cases}$$

试求：(1)系数 k；(2)$P(0.25<X<0.75)$；(3)X 的概率密度函数 $f(x)$；(4)四次独立试验中有三次恰好在区间(0.25,0.75)内取值的概率.

18. 设连续型随机变量 X 的概率密度函数

$$f(x)=\begin{cases}k/\sqrt{1-x^2}, & |x|<1,\\ 0, & |x|\geqslant 1.\end{cases}$$

试求：(1)系数 k；(2)$P(|X|<1/2)$；(3)X 的分布函数.

19. 某种元件的寿命 X(以小时计)的概率密度函数

$$f(x)=\begin{cases}1000/x^2, & x>1000,\\ 0, & x\leqslant 1000.\end{cases}$$

某仪器装有 3 只这种元件，问仪器在使用的最初 1500 小时内没有一只元件损坏和只有一只元件损坏的概率各是多少？

20. 已知某种电子元件的寿命 X(以小时计)服从以 1/1000 为参数的指数分布，某台电子仪器内装有 5 只这种元件，这 5 只元件任一只损坏时仪器即停止工作，试求仪器能正常工作 1000 小时以上的概率.

21. 设公共汽车站每隔 10 分钟有一辆汽车通过，乘客在 10 分钟内任一时刻到达汽车站是等可能的，求乘客候车时间不超过 7 分钟的概率.

22. 设 λ 在(0,5)内服从均匀分布，求方程

$$x^2+2\lambda x+4\lambda-3=0$$

有实根的概率.

23. 设 $X\sim N(10,2^2)$，求：$P(X<9)$；$P(7<X<12)$；$P(X>13)$.

24. 设 $X \sim N(5,2^2)$，求：(1) $P(|X|>3)$；(2)确定常数 c，使得 $P(X \leqslant c)=P(X>c)$.

25. 某校二年级的数学成绩近似服从正态分布 $N(75,10^2)$，如果 85 分以上为优秀，问数学成绩优秀的学生占二年级总学生数的百分之几？

26. 某厂生产的某种电子元件的寿命 X(小时)服从正态分布 $N(1600,\sigma^2)$，如果要求元件的寿命在 1200 小时以上的概率不小于 0.96，试求常数 σ 的值.

27. 函数 $y=f(x)$ 在以下区间上等于 $\sin x$，否则恒等于零. 问 $y=f(x)$ 是否可作为某个随机变量 X 的概率密度函数？其中：(1) $[0,\pi/2]$；(2) $[0,\pi]$；(3) $[0,3\pi/2]$.

28. 已知随机变量 X 的分布律为

X	-1	-2	1	2
P	0.3	0.1	0.2	0.4

求随机变量 $Y=X^2$ 的分布律.

29. 已知随机变量 X 的分布律为

X	$\pi/4$	$\pi/2$	$3\pi/4$
P	0.2	0.7	0.1

求随机变量 $Y=\sin X$ 的分布律.

30. 设 X 是 $[0,1]$ 上的连续型随机变量，且 $P(X \leqslant 0.29)=0.75$，若 $Y=1-X$，试决定常数 k，使 $P(Y \leqslant k)=0.25$.

31. 设随机变量 X 服从参数为 λ 的指数分布，求 $Y=X^3$ 的概率密度函数.

32. 设随机变量 X 在 $(0,1)$ 上服从均匀分布，求以下随机变量的概率密度函数：

(1) $Y=3X+1$； (2) $Y=\ln X$； (3) $Y=e^X$.

33. 设随机变量 X 服从标准正态分布，求以下随机变量的概率密度函数：

(1) $Y=e^X$； (2) $Y=2X^2+1$； (3) $Y=|X|$.

34. 设随机变量 X 在 $(-\pi/2,\pi/2)$ 上服从均匀分布，求 $Y=\cos X$ 的概率密度函数.

35. 设随机变量 X 的分布函数为 $F(x)$，求 $Y=-3X+2$ 的分布函数.

36. 设随机变量 X 的分布函数 $F(x)$ 是连续函数，求 $Y=F(X)$ 的分布函数.

第三章　多维随机变量及其分布

随机变量是描述随机试验的一个有力工具.现实中,有些随机试验需要考察多个指标.例如调查某地区新生儿的身体状况,需要身高和体重两个指标.观察地对空导弹的爆炸点,需要三个指标等等.因此需要把试验中观察到的结果与某个实数组对应,这就引出了多维的随机变量.

3.1　多维随机变量及其分布

3.1.1　二维随机变量及其分布函数

1. 二维随机变量

定义 3.1　设 Ω 为随机试验 E 的样本空间,若对 Ω 中的每个基本事件 ω,都有唯一的实数组 $(X(\omega),Y(\omega))$ 与之对应,则称 $(X(\omega),Y(\omega))$ 为定义在 Ω 上的**二维随机变量**.通常,二维随机变量记为 (X,Y).

由定义可知,二维随机变量 (X,Y) 不仅与随机变量 X 和 Y 有关,而且与 X 和 Y 之间的相互联系有关.因此对于二维随机变量 (X,Y),逐个讨论 X 和 Y 是不够的,还需要把 (X,Y) 作为一个整体来讨论.

通常,当样本空间 Ω 中的每个基本事件 ω 都有唯一的 n 维实数组 $(X_1,X_2,\cdots,X_n)$ 与之对应时,则称 $(X_1,X_2,\cdots,X_n)$ 为定义在样本空间 Ω 上的 n **维随机变量**.

n 维随机变量常称为多维随机变量,相对于多维随机变量,通常称随机变量 X 为一维随机变量.

2. 二维随机变量的联合分布函数

与一维随机变量类似,用分布函数来讨论二维随机变量的概率分布.

定义 3.2　设 (X,Y) 是二维随机变量,x,y 为任意实数,则随机事件 $\{X\leqslant x\}$ 与 $\{Y\leqslant y\}$ 的交发生的概率 $P(\{X\leqslant x\}\cap\{Y\leqslant y\})$,称为 (X,Y) 的**联合分布函数**,简称为**联合分布**或**分布函数**,记为 $F(x,y)$,即

$$F(x,y)=P(\{X\leqslant x\}\cap\{Y\leqslant y\})=P(X\leqslant x,Y\leqslant y).$$

若把二维随机变量 (X,Y) 的可能取值 (x,y) 作为 xOy 平面上点的坐标,则其分布函数 $F(x,y)$ 的函数值,是 (X,Y) 的可能取值落在以点 (x,y) 左下方的无穷矩形域内的概率(图 3-1).由图 3-2,(X,Y) 的可能取值落在矩形区域 $x_1<X\leqslant x_2$,

$y_1<Y\leqslant y_2$ 上的概率,可用分布函数表示为

$$\begin{aligned}&P(x_1<X\leqslant x_2,y_1<Y\leqslant y_2)\\&=F(x_2,y_2)-F(x_2,y_1)-F(x_1,y_2)+F(x_1,y_1).\end{aligned}$$

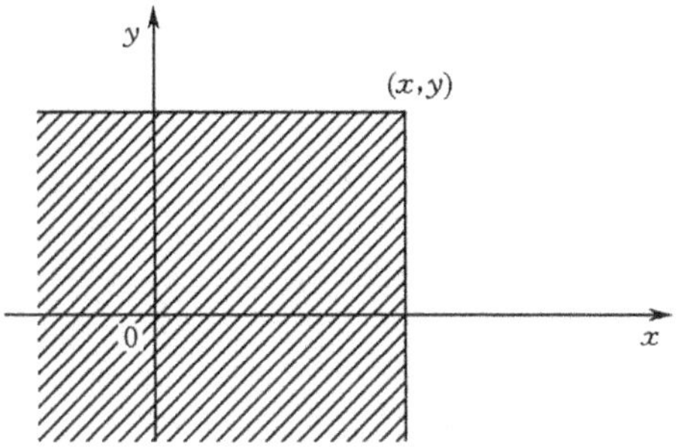

图 3-1

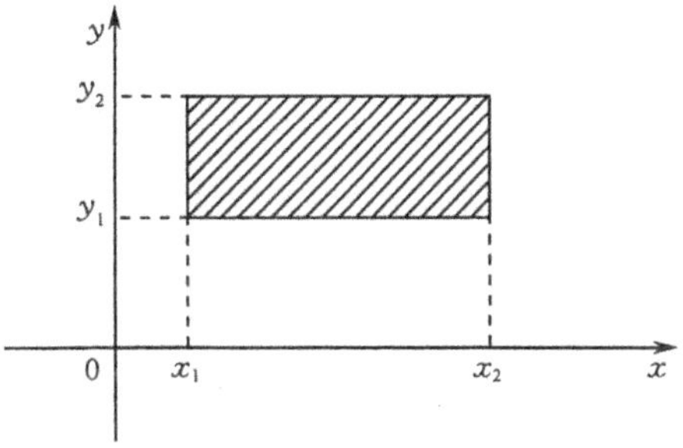

图 3-2

由定义和概率的性质,分布函数 $F(x,y)$有以下基本性质:

(1) $0\leqslant F(x,y)\leqslant 1$.

$$F(+\infty,+\infty)=\lim_{\substack{x\to+\infty\\y\to+\infty}}F(x,y)=1,$$

$$F(-\infty,-\infty)=\lim_{\substack{x\to-\infty\\y\to-\infty}}F(x,y)=0.$$

对于任意固定的 x 和 y,有

$$F(x,-\infty)=\lim_{y\to-\infty}F(x,y)=0,$$

$$F(-\infty,y)=\lim_{x\to-\infty}F(x,y)=0.$$

(2) $F(x,y)$是变量 x 或 y 的单调不减函数,即对任意固定的 y,$F(x,y)$是 x 的单调不减函数,对任意固定的 x,$F(x,y)$是 y 的单调不减函数.

(3) $F(x,y)=F(x+0,y)$,$F(x,y)=F(x,y+0)$,即 $F(x,y)$关于 x 和 y 分别是右连续函数.

(4) 对于任意的实数 $x_1,x_2,y_1,y_2(x_1<x_2,y_1<y_2)$,

$$F(x_2,y_2)-F(x_2,y_1)-F(x_1,y_2)+F(x_1,y_1)\geqslant 0.$$

3. 二维随机变量的边缘分布函数

若二维随机变量(X,Y)的联合分布函数为 $F(x,y)$,则(X,Y)中随机变量 X 的分布函数,称为(X,Y)关于 X 的**边缘分布函数**,记为 $F_X(x)$. 据分布函数的定义,可得

$$F_X(x)=P(X\leqslant x)=P(X\leqslant x,Y<+\infty)=F(x,+\infty).$$

同理,二维随机变量(X,Y)关于随机变量 Y 的边缘分布函数

$$F_Y(y)=P(Y\leqslant y)=P(X<+\infty,Y<y)=F(+\infty,y).$$

例 1　设二维随机变量(X,Y)的联合分布函数

$$F(x,y)=A\left(B+\arctan\frac{x}{2}\right)\left(C+\arctan\frac{y}{2}\right),$$

其中A,B,C为常数，$-\infty<x<+\infty$，$-\infty<y<+\infty$，试求：

(1) 常数A,B,C的值；

(2) 概率$P(0<X\leqslant 2\sqrt{3},0<Y\leqslant 2\sqrt{3})$；

(3) (X,Y)关于X和Y的边缘分布函数$F_X(x)$，$F_Y(y)$；

(4) 概率$P(X>2)$.

解　(1) 由联合分布函数的性质，可得

$$F(+\infty,+\infty)=A\left(B+\frac{\pi}{2}\right)\left(C+\frac{\pi}{2}\right)=1,$$

$$F(-\infty,+\infty)=A\left(B-\frac{\pi}{2}\right)\left(C+\frac{\pi}{2}\right)=0,$$

$$F(+\infty,-\infty)=A\left(B+\frac{\pi}{2}\right)\left(C-\frac{\pi}{2}\right)=0,$$

据此，可解得$A=\frac{1}{\pi^2}$，$B=\frac{\pi}{2}$，$C=\frac{\pi}{2}$.

(2) 由联合分布函数的定义，可得

$$\begin{aligned}&P(0<X\leqslant 2\sqrt{3},0<Y\leqslant 2\sqrt{3})\\=&F(2\sqrt{3},2\sqrt{3})-F(2\sqrt{3},0)-F(0,2\sqrt{3})+F(0,0)\\=&\frac{25}{36}-\frac{5}{6}+\frac{1}{4}=\frac{1}{9}.\end{aligned}$$

(3) 由边缘分布函数的定义，可得

$$F_X(x)=F(x,+\infty)=\frac{1}{2}+\frac{1}{\pi}\arctan\frac{x}{2},\quad -\infty<x<+\infty,$$

$$F_Y(y)=F(+\infty,y)=\frac{1}{2}+\frac{1}{\pi}\arctan\frac{y}{2},\quad -\infty<y<+\infty.$$

(4) 由(3)，可得

$$P(X>2)=1-P(X\leqslant 2)=1-F_X(2)=1-\left(\frac{1}{2}+\frac{1}{\pi}\times\frac{\pi}{4}\right)=\frac{1}{4}.$$

4. n 维随机变量及其分布函数

与二维随机变量类似，可定义n维随机变量$(X_1,X_2,\cdots,X_n)$的联合分布函数和边缘分布函数.

设$(X_1,X_2,\cdots,X_n)$为n维随机变量，$x_k(k=1,2,\cdots,n)$为任意实数，则称随机

事件$\{X_k\leqslant x_k\}(k=1,2,\cdots,n)$同时发生的概率为$(X_1,X_2,\cdots,X_n)$的联合分布函数,记为$F(x_1,x_2,\cdots,x_n)$,即

$$F(x_1,x_2,\cdots,x_n)=P(X_1\leqslant x_1,X_2\leqslant x_2,\cdots,X_n\leqslant x_n).$$

随机变量$(X_1,X_2,\cdots,X_n)$的边缘分布函数也可以类似地定义. 例如,其关于随机变量$X_1,(X_1,X_2),(X_1,X_2,X_3)$的边缘分布函数可分别表示为

$$F_{X_1}(x_1)=F(x_1,+\infty,+\infty,\cdots,+\infty),$$

$$F_{X_1,X_2}(x_1,x_2)=F(x_1,x_2,+\infty,\cdots,+\infty),$$

$$F_{X_1,X_2,X_3}(x_1,x_2,x_3)=F(x_1,x_2,x_3,+\infty,\cdots,+\infty),$$

其中$F(x_1,x_2,\cdots,x_n)$为随机变量$(X_1,X_2,\cdots,X_n)$的联合分布函数.

n维随机变量$(X_1,X_2,\cdots,X_n)$的联合分布函数和边缘分布函数,都具有与一维和二维随机变量的分布函数类似的性质.

3.1.2 二维离散型随机变量及其概率分布

定义 3.3 若二维随机变量(X,Y)的全部可能取值为有限多个或可列无穷多个,则称(X,Y)为**二维离散型随机变量**.

与一维离散型随机变量类似,二维离散型随机变量也是用分布律来表示其概率分布的.

1. 二维离散型随机变量的联合分布律

设二维随机变量(X,Y)的全部可能取值为$(x_i,y_j),i,j=1,2,3,\cdots$,而

$$P(X=x_i,Y=y_j)=p_{ij},\quad i,j=1,2,3,\cdots, \tag{3.1.1}$$

且满足

$$p_{ij}\geqslant 0,\quad i,j=1,2,3,\cdots;\quad \sum_{i=1}^{+\infty}\sum_{j=1}^{+\infty}p_{ij}=1,$$

则称(3.1.1)式为(X,Y)的**联合分布律**或**分布律**.

反之,若数列$p_{ij},i,j=1,2,3\cdots$,满足

$$p_{ij}\geqslant 0,\quad i,j=1,2,3,\cdots,\quad \sum_{i=1}^{+\infty}\sum_{j=1}^{+\infty}p_{ij}=1,$$

则数列$p_{ij},i,j=1,2,3,\cdots$,就可以作为某个二维离散型随机变量的分布律.

易知,二维随机变量(X,Y)的联合分布函数$F(x,y)$可表示为

$$F(x,y)=\sum_{x_i\leqslant x}\sum_{y_j\leqslant y}P(X=x_i,Y=y_j)=\sum_{x_i\leqslant x}\sum_{y_j\leqslant y}p_{ij}.$$

2. 二维离散型随机变量的边缘分布律

设二维随机变量(X,Y)的联合分布律是式(3.1.1),则(X,Y)中关于随机变量

X 的分布律为

$$P(X=x_i)=P(X=x_i,Y<+\infty)=\sum_{j=1}^{+\infty}p_{ij},\quad i=1,2,3,\cdots.$$

通常,称其为(X,Y)关于 X 的**边缘分布律**,记为 $p_{i\cdot}$,即

$$p_{i\cdot}=P(X=x_i)=\sum_{j=1}^{+\infty}p_{ij},\quad i=1,2,3,\cdots.$$

同理,(X,Y)关于 Y 的边缘分布律为

$$p_{\cdot j}=P(Y=y_j)=\sum_{i=1}^{+\infty}p_{ij},\quad j=1,2,3,\cdots.$$

易知,(X,Y)关于 X 和 Y 的边缘分布函数 $F_X(x)$和 $F_Y(y)$可表示为

$$F_X(x)=\sum_{x_i\leqslant x}p_{i\cdot}=\sum_{x_i\leqslant x}\sum_{j=1}^{+\infty}p_{ij},$$

$$F_Y(y)=\sum_{y_j\leqslant y}p_{\cdot j}=\sum_{y_j\leqslant y}\sum_{i=1}^{+\infty}p_{ij}.$$

通常,用以下表格来表示二维随机变量(X,Y)的联合分布律和边缘分布律.

X \ Y	y_1	y_2	$\cdots$	y_j	$\cdots$	$p_{i\cdot}$
x_1	p_{11}	p_{12}	$\cdots$	p_{1j}	$\cdots$	$p_{1\cdot}$
x_2	p_{21}	p_{22}	$\cdots$	p_{2j}	$\cdots$	$p_{2\cdot}$
$\vdots$	$\vdots$	$\vdots$		$\vdots$		$\vdots$
x_i	p_{i1}	p_{i2}	$\cdots$	p_{ij}	$\cdots$	$p_{i\cdot}$
$\vdots$	$\vdots$	$\vdots$		$\vdots$		$\vdots$
$p_{\cdot j}$	$p_{\cdot 1}$	$p_{\cdot 2}$	$\cdots$	$p_{\cdot j}$	$\cdots$	

例 2 设随机变量 X 在数 1,2,3,4 中等可能取值,另一个随机变量 Y 在 1 至 X 之间等可能取值,试求二维随机变量(X,Y)的联合分布律与边缘分布律.

解 因为随机事件$\{X=i,Y=j\}$中,i 在数 1,2,3,4 中等可能取值,j 在 1 至 X 之间等可能取值,因此联合分布律为

$$P(X=i,Y=j)=P(X=i)P(Y=j\mid X=i)=\frac{1}{4i},\quad i=1,2,3,4,j\leqslant i.$$

而边缘分布律为

$$p_{i\cdot}=P(X=i)=\sum_{1\leqslant j\leqslant i}\frac{1}{4i}=\frac{1}{4},\qquad i=1,2,3,4.$$

$$p_{\cdot j}=P(Y=j)=\sum_{i=1}^{4}\frac{1}{4i}=\frac{1}{4},\qquad j=1,2,3,4.$$

上述诸分布律可用表格表示如下:

$X\backslash Y$	1	2	3	4	$p_{i\cdot}$
1	1/4	0	0	0	1/4
2	1/8	1/8	0	0	1/4
3	1/12	1/12	1/12	0	1/4
4	1/16	1/16	1/16	1/16	1/4
$p_{\cdot j}$	25/48	13/48	7/48	3/48	

例 3 已知随机变量 X 和 Y 的分布律分别为

$$\begin{pmatrix} 0 & 1 \\ 0.5 & 0.5 \end{pmatrix}, \quad \begin{pmatrix} -1 & 0 & 1 \\ 0.25 & 0.5 & 0.25 \end{pmatrix},$$

且 $P(XY=0)=1$,试求二维随机变量(X,Y)的联合分布律.

解 据 $P(XY=0)=1$,可得 $P(XY\neq 0)=0$. 由此知

$$P(X=1,Y=-1)=P(X=1,Y=1)=0.$$

故有分布律

$X\backslash Y$	-1	0	1	$p_{i\cdot}$
0	p_{11}	p_{12}	p_{13}	0.5
1	0	p_{22}	0	0.5
$p_{\cdot j}$	0.25	0.5	0.25	

根据联合分布律与边缘分布律之间的关系,由

$$P(Y=-1)=p_{11}+0=0.25, \quad P(Y=0)=p_{12}+p_{22}=0.5,$$

$$P(Y=1)=p_{13}+0=0.25, \quad P(X=0)=p_{11}+p_{12}+p_{13}=0.5,$$

$$P(X=1)=0+p_{22}+0=0.5,$$

得 $p_{11}=0.25, p_{12}=0, p_{13}=0.25, p_{22}=0.5$,故$(X,Y)$的联合分布律为

$X\backslash Y$	-1	0	1
0	0.25	0	0.25
1	0	0.5	0

3.1.3 二维连续型随机变量及其概率分布

1. 二维连续型随机变量的联合密度函数

定义 3.4 设二维随机变量(X,Y)的联合分布函数为 $F(x,y)$,若存在非负函

数 $f(x,y)$，对任意实数 x,y，有

$$F(x,y)=\int_{-\infty}^{x}\int_{-\infty}^{y}f(u,v)\mathrm{d}u\mathrm{d}v,$$

则称 (X,Y) 为**二维连续型随机变量**，称函数 $f(x,y)$ 为 (X,Y) 的**联合分布密度函数**，简称为**联合密度**或**密度函数**.

若 (X,Y) 的联合分布为 $F(x,y)$，则由联合密度 $f(x,y)$ 的定义，可得 $f(x,y)$ 的以下性质：

(1) $f(x,y)\geqslant 0,\int_{-\infty}^{+\infty}\int_{-\infty}^{+\infty}f(x,y)\mathrm{d}x\mathrm{d}y=F(+\infty,+\infty)=1.$

可以证明，若一个二元函数满足性质(1)，则这个二元函数必可作为某个二维随机变量的联合密度函数.

(2) 若 $f(x,y)$ 在点 (x,y) 连续，则

$$\frac{\partial^2 F(x,y)}{\partial x\partial y}=f(x,y).$$

(3) 设 D 是 xOy 平面上的区域，则随机变量 (X,Y) 的可能取值落在区域 D 上的概率

$$P((X,Y)\in D)=\iint\limits_{D}f(x,y)\mathrm{d}x\mathrm{d}y.$$

在几何上，函数 $z=f(x,y)$ 为三维空间位于 xOy 平面上方的一张曲面，其与 xOy 平面所围的空间立体的体积为 1. 随机变量 (X,Y) 的可能取值落在 xOy 平面内的区域 D 上的概率，等于以曲面 $z=f(x,y)$ 为顶，以区域 D 为底的曲顶柱体的体积.

2. 二维连续型随机变量的边缘密度函数

设 (X,Y) 是二维连续型随机变量，其中随机变量 X 和 Y 的密度函数 $f_X(x)$ 和 $f_Y(y)$，分别称为 (X,Y) 关于 X 和 Y 的**边缘分布密度函数**，简称**边缘密度**.

若 (X,Y) 的密度函数为 $f(x,y)$，分布函数为 $F(x,y)$，其关于 X 的边缘分布函数为 $F_X(x)$，则

$$F_X(x)=F(x,+\infty)=\int_{-\infty}^{x}\left(\int_{-\infty}^{+\infty}f(u,y)\mathrm{d}y\right)\mathrm{d}u,$$

因此

$$f_X(x)=F'_X(x)=\frac{\mathrm{d}}{\mathrm{d}x}\left(\int_{-\infty}^{x}\left(\int_{-\infty}^{+\infty}f(u,y)\mathrm{d}y\right)\mathrm{d}u\right)=\int_{-\infty}^{+\infty}f(x,y)\mathrm{d}y,$$

即

$$f_X(x)=\int_{-\infty}^{+\infty}f(x,y)\mathrm{d}y.$$

同理可得

$$f_Y(y)=\int_{-\infty}^{+\infty}f(x,y)\mathrm{d}x.$$

例 4 已知二维随机变量(X,Y)的联合密度函数

$$f(x,y)=\begin{cases}k\mathrm{e}^{-2x-3y}, & x>0,y>0,\\ 0, & \text{其他},\end{cases}$$

试求:(1) 常数 k;

(2) 联合分布函数 $F(x,y)$;

(3) 边缘密度函数 $f_X(x)$和 $f_Y(y)$;

(4) 概率 $P(X+2Y\leqslant 1)$.

解 (1) 据联合密度函数的性质,由

$$1=\int_{-\infty}^{+\infty}\int_{-\infty}^{+\infty}f(x,y)\mathrm{d}x\mathrm{d}y=\int_0^{+\infty}\int_0^{+\infty}k\mathrm{e}^{-2x-3y}\mathrm{d}x\mathrm{d}y=\frac{k}{6},$$

可得 $k=6$.

(2) 由定义

$$F(x,y)=\int_{-\infty}^{x}\int_{-\infty}^{y}f(u,v)\mathrm{d}u\mathrm{d}v=\begin{cases}\int_0^x\int_0^y 6\mathrm{e}^{-2u-3v}\mathrm{d}u\mathrm{d}v, & x>0,y>0,\\ 0, & \text{其他}\end{cases}$$

$$=\begin{cases}(1-\mathrm{e}^{-2x})(1-\mathrm{e}^{-3y}), & x>0,y>0,\\ 0, & \text{其他}.\end{cases}$$

(3)由边缘密度函数的计算公式,可得

$$f_X(x)=\int_{-\infty}^{+\infty}f(x,y)\mathrm{d}y=\begin{cases}\int_0^{+\infty}6\mathrm{e}^{-2u-3v}\mathrm{d}y, & x>0,\\ 0, & x\leqslant 0\end{cases}=\begin{cases}2\mathrm{e}^{-2x}, & x>0,\\ 0, & x\leqslant 0.\end{cases}$$

同理

$$f_Y(y)=\int_{-\infty}^{+\infty}f(x,y)\mathrm{d}x=\begin{cases}3\mathrm{e}^{-3y}, & y>0,\\ 0, & y\leqslant 0.\end{cases}$$

(4) 随机变量(X,Y)的可能取值区域如图 3-3 所示,由密度函数的性质,可得

$$P(X+2Y\leqslant 1)=\iint\limits_{x+2y\leqslant 1}f(x,y)\mathrm{d}x\mathrm{d}y$$

$$=\int_0^1\mathrm{d}x\int_0^{(1-x)/2}6\mathrm{e}^{-2x-3y}\mathrm{d}y$$

$$=1+3\mathrm{e}^{-2}-4\mathrm{e}^{-3/2}$$

$$\approx 0.5135.$$

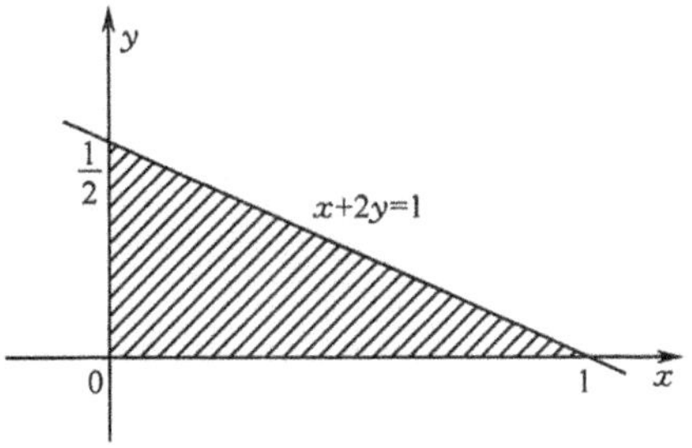

图 3-3

3. 二维连续型随机变量的常用分布

介绍二个常用分布.

1)二维均匀分布

设 D 为 xOy 平面上的有界区域,其面积为 A. 若二维随机变量(X,Y)的联合密度函数

$$f(x,y)=\begin{cases}\dfrac{1}{A}, & (x,y)\in D,\\ 0, & \text{其他},\end{cases}$$

则称(X,Y)服从区域 D 上的**二维均匀分布**.

若 D_1 是区域 D 的子区域,其面积为 A_1,则

$$P((X,Y)\in D_1)=\iint\limits_{D_1}f(x,y)\mathrm{d}x\mathrm{d}y=\frac{1}{A}\iint\limits_{D_1}\mathrm{d}x\mathrm{d}y=\frac{A_1}{A}.$$

可见此概率与 D_1 在 D 内的位置无关,仅与 D_1 的面积有关. 这就是均匀分布中"均匀"的含义.

例 5 设 D 是由曲线 $y=x^2$, $x=1$ 与 $y=0$围成,随机变量(X,Y)服从区域 D 上的二维均匀分布,求(X,Y)的边缘密度函数 $f_X(x)$和 $f_Y(y)$.

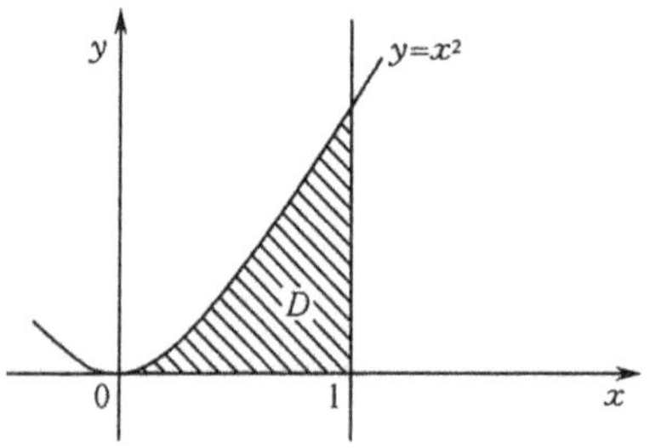

图 3-4

解 区域 D 如图 3-4 所示,其面积 $A=\int_0^1 x^2\mathrm{d}x=1/3$. 因此$(X,Y)$的联合密度函数

$$f(x,y)=\begin{cases}3, & (x,y)\in D,\\ 0, & \text{其他}.\end{cases}$$

于是

$$f_X(x)=\int_{-\infty}^{+\infty}f(x,y)\mathrm{d}y=\begin{cases}\int_0^{x^2}3\mathrm{d}y, & 0\leqslant x\leqslant 1,\\ 0, & \text{其他}\end{cases}=\begin{cases}3x^2, & 0\leqslant x\leqslant 1,\\ 0, & \text{其他},\end{cases}$$

$$f_Y(y)=\int_{-\infty}^{+\infty}f(x,y)\mathrm{d}x=\begin{cases}3(1-\sqrt{y}), & 0\leqslant y\leqslant 1,\\ 0, & \text{其他}.\end{cases}$$

从例 5 可见,均匀分布的边缘分布不是均匀分布. 读者可以证明,若 D 是矩形区域 $a\leqslant x\leqslant b$, $c\leqslant y\leqslant d$,则(X,Y)的边缘分布仍为均匀分布.

2)二维正态分布

若二维随机变量(X,Y)的联合密度函数

$$f(x,y)=\frac{1}{2\pi\sigma_1\sigma_2\sqrt{1-\rho^2}}e^{\frac{-1}{2(1-\rho^2)}\left(\frac{(x-\mu_1)^2}{\sigma_1^2}-2\rho\frac{(x-\mu_1)(y-\mu_2)}{\sigma_1\sigma_2}+\frac{(y-\mu_2)^2}{\sigma_2^2}\right)},$$

其中$-\infty<x<+\infty,-\infty<y<+\infty$，而$\mu_1,\mu_2,\sigma_1,\sigma_2,\rho$为常数，且$\sigma_1>0,\sigma_2>0$，$|\rho|<1$，则称$(X,Y)$服从参数为$\mu_1,\mu_2,\sigma_1,\sigma_2,\rho$的**二维正态分布**，记为$(X,Y)\sim N(\mu_1,\sigma_1^2;\mu_2,\sigma_2^2;\rho)$.

设$(X,Y)\sim N(\mu_1,\sigma_1^2;\mu_2,\sigma_2^2;\rho)$，其密度函数$f(x,y)$的指数部分可以表示为

$$\begin{aligned}&\frac{-1}{2(1-\rho^2)}\left(\frac{(x-\mu_1)^2}{\sigma_1^2}-2\rho\frac{(x-\mu_1)(y-\mu_2)}{\sigma_1\sigma_2}+\frac{(y-\mu_2)^2}{\sigma_2^2}\right)\\&=-\frac{(x-\mu_1)^2}{2\sigma_1^2}-\frac{1}{2(1-\rho^2)}\left(\frac{y-\mu_2}{\sigma_2}-\rho\frac{x-\mu_1}{\sigma_1}\right)^2.\end{aligned}$$

因此，(X,Y)关于X的边缘密度函数

$$f_X(x)=\int_{-\infty}^{+\infty}f(x,y)\mathrm{d}y=\frac{1}{2\pi\sigma_1\sigma_2\sqrt{1-\rho^2}}e^{-\frac{(x-\mu_1)^2}{2\sigma_1^2}}\int_{-\infty}^{+\infty}e^{-\frac{1}{2(1-\rho^2)}\left(\frac{y-\mu_2}{\sigma_2}-\rho\frac{x-\mu_1}{\sigma_1}\right)^2}\mathrm{d}y.$$

令$u=\frac{1}{\sqrt{1-\rho^2}}\left(\frac{y-\mu_2}{\sigma_2}-\rho\frac{x-\mu_1}{\sigma_1}\right)$，则

$$f_X(x)=\frac{1}{2\pi\sigma_1}e^{-\frac{(x-\mu_1)^2}{2\sigma_1^2}}\int_{-\infty}^{+\infty}e^{-\frac{u^2}{2}}\mathrm{d}u=\frac{1}{\sqrt{2\pi}\sigma_1}e^{-\frac{(x-\mu_1)^2}{2\sigma_1^2}},\quad -\infty<x<+\infty.$$

同理，(X,Y)关于Y的边缘密度函数

$$f_Y(y)=\frac{1}{\sqrt{2\pi}\sigma_2}e^{-\frac{(y-\mu_2)^2}{2\sigma_2^2}},\qquad -\infty<y<+\infty.$$

由此可见，当$(X,Y)\sim N(\mu_1,\sigma_1^2;\mu_2,\sigma_2^2;\rho)$时，有

$$X\sim N(\mu_1,\sigma_1^2),\qquad Y\sim N(\mu_2,\sigma_2^2).$$

边缘分布都与参数ρ无关. 这说明，对不同的参数ρ，得到的边缘分布是相同的. 因此，边缘分布不能唯一确定联合分布. 下面的例题还说明，当X和Y都是正态分布时，它们的联合分布甚至不是二维正态分布.

例 6 设二维随机变量(X,Y)的联合密度函数

$$f(x,y)=\frac{1}{2\pi}e^{-\frac{x^2+y^2}{2}}(1+\sin x\sin y),\qquad -\infty<x,y<+\infty,$$

求边缘密度函数$f_X(x)$和$f_Y(y)$.

解 由边缘密度函数的计算公式，可得

$$f_X(x)=\frac{1}{2\pi}\int_{-\infty}^{+\infty}e^{-\frac{x^2+y^2}{2}}(1+\sin x\sin y)\mathrm{d}y=\frac{1}{2\pi}e^{-\frac{x^2}{2}}\int_{-\infty}^{+\infty}e^{-\frac{y^2}{2}}\mathrm{d}y=\frac{1}{\sqrt{2\pi}}e^{-\frac{x^2}{2}}.$$

同理可得

$$f_Y(x)=\frac{1}{\sqrt{2\pi}}e^{-\frac{y^2}{2}}.$$

由此可见，$X \sim N(0,1)$，$Y \sim N(0,1)$，但是(X,Y)并不服从二维正态分布.

3.1.4 n维随机变量及其概率分布

与二维随机变量类似，可给出n维随机变量$(X_1,X_2,\cdots,X_n)$的概率分布.

1. n维离散型随机变量及其概率分布

若n维随机变量$(X_1,X_2,\cdots,X_n)$的全部可能取值为有限多个或可列无穷多个，则称$(X_1,X_2,\cdots,X_n)$是n维**离散型随机变量**. 若$(X_1,X_2,\cdots,X_n)$的全部可能取值为$(x_{1i_1},x_{2i_2},\cdots,x_{ni_n})$，$i_1,i_2,\cdots,i_n=1,2,3,\cdots$，则其**联合分布律**为

$$P(X_1=x_{1i_1},X_2=x_{2i_2},\cdots,X_n=x_{ni_n}),\quad i_1,i_2,\cdots,i_n=1,2,3,\cdots,$$

且满足

$$P(X_1=x_{1i_1},X_2=x_{2i_2},\cdots,X_n=x_{ni_n})\geqslant 0,$$

$$\sum_{i_n=1}^{+\infty}\sum_{i_{n-1}=1}^{+\infty}\cdots\sum_{i_1=1}^{+\infty}P(X_1=x_{1i_1},X_2=x_{2i_2},\cdots,X_n=x_{ni_n})=1.$$

随机变量$(X_1,X_2,\cdots,X_n)$的**边缘分布律**也可以类似地定义. 例如，其关于随机变量X_1，(X_1,X_2)，(X_1,X_2,X_3)的边缘分布律可分别表示为

$$\begin{aligned}
&P_{X_1}(X_1=x_1)\\
&\quad=P(X_1=x_{1i_1},X_2<+\infty,X_3<+\infty,\cdots,X_n<+\infty),\\
&P_{X_1,X_2}(X_1=x_{1i_1},X_2=x_{2i_2})\\
&\quad=P(X_1=x_{1i_1},X_2=x_{2i_2},X_3<+\infty,\cdots,X_n<+\infty),\\
&P_{X_1,X_2,X_3}(X_1=x_{1i_1},X_2=x_{2i_2},X_3=x_{3i_3})\\
&\quad=P(X_1=x_{1i_1},X_2=x_{2i_2},X_3=x_{3i_3},X_4<+\infty,\cdots,X_n<+\infty).
\end{aligned}$$

2. n维连续型随机变量及其概率分布

设$F(x_1,x_2,\cdots,x_n)$为n维随机变量$(X_1,X_2,\cdots,X_n)$的联合分布函数，若存在n元非负函数$f(x_1,x_2,\cdots,x_n)$，对任意实数$x_1,x_2,\cdots,x_n$，有

$$F(x_1,x_2,\cdots,x_n)=\int_{-\infty}^{x_n}\cdots\int_{-\infty}^{x_2}\int_{-\infty}^{x_1}f(u_1,u_2,\cdots,u_n)\mathrm{d}u_1\mathrm{d}u_2\cdots\mathrm{d}u_n,$$

则称$(X_1,X_2,\cdots,X_n)$为n**维连续型随机变量**，且称函数$f(x_1,x_2,\cdots,x_n)$为其**联合分布密度函数**，简称**联合密度**或**密度函数**.

随机变量$(X_1,X_2,\cdots,X_n)$的**边缘分布密度函数**也可以类似地定义. 例如，其关于随机变量X_1，(X_1,X_2)，(X_1,X_2,X_3)的边缘分布密度可分别表示为

$$f_{X_1}(x_1)=\int_{-\infty}^{+\infty}\cdots\int_{-\infty}^{+\infty}\int_{-\infty}^{+\infty}f(x_1,u_2,\cdots,u_n)\mathrm{d}u_2\mathrm{d}u_3\cdots\mathrm{d}u_n,$$

$$f_{X_1,X_2}(x_1,x_2)=\int_{-\infty}^{+\infty}\cdots\int_{-\infty}^{+\infty}\int_{-\infty}^{+\infty}f(x_1,x_2,u_3,\cdots,u_n)\mathrm{d}u_3\mathrm{d}u_4\cdots\mathrm{d}u_n,$$

$$f_{X_1,X_2,X_3}(x_1,x_2,x_3)=\int_{-\infty}^{+\infty}\cdots\int_{-\infty}^{+\infty}\int_{-\infty}^{+\infty}f(x_1,x_2,x_3,u_4,\cdots,u_n)\mathrm{d}u_4\mathrm{d}u_5\cdots\mathrm{d}u_n.$$

3.2 二维随机变量的条件分布

在二维随机变量(X,Y)中，有时需考虑其中某个随机变量取定某个值时另一个随机变量的概率分布. 借助于随机事件的条件概率的概念，引入随机变量的条件分布.

3.2.1 二维离散型随机变量的条件分布

设二维离散型随机变量(X,Y)的分布律为

$$P(X=x_i,Y=y_j)=p_{ij},\quad i,j=1,2,3,\cdots,$$

(X,Y)中关于随机变量X和Y的边缘分布律分别为

$$p_{i\cdot}=P(X=x_i)=\sum_{j=1}^{+\infty}p_{ij},\quad i=1,2,3,\cdots,$$

$$p_{\cdot j}=P(Y=y_j)=\sum_{i=1}^{+\infty}p_{ij},\quad j=1,2,3,\cdots,$$

当$p_{\cdot j}>0$时，在事件$\{Y=y_j\}$已经发生的条件下，事件$\{X=x_i\}$发生的条件概率

$$P(X=x_i\mid Y=y_j)=\frac{P(X=x_i,Y=y_j)}{P(Y=y_j)}=\frac{p_{ij}}{p_{\cdot j}},\quad i=1,2,3,\cdots.$$

显然

$$P(X=x_i\mid Y=y_j)\geqslant 0,$$

$$\sum_{i=1}^{+\infty}P(X=x_i\mid Y=y_j)=\sum_{i=1}^{+\infty}\frac{p_{ij}}{p_{\cdot j}}=\frac{1}{p_{\cdot j}}\sum_{i=1}^{+\infty}p_{ij}=\frac{1}{p_{\cdot j}}p_{\cdot j}=1.$$

故有以下定义.

定义 3.5 设二维离散型随机变量(X,Y)对于固定的j，有$P(Y=y_j)>0$，则称

$$P(X=x_i\mid Y=y_j)=\frac{P(X=x_i,Y=y_j)}{P(Y=y_j)}=\frac{p_{ij}}{p_{\cdot j}}\quad(i=1,2,3,\cdots)$$

为在条件$Y=y_j$下，随机变量X的**条件分布律**.

同样，当$P(X=x_i)>0$时，在条件$X=x_i$下，随机变量Y的条件分布律为

$$P(Y=y_j\mid X=x_i)=\frac{P(X=x_i,Y=y_j)}{P(X=x_i)}=\frac{p_{ij}}{p_{i\cdot}},\quad j=1,2,3,\cdots.$$

据定义，在条件 $Y=y_j$ 下，随机变量 X 的**条件分布函数**可表示为

$$F_{X|Y}(x|y_j)=P(X\leqslant x|Y=y_j)=\sum_{x_i\leqslant x}P(X=x_i|Y=y_j)=\frac{1}{p_{\cdot j}}\sum_{x_i\leqslant x}p_{ij}.$$

同理，在条件 $X=x_i$ 下，随机变量 Y 的条件分布函数可表示为

$$F_{Y|X}(y|x_i)=P(Y\leqslant y|X=x_i)=\sum_{y_j\leqslant y}P(Y=y_j|X=x_i)=\frac{1}{p_{i\cdot}}\sum_{y_j\leqslant y}p_{ij}.$$

例 1　已知一口袋里有 2 只白球，3 只红球. 随机取球两次，每次取 1 球，取后不放回. 设随机变量

$$X=\begin{cases}1, & \text{第一次取出的是白球},\\ 0, & \text{第一次取出的是红球},\end{cases}$$

$$Y=\begin{cases}1, & \text{第二次取出的是白球},\\ 0, & \text{第二次取出的是红球},\end{cases}$$

试在条件 $X=0$ 和 $X=1$ 下，分别求出随机变量 Y 的条件分布.

解　因为

$$P(X=0,Y=0)=P(X=0)P(Y=0|X=0)=\frac{3}{5}\times\frac{2}{4}=\frac{3}{10},$$

$$P(X=0,Y=1)=P(X=0)P(Y=1|X=0)=\frac{3}{5}\times\frac{2}{4}=\frac{3}{10},$$

$$P(X=1,Y=0)=P(X=1)P(Y=0|X=1)=\frac{2}{5}\times\frac{3}{4}=\frac{3}{10},$$

$$P(X=1,Y=1)=P(X=1)P(Y=1|X=1)=\frac{2}{5}\times\frac{1}{4}=\frac{1}{10},$$

所以随机变量 (X,Y) 的分布律为

X \ Y	0	1	$p_{i\cdot}$
0	3/10	3/10	6/10
1	3/10	1/10	4/10
$p_{\cdot j}$	6/10	4/10	

又由

$$P(Y=0|X=0)=\frac{3}{10}\Big/\frac{6}{10}=\frac{1}{2},\quad P(Y=1|X=0)=\frac{3}{10}\Big/\frac{6}{10}=\frac{1}{2},$$

可得在条件 $X=0$ 下，随机变量 Y 的条件分布律为

$Y\|X=0$	0	1
$P(Y=y_j\|X=0)$	1/2	1/2

同理,在条件 $X=1$ 下,随机变量 Y 的条件分布律为

$Y\|X=1$	0	1
$P(Y=y_j\|X=1)$	3/4	1/4

3.2.2 二维连续型随机变量的条件分布

设(X,Y)是二维连续型随机变量,因为对于任意的实数 x,y,随机事件$\{X=x\}$和$\{Y=y\}$发生的概率都是 0,所以不能直接用条件概率公式得到条件分布. 下面我们用极限的方法来导出二维连续型随机变量的条件分布.

定义 3.6 设 y 为定值,且对于任意给定的 $\varepsilon>0$,有

$$P(y-\varepsilon<Y\leqslant y+\varepsilon)>0.$$

若对于任意实数 x,极限

$$\lim_{\varepsilon\to0^+}P(X\leqslant x|y-\varepsilon<Y\leqslant y+\varepsilon)=\lim_{\varepsilon\to0^+}\frac{P(X\leqslant x,y-\varepsilon<Y\leqslant y+\varepsilon)}{P(y-\varepsilon<Y\leqslant y+\varepsilon)}$$

存在,则称此极限值是在条件 $Y=y$ 下,随机变量 X 的**条件分布函数**,记为 $F_{X|Y}(x|y)$,或 $P(X\leqslant x|Y=y)$.

设二维连续型随机变量(X,Y)的分布函数为 $F(x,y)$,边缘分布函数为$F_X(x)$和 $F_Y(y)$,密度函数为 $f(x,y)$,边缘密度函数为 $f_X(x)$和 $f_Y(y)$. 若在点(x,y)处,$f(x,y)$和 $f_Y(y)$连续,且 $f_Y(y)>0$,则有

$$\begin{aligned}F_{X|Y}(x|y)&=\lim_{\varepsilon\to0^+}\frac{P(X\leqslant x,y-\varepsilon<Y\leqslant y+\varepsilon)}{P(y-\varepsilon<Y\leqslant y+\varepsilon)}\\&=\lim_{\varepsilon\to0^+}\frac{F(x,y+\varepsilon)-F(x,y-\varepsilon)}{F_Y(y+\varepsilon)-F_Y(y-\varepsilon)}\\&=\lim_{\varepsilon\to0^+}\frac{(F(x,y+\varepsilon)-F(x,y-\varepsilon))/2\varepsilon}{(F_Y(y+\varepsilon)-F_Y(y-\varepsilon))/2\varepsilon}\\&=\frac{\partial F(x,y)}{\partial y}\Big/\frac{\mathrm{d}F_Y(y)}{\mathrm{d}y}.\end{aligned}$$

因为

$$\frac{\partial F(x,y)}{\partial y}=\frac{\partial}{\partial y}\left(\int_{-\infty}^{x}\int_{-\infty}^{y}f(u,v)\mathrm{d}u\mathrm{d}v\right)=\int_{-\infty}^{x}f(u,y)\mathrm{d}u,$$

$$\frac{\mathrm{d}F_Y(y)}{\mathrm{d}y}=f_Y(y),$$

所以在条件 $Y=y$ 下,随机变量 X 的条件分布函数

$$F_{X|Y}(x|y)=\frac{1}{f_Y(y)}\int_{-\infty}^{x}f(u,y)\mathrm{d}u.$$

若记 $f_{X|Y}(x|y)$ 为在条件 $Y=y$ 下随机变量 X 的**条件密度函数**，则

$$f_{X|Y}(x|y)=\frac{\mathrm{d}}{\mathrm{d}x}\left(\frac{1}{f_Y(y)}\int_{-\infty}^{x}f(u,y)\mathrm{d}u\right)=\frac{1}{f_Y(y)}f(x,y).$$

故在条件 $Y=y$ 下，随机变量 X 的条件密度函数

$$f_{X|Y}(x|y)=\frac{1}{f_Y(y)}f(x,y).$$

类似地，我们可以得到在条件 $X=x$ 下随机变量 Y 的条件分布函数和条件密度函数

$$F_{Y|X}(y|x)=\frac{1}{f_X(x)}\int_{-\infty}^{y}f(x,v)\mathrm{d}v,$$

$$f_{Y|X}(y|x)=\frac{1}{f_X(x)}f(x,y).$$

由条件分布函数和条件密度函数的表达式，可得关系式

$$f(x,y)=f_Y(y)f_{X|Y}(x|y)=f_X(x)f_{Y|X}(y|x).$$

还可以得到推广的全概率公式

$$f_X(x)=\int_{-\infty}^{+\infty}f(x,y)\mathrm{d}y=\int_{-\infty}^{+\infty}f_Y(y)f_{X|Y}(x|y)\mathrm{d}y,$$

$$f_Y(y)=\int_{-\infty}^{+\infty}f(x,y)\mathrm{d}x=\int_{-\infty}^{+\infty}f_X(x)f_{Y|X}(y|x)\mathrm{d}x.$$

以及推广的贝叶斯公式

$$f_{X|Y}(x|y)=\frac{1}{f_Y(y)}f(x,y)=\frac{f_X(x)f_{Y|X}(y|x)}{f_Y(y)},$$

$$f_{Y|X}(y|x)=\frac{1}{f_X(x)}f(x,y)=\frac{f_Y(y)f_{X|Y}(x|y)}{f_X(x)}.$$

例 2　设随机变量(X,Y)在圆域 $x^2+y^2\leqslant r^2$ 上服从二维均匀分布，求(X,Y)的条件密度函数 $f_{X|Y}(x|y)$和 $f_{Y|X}(y|x)$.

解　据题意，随机变量(X,Y)的联合密度函数

$$f(x,y)=\begin{cases}\dfrac{1}{\pi r^2}, & x^2+y^2\leqslant r^2,\\ 0, & \text{其他},\end{cases}$$

其边缘密度函数

$$f_X(x)=\int_{-\infty}^{+\infty}f(x,y)\mathrm{d}y=\begin{cases}\displaystyle\int_{-\sqrt{r^2-x^2}}^{\sqrt{r^2-x^2}}\frac{1}{\pi r^2}\mathrm{d}y, & -r\leqslant x\leqslant r,\\ 0, & \text{其他}\end{cases}$$

$$=\begin{cases}\dfrac{2}{\pi r^2}\sqrt{r^2-x^2}, & -r\leqslant x\leqslant r,\\ 0, & \text{其他},\end{cases}$$

$$f_Y(y)=\int_{-\infty}^{+\infty}f(x,y)\mathrm{d}x=\begin{cases}\int_{-\sqrt{r^2-y^2}}^{\sqrt{r^2-y^2}}\dfrac{1}{\pi r^2}\mathrm{d}x, & -r\leqslant y\leqslant r,\\ 0, & \text{其他}\end{cases}$$

$$=\begin{cases}\dfrac{2}{\pi r^2}\sqrt{r^2-y^2}, & -r\leqslant y\leqslant r,\\ 0, & \text{其他},\end{cases}$$

于是当 $-r<y<r$ 时，在条件 $\{Y=y\}$ 下，X 的条件密度函数

$$f_{X|Y}(x|y)=\frac{f(x,y)}{f_Y(y)}=\begin{cases}\dfrac{1}{2\sqrt{r^2-y^2}}, & -\sqrt{r^2-y^2}\leqslant x\leqslant\sqrt{r^2-y^2},\\ 0, & \text{其他},\end{cases}$$

当 $-r<x<r$ 时，在条件 $\{X=x\}$ 下，Y 的条件密度函数

$$f_{Y|X}(y|x)=\frac{f(x,y)}{f_X(x)}=\begin{cases}\dfrac{1}{2\sqrt{r^2-x^2}}, & -\sqrt{r^2-x^2}\leqslant y\leqslant\sqrt{r^2-x^2},\\ 0, & \text{其他}.\end{cases}$$

可见，随机变量 (X,Y) 为均匀分布，其边缘分布不是均匀分布，但其条件分布仍为均匀分布.

例 3 已知随机变量 (X,Y) 当 $0<y<1$ 时，在条件 $\{Y=y\}$ 下，X 的条件密度函数

$$f_{X|Y}(x|y)=\begin{cases}\dfrac{3x^2}{y^3}, & 0<x<y,\\ 0, & \text{其他},\end{cases}$$

随机变量 Y 的边缘密度函数

$$f_Y(y)=\begin{cases}5y^4, & 0<y<1,\\ 0, & \text{其他},\end{cases}$$

试求边缘密度函数 $f_X(x)$ 和概率 $P(X>0.5)$.

解 本题可用推广的全概率公式求解. 因为

$$f(x,y)=f_Y(y)f_{X|Y}(x|y)=\begin{cases}15x^2y, & 0<x<y,0<y<1,\\ 0, & \text{其他},\end{cases}$$

所以由边缘密度的定义，可得

$$f_X(x)=\int_{-\infty}^{+\infty}f(x,y)\mathrm{d}y=\begin{cases}\int_x^1 15x^2y\mathrm{d}y, & 0<x<1,\\ 0, & \text{其他}\end{cases}$$

$$=\begin{cases}\dfrac{15}{2}x^2(1-x^2), & 0<x<1,\\ 0, & \text{其他}.\end{cases}$$

而

$$P(X>0.5)=\int_{0.5}^{+\infty}f_X(x)\mathrm{d}x=\int_{0.5}^{1}\frac{15}{2}x^2(1-x^2)\mathrm{d}x=\frac{47}{64}.$$

例 4　已知随机变量(X,Y)服从二维正态分布$N(\mu_1,\sigma_1^2;\mu_2,\sigma_2^2;\rho)$，求在条件$\{X=x\}$下，$Y$的条件密度函数$f_{Y|X}(y|x)$.

解　二维随机变量(X,Y)的联合密度函数

$$f(x,y)=\frac{1}{2\pi\sigma_1\sigma_2\sqrt{1-\rho^2}}\mathrm{e}^{\frac{-1}{2(1-\rho^2)}\left(\frac{(x-\mu_1)^2}{\sigma_1^2}-2\rho\frac{(x-\mu_1)(y-\mu_2)}{\sigma_1\sigma_2}+\frac{(y-\mu_2)^2}{\sigma_2^2}\right)},$$

随机变量(X,Y)关于X的边缘密度函数

$$f_X(x)=\frac{1}{\sqrt{2\pi}\sigma_1}\mathrm{e}^{-\frac{(x-\mu_1)^2}{2\sigma_1^2}}.$$

于是由

$$f_{Y|X}(y|x)=\frac{1}{f_X(x)}f(x,y),$$

可得在条件$\{X=x\}$下，Y的条件密度函数

$$f_{Y|X}(y|x)=\frac{1}{\sqrt{2\pi}\sigma_2\sqrt{1-\rho^2}}\mathrm{e}^{\frac{-1}{2(1-\rho^2)\sigma_2^2}\left(y-\left(\mu_2+\rho\frac{\sigma_2}{\sigma_1}(x-\mu_1)\right)\right)^2}.$$

即在条件$\{X=x\}$下，Y的条件分布是正态分布

$$Y\sim N\left(\mu_2+\rho\frac{\sigma_2}{\sigma_1}(x-\mu_1),\sigma_2^2(1-\rho^2)\right).$$

同样可得，在条件$\{Y=y\}$下，X的条件分布也是正态分布

$$X\sim N\left(\mu_1+\rho\frac{\sigma_1}{\sigma_2}(y-\mu_2),\sigma_1^2(1-\rho^2)\right).$$

3.3　随机变量的独立性

随机变量的独立性是概率论中的一个重要概念. 借助于随机事件的独立性，引入随机变量独立的概念.

3.3.1　两个随机变量的独立性

定义 3.7　若对任意实数x,y，二维随机变量(X,Y)都有

$$P(X\leqslant x,Y\leqslant y)=P(X\leqslant x)P(Y\leqslant y),$$

则称随机变量X与Y是**相互独立**的.

由定义可见，随机变量X与Y相互独立是指随机事件$\{X\leqslant x\}$与$\{Y\leqslant y\}$独立. 因此，若二维随机变量(X,Y)的分布函数为$F(x,y)$，边缘分布函数为$F_X(x)$和$F_Y(y)$，则由定义可知，随机变量X与Y相互独立等价于对任意实数x,y都有

$$F(X,Y) = F_X(x)F_Y(y).$$

据此可得,若(X,Y)是二维离散型随机变量,其分布律为

$$P(X = x_i, Y = y_j) = p_{ij}, \quad i,j = 1,2,3,\cdots,$$

其关于随机变量 X 和 Y 的边缘分布律分别为

$$p_{i\cdot} = P(X = x_i) = \sum_{j=1}^{+\infty} p_{ij}, \quad i = 1,2,3,\cdots,$$

$$p_{\cdot j} = P(Y = y_j) = \sum_{i=1}^{+\infty} p_{ij}, \quad j = 1,2,3,\cdots,$$

则随机变量 X 与 Y 相互独立的充分必要条件为

$$P(X = x_i, Y = y_j) = P(X = x_i)P(Y = y_j), \quad i,j = 1,2,3,\cdots,$$

即

$$p_{ij} = p_{i\cdot}p_{\cdot j}, \quad i,j = 1,2,3,\cdots.$$

利用条件分布律的表达式

$$P(X = x_i | Y = y_j) = \frac{P(X = x_i, Y = y_j)}{P(Y = y_j)} = \frac{p_{ij}}{p_{\cdot j}}, \quad i = 1,2,3,\cdots,$$

$$P(Y = y_j | X = x_i) = \frac{P(X = x_i, Y = y_j)}{P(X = x_i)} = \frac{p_{ij}}{p_{i\cdot}}, \quad j = 1,2,3,\cdots,$$

又可得随机变量 X 与 Y 相互独立的充分必要条件为

$$P(X = x_i | Y = y_j) = P(X = x_i), \quad i = 1,2,3,\cdots,$$

$$P(Y = y_j | X = x_i) = P(Y = y_j), \quad j = 1,2,3,\cdots.$$

类似地,若(X,Y)是二维连续型随机变量,其密度函数为 $f(x,y)$,边缘密度函数为 $f_X(x)$和 $f_Y(y)$,则当 $f(x,y)$,$f_X(x)$,$f_Y(y)$在点(x,y)处连续时,随机变量 X 与 Y 相互独立的充分必要条件为

$$f(x,y) = f_X(x)f_Y(y).$$

利用表达式 $f(x,y)=f_Y(y)f_{X|Y}(x|y)=f_X(x)f_{Y|X}(y|x)$,又可得随机变量 X 与 Y 相互独立的充分必要条件为

$$f_{X|Y}(x|y) = f_X(x), \qquad f_{Y|X}(y|x) = f_Y(y).$$

例 1 已知随机变量(X,Y)的联合分布律为

X \ Y	1	2	3
1	1/3	a	b
2	1/6	1/9	1/18

试确定常数 a,b,使得 X 与 Y 相互独立.

解 先求出(X,Y)关于X和Y的边缘分布律

$X \backslash Y$	1	2	3	$p_{i\cdot}$
1	1/3	a	b	$a+b+1/3$
2	1/6	1/9	1/18	1/3
$p_{\cdot j}$	1/2	$a+1/9$	$b+1/18$	

要使得X与Y相互独立,可用

$$P(X=x_i,Y=y_j)=P(X=x_i)P(Y=y_j)$$

确定常数a,b. 由

$$P(X=2,Y=2)=P(X=2)P(Y=2),$$
$$P(X=2,Y=3)=P(X=2)P(Y=3),$$

即

$$\frac{1}{9}=\left(a+\frac{1}{9}\right)\times\frac{1}{3},\qquad \frac{1}{18}=\left(b+\frac{1}{18}\right)\times\frac{1}{3}.$$

解得$a=\frac{2}{9}$,$b=\frac{1}{9}$.

例 2 已知随机变量(X,Y)在区域$G=\{(x,y)\mid 0\leqslant x\leqslant 2,0\leqslant y\leqslant 1\}$上服从均匀分布,定义随机变量

$$U=\begin{cases}1, & X>Y,\\ 0, & X\leqslant Y,\end{cases}\qquad V=\begin{cases}1, & X>2Y,\\ 0, & X\leqslant 2Y,\end{cases}$$

试求随机变量(U,V)的联合分布律,并判断U与V是否相互独立?

解 据题意,随机变量(X,Y)的密度函数

$$f(x,y)=\begin{cases}\frac{1}{2}, & (x,y)\in G,\\ 0, & \text{其他}.\end{cases}$$

因为(图 3-5)

$$\begin{aligned}P(U=0,V=0)&=P(X\leqslant Y,X\leqslant 2Y)=P(X\leqslant Y)\\&=\iint\limits_{x\leqslant y}f(x,y)\mathrm{d}x\mathrm{d}y=\int_0^1\mathrm{d}x\int_x^1\frac{1}{2}\mathrm{d}y=\frac{1}{4},\end{aligned}$$

$$P(U=0,V=1)=P(X\leqslant Y,X>2Y)=0,$$

$$\begin{aligned}P(U=1,V=0)&=P(X>Y,X\leqslant 2Y)=P(Y<X\leqslant 2Y)\\&=\iint\limits_{y<x\leqslant 2y}f(x,y)\mathrm{d}x\mathrm{d}y=\int_0^1\mathrm{d}y\int_y^{2y}\frac{1}{2}\mathrm{d}x=\frac{1}{4},\end{aligned}$$

$$P(U=1,V=1)=1-\frac{1}{4}-\frac{1}{4}=\frac{1}{2},$$

所以随机变量(U,V)的联合分布律和边缘分布律为

U \ V	0	1	$p_{i\cdot}$
0	1/4	0	1/4
1	1/4	1/2	3/4
$p_{\cdot j}$	1/2	1/2	

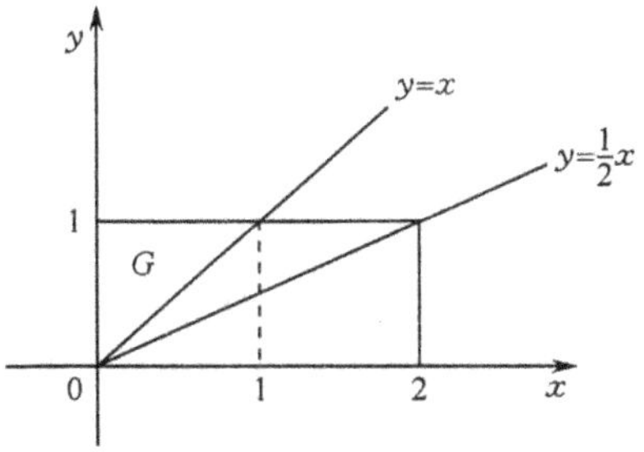

图 3-5

由于 $P(U=0,V=1)=0\neq P(U=0)P(V=1)=\frac{1}{4}\times\frac{1}{2}=\frac{1}{8}$,即

$$P(U=u_i,V=v_j)\neq P(U=u_i)P(V=v_j),$$

可知随机变量U与V不相互独立.

例 3 已知二维随机变量(X,Y)的联合密度函数

$$f(x,y)=\begin{cases}4xy, & 0\leqslant x\leqslant 1,0\leqslant y\leqslant 1,\\ 0, & \text{其他},\end{cases}$$

试问随机变量X与Y是否相互独立?

解 因为(X,Y)关于随机变量X的边缘密度函数

$$f_X(x)=\int_{-\infty}^{+\infty}f(x,y)\mathrm{d}y=\begin{cases}\int_0^1 4xy\mathrm{d}y, & 0\leqslant x\leqslant 1,\\ 0, & \text{其他}\end{cases}$$

$$=\begin{cases}2x, & 0\leqslant x\leqslant 1,\\ 0, & \text{其他},\end{cases}$$

同理,关于随机变量Y的边缘密度函数

$$f_Y(y)=\int_{-\infty}^{+\infty}f(x,y)\mathrm{d}x=\begin{cases}2y, & 0\leqslant y\leqslant 1,\\ 0, & \text{其他}.\end{cases}$$

可见,对任意实数x,y有$f(x,y)=f_X(x)f_Y(y)$,所以随机变量X与Y是相互独立的.

例 4 已知随机变量$(X,Y)\sim N(\mu_1,\sigma_1^2;\mu_2,\sigma_2^2;\rho)$,试证随机变量$X$与$Y$相互独立的充分必要条件为参数$\rho=0$.

证 因为(X,Y)的联合密度函数

$$f(x,y)=\frac{1}{2\pi\sigma_1\sigma_2\sqrt{1-\rho^2}}\mathrm{e}^{\frac{-1}{2(1-\rho^2)}\left(\frac{(x-\mu_1)^2}{\sigma_1^2}-2\rho\frac{(x-\mu_1)(y-\mu_2)}{\sigma_1\sigma_2}+\frac{(y-\mu_2)^2}{\sigma_2^2}\right)},$$

随机变量(X,Y)关于X和Y的边缘密度函数分别为

$$f_X(x)=\frac{1}{\sqrt{2\pi}\sigma_1}e^{-\frac{(x-\mu_1)^2}{2\sigma_1^2}},\qquad -\infty<x<+\infty,$$

$$f_Y(y)=\frac{1}{\sqrt{2\pi}\sigma_2}e^{-\frac{(y-\mu_2)^2}{2\sigma_2^2}},\qquad -\infty<y<+\infty,$$

易证，对任意实数$x,y,f(x,y)=f_X(x)f_Y(y)$的充分必要条件为参数$\rho=0$，所以随机变量X与Y相互独立的充分必要条件为参数$\rho=0$.

例 5　某公司的工作日，负责人到达办公室的时间均匀分布在8～12时之间，他的秘书到达办公室的时间均匀分布在7～9时之间. 设他俩到达办公室的时间是相互独立的，求他俩到达办公室的时间相差不超过5分钟的概率.

解　设负责人和秘书到达办公室的时间分别为X和Y，则X和Y的密度函数分别为

$$f_X(x)=\begin{cases}\frac{1}{4}, & 8\leqslant x\leqslant 12,\\ 0, & \text{其他},\end{cases}\qquad f_Y(y)=\begin{cases}\frac{1}{2}, & 7\leqslant y\leqslant 9,\\ 0, & \text{其他}.\end{cases}$$

因为X和Y相互独立，所以(X,Y)的联合密度函数

$$f(x,y)=f_X(x)f_Y(y)=\begin{cases}\frac{1}{8}, & 8\leqslant x\leqslant 12,7\leqslant y\leqslant 9,\\ 0, & \text{其他}.\end{cases}$$

据题意，所求的概率为$P(|X-Y|\leqslant 1/12)$. 由图3-6所示，区域

$$G=\{(x,y)\,|\,8\leqslant x\leqslant 12,7\leqslant y\leqslant 9,|x-y|\leqslant 1/12\}$$

的面积

$$\begin{aligned}S&=\triangle ABC\text{ 的面积}-\triangle AB_1C_1\text{ 的面积}\\&=\frac{1}{2}\times\left(\frac{13}{12}\right)^2-\frac{1}{2}\times\left(\frac{11}{12}\right)^2=\frac{1}{6},\end{aligned}$$

因此所求的概率

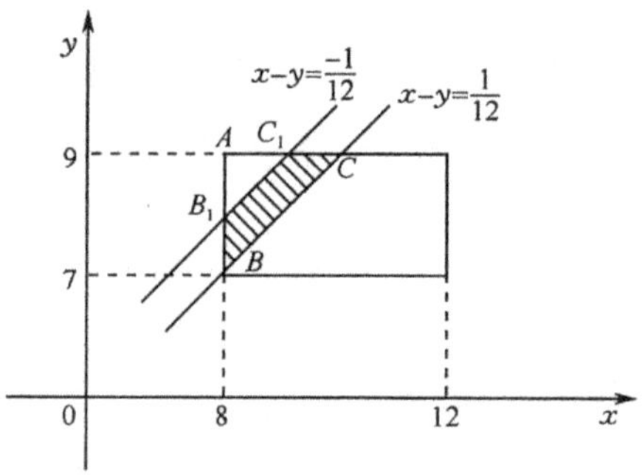

图 3-6

$$P\left(|X-Y|\leqslant \frac{1}{12}\right)=\iint\limits_{G} f(x,y)\mathrm{d}x\mathrm{d}y=\frac{1}{8}\times S=\frac{1}{48}.$$

3.3.2 n 个随机变量的独立性

设$(X_1,X_2,\cdots,X_n)$为 n 维随机变量，若对任意实数 $x_1,x_2,\cdots,x_n$，事件$\{X_i\leqslant x_i\}(i=1,2,\cdots,n)$相互独立，即

$$\begin{aligned}&P(X_1\leqslant x_1,X_2\leqslant x_2,\cdots,X_n\leqslant x_n)\\=&P(X_1\leqslant x_1)P(X_2\leqslant x_2)\cdots P(X_n\leqslant x_n),\end{aligned}$$

则称随机变量 $X_1,X_2,\cdots,X_n$ 是**相互独立**的.

若随机变量$(X_1,X_2,\cdots,X_n)$的联合分布函数为 $F(x_1,x_2,\cdots,x_n)$，关于随机变量 X_i 的边缘分布函数分别为 $F_{X_i}(x_i)$，$i=1,2,\cdots,n$，则随机变量 $X_1,X_2,\cdots,X_n$ 相互独立的充分必要条件为

$$F(x_1,x_2,\cdots,x_n)=F_{X_1}(x_1)F_{X_2}(x_2)\cdots F_{X_n}(x_n).$$

例 6 设随机变量$(X_1,X_2,\cdots,X_n)$的分布函数为 $F(x_1,x_2,\cdots,x_n)$，随机变量 X_i 相互独立，且分别具有分布函数 $F_{X_i}(x_i)$，$i=1,2,\cdots,n$，又

$$U=\max\{X_1,X_2,\cdots,X_n\},\qquad V=\min\{X_1,X_2,\cdots,X_n\},$$

试求随机变量 U 和 V 的分布函数.

解 设随机变量 U 和 V 的分布函数分别为 $F_U(u)$和 $F_V(v)$，则 U 的分布函数

$$\begin{aligned}F_U(u)&=P(U\leqslant u)=P(X_1\leqslant u,X_2\leqslant u,\cdots,X_n\leqslant u)\\&=P(X_1\leqslant u)P(X_2\leqslant u)\cdots P(X_n\leqslant u)\\&=F_{X_1}(u)F_{X_2}(u)\cdots F_{X_n}(u).\end{aligned}$$

同样，V 的分布函数

$$\begin{aligned}F_V(v)&=P(V\leqslant v)=1-P(V>v)=1-P(X_1>v,X_2>v,\cdots,X_n>v)\\&=1-P(X_1>v)P(X_2>v)\cdots P(X_n>v)\\&=1-(1-P(X_1\leqslant v))(1-P(X_2\leqslant v))\cdots(1-P(X_n\leqslant v))\\&=1-(1-F_{X_1}(v))(1-F_{X_2}(v))\cdots(1-F_{X_n}(v)).\end{aligned}$$

特别，当 $X_i(i=1,2,\cdots,n)$具有相同的概率分布时，若它们的分布函数都是 $F_X(x)$，则

$$F_U(u)=(F(u))^n,\qquad F_V(v)=1-(1-F(v))^n.$$

若离散型随机变量$(X_1,X_2,\cdots,X_n)$的联合分布律为

$$P(X_1=x_{1i_1},X_2=x_{2i_2},\cdots,X_n=x_{ni_n}),\quad i_1,i_2,\cdots,i_n=1,2,3,\cdots,$$

关于随机变量 X_k 的边缘分布律分别为 $P_{X_k}(X_k=x_{ki_k})$，$k=1,2,\cdots,n$，则随机变量 $X_1,X_2,\cdots,X_n$ 相互独立的充分必要条件为

$$P(X_1=x_{1i_1},X_2=x_{2i_2},\cdots,X_n=x_{ni_n})$$

$$= P(X_1 = x_{1i_1})P(X_2 = x_{2i_2})\cdots P(X_n = x_{ni_n}).$$

若连续型随机变量$(X_1,X_2,\cdots,X_n)$的密度函数为$f(x_1,x_2,\cdots,x_n)$，关于随机变量X_k的边缘密度函数分别为$f_{X_k}(x_k)$，$k=1,2,\cdots,n$，则可以证明，在$f(x_1,x_2,\cdots,x_n)$和$f_{X_k}(x_k)(k=1,2,\cdots,n)$的连续点$(x_1,x_2,\cdots,x_n)$处，随机变量$X_1,X_2,\cdots,X_n$相互独立的充分必要条件为

$$f(x_1,x_2,\cdots,x_n) = f_{X_1}(x_1)f_{X_2}(x_2)\cdots f_{X_n}(x_n).$$

例 7　设随机变量$(X_1,X_2,\cdots,X_n)$服从参数为$\lambda_k(k=1,2,\cdots,n)$的指数分布，即随机变量$(X_1,X_2,\cdots,X_n)$的联合密度函数

$$f(x_1,x_2,\cdots,x_n) = \begin{cases}\left(\prod\limits_{k=1}^{n}\lambda_k\right)\mathrm{e}^{-\sum\limits_{k=1}^{n}\lambda_k x_k}, & x_k > 0, k = 1,2,\cdots,n,\\ 0, & \text{其他},\end{cases}$$

证明：随机变量$X_1,X_2,\cdots,X_n$是相互独立的.

证　因为随机变量X_1的密度函数

$$f_{X_1}(x_1) = \int_{-\infty}^{+\infty}\cdots\int_{-\infty}^{+\infty}\int_{-\infty}^{+\infty} f(x_1,u_2,\cdots,u_n)\mathrm{d}u_2\mathrm{d}u_3\cdots\mathrm{d}u_n$$

$$= \begin{cases}\lambda_1\mathrm{e}^{-\lambda_1 x_1}\prod\limits_{k=2}^{n}\left(\int_{-\infty}^{+\infty}\lambda_k\mathrm{e}^{-\lambda_k x_k}\mathrm{d}u_k\right), & x_k > 0, k = 1,2,\cdots,n,\\ 0, & \text{其他}\end{cases}$$

$$= \begin{cases}\lambda_1\mathrm{e}^{-\lambda_1 x_1}, & x_1 > 0,\\ 0, & x_1 \leqslant 0.\end{cases}$$

同理可得，随机变量$X_k(k=2,3,\cdots,n)$的密度函数

$$f_{X_k}(x_k) = \begin{cases}\lambda_k\mathrm{e}^{-\lambda_k x_k}, & x_k > 0,\\ 0, & x_k \leqslant 0,\end{cases}\quad k = 2,3,\cdots,n.$$

据此可得，对任意实数$x_1,x_2,\cdots,x_n$，有

$$f(x_1,x_2,\cdots,x_n) = f_{X_1}(x_1)f_{X_2}(x_2)\cdots f_{X_n}(x_n),$$

所以随机变量$X_1,X_2,\cdots,X_n$是相互独立的.

例 8　已知系统L由子系统$L_1,L_2,\cdots,L_n$连接而成，各个子系统的使用寿命$X_k(k=1,2,\cdots,n)$都服从参数为λ的指数分布，且各子系统的工作相互独立.

(1) 设L由$L_1,L_2,\cdots,L_n$并联而成，试求L的使用寿命U的密度函数；

(2) 设L由$L_1,L_2,\cdots,L_n$串联而成，试求L的使用寿命V的密度函数.

解　由题设知，随机变量$X_k(k=1,2,\cdots,n)$的密度函数都是

$$f(x) = \begin{cases}\lambda\mathrm{e}^{-\lambda x}, & x > 0,\\ 0, & x \leqslant 0,\end{cases}$$

由此可得，$X_k(k=1,2,\cdots,n)$的分布函数都是

$$F(x)=\int_{-\infty}^{x}f(t)\mathrm{d}t=\begin{cases}1-\mathrm{e}^{-\lambda x}, & x>0,\\0, & x\leqslant 0.\end{cases}$$

(1) 因为 L 由 $L_1,L_2,\cdots,L_n$ 并联而成，任一子系统在正常工作，系统就能正常工作，所以随机变量 $U=\max\{X_1,X_2,\cdots,X_n\}$. 由例 6 可得，$U$ 的分布函数

$$F_U(u)=(F(u))^n=\begin{cases}(1-\mathrm{e}^{-\lambda u})^n, & u>0,\\0, & u\leqslant 0,\end{cases}$$

因此 U 的密度函数

$$f_U(u)=\frac{\mathrm{d}F_U(u)}{\mathrm{d}u}=\begin{cases}n\lambda\mathrm{e}^{-\lambda u}(1-\mathrm{e}^{-\lambda u})^{n-1}, & u>0,\\0, & u\leqslant 0.\end{cases}$$

(2) 因为 L 由 $L_1,L_2,\cdots,L_n$ 串联而成，只有当所有的子系统都在正常工作时，系统才能正常工作，所以随机变量 $V=\min\{X_1,X_2,\cdots,X_n\}$. 由例 6 可得，$V$ 的分布函数

$$F_V(v)=1-(1-F(v))^n=\begin{cases}1-\mathrm{e}^{-n\lambda v}, & v>0,\\0, & v\leqslant 0,\end{cases}$$

因此 V 的密度函数

$$f_V(v)=\frac{\mathrm{d}F_V(v)}{\mathrm{d}v}=\begin{cases}n\lambda\,\mathrm{e}^{-n\lambda v}, & v>0,\\0, & v\leqslant 0.\end{cases}$$

3.4 两个随机变量的函数及其分布

设 X 和 Y 为随机变量，$z=g(x,y)$是连续函数，随机变量 $Z=g(X,Y)$是 X 和 Y 这两个随机变量的函数. 下面介绍，如何从 X 和 Y 的概率分布求出 Z 的概率分布.

3.4.1 两个离散型随机变量的函数的概率分布

举例说明，如何由 X 和 Y 的分布律，求出随机变量 $Z=g(X,Y)$的分布律.

例 1 已知二维随机变量(X,Y)的联合分布律为

X \ Y	1	2	3
1	1/5	0	1/5
2	1/5	1/5	1/5

试求随机变量 $Z_1=X+Y$ 和 $Z_2=\max\{X,Y\}$的分布律.

解　因为 Z_1 的全部不同的可能取值为 2,3,4,5,而

$$P(Z_1=2)=P(X+Y=2)=P(X=1,Y=1)=\frac{1}{5},$$

$$P(Z_1=3)=P(X=1,Y=2)+P(X=2,Y=1)=\frac{1}{5},$$

$$P(Z_1=4)=P(X=2,Y=2)+P(X=1,Y=3)=\frac{2}{5},$$

$$P(Z_1=5)=P(X=2,Y=3)=\frac{1}{5},$$

所以 $Z_1=X+Y$ 的分布律为

$$\begin{pmatrix} 2 & 3 & 4 & 5 \\ 1/5 & 1/5 & 2/5 & 1/5 \end{pmatrix}.$$

同理,因为 Z_2 的全部不同的可能取值为 1,2,3,而

$$P(Z_2=1)=P(X=1,Y=1)=\frac{1}{5},$$

$$P(Z_2=2)=P(X=1,Y=2)+P(X=2,Y=1)+P(X=2,Y=2)=\frac{2}{5},$$

$$P(Z_2=3)=P(X=1,Y=3)+P(X=2,Y=3)=\frac{2}{5}.$$

所以 $Z_2=\max\{X,Y\}$的分布律为

$$\begin{pmatrix} 1 & 2 & 3 \\ 1/5 & 2/5 & 2/5 \end{pmatrix}.$$

例 2　设随机变量 X 和 Y 相互独立,且分别服从参数为 λ_1 和 λ_2 的泊松分布,证明随机变量 $Z=X+Y$ 服从参数为 $\lambda_1+\lambda_2$ 的泊松分布.

证　据题意知,随机变量 X 和 Y 的分布律分别为

$$P(X=k_1)=\frac{\lambda_1^{k_1}}{k_1!}e^{-\lambda_1},\qquad k_1=0,1,2,\cdots,$$

$$P(Y=k_2)=\frac{\lambda_2^{k_2}}{k_2!}e^{-\lambda_2},\qquad k_2=0,1,2,\cdots.$$

随机变量 Z 的全部不同的可能取值为 $i=0,1,2,\cdots$,而

$$\begin{aligned} P(Z=i)&=P(X+Y=i)=\sum_{k=0}^{i}P(X=k,Y=i-k)\\ &=\sum_{k=0}^{i}P(X=k)P(Y=i-k)=\sum_{k=0}^{i}\frac{\lambda_1^k}{k!}e^{-\lambda_1}\ \frac{\lambda_2^{i-k}}{(i-k)!}e^{-\lambda_2}\\ &=e^{-(\lambda_1+\lambda_2)}\ \frac{1}{i!}\sum_{k=0}^{i}\frac{i!}{k!(i-k)!}\lambda_1^k\lambda_2^{i-k} \end{aligned}$$

$$=\frac{(\lambda_1+\lambda_2)^i}{i!}e^{-(\lambda_1+\lambda_2)}, \qquad i=0,1,2,\cdots,$$

故随机变量 $Z=X+Y$ 服从参数为 $\lambda_1+\lambda_2$ 的泊松分布.

3.4.2 两个连续型随机变量的函数的概率分布

设二维随机变量 (X,Y) 的密度函数为 $f(x,y)$，随机变量 $Z=g(X,Y)$ 是 X 和 Y 的函数，则 Z 的分布函数

$$F_Z(z)=P(Z\leqslant z)=P(g(X,Y)\leqslant z)=\iint\limits_{g(x,y)\leqslant z}f(x,y)\mathrm{d}x\mathrm{d}y.$$

由此可得 Z 的密度函数

$$f_Z(z)=\frac{\mathrm{d}F_Z(z)}{\mathrm{d}z}=\frac{\mathrm{d}}{\mathrm{d}z}\Big(\iint\limits_{g(x,y)\leqslant z}f(x,y)\mathrm{d}x\mathrm{d}y\Big).$$

例 3 设 X 与 Y 是相互独立的随机变量，它们的密度函数分别为

$$f_X(x)=\begin{cases}1, & 0<x<1,\\ 0, & \text{其他},\end{cases} \qquad f_Y(y)=\begin{cases}e^{-y}, & y>0,\\ 0, & y\leqslant 0,\end{cases}$$

试求随机变量 $Z=2X+Y$ 的密度函数.

解 据题意，二维随机变量 (X,Y) 的密度函数

$$f(x,y)=f_X(x)f_Y(y)=\begin{cases}e^{-y}, & 0<x<1, y>0,\\ 0, & \text{其他},\end{cases}$$

因此 Z 的分布函数

$$F_Z(z)=P(Z\leqslant z)=P(2X+Y\leqslant z)=\iint\limits_{2x+y\leqslant z}f(x,y)\mathrm{d}x\mathrm{d}y.$$

由图 3-7 可知：

当 $z<0$ 时，$F_Z(z)=0$；

当 $0\leqslant z<2$ 时，$F_Z(z)=\int_0^{z/2}\mathrm{d}x\int_0^{z-2x}e^{-y}\mathrm{d}y=\frac{1}{2}(z+e^{-z}-1)$；

当 $z\geqslant 2$ 时，$F_Z(z)=\int_0^{1}\mathrm{d}x\int_0^{z-2x}e^{-y}\mathrm{d}y=1-\frac{1}{2}(e^2-1)e^{-z}$，

即

$$F_Z(z)=\begin{cases}0, & z<0,\\ \frac{1}{2}(z+e^{-z}-1), & 0\leqslant z<2,\\ 1-\frac{1}{2}(e^2-1)e^{-z}, & z\geqslant 2,\end{cases}$$

所以 $Z=2X+Y$ 的密度函数

$$f_Z(z)=\frac{\mathrm{d}F_Z(z)}{\mathrm{d}z}=\begin{cases}0, & z<0,\\ \dfrac{1}{2}(1-\mathrm{e}^{-z}), & 0\leqslant z<2,\\ \dfrac{1}{2}(\mathrm{e}^2-1)\mathrm{e}^{-z}, & z\geqslant 2.\end{cases}$$

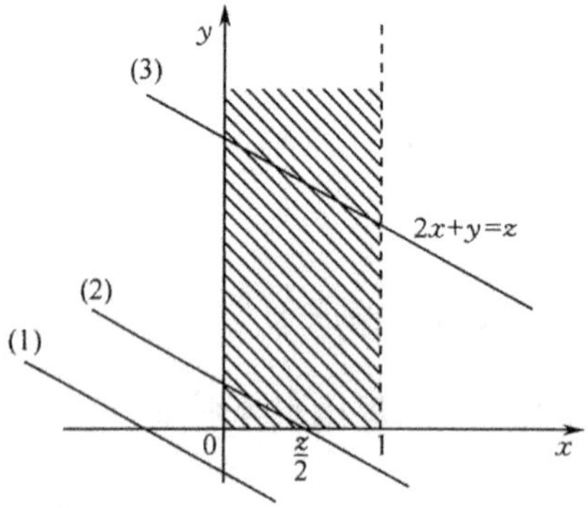

图 3-7

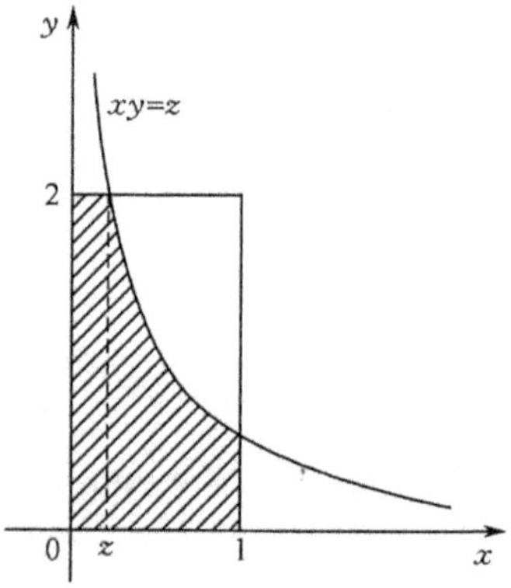

图 3-8

例 4　设二维随机变量(X,Y)在区域

$$D=\{(x,y)\mid 0<x<1,0<y<2\}$$

上服从均匀分布，试求随机变量 $Z=XY$ 的密度函数.

解　由题意知，(X,Y)的联合密度函数

$$f(x,y)=\begin{cases}\dfrac{1}{2}, & (x,y)\in D,\\ 0, & \text{其他}.\end{cases}$$

因此 Z 的分布函数

$$F_Z(z)=P(Z\leqslant z)=P(XY\leqslant z)=\iint\limits_{xy\leqslant z}f(x,y)\mathrm{d}x\mathrm{d}y.$$

由图 3-8 可知：

当 $z\leqslant 0$ 时，$F_Z(z)=0$；

当 $0<z<2$ 时，

$$\begin{aligned}F_Z(z)&=P(XY\leqslant z)=1-P(XY>z)\\&=1-\frac{1}{2}\int_z^2\mathrm{d}x\int_{z/x}^1\mathrm{d}y=\frac{1}{2}(1+\ln 2-\ln z)z;\end{aligned}$$

当 $z\geqslant 2$ 时，$F_Z(z)=1$，即

$$F_Z(z)=\begin{cases}0, & z<0,\\ \dfrac{1}{2}(1+\ln 2-\ln z)z, & 0\leqslant z<2,\\ 1, & z\geqslant 2,\end{cases}$$

所以 Z 的密度函数

$$f_Z(z)=\frac{\mathrm{d}F_Z(z)}{\mathrm{d}z}=\begin{cases}\dfrac{1}{2}(2+\ln 2+\ln z), & 0<z<2,\\ 0, & \text{其他}.\end{cases}$$

下面介绍几个常用函数的概率分布.

1. $Z=X+Y$ 的概率分布

设二维随机变量(X,Y)的密度函数为 $f(x,y)$,则随机变量 $Z=X+Y$ 的分布函数

$$\begin{aligned}F_Z(z)&=P(Z\leqslant z)=P(X+Y\leqslant z)\\&=\iint\limits_{x+y\leqslant z}f(x,y)\mathrm{d}x\mathrm{d}y=\int_{-\infty}^{+\infty}\mathrm{d}y\int_{-\infty}^{z-y}f(x,y)\mathrm{d}x.\end{aligned}$$

由此可得 Z 的密度函数

$$f_Z(z)=\frac{\mathrm{d}F_Z(z)}{\mathrm{d}z}=\int_{-\infty}^{+\infty}f(z-y,y)\mathrm{d}y.$$

利用 X 与 Y 的对称性,可得

$$f_Z(z)=\frac{\mathrm{d}F_Z(z)}{\mathrm{d}z}=\int_{-\infty}^{+\infty}f(x,z-x)\mathrm{d}x.$$

特别,当 X 与 Y 相互独立时,有

$$f_Z(z)=\int_{-\infty}^{+\infty}f_X(z-y)f_Y(y)\mathrm{d}y=\int_{-\infty}^{+\infty}f_X(x)f_Y(z-x)\mathrm{d}x,$$

其中 $f_X(x)$和 $f_Y(y)$分别为 X 和 Y 的密度函数.

例 5 设二维随机变量(X,Y)服从二维正态分布 $N(0,1;0,1;0)$,试求随机变量 $Z=X+Y$ 的密度函数.

解 因为 X 与 Y 相互独立,且它们的密度函数分别为

$$f_X(x)=\frac{1}{\sqrt{2\pi}}\mathrm{e}^{-\frac{x^2}{2}},\qquad -\infty<x<+\infty,$$

$$f_Y(y)=\frac{1}{\sqrt{2\pi}}\mathrm{e}^{-\frac{y^2}{2}},\qquad -\infty<y<+\infty,$$

所以 Z 的密度函数

$$f_Z(z)=\int_{-\infty}^{+\infty}f_X(x)f_Y(z-x)\mathrm{d}x=\frac{1}{2\pi}\int_{-\infty}^{+\infty}\mathrm{e}^{-\frac{x^2}{2}}\mathrm{e}^{-\frac{(z-x)^2}{2}}\mathrm{d}x$$

$$=\frac{1}{2\pi}e^{-\frac{z^2}{4}}\int_{-\infty}^{+\infty}e^{-\left(x-\frac{z}{2}\right)^2}dx=\frac{1}{2\pi}e^{-\frac{z^2}{4}}\int_{-\infty}^{+\infty}e^{-u^2}du$$

$$=\frac{1}{2\pi}e^{-\frac{z^2}{4}}\sqrt{\pi}=\frac{1}{\sqrt{2\pi}\sqrt{2}}e^{-\frac{z^2}{2(\sqrt{2})^2}},\quad -\infty<z<+\infty,$$

其中 $u=x-z/2$,可见 $Z\sim N(0,(\sqrt{2})^2)$.

一般,若 X 与 Y 相互独立,且

$$X\sim N(\mu_1,\sigma_1^2),\qquad Y\sim N(\mu_2,\sigma_2^2),$$

则

$$Z=X+Y\sim N(\mu_1+\mu_2,\sigma_1^2+\sigma_2^2).$$

例 6　系统 L 由子系统 L_1 和 L_2 组合而成,其中 L_2 是备用的(当 L_1 损坏时,L_2 立即启动). 设子系统 L_1 和 L_2 的使用寿命 X 和 Y 分别服从参数为 λ_1 和 λ_2 的指数分布,求系统 L 的使用寿命 Z 的密度函数.

解　因为 X 与 Y 相互独立,且它们的密度函数分别为

$$f_X(x)=\begin{cases}\lambda_1 e^{-\lambda_1 x}, & x>0,\\ 0, & x\leqslant 0,\end{cases}\qquad f_Y(y)=\begin{cases}\lambda_2 e^{-\lambda_2 y}, & y>0,\\ 0, & y\leqslant 0,\end{cases}$$

又系统 L 的使用寿命 $Z=X+Y$,所以当 $z\leqslant 0$ 时,Z 的密度函数 $f_Z(z)=0$,当 $z>0$ 时,Z 的密度函数

$$f_Z(z)=\int_{-\infty}^{+\infty}f_X(x)f_Y(z-x)dx=\int_0^z\lambda_1 e^{-\lambda_1 x}\lambda_2 e^{-\lambda_2(z-x)}dx$$

$$=\lambda_1\lambda_2 e^{-\lambda_2 z}\int_0^z e^{-(\lambda_1-\lambda_2)x}dx=\frac{\lambda_1\lambda_2}{\lambda_2-\lambda_1}(e^{-\lambda_1 z}-e^{-\lambda_2 z}),$$

所以 Z 的密度函数

$$f_Z(z)=\begin{cases}\dfrac{\lambda_1\lambda_2}{\lambda_2-\lambda_1}(e^{-\lambda_1 z}-e^{-\lambda_2 z}), & z>0,\\ 0, & z\leqslant 0.\end{cases}$$

2. $Z=X^2+Y^2$ 的概率分布

设二维随机变量 (X,Y) 的密度函数为 $f(x,y)$. 由于 $Z=X^2+Y^2$ 的可能取值都不小于零,故当 $z\leqslant 0$ 时,Z 的分布函数 $F_Z(z)=0$,当 $z>0$ 时,有

$$F_Z(z)=P(Z\leqslant z)=P(X^2+Y^2\leqslant z)=\iint\limits_{x^2+y^2\leqslant z}f(x,y)dxdy.$$

利用极坐标,令 $x=r\cos\theta$, $y=r\sin\theta$,则

$$F_Z(z)=\int_0^{2\pi}d\theta\int_0^{\sqrt{z}}f(r\cos\theta,r\sin\theta)r\,dr,$$

于是 Z 的密度函数

$$f_Z(z)=\frac{\mathrm{d}F_Z(z)}{\mathrm{d}z}=\begin{cases}\frac{1}{2}\int_0^{2\pi}f(\sqrt{z}\cos\theta,\sqrt{z}\sin\theta)\mathrm{d}\theta, & z>0,\\ 0, & z\leqslant 0.\end{cases}$$

若随机变量 X 与 Y 相互独立,则

$$f_Z(z)=\begin{cases}\frac{1}{2}\int_0^{2\pi}f_X(\sqrt{z}\cos\theta)f_Y(\sqrt{z}\sin\theta)\mathrm{d}\theta, & z>0,\\ 0, & z\leqslant 0,\end{cases}$$

其中 $f_X(x)$和 $f_Y(y)$分别为 X 和 Y 的密度函数.

例 7 设随机变量 X 与 Y 相互独立,且都服从标准正态分布,求随机变量$Z=X^2+Y^2$ 的密度函数.

解 据题意,X 和 Y 的密度函数分别为

$$f_X(x)=\frac{1}{\sqrt{2\pi}}\mathrm{e}^{-\frac{x^2}{2}},\quad -\infty<x<+\infty,$$

$$f_Y(x)=\frac{1}{\sqrt{2\pi}}\mathrm{e}^{-\frac{y^2}{2}},\quad -\infty<y<+\infty,$$

而 X 与 Y 相互独立,因此当 $z>0$ 时,Z 的密度函数

$$f_Z(z)=\frac{1}{2}\int_0^{2\pi}f_X(\sqrt{z}\cos\theta)f_Y(\sqrt{z}\sin\theta)\mathrm{d}\theta=\frac{1}{2}\int_0^{2\pi}\frac{1}{\sqrt{2\pi}}\mathrm{e}^{-\frac{z\cos^2\theta}{2}}\frac{1}{\sqrt{2\pi}}\mathrm{e}^{-\frac{z\sin^2\theta}{2}}\mathrm{d}\theta$$

$$=\frac{1}{4\pi}\mathrm{e}^{-\frac{z}{2}}\int_0^{2\pi}\mathrm{d}\theta=\frac{1}{2}\mathrm{e}^{-\frac{z}{2}},$$

即 Z 的密度函数

$$f_Z(z)=\begin{cases}\frac{1}{2}\mathrm{e}^{-\frac{z}{2}}, & z>0,\\ 0, & z\leqslant 0.\end{cases}$$

此时,称随机变量 $Z=X^2+Y^2$ 服从自由度为 2 的 χ^2 分布,记为 $Z\sim\chi^2(2)$.

一般,若随机变量 $X_1,X_2,\cdots,X_n$ 相互独立,且都服从标准正态分布,则随机变量

$$Z=X_1^2+X_2^2+\cdots+X_n^2$$

服从自由度为 n 的 χ^2 分布,记为 $Z\sim\chi^2(n)$. 这是数理统计中的一个常用分布,其密度函数

$$f_Z(z)=\begin{cases}\frac{1}{2^{n/2}\Gamma(n/2)}z^{-(1-n/2)}\mathrm{e}^{-z/2}, & z>0,\\ 0, & z\leqslant 0,\end{cases}$$

其中 $\Gamma(t)=\int_0^{+\infty}x^{t-1}\mathrm{e}^{-x}\mathrm{d}x\,(t>0)$ 是伽玛函数.

3. $Z=X/Y$ 的概率分布

设二维随机变量(X,Y)的密度函数为 $f(x,y)$，则随机变量 $Z=X/Y$ 的分布函数

$$F_Z(z)=P(Z\leqslant z)=\iint\limits_{G_1}f(x,y)\mathrm{d}x\mathrm{d}y+\iint\limits_{G_2}f(x,y)\mathrm{d}x\mathrm{d}y,$$

其中 G_1 和 G_2 是图 3-9 中的阴影部分. 因此

$$F_Z(z)=\int_0^{+\infty}\mathrm{d}y\int_{-\infty}^{yz}f(x,y)\mathrm{d}x+\int_{-\infty}^0\mathrm{d}y\int_{yz}^{+\infty}f(x,y)\mathrm{d}x.$$

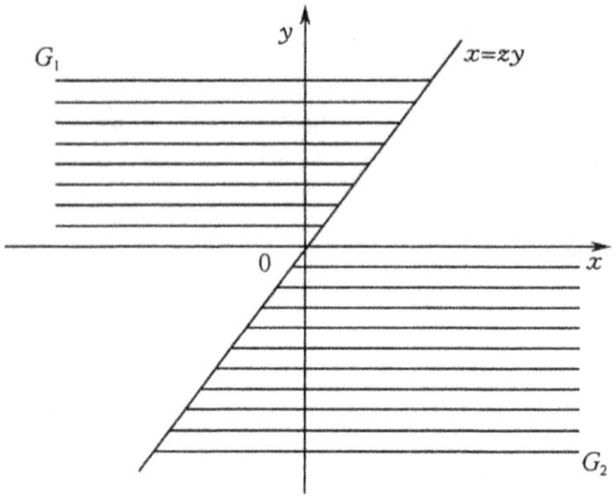

图 3-9

由此可得 Z 的密度函数

$$f_Z(z)=\frac{\mathrm{d}F_Z(z)}{\mathrm{d}z}=\int_0^{+\infty}f(yz,y)y\mathrm{d}y-\int_{-\infty}^0f(yz,y)y\mathrm{d}y$$
$$=\int_{-\infty}^{+\infty}|y|f(yz,y)\mathrm{d}y.$$

若随机变量 X 与 Y 相互独立，则

$$f_Z(z)=\int_{-\infty}^{+\infty}|y|f_X(yz)f_Y(y)\mathrm{d}y,$$

其中 $f_X(x)$和 $f_Y(y)$分别为 X 和 Y 的密度函数.

例 8　设随机变量 X 与 Y 相互独立，分别服从参数为 λ_1 和 λ_2 的指数分布，求随机变量 $Z=X/Y$ 的密度函数.

解　据题意，X 与 Y 的密度函数分别为

$$f_X(x)=\begin{cases}\lambda_1\mathrm{e}^{-\lambda_1x}, & x>0,\\0, & x\leqslant0,\end{cases}\qquad f_Y(y)=\begin{cases}\lambda_2\mathrm{e}^{-\lambda_2y}, & y>0,\\0, & y\leqslant0.\end{cases}$$

因为 X 与 Y 相互独立，故当 $z>0$ 时，Z 的密度函数

$$f_Z(z)=\int_{-\infty}^{+\infty}|y|f_X(yz)f_Y(y)\mathrm{d}y=\int_0^{+\infty}\lambda_1\lambda_2 y\mathrm{e}^{-\lambda_1 yz}\mathrm{e}^{-\lambda_2 y}\mathrm{d}y$$

$$=\lambda_1\lambda_2\int_0^{+\infty}y\mathrm{e}^{-(\lambda_1 z+\lambda_2)y}\mathrm{d}y=\frac{\lambda_1\lambda_2}{(\lambda_1 z+\lambda_2)^2},$$

当 $z\leqslant 0$ 时，$f_Z(z)=0$，即随机变量 Z 的密度函数

$$f_Z(z)=\begin{cases}\dfrac{\lambda_1\lambda_2}{(\lambda_1 z+\lambda_2)^2}, & z>0,\\ 0, & z\leqslant 0.\end{cases}$$

习 题 三

1. 已知二维随机变量(X,Y)的联合分布律为

Y \ X	0	1	2	3
0	$\frac{1}{8}$	$\frac{1}{8}$	0	0
1	0	$\frac{1}{4}$	$\frac{1}{4}$	0
2	0	0	$\frac{1}{8}$	$\frac{1}{8}$

求(X,Y)关于 X,Y 的边缘分布律.

2. 把一硬币连掷三次，以 X 表示在三次中出现正面的次数，以 Y 表示三次中出现正面次数与出现反面次数之差的绝对值，求(X,Y)的联合分布律，边缘分布律.

3. 在一箱子中装有 12 只开关，其中有 2 只是次品，现从中取两次，每次任取一只，考虑试验：(1)放回抽样，(2)不放回抽样. 定义随机变量 X,Y 如下：

$$X=\begin{cases}0, & \text{第一次取出的是正品},\\ 1, & \text{第一次取出的是次品},\end{cases}\qquad Y=\begin{cases}0, & \text{第二次取出的是正品},\\ 1, & \text{第二次取出的是次品}.\end{cases}$$

试分别就(1)、(2)两种情况，写出(X,Y)的联合分布律.

4. 盒子里装有 3 只黑球、2 只红球、2 只白球，在其中任取 4 只球. 以 X 表示取到黑球的只数，以 Y 表示取到红球的只数，求(X,Y)的联合分布律.

5. 设随机变量(X,Y)的联合密度函数

$$f(x,y)=\begin{cases}k(6-x-y), & 0<x<2,2<y<4,\\ 0, & \text{其他},\end{cases}$$

试求：(1) 常数 k；　(2) $P(X\leqslant 1,Y\leqslant 3)$；　(3) $P(X\leqslant 1.5)$；　(4) $P(X+Y\leqslant 4)$.

6. 设二维随机变量(X,Y)的联合密度函数

$$f(x,y)=\begin{cases}k\mathrm{e}^{-3x-4y}, & x>0,y>0,\\ 0, & \text{其他},\end{cases}$$

试求：(1)常数 k；　(2)$P(0\leqslant X\leqslant 1,0<Y\leqslant 2)$；　(3)分布函数$F(x,y)$.

7. 设随机变量(X,Y)的联合密度函数

$$f(x,y)=\begin{cases}k(2-\sqrt{x^2+y^2}), & x^2+y^2\leqslant 4,\\ 0, & \text{其他},\end{cases}$$

试求：(1)常数 k；　(2)$P(X^2+Y^2\leqslant 1)$.

8. 已知随机变量(X,Y)的联合密度函数

$$f(x,y)=\begin{cases}\sin x\cdot\sin y, & 0\leqslant x\leqslant\frac{\pi}{2},0\leqslant y\leqslant\frac{\pi}{2},\\ 0, & \text{其他},\end{cases}$$

试求：(1)分布函数 $F(x,y)$；　(2)$P\left(X+Y\geqslant\frac{\pi}{2}\right)$.

9. 设随机变量(X,Y)的联合密度函数

$$f(x,y)=\begin{cases}e^{-y}, & 0<x<y,\\ 0, & \text{其他},\end{cases}$$

求边缘密度函数.

10. 设随机变量(X,Y)的联合密度函数

$$f(x,y)=\begin{cases}4.8y(2-x), & 0\leqslant x\leqslant 1,0\leqslant y\leqslant x,\\ 0, & \text{其他},\end{cases}$$

求边缘密度函数.

11. 设随机变量(X,Y)的联合密度函数

$$f(x,y)=\begin{cases}cx^2y, & x^2\leqslant y\leqslant 1,\\ 0, & \text{其他},\end{cases}$$

试求：(1)常数 c；　(2)X 与 Y 的边缘密度函数.

12. 设随机变量(X,Y)的联合密度函数

$$f(x,y)=\begin{cases}3x, & 0\leqslant x\leqslant 1,0\leqslant y\leqslant x,\\ 0, & \text{其他},\end{cases}$$

(1)求 X,Y 的边缘密度函数；　(2)X 与 Y 是否相互独立?

13. 设随机变量 X 与 Y 相互独立，它们的密度函数分别为

$$f_X(x)=\begin{cases}\frac{1}{1000}e^{-\frac{x}{1000}}, & x>0,\\ 0, & x\leqslant 0,\end{cases}\qquad f_Y(y)=\begin{cases}\frac{1}{2000}e^{-\frac{y}{2000}}, & y>0,\\ 0, & y\leqslant 0.\end{cases}$$

试求：(1) 联合密度函数 $f(x,y)$；　(2) $P(X>1000,Y>1000)$，$P(Y>X)$.

14. 设随机变量 X 与 Y 相互独立，它们的密度函数分别为

$$f_X(x)=\begin{cases}\frac{1}{b-a}, & a<x<b,\\ 0, & \text{其他},\end{cases}\qquad f_Y(y)=\begin{cases}\lambda e^{-\lambda y}, & y>0,\\ 0, & y\leqslant 0,\end{cases}$$

其中 $\lambda>0$ 是常数，试求(X,Y)的联合密度函数及 $P(Y\leqslant X)$.

15. 设随机变量(X,Y)的联合密度函数

$$f(x,y)=\frac{1}{\pi^2(x^2+y^2+x^2y^2+1)},\qquad -\infty<x<+\infty,-\infty<y<+\infty.$$

(1)求 X,Y 的边缘密度函数；　(2)X 与 Y 是否相互独立?

16. 在第 11 题中：

(1)求条件密度函数 $f_{X|Y}(x|y)$，并写出 $Y=\frac{1}{2}$ 时 X 的条件密度函数；

(2)求条件密度函数 $f_{Y|X}(y|x)$，并写出 $X=\frac{1}{3}$ 时 Y 的条件密度函数；

(3)求 $P\left(Y\geqslant\frac{1}{4}\,\middle|\,X=\frac{1}{2}\right)$，$P\left(Y\geqslant\frac{3}{4}\,\middle|\,X=\frac{1}{2}\right)$.

17. 设随机变量 (X,Y) 的联合密度函数

$$f(x,y)=\begin{cases}1, & |y|<x,0<x<1,\\0, & \text{其他},\end{cases}$$

求条件密度函数 $f_{Y|X}(y|x)$，$f_{X|Y}(x|y)$.

18. 设随机变量 X 与 Y 相互独立，其密度函数分别为

$$f_X(x)=\begin{cases}e^{-x}, & x>0,\\0, & x\leqslant 0,\end{cases}\qquad f_Y(y)=\begin{cases}e^{-y}, & y>0,\\0, & y\leqslant 0.\end{cases}$$

求 (X,Y) 的联合密度函数 $f(x,y)$ 以及条件密度函数 $f_{X|Y}(x|y)$ 和 $f_{Y|X}(y|x)$.

19. 设随机变量 X 与 Y 相互独立，X 在区间 $(0,1)$ 上服从均匀分布，Y 的密度函数

$$f_Y(y)=\begin{cases}\frac{1}{2}e^{-\frac{y}{2}}, & y>0,\\0, & y\leqslant 0.\end{cases}$$

(1) 求 (X,Y) 的联合密度函数；

(2) 求方程 $a^2+2Xa+Y=0$ 关于 a 有实根的概率.

20. 设随机变量 X 与 Y 相互独立，其密度函数分别为

$$f_X(x)=\begin{cases}1, & 0\leqslant x\leqslant 1,\\0, & \text{其他},\end{cases}\qquad f_Y(y)=\begin{cases}e^{-y}, & y>0,\\0, & y\leqslant 0,\end{cases}$$

求随机变量 $Z=X+Y$ 的密度函数.

21. 某种商品在每一个星期内的需求量是随机变量 T，其密度函数

$$f(t)=\begin{cases}te^{-t}, & t>0,\\0, & t\leqslant 0,\end{cases}$$

设各星期内的需求量是相互独立的. 试求：

(1)两个星期内的需求量的密度函数；

(2)三个星期内的需求量的密度函数.

22. 设 X 与 Y 是两个相互独立的随机变量，它们服从同一分布，其密度函数

$$f(x)=\begin{cases}\frac{1000}{x^2}, & x>1000,\\0, & \text{其他},\end{cases}$$

求随机变量 $Z=X/Y$ 的密度函数.

23. 设随机变量 X 与 Y 相互独立，它们都服从正态分布 $N(0,\sigma^2)$，试证明随机变量 $Z=\sqrt{X^2+Y^2}$ 的密度函数

$$f_Z(z)=\begin{cases}\frac{z}{\sigma^2}e^{-\frac{z^2}{2\sigma^2}}, & z\geqslant 0,\\0, & \text{其他}.\end{cases}$$

(此时称 Z 服从参数为 $\sigma(\sigma>0)$ 的**瑞利**(Rayleigh)**分布**.)

24. 设某种型号的电子管的寿命(以小时计)近似服从正态分布 $N(160,20^2)$. 现随机地选取 4 只,求其中没有一只寿命小于 180 小时的概率.

25. 对某种电子装置的输出测量了 5 次,得到观察值 X_1,X_2,X_3,X_4,X_5. 设它们都服从 $\sigma=2$ 的瑞利分布(见第 23 题),且相互独立. 试求:

(1) $Z=\max(X_1,X_2,X_3,X_4,X_5)$ 的分布函数;　　(2) $P(Z>4)$.

26. 设随机变量 X 与 Y 相互独立,其分布律分别为

$$P(X=k)=p(k),\quad k=0,1,2,\cdots,$$
$$P(Y=r)=q(r),\quad r=0,1,2,\cdots,$$

证明随机变量 $Z=X+Y$ 的分布律为

$$P(Z=i)=\sum_{j=0}^{i}p(j)q(i-j),\quad i=0,1,2,\cdots.$$

27. 设随机变量 X 与 Y 相互独立,它们都服从二项分布 $B(n,p)$,证明随机变量 $Z=X+Y$ 服从二项分布 $B(2n,p)$.

28. 设随机变量 (X,Y) 的联合密度函数

$$f(x,y)=\begin{cases}e^{-(x+y)}, & x>0,y>0,\\ 0, & \text{其他},\end{cases}$$

求随机变量 $Z=(X+Y)/2$ 的密度函数.

29. 设随机变量 X 与 Y 相互独立,X 服从正态分布 $N(\mu,\sigma^2)$,Y 在 $(-b,b)$ 上服从均匀分布,求随机变量 $Z=X+Y$ 的密度函数.

30. 设随机变量 (X,Y) 的分布律为

Y \ X	0	1	2
0	$\frac{1}{8}$	$\frac{1}{4}$	0
1	$\frac{1}{8}$	$\frac{1}{4}$	$\frac{1}{4}$

试求:(1)　$P(X=1\mid Y=0)$;　　(2)　在 $Y=1$ 的条件下,X 的条件分布律;

(3)　$Z_1=\max(X,Y)$ 和 $Z_2=\min(X,Y)$ 的分布律;　　(4)　$W=X+Y$ 的分布律.

第四章　随机变量的数字特征

由前面的讨论知道，分布函数完整地描述了随机变量的统计规律，然而在一些实际问题中要确定一个随机变量的分布函数却是非常困难的，而且有一些实际问题，并不要求全面考察随机变量的统计规律，而只需知道它的某些特征，因而并不需要求出它的分布函数. 例如考察日光灯管的质量，常常关心的是日光灯管的平均寿命，即其平均寿命是一个重要指标. 这就是说，随机变量的平均值，常常是一个重要的数量特征. 在考察日光灯管的质量时还不能单就平均寿命来决定其质量，还必须要考察日光灯管的寿命与平均寿命的偏离程度，只有平均寿命较长同时偏离程度又较小的日光灯管才是质量较好的. 随机变量与其平均值偏离的程度也是一个重要的数量特征. 这些与随机变量有关的数量，虽不能完整地描述它的统计规律，但已反映出随机变量在某些方面的重要特征，它们在理论和实践上都具有重要的意义. 本章将介绍常用的随机变量的数字特征：数学期望、方差、相关系数和矩.

4.1　随机变量的数学期望

4.1.1　离散型随机变量的数学期望

例 1　甲、乙两射手进行射击训练，已知在 100 次射击中命中环数与次数记录如下：

甲：

环数	8	9	10
次数	30	10	60

乙：

环数	8	9	10
次数	20	50	30

试问如何评定甲、乙射手的技术优劣?

解　从上面的成绩表很难立即看出结果，我们可以从其平均射中的环数来评定其技术优劣.

甲平均射中的环数为

$$\begin{aligned}&(8\times 30+9\times 10+10\times 60)\div 100\\=&8\times 0.3+9\times 0.1+10\times 0.6=9.3(\text{环}),\end{aligned}$$

乙平均射中的环数为

$$\begin{aligned}&(8\times 20+9\times 50+10\times 30)\div 100\\=&8\times 0.2+9\times 0.5+10\times 0.3=9.1(\text{环}),\end{aligned}$$

故从平均射中的环数看，甲的技术优于乙.

本例中$\frac{30}{100}=0.3$，$\frac{60}{100}=0.6$，$\frac{50}{100}=0.5$等是事件$\{X=k\}$在100次试验中发生的频率（X为命中环数），当射击次数相当大时，这个频率接近于事件$\{X=k\}$在一次试验中发生的概率p_k，上述平均环数的计算可表示为$\sum_{k=8}^{10} kp_k$，称之为随机变量X的数学期望或均值. 下面给出定义.

定义 4.1　设离散型随机变量X的分布律为

$$P(X=x_k)=p_k,\quad k=1,2,\cdots.$$

若级数$\sum_{k=1}^{\infty} x_k p_k$绝对收敛，则称其和为随机变量$X$的**数学期望**或**平均值**，简称**期望**或**均值**，记为$E(X)$，即

$$E(X)=\sum_{k=1}^{\infty} x_k p_k. \tag{4.1.1}$$

随机变量X的数学期望$E(X)$完全是由X的分布律确定的，而不应受X的可能取值的排列次序的影响，因此要求级数$\sum_{k=1}^{\infty} x_k p_k$绝对收敛. 若级数$\sum_{k=1}^{\infty} x_k p_k$不绝对收敛，则称随机变量$X$的数学期望不存在.

若把$x_1,x_2,\cdots,x_k,\cdots$看成$x$轴上质点的坐标，而$p_1,p_2,\cdots,p_k,\cdots$看成相应质点的质量，质量总和$\sum_{k=1}^{\infty} p_k=1$，则(4.1.1)式就表示质点系的重心坐标.

例 2　设随机变量X的分布列为

X	-1	3
p	$\frac{2}{3}$	$\frac{1}{3}$

求$E(X)$.

解　由(4.1.1)式有

$$E(X)=-1\times\frac{2}{3}+3\times\frac{1}{3}=\frac{1}{3}.$$

若将此例视为甲、乙两人“赌博”，甲赢的概率为$\frac{1}{3}$，输的概率为$\frac{2}{3}$，但甲每赢一次可从乙处得3元，而每输一次，要给乙1元，则$E(X)=\frac{1}{3}$是指甲平均每次可赢$\frac{1}{3}$元.

每个“赌徒”在参加赌博时，心中首先要盘算这个数字，这正是称$E(X)$为“期

望”的原因.

例 3 按规定,某公交车站每天 8 点至 9 点和 9 点至 10 点都恰有一辆公交车到站,各车到站的时刻是随机的,且各车到站的时间是相互独立的,其规律为

到站时刻	8:10 9:10	8:30 9:30	8:50 9:50
概率	$\frac{1}{5}$	$\frac{2}{5}$	$\frac{2}{5}$

某乘客 8:20 到车站,求他候车时间的数学期望.

解 设乘客的候车时间为 X(单位:分),若该乘客 8:20 到车站,而 8 点到 9 点的一趟车已于 8:10 开走,第二趟车 9:10 开,则他候车时间为 50 分钟,对应的概率为事件“第一趟车 8:10 开走,且第二趟车 9:10 开”发生的概率,即

$$P(X=50)=\frac{1}{5}\times\frac{1}{5}=\frac{1}{25}.$$

该乘客其余候车时间对应的概率可类似得到,于是候车时间 X 的分布律为

X	10	30	50	70	90
p	$\frac{2}{5}$	$\frac{2}{5}$	$\frac{1}{5}\times\frac{1}{5}$	$\frac{1}{5}\times\frac{2}{5}$	$\frac{1}{5}\times\frac{2}{5}$

从而该乘客候车时间的数学期望

$$\begin{aligned}E(X)&=10\times\frac{2}{5}+30\times\frac{2}{5}+50\times\frac{1}{25}+70\times\frac{2}{25}+90\times\frac{2}{25}\\&=30.8(\text{分}).\end{aligned}$$

例 4 从一个装有 m 个白球和 n 个红球的袋中取球,直到出现白球时为止.若每次取出的球仍放回袋中,试求取出红球数的数学期望.

解 设取出的红球数为 X,则 X 的分布律为

$$P(X=k)=\left(\frac{n}{m+n}\right)^k\left(\frac{m}{m+n}\right),\quad k=0,1,2,\cdots.$$

令

$$p=\frac{n}{m+n},\qquad q=\frac{m}{m+n},$$

则

$$P(X=k)=p^kq,\quad k=0,1,2,\cdots,$$

于是

$$E(X)=\sum_{k=0}^{\infty}kp^kq=pq\sum_{k=1}^{\infty}kp^{k-1}=pq\Big(\sum_{k=1}^{\infty}p^k\Big)'$$
$$=pq\Big(\frac{p}{1-p}\Big)'=\frac{pq}{(1-p)^2}=\frac{p}{q}=\frac{n}{m}.$$

4.1.2　连续型随机变量的数学期望

若 X 为连续型随机变量，其密度函数为 $f(x)$，则 X 落入 $(x_k, x_k+\mathrm{d}x)$ 内的概率可近似地表为 $f(x_k)\mathrm{d}x$，它与离散型随机变量的 p_k 类似，下面给出定义.

定义4.2　设连续型随机变量 X 的密度函数为 $f(x)$. 若积分 $\int_{-\infty}^{+\infty}xf(x)\mathrm{d}x$ 绝对收敛，则称该积分值为随机变量 X 的**数学期望**或**平均值**，简称**期望**或**均值**，记为 $E(X)$，即

$$E(X)=\int_{-\infty}^{+\infty}xf(x)\mathrm{d}x.$$

若积分 $\int_{-\infty}^{+\infty}xf(x)\mathrm{d}x$ 不绝对收敛，则称随机变量 X 的数学期望不存在.

设在 x 轴上连续分布着质量，其线密度为 $f(x)$，则由

$$\int_{-\infty}^{+\infty}xf(x)\mathrm{d}x=\frac{\int_{-\infty}^{+\infty}xf(x)\mathrm{d}x}{\int_{-\infty}^{+\infty}f(x)\mathrm{d}x},$$

可知 $E(X)$ 的物理意义是质量密度为 $f(x)$ 的一维连续质点系的质量中心的坐标.

例 5　设随机变量 X 服从柯西(Cauchy)分布，其密度函数

$$f(x)=\frac{1}{\pi(1+x^2)},\quad -\infty<x<+\infty,$$

试证 X 的数学期望不存在.

证　因为

$$\int_{-\infty}^{+\infty}|x|f(x)\mathrm{d}x=\int_{-\infty}^{+\infty}\frac{|x|}{\pi(1+x^2)}\mathrm{d}x=2\int_{0}^{+\infty}\frac{x}{\pi(1+x^2)}\mathrm{d}x$$
$$=\frac{1}{\pi}\ln(1+x^2)\Big|_0^{+\infty}=+\infty,$$

即 $\int_{-\infty}^{+\infty}xf(x)\mathrm{d}x$ 不绝对收敛，所以 $E(X)$ 不存在.

例 6　有 5 个相互独立工作的电子装置，其寿命 $X_k(k=1,2,3,4,5)$ 服从同一指数分布，分布函数

$$F(x)=\begin{cases}1-\mathrm{e}^{-\lambda x}, & x\geqslant 0, \text{其中 } \lambda>0,\\ 0, & x<0,\end{cases}$$

(1)　若将这 5 个电子装置串联组成整机，求整机寿命 N 的数学期望；

(2) 若将这5个电子装置并联组成整机，求整机寿命 M 的数学期望.

解 由随机变量函数的分布可知

(1) $N=\min(X_1,X_2,X_3,X_4,X_5)$的分布函数

$$F_N(x)=1-[1-F(x)]^5=\begin{cases}1-e^{-5\lambda x}, & x\geqslant 0,\\ 0, & x<0,\end{cases}$$

其密度函数

$$f_N(x)=\begin{cases}5\lambda e^{-5\lambda x}, & x\geqslant 0,\\ 0, & x<0,\end{cases}$$

故

$$E(N)=\int_{-\infty}^{+\infty}xf_N(x)\mathrm{d}x=\int_0^{+\infty}x\cdot 5\lambda e^{-5\lambda x}\mathrm{d}x=\frac{1}{5\lambda}.$$

(2) $M=\max(X_1,X_2,X_3,X_4,X_5)$ 的分布函数

$$F_M(x)=[F(x)]^5=\begin{cases}(1-e^{-\lambda x})^5, & x\geqslant 0,\\ 0, & x<0,\end{cases}$$

其密度函数

$$f_M(x)=\begin{cases}5\lambda(1-e^{-\lambda x})^4e^{-\lambda x}, & x\geqslant 0,\\ 0, & x<0,\end{cases}$$

故

$$E(M)=\int_{-\infty}^{+\infty}xf_M(x)\mathrm{d}x=\int_0^{+\infty}x\cdot 5\lambda(1-e^{-\lambda x})^4e^{-\lambda x}\mathrm{d}x=\frac{137}{60\lambda}.$$

由

$$\frac{E(M)}{E(N)}=\frac{137/60\lambda}{1/5\lambda}\approx 11.4$$

可知，同样5个电子装置，并联组成整机的平均寿命是串联组成整机的平均寿命的11.4倍.

4.1.3 随机变量函数的数学期望

在实际问题中常常需要求出随机变量的函数的数学期望，例如 $Y=g(X)$，要求 $E(Y)$. 我们可以不必求出 Y 的密度函数，而直接由 X 的密度函数来求$E(Y)$. 下面的定理说明了这点.

定理4.1 设随机变量 Y 是随机变量 X 的函数 $Y=g(X)$（g 为连续函数).

(1) 设 X 为离散型随机变量，其分布律为

$$P(X=x_k)=p_k,\quad k=1,2,\cdots.$$

若级数 $\sum\limits_{k=1}^{\infty}g(x_k)p_k$ 绝对收敛，则有

$$E(Y) = E[g(X)] = \sum_{k=1}^{\infty} g(x_k) p_k.$$

(2)　设 X 为连续型随机变量,其密度函数为 $f(x)$. 若积分 $\int_{-\infty}^{+\infty} g(x) f(x) \mathrm{d}x$ 绝对收敛,则有

$$E(Y) = E[g(X)] = \int_{-\infty}^{+\infty} g(x) f(x) \mathrm{d}x.$$

这个定理说明,在求 $Y=g(X)$ 的数学期望时,不必知道 Y 的分布而只需知道 X 的分布即可. 定理的证明超出了本书的范围,此处从略.

这个定理还可以推广到两个或多个随机变量的函数的情况.

设 Z 是随机变量 X,Y 的函数 $Z=g(X,Y)$(g 为连续函数),则 Z 也是一个随机变量.

若(X,Y)为离散型随机变量,且其联合分布律为

$$P(X = x_i, Y = y_j) = p_{ij}, \quad i,j = 1,2,\cdots,$$

则有

$$E(Z) = E[g(X,Y)] = \sum_{i=1}^{\infty} \sum_{j=1}^{\infty} g(x_i, y_j) p_{ij}.$$

若(X,Y)为连续型随机变量,且其联合密度函数为 $f(x,y)$,则有

$$E(Z) = E[g(X,Y)] = \int_{-\infty}^{+\infty}\int_{-\infty}^{+\infty} g(x,y) f(x,y) \mathrm{d}x\mathrm{d}y.$$

这里要求等式右端的级数或积分都是绝对收敛的.

例 7　设随机变量 X 服从参数为 n、p 的二项分布,$Y=\mathrm{e}^{2X}$,求 $E(Y)$.

解　因为 $X \sim B(n,p)$,分布律为

$$P(X = k) = \mathrm{C}_n^k p^k q^{n-k}, \quad k = 0,1,2,\cdots,n,$$

所以

$$E(Y) = E(\mathrm{e}^{2X}) = \sum_{k=0}^{n} \mathrm{e}^{2k} \mathrm{C}_n^k p^k q^{n-k} = \sum_{k=0}^{n} \mathrm{C}_n^k (p\mathrm{e}^2)^k q^{n-k} = (p\mathrm{e}^2 + q)^n,$$

其中 $p+q=1$.

例 8　设二维随机变量(X,Y)的密度函数

$$f(x,y) = \begin{cases} x+y, & 0 \leqslant x \leqslant 1, 0 \leqslant y \leqslant 1, \\ 0, & \text{其他}, \end{cases}$$

求 $E(XY)$.

解

$$E(XY) = \int_{-\infty}^{+\infty}\int_{-\infty}^{+\infty} xyf(x,y) \mathrm{d}x\mathrm{d}y = \int_0^1\int_0^1 xy(x+y) \mathrm{d}x\mathrm{d}y = \frac{1}{3}.$$

例 9　设二维随机变量(X,Y)的密度函数

$$f(x,y)=\begin{cases}\dfrac{1}{4}x(1+3y^2), & 0<x<2,0<y<1,\\ 0, & \text{其他},\end{cases}$$

求 $E(X)$、$E(Y)$、$E(XY)$和 $E\left(\dfrac{Y}{X}\right)$.

解

$$E(X)=\int_0^1\int_0^2 x\cdot\frac{1}{4}x(1+3y^2)\mathrm{d}x\mathrm{d}y=\frac{1}{4}\int_0^2 x^2\mathrm{d}x\int_0^1(1+3y^2)\mathrm{d}y=\frac{4}{3}.$$

$$E(Y)=\int_0^1\int_0^2 y\cdot\frac{1}{4}x(1+3y^2)\mathrm{d}x\mathrm{d}y=\frac{1}{4}\int_0^2 x\mathrm{d}x\int_0^1 y(1+3y^2)\mathrm{d}y=\frac{5}{8}.$$

$$E(XY)=\int_0^1\int_0^2 xy\cdot\frac{1}{4}x(1+3y^2)\mathrm{d}x\mathrm{d}y=\frac{1}{4}\int_0^2 x^2\mathrm{d}x\int_0^1 y(1+3y^2)\mathrm{d}y=\frac{5}{6}.$$

$$E\left(\frac{Y}{X}\right)=\int_0^1\int_0^2 \frac{y}{x}\cdot\frac{1}{4}x(1+3y^2)\mathrm{d}x\mathrm{d}y=\frac{1}{4}\int_0^2 \mathrm{d}x\int_0^1 y(1+3y^2)\mathrm{d}y=\frac{5}{8}.$$

例 10 设国际市场上每年对我国某种出口商品的需求量是随机变量 X(单位:吨),它服从[2000,4000]上的均匀分布.若售出这种商品 1 吨,可赚 3 万元,但销售不出去,则每吨需付仓库保管费 1 万元,问该商品应出口多少吨才可得到最大收益?

解 设每年出口该种商品 y 吨($2000\leqslant y\leqslant 4000$),则收益

$$Y=g(X)=\begin{cases}3y, & X\geqslant y\\ 3X-(y-X), & X<y\end{cases}=\begin{cases}3y, & X\geqslant y,\\ 4X-y, & X<y.\end{cases}$$

于是由

$$g(x)=\begin{cases}3y, & x\geqslant y,\\ 4x-y, & x<y,\end{cases}\qquad f(x)=\begin{cases}\dfrac{1}{2000}, & 2000\leqslant x\leqslant 4000,\\ 0, & \text{其他},\end{cases}$$

得

$$\begin{aligned}E(Y)&=\int_{2000}^{4000}g(x)\cdot\frac{1}{2000}\mathrm{d}x=\frac{1}{2000}\left[\int_{2000}^{y}(4x-y)\mathrm{d}x+\int_{y}^{4000}3y\,\mathrm{d}x\right]\\&=\frac{1}{2000}(-2y^2+14000y-8\times 10^6).\end{aligned}$$

当 $y=3500$ 时,$E(Y)$取到最大值,故出口此种商品 3500 吨才可得到最大收益.

4.1.4 数学期望的性质

现在给出数学期望的几个常用性质.在下面的讨论中,所遇到的随机变量的数

学期望均假设存在，且只对连续型随机变量给予证明，至于对离散型随机变量的证明只须将积分换为类似的求和即可.

1)设 C 为常数，则 $E(C)=C$.

证　可将 C 看成离散型随机变量，分布律为 $P(X=C)=1$，故由定义即得 $E(C)=C$.

2)设 C 为常数，X 为随机变量，则

$$E(CX)=CE(X).$$

证　设 X 的密度函数为 $f(x)$，则

$$E(CX)=\int_{-\infty}^{+\infty}Cxf(x)\mathrm{d}x=C\int_{-\infty}^{+\infty}xf(x)\mathrm{d}x=CE(X).$$

3)设 X,Y 为任意两个随机变量，则

$$E(X+Y)=E(X)+E(Y).$$

证　设二维随机变量(X,Y)的密度函数为 $f(x,y)$，其关于 X 与 Y 的边缘密度函数分别为 $f_X(x)$、$f_Y(y)$，则

$$\begin{aligned}E(X+Y)&=\int_{-\infty}^{+\infty}\int_{-\infty}^{+\infty}(x+y)f(x,y)\mathrm{d}x\mathrm{d}y\\&=\int_{-\infty}^{+\infty}\int_{-\infty}^{+\infty}xf(x,y)\mathrm{d}x\mathrm{d}y+\int_{-\infty}^{+\infty}\int_{-\infty}^{+\infty}yf(x,y)\mathrm{d}x\mathrm{d}y\\&=\int_{-\infty}^{+\infty}xf_X(x)\mathrm{d}x+\int_{-\infty}^{+\infty}yf_Y(y)\mathrm{d}y\\&=E(X)+E(Y).\end{aligned}$$

这一性质可以推广到任意有限多个随机变量之和的情形，即

$$E(X_1+X_2+\cdots+X_n)=E(X_1)+E(X_2)+\cdots+E(X_n).$$

一般地，随机变量线性组合的数学期望，等于随机变量数学期望的线性组合，即

$$E(a_1X_1+a_2X_2+\cdots+a_nX_n)=a_1E(X_1)+a_2E(X_2)+\cdots+a_nE(X_n),$$

其中 $a_1,a_2,\cdots,a_n$ 为常数.

4)设 X,Y 是相互独立的随机变量，则

$$E(XY)=E(X)E(Y).$$

证　因为 X 与 Y 相互独立，其联合密度函数与边缘密度函数满足：$f(x,y)=f_X(x)f_Y(y)$，所以

$$\begin{aligned}E(XY)&=\int_{-\infty}^{+\infty}\int_{-\infty}^{+\infty}xyf(x,y)\mathrm{d}x\mathrm{d}y=\int_{-\infty}^{+\infty}\int_{-\infty}^{+\infty}xyf_X(x)f_Y(y)\mathrm{d}x\mathrm{d}y\\&=\left[\int_{-\infty}^{+\infty}xf_X(x)\mathrm{d}x\right]\cdot\left[\int_{-\infty}^{+\infty}yf_Y(y)\mathrm{d}y\right]=E(X)E(Y).\end{aligned}$$

这一性质可以推广到任意有限多个相互独立的随机变量之积的情形，即若 X_1，X_2，$\cdots$，X_n 为相互独立的随机变量，则

$$E(X_1X_2\cdots X_n)=E(X_1)E(X_2)\cdots E(X_n).$$

例 11 一民航机场的送客班车载有 20 位旅客，自机场开出，沿途旅客有 10 个车站可以下车. 如到达一个车站没有旅客下车班车就不停. 设每位旅客在各个车站下车是等可能的，且各旅客是否下车相互独立，以 X 表示停车的次数，求 $E(X)$.

解 设随机变量

$$X_i=\begin{cases}0, & \text{第 } i \text{ 个车站无人下车,}\\ 1, & \text{第 } i \text{ 个车站有人下车}\end{cases} \quad (i=1,2,\cdots,10),$$

则

$$X=X_1+X_2+\cdots+X_{10}.$$

由题意，任一旅客在第 i 个车站不下车的概率为 $\frac{9}{10}$，$X_i=0$ 表示第 i 站没有旅客下车，故 20 位旅客都不在第 i 站下车的概率为 $\left(\frac{9}{10}\right)^{20}$，在第 i 站有人下车的概率为 $1-\left(\frac{9}{10}\right)^{20}$，于是得 X_i 的分布列如下：

X_i	0	1
P	$\left(\frac{9}{10}\right)^{20}$	$1-\left(\frac{9}{10}\right)^{20}$

因此

$$\begin{aligned}E(X_i)&=0\times\left(\frac{9}{10}\right)^{20}+1\times\left[1-\left(\frac{9}{10}\right)^{20}\right]\\&=1-\left(\frac{9}{10}\right)^{20}, \quad i=1,2,\cdots,10,\end{aligned}$$

从而

$$\begin{aligned}E(X)&=E(X_1+X_2+\cdots+X_{10})=E(X_1)+E(X_2)+\cdots+E(X_{10})\\&=10\times\left[1-\left(\frac{9}{10}\right)^{20}\right]\approx 8.8.\end{aligned}$$

这表明班车平均停车约 9 次.

类似本例将 X 分解为若干个随机变量之和，然后利用数学期望的性质再求 X 的数学期望的方法，具有一定的普遍意义，使用得当，可使复杂问题简单化.

例 12 对某一目标连续射击，直至命中 n 次为止. 设每次射击的命中率为 p，求消耗的子弹数 X 的数学期望.

解 设 X_i 表示从第 $i-1$ 次命中后至第 i 次命中时所消耗的子弹数，则

$$X=\sum_{i=1}^{n}X_i,$$

且 X_i 的分布律为

$$P(X_i=k)=(1-p)^{k-1}p,\quad k=1,2,\cdots,$$

于是

$$E(X_i)=\sum_{k=1}^{\infty}k(1-p)^{k-1}p=\frac{p}{[1-(1-p)]^2}=\frac{1}{p},\quad i=1,2,\cdots,n,$$

故

$$E(X)=\sum_{i=1}^{n}E(X_i)=\frac{n}{p}.$$

例 13　设二维随机变量 (X,Y) 的密度函数

$$f(x,y)=\begin{cases}\frac{1}{\pi}, & x^2+y^2\leqslant 1,\\ 0, & \text{其他}.\end{cases}$$

试验证 $E(XY)=E(X)E(Y)$，但 X 和 Y 是不独立的.

解　因为

$$E(XY)=\iint\limits_{x^2+y^2\leqslant 1}xy\cdot\frac{1}{\pi}\mathrm{d}x\mathrm{d}y=\frac{1}{\pi}\int_{-1}^{1}x\mathrm{d}x\int_{-\sqrt{1-x^2}}^{\sqrt{1-x^2}}y\mathrm{d}y=0,$$

$$E(X)=\iint\limits_{x^2+y^2\leqslant 1}x\cdot\frac{1}{\pi}\mathrm{d}x\mathrm{d}y=0,$$

$$E(Y)=\iint\limits_{x^2+y^2\leqslant 1}y\cdot\frac{1}{\pi}\mathrm{d}x\mathrm{d}y=0,$$

所以

$$E(XY)=E(X)E(Y).$$

X 的边缘密度函数

$$f_X(x)=\int_{-\infty}^{+\infty}f(x,y)\mathrm{d}y=\int_{-\sqrt{1-x^2}}^{\sqrt{1-x^2}}\frac{1}{\pi}\mathrm{d}y=\frac{2}{\pi}\sqrt{1-x^2},\quad -1\leqslant x\leqslant 1,$$

即

$$f_X(x)=\begin{cases}\frac{2}{\pi}\sqrt{1-x^2}, & -1\leqslant x\leqslant 1,\\ 0, & \text{其他}.\end{cases}$$

同理可得 Y 的边缘密度函数

$$f_Y(y)=\begin{cases}\frac{2}{\pi}\sqrt{1-y^2}, & -1\leqslant y\leqslant 1,\\ 0, & \text{其他}.\end{cases}$$

因为 $f(x,y)\neq f_X(x)f_Y(y)$，所以 X 和 Y 是不独立的.

本例说明由 $E(XY)=E(X)E(Y)$ 是不能得出 X 和 Y 是相互独立的结论的.

4.2 随机变量的方差

4.2.1 方差概念

例如,有一批灯泡,其平均寿命 $E(X)=1000$ 小时,但仅由这一指标并不能判断这批灯泡质量的好坏,我们还需考察灯泡寿命 X 与平均值 $E(X)$ 的偏离程度,若偏离程度较小,则灯泡质量比较稳定. 因此,研究随机变量与其平均值的偏离程度是十分重要的.

用什么量去表示随机变量 X 与其数学期望的偏离程度呢? 显然,可利用随机变量 $|X-E(X)|$,用平均值 $E[|X-E(X)|]$ 来表示 X 与 $E(X)$ 的偏离程度,但为了数字上处理的方便,通常用 $E[X-E(X)]^2$ 来表示 X 与 $E(X)$ 的偏离程度.

定义 4.3 设 X 是一个随机变量. 若 $E[X-E(X)]^2$ 存在,则称 $E[X-E(X)]^2$ 为 X 的**方差**,记为 $D(X)$,即

$$D(X)=E[X-E(X)]^2.$$

与 X 具有相同量纲的量 $\sqrt{D(X)}$ 称为 X 的**均方差**或**标准差**,记为 σ_X.

由定义,随机变量 X 的方差反映出 X 的取值与其数学期望的偏离程度. 若方差 $D(X)$ 较小,则 X 取值比较集中,否则,X 取值比较分散. 因此,方差 $D(X)$ 是刻画 X 取值分散程度的一个量.

方差实际上是随机变量 X 的函数的数学期望. 故若 X 为离散型随机变量,其分布律为

$$P(X=x_k)=p_k,\quad k=1,2,\cdots,$$

则

$$D(X)=\sum_{k=1}^{\infty}[x_k-E(X)]^2 p_k.$$

若 X 为连续型随机变量,其密度函数为 $f(x)$,则

$$D(X)=\int_{-\infty}^{+\infty}[x-E(X)]^2 f(x)\mathrm{d}x.$$

另外,还有一个常用的计算方差的重要公式:

$$D(X)=E(X^2)-[E(X)]^2.$$

事实上,

$$\begin{aligned}D(X)&=E[X-E(X)]^2=E[X^2-2XE(X)+(E(X))^2]\\&=E(X^2)-2E(X)E(X)+[E(X)]^2=E(X^2)-[E(X)]^2.\end{aligned}$$

例 1 设随机变量 X 服从 0-1 分布,分布律为

$$P(X=1)=p,\quad P(X=0)=1-p=q,$$

求 $D(X)$.

解　因为

$$E(X)=p,\quad E(X^2)=1^2\times p+0^2\times q=p,$$

所以

$$D(X)=E(X^2)-[E(X)]^2=p-p^2=p(1-p)=pq.$$

例 2　设随机变量 X 的密度函数

$$f(x)=\begin{cases}1+x, & -1\leqslant x\leqslant 0,\\ 1-x, & 0<x\leqslant 1,\end{cases}$$

求 $D(X)$.

解　因为

$$E(X)=\int_{-1}^{0}x(1+x)\mathrm{d}x+\int_{0}^{1}x(1-x)\mathrm{d}x=0,$$

$$E(X^2)=\int_{-1}^{0}x^2(1+x)\mathrm{d}x+\int_{0}^{1}x^2(1-x)\mathrm{d}x=\frac{1}{6},$$

所以

$$D(X)=E(X^2)-[E(X)]^2=\frac{1}{6}.$$

4.2.2　方差的性质

假定下面所遇到的随机变量的方差均存在.

1)设 C 为常数,则 $D(C)=0$.

证

$$D(C)=E(C^2)-[E(C)]^2=C^2-C^2=0.$$

2)设 X 为随机变量,C 为常数,则

$$D(CX)=C^2D(X).$$

证

$$D(CX)=E(C^2X^2)-[E(CX)]^2=C^2[E(X^2)-(E(X))^2]=C^2D(X).$$

3)设随机变量 X 与 Y 相互独立,则

$$D(X+Y)=D(X)+D(Y).$$

证

$$\begin{aligned}D(X+Y)&=E[(X+Y)-E(X+Y)]^2\\&=E[(X-E(X))+(Y-E(Y))]^2\\&=E[X-E(X)]^2+E[Y-E(Y)]^2+2E[X-E(X)][Y-E(Y)]\\&=D(X)+D(Y)+2E[X-E(X)][Y-E(Y)].\end{aligned}$$

因为

$$\begin{aligned}
&E[X-E(X)][Y-E(Y)]\\
&=E[XY+E(X)E(Y)-XE(Y)-YE(X)]\\
&=E(XY)+E(X)E(Y)-E(X)E(Y)-E(Y)E(X)\\
&=E(XY)-E(X)E(Y),
\end{aligned}$$

由于 X 与 Y 相互独立,$E(XY)=E(X)E(Y)$,故

$$E[X-E(X)][Y-E(Y)]=0,$$

所以

$$D(X+Y)=D(X)+D(Y).$$

性质 3)可推广到有限多个相互独立的随机变量之和的情形. 即若 $X_1,X_2,\cdots,X_n$ 相互独立,则

$$D(X_1+X_2+\cdots+X_n)=D(X_1)+D(X_2)+\cdots+D(X_n).$$

若 X 与 Y 是相互独立的随机变量,C_1,C_2 为常数,则

$$D(C_1X+C_2Y)=C_1^2D(X)+C_2^2D(Y).$$

特别地,$D(X-Y)=D(X)+D(Y)$.

4)$D(X)=0$ 的充分必要条件是 X 依概率 1 取常数 C,即 $P(X=C)=1$. 显然,这里 $C=E(X)$(证略).

例 3 设随机变量 X 服从几何分布,其分布律为

$$P(X=k)=p(1-p)^{k-1},\quad k=1,2,\cdots,$$

其中 $0<p<1$ 为常数,求 $E(X)$ 和 $D(X)$.

解

$$E(X)=\sum_{k=1}^{\infty}kp(1-p)^{k-1}=\frac{p}{[1-(1-p)]^2}=\frac{1}{p},$$

$$E(X^2)=\sum_{k=1}^{\infty}k^2p(1-p)^{k-1}=p\cdot\frac{1+(1-p)}{[1-(1-p)]^3}=\frac{2-p}{p^2},$$

于是

$$D(X)=E(X^2)-[E(X)]^2=\frac{1-p}{p^2}.$$

4.3 几种重要随机变量的数学期望和方差

服从 0-1 分布和几何分布的随机变量的数学期望与方差已在上节例 1 和例 3 中作了计算.

4.3.1 二项分布

设随机变量 X 服从参数为 n、p 的二项分布,即 $X\sim B(n,p)$,其分布律为

$$P(X=k)=C_n^k p^k q^{n-k},\quad k=0,1,2,\cdots,n,$$

其中 $0<p<1, p+q=1$，则

$$\begin{aligned}
E(X)&=\sum_{k=0}^{n}kp_k=\sum_{k=0}^{n}kC_n^k p^k q^{n-k}=\sum_{k=0}^{n}k\cdot\frac{n!}{k!(n-k)!}p^k q^{n-k}\\
&=np\sum_{k=1}^{n}\frac{(n-1)!}{(k-1)![(n-1)-(k-1)]!}p^{k-1}q^{(n-1)-(k-1)}\\
&=np\sum_{k=1}^{n}C_{n-1}^{k-1}p^{k-1}q^{(n-1)-(k-1)}=np\sum_{k=0}^{n-1}C_{n-1}^{k}p^{k-1}q^{n-1-k}\\
&=np(p+q)^{n-1}=np.
\end{aligned}$$

$$\begin{aligned}
D(X)&=E(X^2)-[E(X)]^2=E[X(X-1)+X]-(np)^2\\
&=E[X(X-1)]+E(X)-n^2p^2\\
&=\sum_{k=0}^{n}k(k-1)C_n^k p^k q^{n-k}+np-n^2p^2\\
&=n(n-1)p^2\sum_{k=2}^{n}\frac{(n-2)(n-3)\cdots[(n-2)-(k-3)]}{(k-2)!}\\
&\quad\cdot p^{k-2}q^{(n-2)-(k-2)}+np-n^2p^2\\
&=n(n-1)p^2(p+q)^{n-2}+np-n^2p^2\\
&=n(n-1)p^2+np-n^2p^2\\
&=np(1-p)=npq.
\end{aligned}$$

对于服从二项分布的随机变量，还可用更简单的方法来计算 $E(X)$ 与 $D(X)$.

在 n 重伯努利试验中，每次试验事件 A 发生的概率为 p，不发生的概率为 $q=1-p$. 若引入随机变量

$$X_i=\begin{cases}1, & \text{第 } i \text{ 次试验 } A \text{ 发生},\\ 0, & \text{第 } i \text{ 次试验 } A \text{ 不发生},\end{cases}$$

$i=1,2,\cdots,n$，则 A 发生的次数

$$X=X_1+X_2+\cdots+X_n.$$

$X\sim B(n,p)$，$X_i\sim 0\text{-}1$ 分布，且 $X_1,X_2,\cdots,X_n$ 是相互独立的，于是由数学期望和方差的性质可得

$$\begin{aligned}
E(X)&=E(X_1+X_2+\cdots+X_n)=E(X_1)+E(X_2)+\cdots+E(X_n)\\
&=nE(X_i)=np,\\
D(X)&=D(X_1+X_2+\cdots+X_n)=D(X_1)+D(X_2)+\cdots+D(X_n)\\
&=nD(X_i)=npq.
\end{aligned}$$

4.3.2 泊松分布

设随机变量 X 服从参数为 λ 的泊松分布，即 $X \sim P(\lambda)$，其分布律为

$$P(X=k)=\frac{\lambda^k}{k!}e^{-\lambda},\quad k=0,1,2,\cdots,\lambda>0,$$

则

$$\begin{aligned}
E(X) &=\sum_{k=0}^{\infty} k p_k=\sum_{k=0}^{\infty} k \cdot \frac{\lambda^k}{k!} e^{-\lambda}=\lambda e^{-\lambda} \sum_{k=1}^{\infty} \frac{\lambda^{k-1}}{(k-1)!} \\
&=\lambda e^{-\lambda} \sum_{k=0}^{\infty} \frac{\lambda^k}{k!}=\lambda e^{-\lambda} \cdot e^{\lambda}=\lambda, \\
D(X) &=E(X^2)-[E(X)]^2=E[X(X-1)+X]-\lambda^2 \\
&=E[X(X-1)]+\lambda-\lambda^2=\sum_{k=1}^{\infty} k(k-1) \frac{\lambda^k}{k!} e^{-\lambda}+\lambda-\lambda^2 \\
&=\lambda^2 e^{-\lambda} \sum_{k=2}^{\infty} \frac{\lambda^{k-2}}{(k-2)!}+\lambda-\lambda^2=\lambda^2 e^{-\lambda} \cdot e^{\lambda}+\lambda-\lambda^2=\lambda .
\end{aligned}$$

4.3.3 均匀分布

设随机变量 X 在区间$[a,b]$上服从均匀分布，即 $X\sim U[a,b]$，其密度函数

$$f(x)=\begin{cases}\dfrac{1}{b-a}, & a\leqslant x\leqslant b,\\ 0, & \text{其他},\end{cases}$$

则

$$E(X)=\int_a^b x\cdot\frac{1}{b-a}dx=\frac{a+b}{2},$$

$$D(X)=E(X^2)-[E(X)]^2=\int_a^b x^2\cdot\frac{1}{b-a}dx-\left(\frac{a+b}{2}\right)^2=\frac{(b-a)^2}{12}.$$

4.3.4 指数分布

设随机变量 X 服从以 λ 为参数的指数分布，即 $X\sim E(\lambda)$，其密度函数

$$f(x)=\begin{cases}\lambda e^{-\lambda x}, & x\geqslant 0,\lambda>0,\\ 0, & x<0,\end{cases}$$

则

$$\begin{aligned}
E(X) &=\int_0^{+\infty} x\cdot\lambda e^{-\lambda x}dx=-\left[xe^{-\lambda x}\Big|_0^{+\infty}-\int_0^{+\infty}e^{-\lambda x}dx\right]\\
&=-\frac{1}{\lambda}e^{-\lambda x}\Big|_0^{+\infty}=\frac{1}{\lambda},
\end{aligned}$$

$$D(X)=E(X^2)-[E(X)]^2=\int_0^{+\infty}x^2\cdot\lambda e^{-\lambda x}dx-\left(\frac{1}{\lambda}\right)^2$$
$$=\frac{2}{\lambda^2}-\frac{1}{\lambda^2}=\frac{1}{\lambda^2}.$$

4.3.5 正态分布

设随机变量 X 服从参数为 μ、σ 的正态分布，即 $X\sim N(\mu,\sigma^2)$，其密度函数

$$f(x)=\frac{1}{\sqrt{2\pi}\sigma}e^{-\frac{(x-\mu)^2}{2\sigma^2}},\quad -\infty<x<+\infty,$$

则

$$E(X)=\int_{-\infty}^{+\infty}x\cdot\frac{1}{\sqrt{2\pi}\sigma}e^{-\frac{(x-\mu)^2}{2\sigma^2}}dx$$
$$=\frac{1}{\sqrt{2\pi}\sigma}\int_{-\infty}^{+\infty}(x-\mu)e^{-\frac{(x-\mu)^2}{2\sigma^2}}dx+\frac{1}{\sqrt{2\pi}\sigma}\int_{-\infty}^{+\infty}\mu e^{-\frac{(x-\mu)^2}{2\sigma^2}}dx$$
$$=\frac{1}{\sqrt{2\pi}\sigma}\int_{-\infty}^{+\infty}te^{-\frac{t^2}{2\sigma^2}}dt+\mu\int_{-\infty}^{+\infty}\frac{1}{\sqrt{2\pi}\sigma}e^{-\frac{(x-\mu)^2}{2\sigma^2}}dx=\mu,$$

$$D(X)=E[X-E(X)]^2=\int_{-\infty}^{+\infty}(x-\mu)^2\cdot\frac{1}{\sqrt{2\pi}\sigma}e^{-\frac{(x-\mu)^2}{2\sigma^2}}dx$$
$$=\frac{\sigma^2}{\sqrt{2\pi}}\int_{-\infty}^{+\infty}t^2e^{-\frac{t^2}{2}}dt\quad\left(t=\frac{x-\mu}{\sigma}\right)=\frac{\sigma^2}{\sqrt{2\pi}}\left[t(-e^{-\frac{t^2}{2}})\Big|_{-\infty}^{+\infty}+\int_{-\infty}^{+\infty}e^{-\frac{t^2}{2}}dt\right]$$
$$=\frac{\sigma^2}{\sqrt{2\pi}}\cdot\sqrt{2\pi}=\sigma^2.$$

从上面所述的各种随机变量可见，一些常用分布的数学期望和方差知道后，其分布中的参数也就知道了，从而分布也就唯一确定，由此可见随机变量数字特征的重要性.

几种重要随机变量的数学期望和方差列表如下(表 4-1).

表 4-1

分　布	分布律或密度函数	期　望	方　差
0-1 分布	$P(X=k)=p^kq^{1-k},k=0,1,$ $0<p<1,p+q=1$	p	pq
二项分布 $B(n,p)$	$P(X=k)=C_n^kp^kq^{n-k},k=0,1,2,\cdots,n,$ $0<p<1,p+q=1$	np	npq
泊松分布 $P(\lambda)$	$P(X=k)=\frac{\lambda^k}{k!}e^{-\lambda},\lambda>0,$ $k=0,1,2,\cdots$	λ	λ

续表

分　布	分布律或密度函数	期　望	方　差
均匀分布	$f(x)=\begin{cases}\frac{1}{b-a}, & a\leqslant x\leqslant b,\\ 0, & \text{其他}\end{cases}$	$\frac{a+b}{2}$	$\frac{(b-a)^2}{12}$
指数分布	$f(x)=\begin{cases}\lambda e^{-\lambda x}, & x\geqslant 0,\lambda>0,\\ 0, & x<0\end{cases}$	$\frac{1}{\lambda}$	$\frac{1}{\lambda^2}$
正态分布 $N(\mu,\sigma^2)$	$f(x)=\frac{1}{\sqrt{2\pi}\sigma}e^{-\frac{(x-\mu)}{2\sigma^2}}$, $-\infty<\mu<+\infty,\sigma>0$	μ	σ^2
几何分布	$P(X=k)=p(1-p)^{k-1}$, $k=1,2,\cdots,0<p<1$	$\frac{1}{p}$	$\frac{1-p}{p^2}$

在概率论里，有时需要将随机变量“标准化”，即对任意随机变量 X，若其数学期望 $E(X)$，方差 $D(X)$ 均存在，且 $D(X)>0$，则称

$$X^* = \frac{X-E(X)}{\sqrt{D(X)}}$$

为 X 的**标准化随机变量**.

通过计算可知 $E(X^*)=0, D(X^*)=1$，这正是标准化随机变量所具有的特征.

4.4 协方差和相关系数 矩

4.4.1 协方差和相关系数

对于二维随机变量 (X,Y)，我们除了讨论随机变量 X 与 Y 的数学期望和方差之外，还要给出一个描述 X 与 Y 之间相互关系的数字特征. 由 4.2.2 节我们知道，若 X 与 Y 相互独立，则有 $E[X-E(X)][Y-E(Y)]=0$，若 $E[X-E(X)][Y-E(Y)]\neq 0$，则说明 X 与 Y 不相互独立，而是有一定的关系的. 给出以下定义.

定义 4.4 设 (X,Y) 是一个二维随机变量. 若 $E[X-E(X)][Y-E(Y)]$ 存在，则称它是随机变量 X 与 Y 的**协方差**，记为 $\mathrm{cov}(X,Y)$，即

$$\mathrm{cov}(X,Y) = E[X-E(X)][Y-E(Y)].$$

当 $D(X)>0, D(Y)>0$ 时，

$$\rho_{XY} = \frac{\mathrm{cov}(X,Y)}{\sqrt{D(X)}\sqrt{D(Y)}}$$

称为随机变量 X 与 Y 的**相关系数**.

ρ_{XY}是一个无量纲的数.

当 $\rho_{XY}=0$ 时,称随机变量 X 与 Y 是**不相关的或无关的**.

由上述定义可得下面的计算式:

当(X,Y)是离散型随机变量,分布律为 $P(X=x_i,Y=y_j)=p_{ij}$时,

$$\mathrm{cov}(X,Y)=\sum_{i=1}^{\infty}\sum_{j=1}^{\infty}[x_i-E(X)][y_j-E(Y)]p_{ij};$$

当(X,Y)是连续型随机变量,密度函数为 $f(x,y)$时,

$$\mathrm{cov}(X,Y)=\int_{-\infty}^{+\infty}\int_{-\infty}^{+\infty}[x-E(x)][y-E(Y)]f(x,y)\mathrm{d}x\mathrm{d}y.$$

由定义及 4.2.2 节可知,对于任意两个随机变量 X 与 Y,下列等式成立:

$$D(X+Y)=D(X)+D(Y)+2\mathrm{cov}(X,Y),$$
$$\mathrm{cov}(X,Y)=E(XY)-E(X)E(Y).$$

例 1　设二维随机变量(X,Y)的联合分布律为

Y \ X	0	1
0	q	0
1	0	p

其中 $p+q=1$,求相关系数 ρ_{XY}.

解　由上面的分布律,可得随机变量 X 与 Y 的边缘分布律为

X	0	1
p	q	p

Y	0	1
p	q	p

X 与 Y 均服从(0—1)分布,故知

$$E(X)=p,\quad D(X)=pq,$$
$$E(Y)=p,\quad D(Y)=pq.$$

于是由

$$\begin{aligned}\mathrm{cov}(X,Y)&=E(XY)-E(X)E(Y)\\&=0\times0\times q+0\times1\times0+1\times0\times0+1\times1\times p-p\times p\\&=p-p^2=pq,\end{aligned}$$

得

$$\rho_{XY}=\frac{\mathrm{cov}(X,Y)}{\sqrt{D(X)}\ \sqrt{D(Y)}}=\frac{pq}{\sqrt{pq}\ \sqrt{pq}}=1.$$

例2　设二维随机变量(X,Y)的密度函数

$$f(x,y)=\begin{cases}\dfrac{1}{(b-a)(d-c)}, & a\leqslant x\leqslant b,c\leqslant y\leqslant d,\\ 0, & \text{其他},\end{cases}$$

求 $\operatorname{cov}(X,Y)$.

解 因为

$$E(X)=\int_a^b \mathrm{d}x\int_c^d x\cdot\frac{1}{(b-a)(d-c)}\mathrm{d}y=\frac{a+b}{2},$$

$$E(Y)=\int_a^b \mathrm{d}x\int_c^d y\cdot\frac{1}{(b-a)(d-c)}\mathrm{d}y=\frac{c+d}{2},$$

$$E(XY)=\int_a^b \mathrm{d}x\int_c^d xy\cdot\frac{1}{(b-a)(d-c)}\mathrm{d}y=\frac{(a+b)(c+d)}{4},$$

所以

$$\operatorname{cov}(X,Y)=E(XY)-E(X)E(Y)=0.$$

协方差的性质：

1) $\operatorname{cov}(X,Y)=\operatorname{cov}(Y,X)$；

2) $\operatorname{cov}(aX,bY)=ab\operatorname{cov}(X,Y)$，$a,b$ 为常数；

3) $\operatorname{cov}(X+Y,Z)=\operatorname{cov}(X,Z)+\operatorname{cov}(Y,Z)$.

以上性质可由协方差的定义直接推得.

将随机变量 X 与 Y 标准化，得

$$X^*=\frac{X-E(X)}{\sqrt{D(X)}},\quad Y^*=\frac{Y-E(Y)}{\sqrt{D(Y)}}.$$

由相关系数定义，显然有

$$\rho_{XY}=\operatorname{cov}(X^*,Y^*).$$

下面我们来讨论相关系数的性质，进而说明相关系数反映了随机变量间的一种相互关系的本质.

相关系数的性质：

1) $|\rho_{XY}|\leqslant 1$.

证 由

$$\begin{aligned}D(X^*\pm Y^*)&=D(X^*)+D(Y^*)\pm 2\operatorname{cov}(X^*,Y^*)\\&=1+1\pm 2\operatorname{cov}(X^*,Y^*)=2(1\pm\rho_{XY})\geqslant 0,\end{aligned}$$

得

$$1\pm\rho_{XY}\geqslant 0,$$

即

$$|\rho_{XY}|\leqslant 1.$$

2) $|\rho_{XY}|=1$ 的充分必要条件是 X 与 Y 依概率 1 线性相关，即 $P(Y=aX+b)=1$，其中 $a\neq 0$，a,b 为常数.

证 由方差性质 4),知

$$P(Y = aX + b) = P(Y - aX - b = 0) = 1$$

成立的充分必要条件为

$$\begin{aligned} D(Y - aX - b) &= E[(Y - aX - b)^2] - [E(Y - aX - b)]^2 \\ &= E[(Y - aX - b)^2] = 0, \end{aligned}$$

而

$$\begin{aligned} & E[(Y - aX - b)^2] \\ =& E[(Y - E(Y)) - a(X - E(X)) + (E(Y) - aE(X) - b)]^2 \\ =& E[Y - E(Y)]^2 + a^2 E[X - E(X)]^2 + E[E(Y) - aE(X) - b]^2 \\ & - 2aE[Y - E(Y)][X - E(X)] + 2E[Y - E(Y)][E(Y) - aE(X) - b] \\ & - 2aE[X - E(X)][E(Y) - aE(X) - b] \\ =& D(Y) + a^2 D(X) + [E(Y) - aE(X) - b]^2 - 2a\operatorname{cov}(X, Y) \\ =& D(X)\left[a - \frac{\operatorname{cov}(X,Y)}{D(X)}\right]^2 + D(Y)\left[1 - \left(\frac{\operatorname{cov}(X,Y)}{\sqrt{D(X)}\sqrt{D(Y)}}\right)^2\right] \\ & + [E(Y) - aE(X) - b]^2, \end{aligned}$$

上式右端三项均是非负的,故由

$$E[(Y - aX - b)^2] = 0,$$

必有

$$1 - \left(\frac{\operatorname{cov}(X,Y)}{\sqrt{D(X)}\sqrt{D(Y)}}\right)^2 = 0,$$

即

$$1 - \rho_{XY}^2 = 0,$$

从而

$$|\rho_{XY}| = 1.$$

若考虑用 X 的任意线性函数 $\alpha X+\beta$ 来近似表示 Y,则有误差 $Y-\alpha X-\beta$. 我们以均方误差

$$\begin{aligned} E[Y - \alpha X - \beta]^2 =& D(X)\left[\alpha - \frac{\operatorname{cov}(X,Y)}{D(X)}\right]^2 \\ & + D(Y)(1 - \rho_{XY}^2) + [E(Y) - \alpha E(X) - \beta]^2 \end{aligned}$$

来衡量用 $\alpha X+\beta$ 近似表示 Y 的好坏程度,均方误差的值越小表示 $\alpha X+\beta$ 与 Y 的近似程度越好. 由于上式右端每项均是非负的,故若取第一、三项为零,则均方误差取得最小值 $D(Y)(1-\rho_{XY}^2)$,即取

$$\hat{\alpha} = \frac{\operatorname{cov}(X,Y)}{D(X)} = \rho_{XY}\sqrt{\frac{D(Y)}{D(X)}},$$

$$\hat{\beta} = E(Y) - \alpha E(X) = E(Y) - \rho_{XY} E(X)\sqrt{\frac{D(Y)}{D(X)}},$$

$$E[Y-\hat{\alpha}X-\hat{\beta}]^2=\min_{\alpha,\beta}[Y-\alpha X-\beta]^2=D(Y)(1-\rho_{XY}^2). \quad (4.4.1)$$

(4.4.1)式表明,用线性函数 $\hat{\alpha}X+\hat{\beta}$ 表示 Y,比用其他任何线性函数 $\alpha X+\beta$ 表示 Y 都好. 由(4.4.1)式知,均方误差是 $|\rho_{XY}|$ 的严格单调减少函数,$|\rho_{XY}|$ 越大,均方误差越小,这时 Y 与 X 间的线性关系就越密切,当 $|\rho_{XY}|=1$ 时,Y 与 X 就有线性关系. 反之,$|\rho_{XY}|$ 越小,均方误差就越大,说明 Y 与 X 间的线性关系越差,若 $\rho_{XY}=0$,则均方误差最大,表明 Y 与 X 间无线性关系,故称 X 与 Y 是不相关的. 可见,$|\rho_{XY}|$ 的大小确是 X 与 Y 间线性关系强弱的一种度量.

设随机变量 X 与 Y 的相关系数 ρ_{XY} 存在. 若 X 与 Y 相互独立,则有 $\mathrm{cov}(X,Y)=0$,从而 $\rho_{XY}=0$,即若 X 与 Y 相互独立,则 X 与 Y 不相关. 反之,若 X 与 Y 不相关,则 X 与 Y 却不一定是相互独立的. 这说明"不相关"与"相互独立"是两个不同的概念,其含义是不同的,不相关只是就线性关系而言的,而相互独立是就一般关系而言的.

例 3 若 $X\sim N(0,1)$,且 $Y=X^2$,问 X 与 Y 是否不相关?

解 因为 $X\sim N(0,1)$,密度函数 $f(x)=\frac{1}{\sqrt{2\pi}}\mathrm{e}^{-\frac{x^2}{2}}$ 为偶函数,所以 $E(X)=E(X^3)=0$. 于是由

$$\mathrm{cov}(X,Y)=E(XY)-E(X)E(Y)=E(X^3)-E(X)E(X^2)=0,$$

得

$$\rho_{XY}=\frac{\mathrm{cov}(X,Y)}{\sqrt{D(X)}\sqrt{D(Y)}}=0.$$

这说明 X 与 Y 是不相关的,但 $Y=X^2$,显然,X 与 Y 是不相互独立的.

例 4 设 (X,Y) 服从二维正态分布,即 $(X,Y)\sim N(\mu_1,\sigma_1^2;\mu_2,\sigma_2^2;\rho)$,求 ρ_{XY}.

解 由 3.1 节中的正态分布,有

$$X\sim N(\mu_1,\sigma_1^2),\quad Y\sim N(\mu_2,\sigma_2^2),$$

即有

$$E(X)=\mu_1,\quad D(X)=\sigma_1^2,\quad E(Y)=\mu_2,\quad D(Y)=\sigma_2^2.$$

而

$$\begin{aligned}\mathrm{cov}(X,Y)&=\int_{-\infty}^{+\infty}\int_{-\infty}^{+\infty}(x-\mu_1)(y-\mu_2)f(x,y)\mathrm{d}x\mathrm{d}y\\&=\frac{1}{2\pi\sigma_1\sigma_2\sqrt{1-\rho^2}}\int_{-\infty}^{+\infty}\int_{-\infty}^{+\infty}(x-\mu_1)(y-\mu_2)\\&\quad\cdot\mathrm{e}^{-\frac{1}{2(1-\rho^2)}\left[\frac{(x-\mu_1)^2}{\sigma_1^2}-2\rho\frac{(x-\mu_1)(y-\mu_2)}{\sigma_1\sigma_2}+\frac{(y-\mu_2)^2}{\sigma_2^2}\right]}\mathrm{d}x\mathrm{d}y\\&=\frac{1}{2\pi\sigma_1\sigma_2\sqrt{1-\rho^2}}\int_{-\infty}^{+\infty}(x-\mu_1)\mathrm{e}^{-\frac{(x-\mu_1)^2}{2\sigma_1^2}}\mathrm{d}x\end{aligned}$$

$$\cdot \int_{-\infty}^{+\infty}(y-\mu_2)\mathrm{e}^{-\frac{1}{2(1-\rho^2)}\left(\frac{y-\mu_2}{\sigma_2}-\rho\frac{x-\mu_1}{\sigma_1}\right)^2}\mathrm{d}y,$$

令

$$t=\frac{1}{\sqrt{1-\rho^2}}\left(\frac{y-\mu_2}{\sigma_2}-\rho\frac{x-\mu_1}{\sigma_1}\right),\quad u=\frac{x-\mu_1}{\sigma_1},$$

则有

$$\begin{aligned}\mathrm{cov}(X,Y)&=\frac{1}{2\pi}\int_{-\infty}^{+\infty}\int_{-\infty}^{+\infty}(\sigma_1\sigma_2\sqrt{1-\rho^2}\,tu+\rho\sigma_1\sigma_2u^2\mathrm{e}^{-\frac{u^2}{2}-\frac{t^2}{2}})\mathrm{d}t\mathrm{d}u\\&=\frac{\rho\sigma_1\sigma_2}{2\pi}\left(\int_{-\infty}^{+\infty}u^2\mathrm{e}^{-\frac{u^2}{2}}\mathrm{d}u\right)\left(\int_{-\infty}^{+\infty}\mathrm{e}^{-\frac{t^2}{2}}\mathrm{d}t\right)\\&\quad+\frac{\sigma_1\sigma_2\sqrt{1-\rho^2}}{2\pi}\left(\int_{-\infty}^{+\infty}u\mathrm{e}^{-\frac{u^2}{2}}\mathrm{d}u\right)\left(\int_{-\infty}^{+\infty}t\mathrm{e}^{-\frac{t^2}{2}}\mathrm{d}t\right)\\&=\frac{\rho\sigma_1\sigma_2}{2\pi}\sqrt{2\pi}\cdot\sqrt{2\pi}=\rho\sigma_1\sigma_2,\end{aligned}$$

于是

$$\rho_{XY}=\frac{\mathrm{cov}(X,Y)}{\sqrt{D(X)}\sqrt{D(Y)}}=\rho.$$

可见二维正态随机变量(X,Y)的密度函数中的参数ρ就是X与Y的相关系数，因此，二维正态随机变量的分布完全可由每个变量的数学期望μ_1、μ_2，方差σ_1^2、σ_2^2及相关系数ρ确定.

大家已经知道，对二维正态随机变量(X,Y)来说，X与Y相互独立的重要条件为$\rho=0$. 现在又知$\rho_{XY}=\rho$，故对二维正态随机变量(X,Y)来说，X与Y不相关和X与Y相互独立是等价的.

*4.4.2　矩和协方差矩阵

数学期望、方差与协方差都是随机变量常用的数字特征，实际上它们都是某种矩. 下面给出矩的一般定义.

定义 4.5　设X与Y是随机变量. 若$E(X^k)(k=1,2,\cdots)$存在，则称它为X的**k阶原点矩.**

若$E[X-E(X)]^k(k=1,2,\cdots)$存在，则称它为$X$的**$k$阶中心矩.**

若$E(X^kY^l)(k,l=1,2,\cdots)$存在，则称它为$X$与$Y$的**$k+l$阶混合矩.**

若$E[X-E(X)]^k[Y-E(Y)]^l(k,l=1,2,\cdots)$存在，则称它为$X$与$Y$的**$k+l$阶混合中心矩.**

由定义可知，随机变量X的数学期望$E(X)$是X的一阶原点矩，方差$D(X)$是X的二阶中心矩，协方差$\mathrm{cov}(X,Y)$是X与Y的$1+1$阶混合中心矩.

下面介绍协方差矩阵的概念，进而利用它来表示正态随机变量的密度函数.

设二维正态随机变量(X_1,X_2)的 4 个二阶中心矩存在，分别记为

$$C_{11}=E[X_1-E(X_1)]^2=D(X_1),$$
$$C_{12}=E[X_1-E(X_1)][X_2-E(X_2)]=\operatorname{cov}(X_1,X_2),$$
$$C_{21}=E[X_2-E(X_2)][X_1-E(X_1)]=\operatorname{cov}(X_2,X_1),$$
$$C_{22}=E[X_2-E(X_2)]^2=D(X_2),$$

则矩阵

$$\begin{pmatrix} C_{11} & C_{12} \\ C_{21} & C_{22} \end{pmatrix}$$

称为随机变量(X_1,X_2)的**协方差矩阵**.

设 n 维随机变量$(X_1,X_2,\cdots,X_n)$的 1+1 阶混合中心矩

$$C_{ij}=\operatorname{cov}(X_i,X_j)=E[X_i-E(X_i)][X_j-E(X_j)]$$
$$(i,j=1,2,\cdots,n)$$

都存在，则矩阵

$$C=\begin{pmatrix} C_{11} & C_{12} & \cdots & C_{1n} \\ C_{21} & C_{22} & \cdots & C_{2n} \\ \vdots & \vdots & & \vdots \\ C_{n1} & C_{n2} & \cdots & C_{nn} \end{pmatrix}$$

称为 n 维随机变量$(X_1,X_2,\cdots,X_n)$的**协方差矩阵**.

由于 $C_{ij}=C_{ji}(i\neq j,i,j=1,2,\cdots,n)$，故协方差矩阵 C 是一个对称矩阵.

设二维正态随机变量(X_1,X_2)的密度函数

$$f(x_1,x_2)=\frac{1}{2\pi\sigma_1\sigma_2\sqrt{1-\rho^2}}e^{-\frac{1}{2(1-\rho^2)}\left[\frac{(x_1-\mu_1)^2}{\sigma_1^2}-2\rho\frac{(x_1-\mu_1)(x_2-\mu_2)}{\sigma_1\sigma_2}+\frac{(x_2-\mu_2)^2}{\sigma_2^2}\right]},$$

现引入矩阵

$$X=\begin{pmatrix} x_1 \\ x_2 \end{pmatrix},\quad \mu=\begin{pmatrix} \mu_1 \\ \mu_2 \end{pmatrix},$$

则(X_1,X_2)的协方差矩阵

$$C=\begin{pmatrix} C_{11} & C_{12} \\ C_{21} & C_{22} \end{pmatrix}=\begin{pmatrix} \sigma_1^2 & \rho\sigma_1\sigma_2 \\ \rho\sigma_1\sigma_2 & \sigma_2^2 \end{pmatrix},$$

其行列式

$$|C|=\sigma_1^2\sigma_2^2(1-\rho^2),$$

逆矩阵

$$C^{-1}=\frac{1}{|C|}\begin{pmatrix} \sigma_2^2 & -\rho\sigma_1\sigma_2 \\ -\rho\sigma_1\sigma_2 & \sigma_1^2 \end{pmatrix}.$$

记矩阵 $X-\mu$ 的转置矩阵为$(X-\mu)^{\mathrm{T}}$，则

$$(X-\mu)^{\mathrm{T}}C^{-1}(X-\mu)=\frac{1}{|C|}(x_1-\mu_1,x_2-\mu_2)\begin{pmatrix}\sigma_2^2 & -\rho\sigma_1\sigma_2\\ -\rho\sigma_1\sigma_2 & \sigma_1^2\end{pmatrix}\begin{pmatrix}x_1-\mu_1\\ x_2-\mu_2\end{pmatrix}$$

$$=\frac{1}{1-\rho^2}\left[\frac{(x_1-\mu_1)^2}{\sigma_1^2}-2\rho\frac{(x_1-\mu_1)(x_2-\mu_2)}{\sigma_1\sigma_2}+\frac{(x_2-\mu_2)^2}{\sigma_2^2}\right],$$

于是(X_1,X_2)的密度函数可表示为

$$f(x_1,x_2)=\frac{1}{2\pi|C|^{\frac{1}{2}}}\mathrm{e}^{-\frac{1}{2}(X-\mu)^{\mathrm{T}}C^{-1}(X-\mu)}.$$

将这一结果推广到n维正态随机变量$(X_1,X_2,\cdots,X_n)$的情形.引入矩阵

$$X=\begin{pmatrix}x_1\\ x_2\\ \vdots\\ x_n\end{pmatrix},\quad \mu=\begin{pmatrix}\mu_1\\ \mu_2\\ \vdots\\ \mu_n\end{pmatrix}=\begin{pmatrix}E(X_1)\\ E(X_2)\\ \vdots\\ E(X_n)\end{pmatrix},$$

C为协方差矩阵,则n维正态随机变量$(X_1,X_2,\cdots,X_n)$的密度函数

$$f(x_1,x_2,\cdots,x_n)=\frac{1}{(2\pi)^{\frac{n}{2}}|C|^{\frac{1}{2}}}\mathrm{e}^{-\frac{1}{2}(X-\mu)^{\mathrm{T}}C^{-1}(X-\mu)}.$$

n维正态随机变量在随机过程及数理统计中都会经常遇到,其密度函数利用协方差矩阵表示,形式简单,便于研究.

n维正态随机变量具有以下三条重要性质:

1)n维随机变量$(X_1,X_2,\cdots,X_n)$服从n维正态分布的充分必要条件是随机变量$X_1,X_2,\cdots,X_n$的任意线性组合$k_1X_1+k_2X_2+\cdots+k_nX_n$服从一维正态分布;

2)设随机变量$(X_1,X_2,\cdots,X_n)$服从n维正态分布.若随机变量$Y_1,Y_2,\cdots,Y_m$是$X_i(i=1,2,\cdots,n)$的线性函数,则随机变量$(Y_1,Y_2,\cdots,Y_m)$服从m维正态分布;

3)设随机变量$(X_1,X_2,\cdots,X_n)$服从n维正态分布,则$X_1,X_2,\cdots,X_n$相互独立与$X_1,X_2,\cdots,X_n$两两不相关是等价的.

习　题　四

1. 设随机变量X的分布列为

X	-1	0	$\frac{1}{2}$	1	2
P	$\frac{1}{3}$	$\frac{1}{6}$	$\frac{1}{6}$	$\frac{1}{12}$	$\frac{1}{4}$

求$E(X)$,$E(-X+1)$,$E(X^2)$.

2. 设球队A与B进行比赛,若有一队胜4场则比赛结束.已知A,B两队在每场比赛中获胜的概率都是$\frac{1}{2}$,试求需要比赛场数的数学期望.

3. 一批零件中有9件合格品与3件次品.安装机器时从这批零件中任取一件,若取出的次

品不再放回，求在取得合格品以前已取出的次品数的数学期望.

4. 已知离散型随机变量 X 的可能取值为 -1、0、1，$E(X)=0.1$，$E(X^2)=0.9$，求 $P(X=-1)$、$P(X=0)$ 和 $P(X=1)$.

5. m 个人在一楼进入电梯，楼上有 n 层. 若每个乘客在任何一层楼走出电梯的概率相同，试求直到电梯中的乘客全走空为止时，电梯需停次数的数学期望.

6. 设随机变量 X 的密度函数

$$f(x)=\begin{cases}2(1-x), & 0<x<1,\\ 0, & \text{其他},\end{cases}$$

求 $E(X)$.

7. 设随机变量 X 的密度函数

$$f(x)=\begin{cases}e^{-x}, & x\geqslant 0,\\ 0, & x<0,\end{cases}$$

求 $E(2X)$，$E(e^{-2X})$.

8. 对球的直径作近似测量，其值均匀分布在区间 $[a,b]$ 上，求球的体积的数学期望.

9. 设袋中有 2 只红球和 3 只白球. n 个人轮流摸球，每人摸出 2 只球，然后将球放回袋中由下一个人摸，求 n 个人总共摸到红球数的数学期望和方差.

10. 某人有 n 把钥匙，其中只有一把能打开门，从中任取一把试开，试过的不再重复，直至把门打开为止，求试开次数的数学期望与方差.

11. 设随机变量 X 的密度函数

$$f(x)=\begin{cases}ax, & 0<x<2,\\ cx+b, & 2\leqslant x\leqslant 4,\\ 0, & \text{其他}.\end{cases}$$

已知 $E(X)=2$，$P(1<X<3)=\dfrac{3}{4}$，

(1) 求 a、b、c 的值；

(2) 求随机变量 $Y=e^X$ 的数学期望与方差.

12. 设随机变量 X 的密度函数

$$f(x)=\begin{cases}\dfrac{1}{\pi\sqrt{1-x^2}}, & |x|<1,\\ 0, & |x|\geqslant 1,\end{cases}$$

求 $E(X)$、$D(X)$.

13. 设随机变量 X，Y 的密度函数分别为

$$f_X(x)=\begin{cases}2e^{-2x}, & x>0,\\ 0, & x\leqslant 0,\end{cases}\qquad f_Y(y)=\begin{cases}4e^{-4y}, & y>0,\\ 0, & y\leqslant 0,\end{cases}$$

求 $E(X+Y)$ 和 $E(2X-3Y^2)$.

14. 设随机变量 X 与 Y 相互独立，其密度函数分别为

$$f_X(x)=\begin{cases}2x, & 0\leqslant x\leqslant 1,\\ 0, & \text{其他},\end{cases}\qquad f_Y(y)=\begin{cases}e^{-(y-5)}, & y>5,\\ 0, & y\leqslant 5,\end{cases}$$

求 $E(XY)$.

15. 设由自动线加工的某种零件内径 X(单位:毫米)服从正态分布 $N(\mu,1)$,内径小于 10 或大于 12 的为次品,销售每件次品要亏损,已知销售利润 T(单位:元)与销售零件的内径 X 有如下关系:

$$T=\begin{cases}-1, & X<10,\\ 20, & 10\leqslant X\leqslant 12,\\ -5, & X>12,\end{cases}$$

问平均内径 $\bar{\mu}$ 为何值时,销售一个零件的平均利润最大?

16. 汽车起点站分别于每小时的 10 分、30 分和 55 分钟发车.若乘客不知发车的时间,在每小时内的任一时刻随机到达车站,求乘客等候时间的数学期望值(精确到秒).

17. 抛掷 12 颗骰子,求出现的点数之和的数学期望与方差.

18. 将 n 只球($1\sim n$ 号)随机地放进 n 只盒子($1\sim n$ 号)中去,一只盒子装一只球.将一只球装入与球同号码的盒子中,称为一个配对,记 X 为配对的个数,求 $E(X)$.

19. 在长为 l 的线段上任意选取两点,求两点间距离的数学期望与方差.

20. 设随机变量 X 服从均匀分布,其密度函数

$$f(x)=\begin{cases}2, & 0<x<\dfrac{1}{2},\\ 0, & 其他,\end{cases}$$

求 $E(2X^2)$ 和 $D(2X^2)$.

21. 设连续型随机变量 X 的一切可能值在区间 $[a,b]$ 内,其密度函数为 $f(x)$,证明:

(1) $a\leqslant E(X)\leqslant b$;　　(2) $D(X)\leqslant\dfrac{(b-a)^2}{4}$.

22. 设二维随机变量 (X,Y) 的分布律为

p_{ij} (Y \ X)	0	1
0	0.1	0.3
1	0.2	0.4

求 $E(X)$,$E(Y)$,$D(X)$,$D(Y)$,$\text{cov}(X,Y)$,ρ_{XY} 及协方差矩阵.

23. 设 A 和 B 是试验 E 的两个事件,且 $P(A)>0$,$P(B)>0$,并定义随机变量 X 与 Y 如下:

$$X=\begin{cases}1, & A发生,\\ 0, & A不发生,\end{cases}\qquad Y=\begin{cases}1, & B发生,\\ 0, & B不发生,\end{cases}$$

证明若 $\rho_{XY}=0$,则 X 与 Y 必定相互独立.

24. 设二维随机变量 (X,Y) 的分布律为

X / p_{ij} / Y	-1	0	1
-1	$\frac{1}{8}$	$\frac{1}{8}$	$\frac{1}{8}$
0	$\frac{1}{8}$	0	$\frac{1}{8}$
1	$\frac{1}{8}$	$\frac{1}{8}$	$\frac{1}{8}$

试验证 X 和 Y 是不相关的，但 X 和 Y 不是相互独立的.

25. 设二维随机变量(X,Y)的密度函数

$$f(x,y)=\begin{cases}\frac{1}{8}(x+y), & 0\leqslant x\leqslant 2,0\leqslant y\leqslant 2,\\ 0, & \text{其他},\end{cases}$$

求 $E(X)$，$E(Y)$，$D(X)$，$D(Y)$，$\operatorname{cov}(X,Y)$，ρ_{XY}与协方差矩阵.

26. 设二维随机变量(X,Y)服从正态分布，且 $E(X)=E(Y)=0$，$D(X)=16$，$D(Y)=25$，$\operatorname{cov}(X,Y)=12$，求$(X,Y)$的密度函数.

27. 设随机变量 X 与 Y 相互独立，且 $E(X)=E(Y)=0$，$D(X)=D(Y)=1$，求 $E[(X+Y)^2]$.

28. 设随机变量 X 与 Y 的方差分别为 25 与 36，相关系数为 0.4，求 $D(X+Y)$与 $D(X-Y)$.

29. 设随机变量 X 与 Y 相互独立，且都服从正态分布$N(0,\sigma^2)$，令 $U=aX+bY$，$V=aX-bY$ (a，b 均为非零常数)，试求 U 与 V 的相关系数.

30. 设 X，Y，Z 为三个随机变量，且 $E(X)=E(Y)=1$，$E(Z)=-1$，$D(X)=D(Y)=D(Z)=1$，$\rho_{XY}=0$，$\rho_{XZ}=\frac{1}{2}$，$\rho_{YZ}=-\frac{1}{2}$，求 $E(X+Y+Z)$，$D(X+Y+Z)$.

31. 设随机变量 X 与 Y 相互独立，证明：

$$D(XY)\geqslant D(X)D(Y).$$

32. 某箱中装有 100 件产品，其中一、二、三等品分别为 80 件、10 件、10 件. 现从中随机抽取 1 件，记

$$X_i=\begin{cases}1, & \text{抽到 } i \text{ 等品},\\ 0, & \text{其他}\end{cases}\quad (i=1,2,3),$$

试求：

(1) 随机变量 X_1 与 X_2 的联合分布；

(2) 随机变量 X_1 与 X_2 的相关系数 ρ.

第五章　大数定律和中心极限定理

大数定律和中心极限定理是概率论中两类极限定理的统称.在第一章中我们曾经说过,概率论研究的是随机现象.随机现象的规律性只有在相同的条件下进行大量重复试验时才会呈现出来,这就是随机事件发生的频率具有的稳定性,而在第一章中我们仅以实例加以说明,并没有在理论上给予证明,大数定律正是从理论上证明了这一结论的正确性.中心极限定理则从理论上证明了在客观世界中所遇到的许多随机变量往往是服从正态分布或近似地服从正态分布的.

5.1 大数定律

在引入大数定律之前,我们先证明一个重要的不等式.

5.1.1 切比雪夫(Чебышев)不等式

对于任何具有有限方差的随机变量 X,都有

$$P\{|X-E(X)|\geqslant\varepsilon\}\leqslant\frac{D(X)}{\varepsilon^2},$$

其中 ε 是任一正数.

证　设 $F(x)$是 X 的分布函数,则显然有

$$\begin{aligned}P(|X-E(X)|\geqslant\varepsilon)&=\int_{|x-E(X)|\geqslant\varepsilon}\mathrm{d}F(x)\leqslant\int_{|x-E(X)|\geqslant\varepsilon}\frac{[x-E(X)]^2}{\varepsilon^2}\mathrm{d}F(x)\\&\leqslant\frac{1}{\varepsilon^2}\int_{-\infty}^{+\infty}[x-E(X)]^2\mathrm{d}F(x)=\frac{D(X)}{\varepsilon^2}.\end{aligned}$$

切比雪夫不等式也可表示成 $P(|X-E(X)|<\varepsilon)\geqslant1-\frac{D(X)}{\varepsilon^2}$.由于切比雪夫不等式只利用随机变量 X 的数学期望$E(X)$及方差$D(X)$就可对 X 的概率分布进行估计,因此它在理论研究及实际应用中很有价值.从切比雪夫不等式还可以看出,当方差越小时,事件$(|X-E(X)|\geqslant\varepsilon)$的概率也越小,从而可知,方差确实是一个描述随机变量与其期望值离散程度的一个量.

例 1　设电站供电网有 10000 盏电灯,夜晚每盏灯开灯的概率均为 0.7,假定灯的开、关是相互独立的,试用切比雪夫不等式估计夜晚同时开着的灯数在 6800 到 7200 盏之间的概率.

解 令 X 表示在夜晚同时开着的灯的数目，则 X 服从 $n=10000, p=0.7$ 的二项分布，这时 $E(X)=np=7000, D(X)=npq=2100$，由切比雪夫不等式可得

$$P(6800<X<7200)=P(|X-7000|<200)\geqslant 1-\frac{2100}{200^2}\approx 0.95.$$

事实上，这个概率的近似值表明，在 10000 盏灯中，开着的灯数在 6800 到 7200 的概率大于 0.95. 而实际此概率的精确值可由伯努利公式求得为 0.99999. 由此可知，切比雪夫不等式虽可用来估计概率，但精度不够高，它的重要意义是在理论上的应用，在大数定律的证明中，用切比雪夫不等式可使证明非常简洁.

5.1.2 伯努利大数定律

设 μ_n 是 n 重伯努利试验中事件 A 出现的次数，而 p 是事件 A 在每次试验中出现的概率，则对任意 $\varepsilon>0$，都有

$$\lim_{n\to\infty}P\left(\left|\frac{\mu_n}{n}-p\right|<\varepsilon\right)=1.$$

在证明这个定理之前，先看看它的具体含义. μ_n 是 n 重伯努利试验中 A 出现的次数，则 $\frac{\mu_n}{n}$ 便是这 n 次试验中 A 出现的频率，上式表明，当次数 n 很大时，事件 A 出现的频率与事件 A 出现的概率 p 的偏差超过任意正数 ε 的可能性很小，或者基本上说是不可能的. 即要证明：对于任意的 $\varepsilon>0$，有 $\lim\limits_{n\to\infty}P\left(\left|\frac{\mu_n}{n}-p\right|\geqslant\varepsilon\right)=0$，它等价于 $\lim\limits_{n\to\infty}P\left(\left|\frac{\mu_n}{n}-p\right|<\varepsilon\right)=1$.

伯努利大数定律是研究这种极限定理的第一个定律，也是一个从理论上证明随机现象的频率具有稳定性的定律. 下面给出由伯努利在 1713 年发表的这个定律的证明.

证 设 X_i 是第 i 次试验中事件 A 发生的次数，由于 X_i 服从参数为 p 的 0-1 分布，$E(X_i)=p, D(X_i)=pq$，其中 $q=1-p, i=1,2,3,\cdots,n, X_1,X_2,\cdots,X_n$ 相互独立，且 $\mu_n=\sum\limits_{i=1}^{n}X_i$，从而

$$E\left(\frac{\mu_n}{n}\right)=E\left(\frac{1}{n}\sum_{i=1}^{n}X_i\right)=\frac{1}{n}\sum_{i=1}^{n}E(X_i)=p,$$

$$D\left(\frac{\mu_n}{n}\right)=D\left(\frac{1}{n}\sum_{i=1}^{n}X_i\right)=\frac{1}{n^2}\sum_{i=1}^{n}D(X_i)=\frac{pq}{n},$$

由切比雪夫不等式有

$$P\left(\left|\frac{\mu_n}{n}-p\right|\geqslant\varepsilon\right)\leqslant\frac{D\left(\frac{\mu_n}{n}\right)}{\varepsilon^2}=\frac{pq}{n\varepsilon^2},$$

因此

$$\lim_{n\to\infty}P\left(\left|\frac{\mu_n}{n}-p\right|\geqslant\varepsilon\right)=0,$$

亦即

$$\lim_{n\to\infty}P\left(\left|\frac{\mu_n}{n}-p\right|<\varepsilon\right)=1.$$

伯努利大数定律证明了在大量重复试验时，随机事件的频率在它的概率的附近摆动. 若事件 A 的概率很小，则正如伯努利定律所指出的，事件 A 的频率也很小，或者说事件 A 很少发生.

“概率很小的随机事件在个别试验中几乎是不可能发生的”这一原理称为小概率事件的实际不可能性原理. 它在国家经济建设中有着广泛的应用. 至于“小概率”小到什么程度才能看作实际上不可能发生，则要视具体情况的要求和性质而定. 例如，自动车床加工零件出现次品的概率为 0.01，若零件的重要性不大而价格又低，则完全可允许有 1%的次品率，即可忽视 100 个零件中出现一个次品的可能性. 但如果制造一批降落伞出现的次品的概率为 0.01，显然在这种情况下，这 1%的忽视也是绝对不允许的，因为它可能危及这 1%跳伞者的生命.

伯努利大数定律还提供了通过试验来确定事件概率的方法. 既然频率$\frac{\mu_n}{n}$与概率 p 有较大偏差的可能性很小，那么我们就可以通过做试验确定某事件发生的频率并把它作为相应概率的估计，这种方法称为参数估计，它是数理统计中主要的研究课题之一. 参数估计的一个重要理论基础就是大数定律.

在大数定律中的极限形式一般称为依概率收敛. 定义如下：

设 $Y_1,Y_2,\cdots,Y_n,\cdots$ 是一个相互独立的随机变量序列，a 是一个常数，若对于任意正数 ε，有 $\lim\limits_{n\to\infty}P\{|Y_n-a|<\varepsilon\}=1$，则称序列 $Y_1,Y_2,\cdots,Y_n,\cdots$ **依概率收敛于 a.**

因此，伯努利大数定律可重新叙述如下：

设 μ_n 是 n 次独立试验中事件 A 出现的次数，而 p 是事件 A 在每次试验中出现的概率，则频率$\frac{\mu_n}{n}$依概率收敛于 p.

人们在实践中还发现，除了频率具有稳定性以外，大量观察值的平均值也具有稳定性. 这就是切比雪夫大数定律.

5.1.3 切比雪夫大数定律

设随机变量 $X_1,X_2,\cdots,X_n,\cdots$ 相互独立，每一随机变量分别有数学期望

$E(X_1),E(X_2),\cdots,E(X_n),\cdots$和有限的方差 $D(X_1),D(X_2),\cdots,D(X_n),\cdots$,且有公共上界 c,即 $D(X_1)\leqslant c$, $D(X_2)\leqslant c$, $\cdots$, $D(X_n)\leqslant c$, $\cdots$,则对任意 $\varepsilon>0$,有
$\lim\limits_{n\to\infty}P\left(\left|\frac{1}{n}\sum\limits_{k=1}^{n}X_k-\frac{1}{n}\sum\limits_{k=1}^{n}E(X_k)\right|<\varepsilon\right)=1.$

证 因为 $X_1,X_2,\cdots$相互独立,所以

$$D\left(\frac{1}{n}\sum_{i=1}^{n}X_i\right)=\frac{1}{n^2}\sum_{i=1}^{n}D(X_i)\leqslant\frac{1}{n^2}nc=\frac{c}{n},$$

又因 $E\left(\frac{1}{n}\sum\limits_{i=1}^{n}X_i\right)=\frac{1}{n}\sum\limits_{i=1}^{n}E(X_i)$,由切比雪夫不等式可得

$$P\left(\left|\frac{1}{n}\sum_{i=1}^{n}X_k-\frac{1}{n}\sum_{i=1}^{n}E(X_i)\right|<\varepsilon\right)\geqslant 1-\frac{D\left(\frac{1}{n}\sum\limits_{i=1}^{n}X_i\right)}{\varepsilon^2}\geqslant 1-\frac{c}{n\varepsilon^2},$$

所以

$$1\geqslant P\left(\left|\frac{1}{n}\sum_{k=1}^{n}X_k-\frac{1}{n}\sum_{k=1}^{n}E(X_k)\right|<\varepsilon\right)\geqslant 1-\frac{c}{n\varepsilon^2},$$

于是 $\lim\limits_{n\to\infty}P\left(\left|\frac{1}{n}\sum\limits_{k=1}^{n}X_k-\frac{1}{n}\sum\limits_{k=1}^{n}E(X_k)\right|<\varepsilon\right)=1.$

在 1866 年由俄国数学家切比雪夫证明的大数定律是关于大数定律的一个相当普遍的结论.伯努利大数定律就是切比雪夫大数定律的一个特例.

切比雪夫大数定律表明相互独立的随机变量的算术平均值 $\overline{X}=\frac{1}{n}\sum\limits_{i=1}^{n}X_i$ 与数学期望的算术平均值的差在 n 充分大时是一个无穷小量,这也意味着在 n 充分大时,经算术平均后得到的随机变量$\overline{X}$的值将比较紧密地聚集在它的数学期望$E(\overline{X})$的附近.

由切比雪夫大数定律还可得下面的推论:

设独立随机变量 $X_1,X_2,\cdots,X_n,\cdots$服从同一分布,并且有数学期望 a 及方差 σ^2,则 $X_1,X_2,\cdots,X_n$ 的算术平均值$\overline{X}=\frac{1}{n}\sum\limits_{i=1}^{n}X_i$ 在 $n\to\infty$时,依概率收敛于数学期望 a,即对任意正数 ε,有

$$\lim_{n\to\infty}P\left(\left|\frac{1}{n}\sum_{i=1}^{n}X_i-a\right|<\varepsilon\right)=1.$$

上述推论,使我们关于算术平均值的法则有了理论上的依据.如我们要测量某一物理量 a,在不变条件下重复进行 n 次,得 n 个测量值 $X_1,X_2,\cdots,X_n$,显然它们可以看成是 n 个相互独立的随机变量,具有相同的分布,并且有数学期望 a,由大数定律可知,当 n 充分大时,n 次测量结果的平均值可作为 a 的近似值:

$$a \approx \frac{X_1 + X_2 + \cdots + X_n}{n},$$

由此所发生的误差是很小的.

5.2　中心极限定理

由前几章的讨论可知，正态分布在随机变量的一切可能分布中占有特殊的地位，在客观世界中我们遇到的许多随机现象都是服从或近似服从正态分布的. 为什么大量的随机变量都服从正态分布呢？李雅普诺夫证明了独立随机变量的和的分布，当随机变量的个数无限增加时是趋于正态分布的. 在概率论中，把大量独立随机变量和的分布以正态分布为极限的这一类定理统称为中心极限定理. 在概率论发展史上，许多科学家建立了众多的中心极限定理. 在本节中我们只给出两个常用的中心极限定理.

5.2.1　独立同分布的中心极限定理

设随机变量 $X_1, X_2, \cdots, X_n, \cdots$ 相互独立，服从同一分布，且具有有限的数学期望和方差：$E(X_i)=\mu, D(X_i)=\sigma^2 \neq 0 (i=1,2,\cdots)$，则随机变量 $Y_n = \dfrac{\sum\limits_{k=1}^{n} X_k - n\mu}{\sqrt{n}\sigma}$ 的分布函数 $F_n(x)$ 对任意的 $x \in (-\infty, +\infty)$，都有

$$\lim_{n\to\infty} F_n(x) = \lim_{n\to\infty} P\left\{ \frac{\sum\limits_{k=1}^{n}(X_k - \mu)}{\sqrt{n}\sigma} \leqslant x \right\} = \frac{1}{\sqrt{2\pi}} \int_{-\infty}^{x} \mathrm{e}^{-\frac{t^2}{2}} \mathrm{d}t.$$

这个定理说明，当 n 很大时，Y_n 近似地服从标准正态分布 $N(0,1)$. 随机变量 $\sum\limits_{k=1}^{n} X_k = \sqrt{n}\sigma Y_n + n\mu$ 近似地服从正态分布 $N(n\mu, n\sigma^2)$. 由于期望 $n\mu = E(\sum\limits_{k=1}^{n} X_k)$，方差 $(\sqrt{n}\sigma)^2 = D(\sum\limits_{k=1}^{n} X_k)$，故 Y_n 实际上就是 $\sum\limits_{k=1}^{n} X_k$ 的标准化的随机变量.

中心极限定理可以解释如下：假设被研究的随机变量可以表示为大量独立的随机变量的和，其中每一个随机变量对于总和的作用都很微小，则可以认为这个随机变量实际上是服从正态分布的. 在实际工作中，只要 n 足够大，便可把独立同分布的随机变量之和当作正态变量.

5.2.2　棣莫弗-拉普拉斯(DeMoivre-Laplace)定理

设随机变量 $\eta_n (n=1,2,\cdots)$ 服从参数为 $n, p(0<p<1)$ 的二项分布，则对于任

意区间(a,b)，恒有

$$\lim_{n\to\infty}P\left(a<\frac{\eta_n-np}{\sqrt{np(1-p)}}\leqslant b\right)=\int_a^b\frac{1}{\sqrt{2\pi}}e^{-\frac{t^2}{2}}dt.$$

证 由于服从二项分布的随机变量η_n可视为n个相互独立、服从同一参数p的(0—1)分布的随机变量$X_1,X_2,\cdots,X_n$之和，即$\eta_n=\sum\limits_{i=1}^{n}X_i$，其中$E(X_k)=p$，$D(X_k)=pq,k=1,2,\cdots,n,q=1-p$，故由独立同分布中心极限定理可得

$$\lim_{n\to\infty}P\left(\frac{\eta_n-np}{\sqrt{npq}}<x\right)=\lim_{n\to\infty}P\left(\frac{\sum\limits_{k=1}^{n}X_k-np}{\sqrt{npq}}<x\right)=\int_{-\infty}^{x}\frac{1}{\sqrt{2\pi}}e^{-\frac{t^2}{2}}dt,$$

于是对于任意区间(a,b)有

$$\lim_{n\to\infty}P\left(a<\frac{\eta_n-np}{\sqrt{npq}}\leqslant b\right)=\int_a^b\frac{1}{\sqrt{2\pi}}e^{-\frac{t^2}{2}}dt.$$

此定理表明，正态分布是二项分布的极限分布，当n充分大时，服从二项分布的随机变量η_n的概率计算可以转化为正态随机变量的概率计算：

$$P(\eta_n=K)\approx\frac{1}{\sqrt{2\pi npq}}e^{-\frac{(K-np)^2}{2npq}};$$

$$P(a<\eta_n\leqslant b)=P\left(\frac{a-np}{\sqrt{npq}}<\frac{\eta_n-np}{\sqrt{npq}}\leqslant\frac{b-np}{\sqrt{npq}}\right)\approx\Phi\left(\frac{b-np}{\sqrt{npq}}\right)-\Phi\left(\frac{a-np}{\sqrt{npq}}\right).$$

由于当n较大，p又较小时，二项分布的计算十分麻烦，因此，若用上面的近似公式便可很快地算出.

例 1 某运输公司有 500 辆汽车参加保险，在一年里汽车出事故的概率为 0.006，参加保险的汽车每年交 800 元的保险费. 若出事故，保险公司最多赔偿 50000 元，试利用中心极限定理计算，保险公司一年赚钱不小于 200000 元的概率?

解 设X表示 500 辆汽车中出事故的车辆数，则X服从$n=500,p=0.006$的二项分布，这时$np=500\times0.006=3,npq=3\times0.994=2.982$. 由于保险公司一年赚钱不小于 200000 元的事件

$$(500\times800\geqslant500\times800-50000X\geqslant200000)$$

即事件$(0\leqslant X\leqslant4)$，从而有

$$P(0\leqslant X\leqslant4)=P\left(\frac{0-3}{\sqrt{2.982}}\leqslant\frac{X-3}{\sqrt{2.982}}\leqslant\frac{4-3}{\sqrt{2.982}}\right)$$

$$\approx\Phi\left(\frac{1}{\sqrt{2.982}}\right)-\Phi\left(\frac{-3}{\sqrt{2.982}}\right)=\Phi(0.579)-\Phi(-1.737)$$

$$=0.7190+0.9591-1=0.7781.$$

可见，保险公司在一年里赚钱不小于 200000 元的概率为 0.7781.

例 2 现有一大批种子，其中良种占 1/6. 今从其中任意选 6000 粒，试问在这些种子中，良种所占的比例与 1/6 之差小于 1%的概率是多少？

解 选一粒良种看成是一次随机试验，因此选 6000 粒种子看作是 6000 重伯努利试验. 若令 X 表示 6000 粒种子中的良种数，则 X 服从 $n=6000, p=1/6$ 的二项分布，故由拉普拉斯极限定理可得

$$P\left(\left|\frac{X}{6000}-\frac{1}{6}\right|<0.01\right)=P\left(\frac{\left|X-6000\times\frac{1}{6}\right|}{\sqrt{6000\times\frac{1}{6}\times\frac{5}{6}}}\leqslant\frac{0.01\times\sqrt{6000}}{\sqrt{\frac{1}{6}\times\frac{5}{6}}}\right)$$

$$\approx\Phi(2.078)-\Phi(-2.078)=2\Phi(2.078)-1=0.9624.$$

在用频率估计概率时对误差的一种估计，可用公式表示如下：

$$P\left(\left|\frac{\mu_n}{n}-p\right|<\varepsilon\right)=P(|\mu_n-np|<n\varepsilon)=P\left(\frac{|\mu_n-np|}{\sqrt{npq}}\leqslant\frac{\varepsilon\sqrt{n}}{\sqrt{pq}}\right)$$

$$\xlongequal{n\text{ 充分大}}\Phi\left(\varepsilon\sqrt{\frac{n}{pq}}\right)-\Phi\left(-\varepsilon\sqrt{\frac{n}{pq}}\right)=2\Phi\left(\varepsilon\sqrt{\frac{n}{pq}}\right)-1.$$

此公式可用来计算许多概率问题.

例 3 设某种集成电路出厂时一级品率为 0.7，装配一台仪器需要 100 只一级品集成电路，问购置多少只才能以 99.9%的概率保证装配该仪器时够用（不致因一级品不够而影响工作）.

解 设购置 n 只，并用随机变量 X 表示 n 只中非一级品的只数，现要求购置的 n 只集成电路中一级品数不少于 100 只，亦即非一级品数 $X\leqslant n-100$ 的概率 $P(X\leqslant n-100)\geqslant 99.9\%$. 由题意知，非一级品率为 0.3，则

$$P(X\leqslant n-100)=\sum_{k=0}^{n-100}C_n^k 0.3^k 0.7^{n-k}$$

$$\approx\Phi\left(\frac{n-100-0.3n}{\sqrt{n\cdot 0.3\times 0.7}}\right)=\Phi\left(\frac{0.7n-100}{\sqrt{0.21n}}\right)\geqslant 0.999,$$

查表得 $\frac{0.7n-100}{\sqrt{0.21n}}=3.090$，即 $0.49n^2-141.89n+1000=0$，解之得 $n=168$，即至少要购置 168 只集成电路.

例 4 独立地多次测量一个物理量，每次测量产生的随机误差都服从$(-1,1)$内的均匀分布.

(1) 若取 n 次测量的算术平均值作为测量结果，求它与真值的差小于正数 ε 的概率；

(2) 计算当 $n=36, \varepsilon=\frac{1}{6}$时的概率的近似值；

(3) 要使上述概率不小于 $\alpha=0.95$,应进行多少次测量?

解 (1) 设 X_i 表示第 i 次测量值,ε_i 表示第 i 次测量产生的随机误差($i=1,2,\cdots,n$),μ 表示所测物理量的真值,则 $X_i=\mu+\varepsilon_i$. 因为 ε_i 在$(-1,1)$内服从均匀分布,所以

$$E(\varepsilon_i)=\frac{-1+1}{2}=0,\quad D(\varepsilon_i)=\frac{[1-(-1)]^2}{12}=\frac{1}{3},$$

$$E(X_i)=E(\mu+\varepsilon_i)=\mu,\quad D(X_i)=D(\mu+\varepsilon_i)=\frac{1}{3},\quad i=1,2,\cdots,n.$$

由题设条件知,$X_1,X_2,\cdots,X_n$ 独立同分布,而且 $E(X_i)=\mu,D(X_i)=\frac{1}{3}(i=1,2,\cdots,n)$,所以,当 n 很大时,由独立同分布中心极限定理可知,随机变量 $\dfrac{\sum\limits_{i=1}^{n}X_i-n\mu}{\sqrt{\frac{n}{3}}}$ 近似服从标准正态分布. 于是,所求概率

$$P\left(\left|\frac{1}{n}\sum_{i=1}^{n}X_i-\mu\right|<\varepsilon\right)=P\left(\left|\sum_{i=1}^{n}X_i-n\mu\right|<n\varepsilon\right)$$

$$=P\left(\left|\frac{\sum\limits_{i=1}^{n}X_i-n\mu}{\sqrt{\frac{n}{3}}}\right|<\varepsilon\cdot\sqrt{3n}\right)\approx 2\Phi(\varepsilon\cdot\sqrt{3n})-1.$$

(2)当 $n=36,\varepsilon=\frac{1}{6}$时,所求概率

$$P\left(\left|\frac{1}{36}\sum_{i=1}^{36}X_i-\mu\right|<\frac{1}{6}\right)\approx 2\Phi\left(\frac{1}{6}\sqrt{3\times 36}\right)-1$$

$$=2\Phi(\sqrt{3})-1=2\Phi(1.73)-1=0.92.$$

(3)由题意可知,现在要求 n 的值,使概率

$$P\left(\left|\frac{1}{n}\sum_{i=1}^{n}X_i-\mu\right|<\varepsilon\right)=2\Phi(\varepsilon\sqrt{3n})-1\geqslant\alpha,$$

令 $\varepsilon\sqrt{3n}=x$,使 $\Phi(x)\geqslant\frac{1+\alpha}{2}=\frac{1+0.95}{2}=0.975$,反查标准正态分布表得 $x=1.96$,因此 $\varepsilon\sqrt{3n}>1.96$,即 $n>\frac{(1.96)^2}{3\varepsilon^2}=\frac{(1.96)^2}{3\times\frac{1}{36}}\approx 46$. 由此可知,当 $\varepsilon=\frac{1}{6}$时,要使概率不小于 0.95,至少需增加 10 次测量.

习 题 五

1. 生产灯泡的合格率为 0.6,求 10000 个灯泡中合格灯泡数在 5800~6200 的概率.

2. 某地区种植某种农作物，根据统计求得平均亩产量是 412 斤，产量的均方差 $\sqrt{D(X)}=16$ 斤，估计亩产量与 412 斤的偏差不小于 47 斤的概率.

3. 已知正常男性成人血液中，每一毫升白细胞数平均是 7300，均方差是 700. 试利用切比雪夫不等式估计每毫升含白细胞数在 5200～9400 之间的概率.

4. 从大批发芽率为 0.9 的种子中随意抽取 1000 粒，试估计这 1000 粒种子发芽率不低于 0.88 的概率.

5. 将一枚硬币抛 1000 次，试利用切比雪夫不等式估计：在 1000 次中，出现正面 H 的次数在 400 至 600 次之间的概率.

6. 设供电站供应某地区 1000 户居民用电，各户用电情况相互独立. 已知每户每日用电量(单位：度)在[0,20]上服从均匀分布，求：

(1)这 1000 户居民每日用电量超过 10100 度的概率；

(2)要有 0.99 的概率保证该地区居民供应电量的需要，问供电站每天至少需向该地区供应多少度电？

7. 已知某种步枪的命中率为 0.05，问需要多少支这样的步枪同时射击，才能以 0.8 的概率保证目标至少被击中 5 弹？

8. 一个复杂系统由 10000 个相互独立的部件组成，在系统运行期间，每个部件损坏的概率为 0.1，又知为使系统正常运行，至少有 89%的部件在工作.

(1)求系统的可靠度(系统正常运行的概率)；

(2)上述系统由 n 个相互独立的部件组成，而且要求至少有 87%的部件工作，才能使系统正常运行，问 n 至少为多大时，才能保证系统的可靠度达到 97.72%？

9. 某单位有 200 架电话分机，每架分机有 5%的时间要使用外线通话. 假定每架分机是否使用外线是相互独立的，问该单位总机要安装多少条外线才能以 90%以上的概率保证分机使用外线时不等待？

10. 甲乙两戏院在竞争 1000 名观众，假定每个观众完全随机地选择一个戏院，且观众之间的选择是彼此独立的. 问每个戏院至少应该设多少个座位，才能保证因缺少座位而使观众离去的概率小于 1%？

11. 某商店负责供应某地区 1000 人所需商品，其中一商品在一段时间内每人需用一件的概率为 0.6，假定在这一段时间内各人购买与否彼此无关，问商店应预备多少件这种商品，才能以 99.7%的概率保证不会脱销(假定该商品在某一段时间内每人最多可以买一件)？

12. 设 μ_n 为 n 重伯努利试验中成功的次数，p 为每次成功的概率，当 n 充分大时，试用棣莫弗-拉普拉斯定理证明

$$P\left(\left|\frac{\mu_n}{n}-p\right|<\varepsilon\right)\approx 2\Phi\left(\varepsilon\sqrt{\frac{n}{pq}}\right)-1,$$

其中 $p+q=1$，$\Phi(x)$是标准正态分布的分布函数.

13. 现有一大批种子，其中良种占 1/4，今在其中任选 4000 粒，试问在这些种子中，良种所占比例与 1/4 之差小于 1%的概率是多少？

14. 设有 30 个电子器件，它们的使用寿命 $T_1,T_2,\cdots,T_{30}$ 服从参数 $\lambda=0.1$[单位：(小时)$^{-1}$]的指

数分布,其使用情况是第一个损坏时第二个立即使用,第二个损坏时第三个立即使用等等.令 T 为 30 个器件使用的总计时间,求 T 超过 350 小时的概率.

15. 对敌阵地进行 100 次炮击,每次炮击中,炮弹的命中颗数的数学期望为 4,方差为 2.25,求在 100 次炮击中,有 380 颗到 420 颗炮弹击中目标的概率的近似值.

第六章　数理统计的基本概念

数理统计是运用概率论的知识，研究如何有效地对带有随机性影响的数据进行收集、整理、分析和推断的学科. 由于随机性现象广泛存在于工农业生产、工程技术、自然科学和社会科学等领域中，因此数理统计有着广泛的应用. 随着电子计算机的出现和发展，使数理统计的研究和应用也得到了迅速的发展. 目前数理统计已发展成两大类：一是研究如何对随机现象进行观测、试验，以取得有代表性的观测值，称为**描述统计学**；二是研究对已取得的观测值进行整理、分析，作出推断、决策，即以此推断总体的规律性，称为**推断统计学**.

本书只简要介绍统计推断的基本内容和基本方法. 在这一章中将先介绍一些必要的基本概念，然后给出正态总体抽样分布的一些重要的结果.

6.1　基本概念

本节将介绍一些必要的概念和术语.

6.1.1　总体和样本

在数理统计中，研究对象的全体称为**总体**或**母体**，组成总体的每个元素称为**个体**. 例如研究一批灯泡的平均寿命时，该批灯泡的全体构成了研究的总体，其中每只灯泡就是个体.

在实际问题中，研究对象往往是很具体的事物或现象，而我们所关心的不是每一个个体的种种具体的特征，而是其中某项或某几项数量指标，记为 X. 在上例中，X 即指该批灯泡的寿命. 对不同的个体，X 的取值一般是不同的. 因为在试验中观察若干个个体就会得到 X 的一种数值，但在试验或观察之前，无法确定会得到一组什么样的数值，所以 X 是一个随机变量或随机向量，X 的分布也就完全描述了我们所关心的指标，即总体的分布. 为方便起见，以后将 X 的可能取值的全体称为总体，或直接称 X 为总体，X 的分布也就是总体的分布.

总体分布一般是全部或部分未知的，为了研究总体 X 的分布规律，我们需要对总体进行若干次观察. 由观察得到总体 X 的一组数值$(x_1,x_2,\cdots,x_n)$，其中 x_i 为第 i 次观察结果，并称$(x_1,x_2,\cdots,x_n)$为总体 X 的一组**容量为 n 的样本观察值**，样本观察值是对总体分布进行分析、推断的基础. 这种从总体中随机地抽出若干个个体进行观察或试验，称为随机抽样观察，从总体中抽出的若干个个体称为**样本**，一般记为$(X_1,X_2,\cdots,X_n)$，而一次具体的观察结果$(x_1,x_2,\cdots,x_n)$是完全确定的一组数值，但它又随着每次抽样观察而改变. 因此，容量为 n 的样本$(X_1,X_2,\cdots,X_n)$是 n 维随机向量，而具体的观察值$(x_1,x_2,\cdots,x_n)$是随机向量$(X_1,X_2,\cdots,X_n)$的一个样本观察值. 样本$(X_1,X_2,\cdots,X_n)$所有可能取值的全体称为**样本空间**，记为$\mathscr{X}$，而样本观察值$(x_1,x_2,\cdots,x_n)$是$\mathscr{X}$中的一个样本点.

随机抽样的目的是为了对总体 X 的分布进行各种分析推断，所以要求抽取的样本能很好地反映总体的特性，为此要求随机抽取的样本$(X_1,X_2,\cdots,X_n)$满足：

(1)具有代表性，即样本的每个分量 X_i 与 X 有相同的分布；

(2)具有独立性，即 $X_1,X_2,\cdots,X_n$ 是相互独立的随机变量，n 次观察值之间是相互独立的.

满足上述两条的样本称为**简单随机样本**，今后如无特别说明，一般的样本均指简单随机样本.

例 1 对一批 N 件产品的合格情况进行检查，从中有放回地随机抽取 n 件. 分别以 1,0 表示某件产品为合格品和次品，以$\theta(0\leqslant\theta\leqslant1)$表示产品的合格率，则总体 X 服从参数为 θ 的(0—1)分布，即 $P(X=x)=\theta^x(1-\theta)^{1-x}$ ，$x=0,1$. 这样抽取得到的观察结果 $X_1,X_2,\cdots,X_n$ 为一个简单随机样本，即 $X_1,X_2,\cdots,X_n$ 是相互独立且均服从参数为 θ 的(0—1)分布，故样本$(X_1,X_2,\cdots,X_n)$的联合分布律为

$$P(X_1=x_1,X_2=x_2,\cdots,X_n=x_n)=\prod_{i=1}^{n}\theta^{x_i}(1-\theta)^{1-x_i},$$
$$x_i=0,1,\quad i=1,2,\cdots,n.$$

每组观察值$(x_1,x_2,\cdots,x_n)$为由 0,1 组成的一个 n 维向量，其样本空间为$\mathscr{X}=\{(x_1,x_2,\cdots,x_n)\mid x_i=0,1,i=1,2,\cdots,n\}$. 共有 2^n 个样本点.

一般地，若总体 X 的概率密度或分布律为 $f(x)$，则样本$(X_1,X_2,\cdots,X_n)$的联合密度或联合分布律为

$$L(x_1,x_2,\cdots,x_n)=\prod_{i=1}^{n}f(x_i),$$

并称 $L(x_1,x_2,\cdots,x_n)$为样本$(X_1,X_2,\cdots,X_n)$的**似然函数**.

若总体的个体有限，则采用放回随机抽样就能得到简单随机样本. 但放回抽样使用起来很不方便，又由于当总体的个体为无限时，放回抽样与不放回抽样没有什么区别，因此，在实际问题中，当总体中个体数 N 很大，而样本容量 n 相应较小(其比值不超过 5%)时，即可把总体看作是无限的，从而可把不放回抽样当作放回抽样来处理.

6.1.2 统计量和样本矩

样本是进行分析和推断的起点，但实际上需要对样本进行一番“加工”和“提

炼”,将分散于样本中的信息集中起来.为此引进统计量的概念.

设 $X_1,X_2,\cdots,X_n$ 为来自总体 X 的一个样本,$g(X_1,X_2,\cdots,X_n)$为一个 n 元函数,若样本函数 $g(X_1,X_2,\cdots,X_n)$中不含任何未知参数,则称 $g(X_1,X_2,\cdots,X_n)$为一个**统计量**.显然统计量也是一个随机变量,通过构造相应的统计量以实现对总体的统计推断.

例如,设总体 X 服从正态分布 $N(\mu,\sigma^2)$,其中 μ,σ^2 未知.$X_1,X_2,\cdots,X_n$ 是从正态总体 X 中抽取的一个样本,则

$$\frac{1}{n}(X_1+X_2+\cdots+X_n)=\frac{1}{n}\sum_{i=1}^{n}X_i,\qquad \sum_{i=1}^{n}X_i^2=X_1^2+X_2^2+\cdots+X_n^2,$$

均是样本的统计量,而 $\frac{1}{n}\sum_{i=1}^{n}X_i-\mu,\frac{1}{\sigma^2}\sum_{i=1}^{n}X_i^2$,则不是统计量.

下面介绍一类常用的统计量——样本矩.

设$(X_1,X_2,\cdots,X_n)$为一个简单随机样本,则称 $A_r=\frac{1}{n}\sum_{i=1}^{n}X_i^r(r=1,2,\cdots)$ 为 ***r* 阶样本原点矩**,特别地,称 A_1 为**样本均值**,并记为$\overline{X}$,即 $\overline{X}=\frac{1}{n}\sum_{i=1}^{n}X_i$. 称 $B_r=\frac{1}{n}\sum_{i=1}^{n}(X_i-\overline{X})^r(r=1,2,\cdots)$ 为 ***r* 阶样本中心矩**.特别地,B_2 称为**样本方差**,记为 S_n^2,即

$$S_n^2=\frac{1}{n}\sum_{i=1}^{n}(X_i-\overline{X})^2.$$

样本方差常改写成

$$S^2=\frac{1}{n-1}\sum_{i=1}^{n}(X_i-\overline{X})^2.$$

如无特别说明,样本方差均指

$$S^2=\frac{1}{n-1}\sum_{i=1}^{n}(X_i-\overline{X})^2.$$

若总体 X 的期望$\mu=E(X)$和方差 $\sigma^2=D(X)$存在,则

$$E(\overline{X})=E\Big(\frac{1}{n}\sum_{i=1}^{n}X_i\Big)=\frac{1}{n}\sum_{i=1}^{n}E(X_i)=\mu,$$

$$D(\overline{X})=D\Big(\frac{1}{n}\sum_{i=1}^{n}X_i\Big)=\frac{1}{n^2}\sum_{i=1}^{n}D(X_i)=\frac{\sigma^2}{n},$$

$$E(S^2)=\frac{1}{n-1}E\Big[\sum_{i=1}^{n}(X_i-\overline{X})^2\Big]=\frac{1}{n-1}E\Big[\sum_{i=1}^{n}X_i^2-n\overline{X}^2\Big]$$

$$=\frac{1}{n-1}\sum_{i=1}^{n}E(X_i^2)-\frac{n}{n-1}E(\overline{X}^2)$$

$$= \frac{1}{n-1}\sum_{i=1}^{n}\{D(X_i)+[E(X_i)]^2\}-\frac{n}{n-1}\{D(\overline{X})+[E(\overline{X})]^2\}$$

$$= \frac{1}{n-1}\sum_{i=1}^{n}(\sigma^2+\mu^2)-\frac{n}{n-1}\left(\frac{\sigma^2}{n}+\mu^2\right)=\sigma^2.$$

最后介绍常用的顺序统计量.

设$(X_1,X_2,\cdots,X_n)$为样本,$(x_1,x_2,\cdots,x_n)$为样本观察值,将 $x_1,x_2,\cdots,x_n$ 按从小到大的顺序排列并记为 $X_1^*\leqslant X_2^*\leqslant\cdots\leqslant X_n^*$.

若$(X_1,X_2,\cdots,X_n)$的取值为$(x_1,x_2,\cdots,x_n)$,定义 $X_{(k)}=X_k^*$,$k=1,2,\cdots,n$,则由此得到的统计量 $X_{(1)},X_{(2)},\cdots,X_{(n)}$ 称为**顺序统计量**. 显然有 $X_{(1)}\leqslant X_{(2)}\leqslant\cdots\leqslant X_{(n)}$,且 $X_{(1)}=\min\limits_{1\leqslant i\leqslant n}X_i$,$X_{(n)}=\max\limits_{1\leqslant i\leqslant n}X_i$,并称 $D_n=X_{(n)}-X_{(1)}$ 为**样本极差**. 样本极差反映了样本观察值的波动幅度,与样本方差一样是反映观察值离散程度的数量指标.

6.1.3 统计模型

对于每一个统计问题我们总是根据实际情况、经验及主观因素提出一些假设而建立模型. 一般地,统计模型简单区分为两大类. 若总体 X 的分布函数 $F(x)$的具体形式已知,但其中含有未知参数 θ(θ 可能为向量),即 $X\sim F(X;\theta)$,θ 的可能变化范围记为Θ,称为**参数空间**,则称此类模型为**参数模型**. 例如总体 $X\sim N(\mu,\sigma^2)$,其中 $\theta=(\mu,\sigma^2)$未知,$\Theta=\{(\mu,\sigma^2)\mid \mu\in\mathbf{R},\sigma^2>0\}$,此即通常所说的单个正态总体. 若总体 X 的分布函数$F(x)$的具体形式未知,则称为**非参数模型**. 例如,仅知总体 X 是一个连续型的随机变量. 一般地,统计模型不同,则选用的统计方法也不一样. 本书以讨论参数模型为主.

6.2 抽样分布

统计量是对总体的分布规律或数字特征进行推断的基础. 在数理统计中,统计量的分布称为抽样分布,确定统计量的分布是数理统计的基本问题之一. 下面介绍三类重要的分布.

6.2.1 χ^2分布

设 $X\sim N(0,1)$,易知随机变量函数 $Y=X^2$ 的概率密度

$$f_Y(y)=\begin{cases}\dfrac{1}{\sqrt{2\pi}}y^{-\frac{1}{2}}\mathrm{e}^{-\frac{y}{2}}, & y>0,\\ 0, & y\leqslant 0.\end{cases}$$

称 Y 服从自由度为 1 的 χ^2 分布,记为 $Y\sim\chi^2(1)$.

χ^2 分布具有可加性，即若 $Y_1 \sim \chi^2(n_1)$，$Y_2 \sim \chi^2(n_2)$，且 Y_1，Y_2 相互独立，则 $Y_1+Y_2 \sim \chi^2(n_1+n_2)$．由此可知，当 $X_i \sim N(0,1)$，$i=1,2,\cdots,n$，则 $X_i^2 \sim \chi^2(1)$，X_i 相互独立，于是

$$X_1^2+X_2^2+\cdots+X_n^2=\sum_{i=1}^{n}X_i^2 \sim \chi^2(n).$$

定义 6.1　设 $X_1,X_2,\cdots,X_n$ 相互独立且均服从标准正态分布，即 $X_i \sim N(0,1)$，$i=1,2,\cdots,n$，则随机变量 $\chi^2=X_1^2+X_2^2+\cdots+X_n^2=\sum\limits_{i=1}^{n}X_i^2$ 服从自由度为 n 的 **χ^2 分布**，记为 $\chi^2 \sim \chi^2(n)$．这里，自由度 n 是指独立变量的个数．利用求随机变量函数的分布的方法即可求得 χ^2 分布的密度函数

$$f(y)=\begin{cases}\dfrac{1}{2^{\frac{n}{2}}\Gamma\left(\dfrac{n}{2}\right)}y^{\frac{n}{2}-1}\mathrm{e}^{-\frac{y}{2}}, & y>0,\\ 0, & y\leqslant 0,\end{cases}$$

其中 $\Gamma\left(\dfrac{n}{2}\right)$ 为 Γ 函数，其定义为 $\Gamma(\alpha)=\int_0^{+\infty}x^{\alpha-1}\mathrm{e}^{-x}\mathrm{d}x$.

图 6-1 给出 $n=1,4,10,20$ 时的 χ^2 分布的密度函数的曲线.

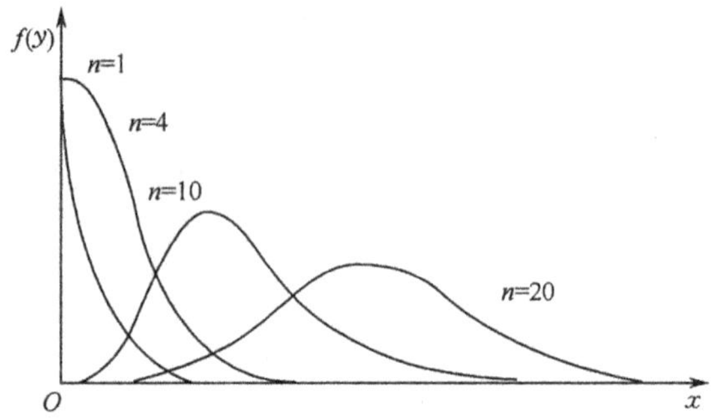

图 6-1　χ^2-分布密度函数曲线

例 1　设 $X_1,X_2,\cdots,X_n$ 为来自正态总体 $N(\mu,\sigma^2)$ 的一个样本，其中 μ 为已知常数，求统计量 $\Gamma=\sum\limits_{k=1}^{n}(X_k-\mu)^2$ 的分布密度.

解　记 $Y_k=\dfrac{X_k-\mu}{\sigma}$，$k=1,2,\cdots,n$，则 $Y_1,Y_2,\cdots,Y_n$ 相互独立且都服从 $N(0,1)$ 分布，于是 $\dfrac{\Gamma}{\sigma^2}=\sum\limits_{k=1}^{n}\left(\dfrac{X_k-\mu}{\sigma}\right)^2=\sum\limits_{k=1}^{n}Y_k^2 \sim \chi^2(n)$，故 Γ 的密度函数

$$f(x)=\begin{cases}\dfrac{1}{2^{\frac{n}{2}}\sigma^n\Gamma\left(\dfrac{n}{2}\right)}e^{-\frac{x}{2\sigma^2}}x^{\frac{n}{2}-1}, & x>0,\\ 0, & x\leqslant 0.\end{cases}$$

设 $X\sim\chi^2(n)$，根据定义，容易验证：$E(X)=n$，$D(X)=2n$. 另外，若 $X_1,X_2,\cdots,X_k$ 相互独立，分别服从 $\chi^2(n_i)$，$i=1,2,\cdots,k$，可以证明：$\sum\limits_{i=1}^{k}X_i\sim\chi^2\left(\sum\limits_{i=1}^{k}n_i\right)$.

下面介绍分布的上 α 分位点的概念.

定义 6.2 设随机变量 X 的密度函数为 $f(x)$，对给定的 $\alpha(0<\alpha<1)$，若

$$P(X\geqslant\chi_\alpha)=\int_{\chi_\alpha}^{+\infty}f(x)\mathrm{d}x=\alpha,$$

则称实数 χ_α 为 X 的上 α 分位点.

例如，随机变量 $\chi^2\sim\chi^2(n)$，则称 $P(\chi^2>\chi_\alpha^2(n))=\alpha$ 的点 $\chi_\alpha^2(n)$ 为 $\chi^2(n)$ 分布的上 α 分位点，见图 6-2. χ^2 分布的上 α 分位点已制成表格. 如 $\alpha=0.01$，$n=10$，则查表可得 $\chi_{0.01}^2(10)=23.209$，又如 $\alpha=0.005$，$n=6$，则 $\chi_{0.005}^2(6)=18.548$.

若随机变量 $X\sim N(0,1)$，则它的上 α 分位点常用 z_α 来表示. 由 $P(X>z_\alpha)=\alpha$ 可知，$z_{0.05}=1.645$，$z_{0.025}=1.96$，见图 6-3，通过查标准正态分布表即可得到.

这是因为 $P(X\leqslant z_\alpha)=1-\alpha$，故 $P(X\leqslant 1.96)=0.975=1-0.025$.

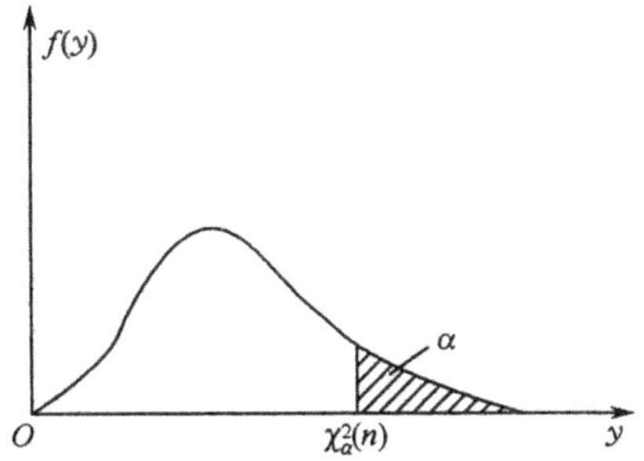

图 6-2 χ^2 分布的上 α 分位点

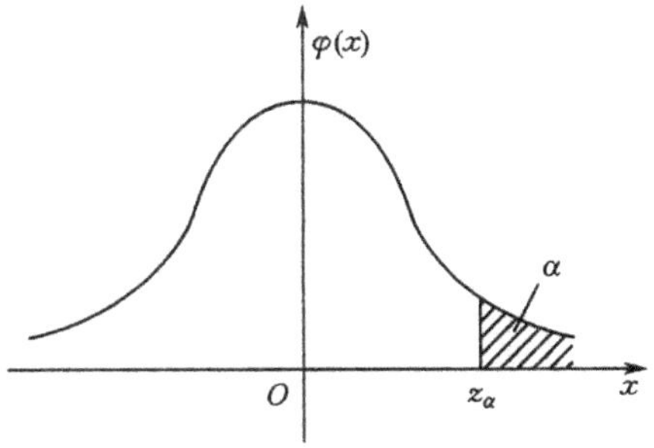

图 6-3 标准正态分布的上 α 分位点

6.2.2 t 分布

定义 6.3 设 $X\sim N(0,1)$，$Y\sim\chi^2(n)$，且 X 与 Y 相互独立，则称随机变量 $T=\dfrac{X}{\sqrt{\dfrac{Y}{n}}}$ 服从自由度为 n 的 **t 分布**，记为 $T\sim t(n)$.

t 分布的密度函数

$$f(y)=\frac{\Gamma\left(\frac{n+1}{2}\right)}{F\left(\frac{n}{2}\right)\sqrt{n\pi}}\left(1+\frac{y^2}{n}\right)^{-\frac{n+1}{2}},\quad -\infty<y<+\infty.$$

图 6-4 给出了 $n=1,5,10$ 时 t 分布的密度函数. 以 $t_\alpha(n)$记为 t 分布的上 α 分位点，见图 6-5. 由 $P(T>t_\alpha(n))=\alpha$，查 t 分布表可得 $t_\alpha(n)$的值. 由于 t 分布有对称性，因此

$$t_{1-\alpha}(n)=-t_\alpha(n).$$

注意到 $\lim\limits_{n\to\infty}\left(1+\frac{y^2}{n}\right)^{-\frac{n+1}{2}}=\mathrm{e}^{-\frac{y^2}{2}}$，即 n 很大时，t 分布接近标准正态分布，因此在应用中，当 $n>45$ 时有 $t_\alpha(n)\approx z_\alpha$.

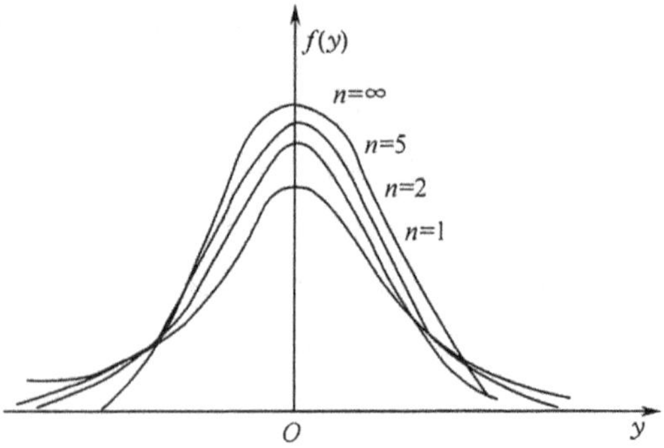

图 6-4 t 分布的密度函数曲线

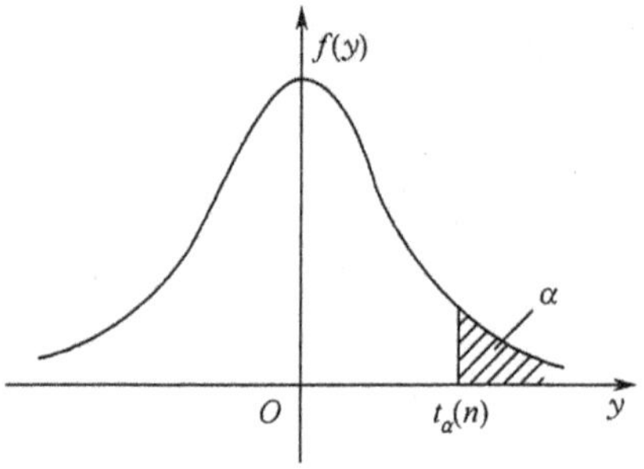

图 6-5 t 分布的上 α 分位点

6.2.3 F 分布

定义 6.4 设 X,Y 相互独立，分别服从自由度为 n,m 的 χ^2 分布，则称随机变量 $F=\dfrac{\frac{X}{n}}{\frac{Y}{m}}=\dfrac{X}{Y}\cdot\dfrac{m}{n}$ 服从自由度为(n,m)的 ***F* 分布**，记为 $F(n,m)$. 显然，$\dfrac{1}{F}\sim F(m,n)$.

$F(n,m)$的概率密度函数

$$f(y)=\begin{cases}\dfrac{\Gamma\left(\frac{m+n}{2}\right)\left(\frac{n}{m}\right)^{\frac{n}{2}}y^{\frac{n}{2}-1}}{\Gamma\left(\frac{n}{2}\right)\Gamma\left(\frac{m}{2}\right)\left(1+\frac{n}{m}y\right)^{\frac{m+n}{2}}}, & y>0,\\ 0, & \text{其他}.\end{cases}$$

比较 t 分布与 F 分布的定义,易知 $t^2(n)=F(1,n)$. 图 6-6 给出了一些 F 分布的密度函数的图像.

满足 $P\{F>F_\alpha(n,m)\}=\int_{F_\alpha(n,m)}^{+\infty}f(y)\mathrm{d}y=\alpha$ 的点 $F_\alpha(n,m)$ 称为 $F(n,m)$ 分布的上 α 分位点,见图 6-7. F 分布的上 α 分位点有如下的性质:

$$F_{1-\alpha}(n,m)=\frac{1}{F_\alpha(m,n)}.$$

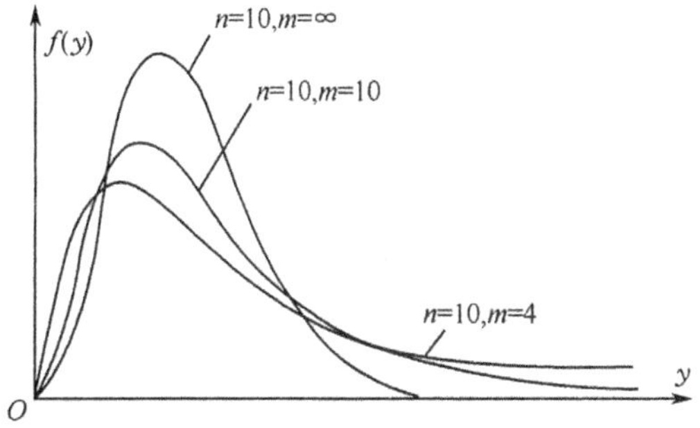

图 6-6 F 分布密度函数曲线

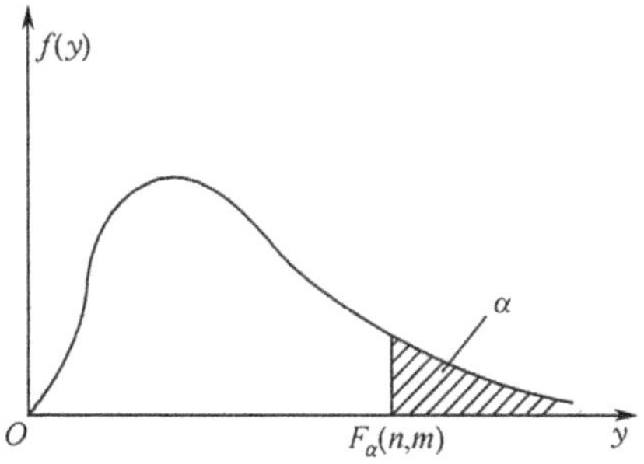

图 6-7 F 分布的上 α 分布点

事实上,设 $F\sim F(n,m)$,则 $\frac{1}{F}\sim F(m,n)$,且

$$\begin{aligned}\alpha&=P(F\geqslant F_\alpha(n,m))=P\left(\frac{1}{F}\leqslant\frac{1}{F_\alpha(n,m)}\right)\\&=1-P\left(\frac{1}{F}>\frac{1}{F_\alpha(n,m)}\right)=1-P\left(\frac{1}{F}\geqslant\frac{1}{F_\alpha(n,m)}\right),\end{aligned}$$

于是 $P\left(\frac{1}{F}\geqslant\frac{1}{F_\alpha(n,m)}\right)=1-\alpha$. 由 α 分位点的定义,显然 $F_{1-\alpha}(n,m)=\frac{1}{F_\alpha(m,n)}$ 成立.

理论上,若总体的分布已知,统计量的分布总是确定的. 但对一般的总体分布,统计量的分布计算往往很复杂,甚至不能求出. 这里我们仅考虑正态总体的抽样分布. 一方面是因为其抽样分布较容易求出,另一方面是正态分布可以作为很多统计问题中总体分布的近似.

定理 6.1 设 $X_1,X_2,\cdots,X_n$ 是从正态总体 $N(\mu,\sigma^2)$ 中抽取的一个简单随机样本,$\overline{X}$ 与 S^2 分别为样本均值和样本方差,则

(1) $\overline{X}\sim N\left(\mu,\frac{\sigma^2}{n}\right)$;

(2) $\frac{(n-1)S^2}{\sigma^2}\sim\chi^2(n-1)$;

(3) $\overline{X}$ 与 S^2 相互独立.(证明略)

推论 1　$T=\dfrac{\overline{X}-\mu}{\dfrac{S}{\sqrt{n}}}\sim t(n-1).$

证　因为 $\dfrac{\overline{X}-\mu}{\dfrac{\sigma}{\sqrt{n}}}\sim N(0,1)$，$\dfrac{(n-1)S^2}{\sigma^2}\sim\chi^2(n-1)$，且二者相互独立，故由定义 6.3 可知 $\dfrac{\overline{X}-\mu}{\dfrac{\sigma}{\sqrt{n}}}\Bigg/\sqrt{\dfrac{(n-1)S^2}{\sigma^2(n-1)}}=\dfrac{\overline{X}-\mu}{\dfrac{S}{\sqrt{n}}}\sim t(n-1)$，即 $T\sim t(n-1)$.

推论 2　设 $X_1,X_2,\cdots,X_n$ 与 $Y_1,Y_2,\cdots,Y_m$ 分别为来自正态总体 $N(\mu_1,\sigma_1^2)$ 和 $N(\mu_2,\sigma_2^2)$ 的简单随机样本，且两样本之间相互独立. 若

$$S_1^2=\frac{1}{n-1}\sum_{i=1}^{n}(X_i-\overline{X})^2,\quad S_2^2=\frac{1}{m-1}\sum_{i=1}^{m}(Y_i-\overline{Y})^2,$$

则

(1) $F=\dfrac{S_1^2}{S_2^2}\cdot\dfrac{\sigma_2^2}{\sigma_1^2}\sim F(n-1,m-1)$；

(2) 若又 $\sigma_1^2=\sigma_2^2$，则有

$$T=\frac{\overline{X}-\overline{Y}-(\mu_1-\mu_2)}{S_w\sqrt{\dfrac{1}{n}+\dfrac{1}{m}}}\sim t(n+m-2),$$

其中

$$S_w^2=\frac{(n-1)S_1^2+(m-1)S_2^2}{n+m-2}=\frac{\sum\limits_{i=1}^{n}(X_i-\overline{X})^2+\sum\limits_{i=1}^{m}(Y_i-\overline{Y})^2}{n+m-2}.$$

证明留给读者.

以上结论在后面将经常用到，必须记住. 另外，对其他总体，虽然很难求得其精确的抽样分布，但可以利用中心极限定理等理论得到当 n 较大时的近似分布，这就是统计问题中的大样本问题，在此我们不加讨论.

例 2　从正态总体 $N(\mu,\sigma^2)$ 中抽取容量为 16 的样本，试分别求：(1) 已知 $\sigma^2=25$；(2) σ^2 未知，但已知样本方差 $S^2=20.8$ 两种情况下，样本均值 $\overline{X}$ 与总体均值 μ 之差的绝对值小于 2 的概率.

解　(1) 由于统计量 $U=\dfrac{\overline{X}-\mu}{\dfrac{\sigma}{\sqrt{n}}}\sim N(0,1)$，因此在 σ^2 已知时，所求概率

$$P(|\overline{X}-\mu|<2)=P\left(\frac{|\overline{X}-\mu|}{\frac{\sigma}{\sqrt{n}}}<\frac{2}{\frac{\sigma}{\sqrt{n}}}\right)=P\left(\frac{|\overline{X}-\mu|}{\frac{5}{4}}<\frac{2\times 4}{5}\right)$$

$$=P(|U|<1.6)=\Phi(1.6)-\Phi(-1.6)$$

$$=2\Phi(1.6)-1=2\times 0.9452-1=0.8904.$$

(2)由于 σ^2 未知，但 $S^2=20.8$，统计量

$$T=\frac{\overline{X}-\mu}{\frac{S}{\sqrt{n}}}\sim t(n-1),$$

因此所求概率

$$P(|\overline{X}-\mu|<2)=P\left(\frac{|\overline{X}-\mu|}{S/\sqrt{n}}<\frac{2}{S/\sqrt{n}}\right)=P\left(\frac{|\overline{X}-\mu|}{S/\sqrt{n}}<\frac{2}{4.56/\sqrt{16}}\right)$$

$$=P(|T|<1.754)=1-P(|T|\geqslant 1.754),$$

查 t 分布表得 $t_{0.05}(16-1)=1.753$，即 $P(T\geqslant 1.753)=0.05$，由此可得 $P(|\overline{X}-\mu|<2)\approx 1-2\times 0.05=0.90$.

例 3 设总体 X 服从正态分布 $N(72,100)$，为使样本均值大于 70 的概率不小于 90%，则样本容量至少应取多少？

解 设所需样本容量为 n，则由 $\frac{\overline{X}-\mu}{\sigma}\sqrt{n}\sim N(0,1)$，得

$$P(\overline{X}>70)=P\left(\frac{\overline{X}-72}{10}\sqrt{n}>\frac{70-72}{10}\sqrt{n}\right)=1-P\left(\frac{\overline{X}-72}{10}\sqrt{n}<-0.2\sqrt{n}\right)$$

$$=1-\Phi(-0.2\sqrt{n})=\Phi(0.2\sqrt{n})\geqslant 0.9,$$

查标准正态分布表得 $0.2\sqrt{n}\geqslant 1.29$，即 $n\geqslant 41.6025$，故样本容量至少为 42，才能使样本均值大于 70 的概率不小于 90%.

习 题 六

1. 以 X 表示产品中某种化学成分的百分比含量，且 X 的密度为 $f(x,\theta)=(\theta+1)x^\theta(0\leqslant x\leqslant 1)$，$\theta\geqslant 0$ 未知，$X_1,X_2,\cdots,X_n$ 为来自 X 的样本.

(1)求 $X_1,X_2,\cdots,X_n$ 的联合密度函数；

(2)在 $\sum_{i=1}^n X_i,\sum_{i=1}^n(X_i-\overline{X})^4,\sum_{i=1}^n(X-\theta)^2$ 中哪些为统计量？

(3)求 $E(\overline{X}),D(\overline{X}),E(S^2)$.

2. 设 $X_1,X_2,\cdots,X_n$ 为总体 $X\sim B(N,p)$ 的样本，其中 N 为某正整数，$0<p<1$ 未知，试求：

(1)样本空间； (2)$X_1,X_2,\cdots,X_{10}$ 的联合分布律； (3)$E(\overline{X}),E(S^2)$.

3. 设 $X_1,X_2,\cdots,X_n$ 是总体 $X\sim N(\mu,\sigma^2)$ 的样本，其中 μ 未知，σ^2 已知，试求：

(1)样本空间； (2)$X_1,X_2,\cdots,X_n$ 的联合密度函数； (3)$E(\overline{X}),D(\overline{X}),E(S^2)$.

4. 在总体 $N(52,6.3^2)$中,随机抽取一容量为 36 的样本,求样本均值$\overline{X}$落在 50.8 到 53.8 之间的概率.

5. 在总体 $N(80,20^2)$中随机抽取一容量为 100 的样本,问样本均值与总体均值的差的绝对值大于 3 的概率是多少?

6. 求总体 $X\sim N(20,3)$的容量分别为 10,15 的两个独立随机样本均值差的绝对值大于 0.3 的概率.

7. 设 $X_1,X_2,\cdots,X_n$ 为来自总体 X 的样本,总体 X 服从参数为 λ 的指数分布,即 $X\sim f(x;\lambda)=\lambda e^{-\lambda x}\ (x\geqslant 0)$,求 $X_{(1)}$ 和 $X_{(n)}$ 的数学期望(其中 $X_{(1)}=\min(X_1,X_2,\cdots,X_n)$, $X_{(n)}=\max(X_1,X_2,\cdots,X_n)$).

8. 设总体 X 服从正态分布 $N(12,\sigma^2)$,从中抽取容量为 25 的样本,试分别就(1)已知 $\sigma=2$;(2)未知 σ,但已知样本方差 $S^2=5.57$ 两种情况,求样本均值$\overline{X}$小于 12.5 的概率.

9. 从正态总体 $N(\mu,0.5^2)$中抽取样本 $X_1,X_2,\cdots,X_{10}$.

(1)已知 $\mu=0$,求概率 $P\left(\sum_{i=1}^{10}X_i^2\geqslant 4\right)$； (2)未知 μ,求概率 $P\left(\sum_{i=1}^{10}(X_i-\overline{X})^2\geqslant 2.85\right)$.

10. 设在总体 $N(\mu,\sigma^2)$中抽取一容量为 16 的样本,其中 μ,σ^2 均未知.

(1)求 $P\left(\frac{S^2}{\sigma^2}\leqslant 2.041\right)$,其中 S^2 为样本方差； (2)求 $D(S^2)$.

11. 设总体 $X\sim N(\mu_1,\sigma^2)$,$Y\sim N(\mu_2,\sigma^2)$,从二总体中分别抽样,得到下列数据:

$$n_1=7,\bar{x}=54,S_1^2=116.7;\quad n_2=8,\bar{y}=54,S_2^2=85.7.$$

求概率 $P(0.8<\mu_1-\mu_2<7.5)$.

12. 设总体 $X\sim N(\mu_1,\sigma_1^2)$,$Y\sim N(\mu_2,\sigma_2^2)$,从二总体中分别抽取样本,得到数据如下:

$$n_1=8,\bar{x}=10.5,S_1^2=42.25;\quad n_2=10,\bar{y}=13.4,S_2^2=56.25.$$

求概率:(1) $P\left(\frac{\sigma_2^2}{\sigma_1^2}<4.40\right)$； (2)$P(\mu_1<\mu_2)$,假定 $\sigma_1^2=\sigma_2^2$.

第七章 参数估计

在建立了统计模型以后，统计问题的任务就是依据样本对未知总体进行各种推断.参数估计是统计推断的重要内容之一.本章主要介绍进行参数估计的方法及其评价等.

7.1 点估计方法

参数估计，就是要从样本出发去构造一个统计量作为总体中某未知参数的一个估计量.若总体 X 的分布函数的形式为已知，但它的一个或多个参数为未知，则由总体 X 的一个样本去估计总体未知参数的值的问题就是参数的点估计问题.

例如，某钢筋厂日生产某种型号钢筋 10000 根，为了要得知这批钢筋的强度，质量检查员从中抽取 50 根进行检查.如何从抽查的 50 根钢筋强度的数据去估计整批钢筋强度的平均值？这就是参数估计要解决的问题.在实际问题中，常以统计量 $\overline{X}=\frac{1}{n}\sum_{i=1}^{n}X_i$ 作为总体 X 的期望值的估计量.

设总体 X 的分布函数为 $F(x;\theta)$，其中 θ 为未知参数，$X_1,X_2,\cdots,X_n$ 为总体 X 的一个样本.点估计的问题就是由样本构造一个统计量 $\hat{\theta}(X_1,X_2,\cdots,X_n)$ 作为未知参数 θ 的一个**估计量**.若 $(x_1,x_2,\cdots,x_n)$ 是样本观察值，则代入估计量 $\hat{\theta}$ 中即可以得到一个关于参数 θ 的**估计值**.在不致混淆的情况下，我们把估计量或估计值简称为**估计**.

构造估计的方法很多，下面介绍三种常用的方法.

7.1.1 频率替换法

假定在 n 次试验中，事件 A 发生了 n_A 次，$\frac{n_A}{n}$ 为 A 发生的频率.设 $P(A)=p(0<p<1)$，则由概率论的大数定律：频率 $\frac{n_A}{n}$ 依概率收敛于事件 A 发生的概率 p，即对任意 $\varepsilon>0$，成立

$$\lim_{n\to\infty}P\left(\left|\frac{n_A}{n}-p\right|\geqslant\varepsilon\right)=0,$$

于是，当 n 较大时，$\frac{n_A}{n}$ 与 p 非常接近，自然地取 $\frac{n_A}{n}$ 作为 p 的估计，$\hat{p}=\frac{n_A}{n}$.

这种由频率估计相应的概率而得到估计量的方法称为**频率替换法**.

例 1　估计一批产品的次品率 p.

设产品只区分正品与次品，分别以 X 取 0 和 1 表示产品为正品和次品，所以总体 X 服从参数为 p 的(0—1)分布，即

$$P(X=x)=p^x(1-p)^{1-x},\quad x=0,1,$$

p 为未知的待估参数. 令 A 表示“产品为次品”的事件，则 $p=P(A)=P(X=1)$. 从该批产品中抽取 n 件进行检验，结果为 $X_1,X_2,\cdots,X_n$，则 A 发生的频率为 $\dfrac{n_A}{n}=\dfrac{1}{n}\sum\limits_{i=1}^{n}X_i$. 故由频率替换法可得 $\hat{p}=\dfrac{n_A}{n}=\dfrac{1}{n}\sum\limits_{i=1}^{n}X_i=\overline{X}$.

7.1.2　矩法

矩法是另一种进行估计的简捷方法，也是基于替换的一种方法，即用样本矩去替换总体矩. 由于矩也称数字特征，故矩估计法也称数字特征法. 样本来源于总体，样本矩在一定程度上反映了总体矩的特征，因此用样本矩来估计总体矩就是**矩估计法**.

设总体 X 的分布函数为 $F(x;\theta_1,\theta_2,\cdots,\theta_k)$，$\theta_1,\theta_2,\cdots,\theta_k$ 为未知参数，$X_1,X_2,\cdots,X_n$ 为来自总体 X 的样本. 如果总体的 r 阶矩 $E(X^r)$存在，并设 $E(X^r)=\mu_r(\theta_1,\cdots,\theta_k)$，相应的 r 阶样本矩 $A_r=\dfrac{1}{n}\sum\limits_{i=1}^{n}X_i^r,r=1,2,\cdots,k$ ，则以 A_r 替代 $E(X^r)$，即可得到关于 $\theta_1,\theta_2,\cdots,\theta_k$ 的方程组

$$\mu_r(\theta_1,\theta_2,\cdots,\theta_k)=\frac{1}{n}\sum_{i=1}^{n}X_i^r,\quad r=1,2,\cdots,k.$$

记其解为 $\hat{\theta}_1,\hat{\theta}_2,\cdots,\hat{\theta}_k$，则 $\hat{\theta}_1,\hat{\theta}_2,\cdots,\hat{\theta}_k$ 分别为参数 $\theta_1,\theta_2,\cdots,\theta_k$ 的**矩估计量**.

例 2　求总体均值 μ 和方差 σ^2 的矩估计.

解　总体的二阶矩为 $\mu_2=\mu^2+\sigma^2$，由上述矩估计法得到方程组：

$$\begin{cases}\mu=\dfrac{1}{n}\sum\limits_{i=1}^{n}X_i=\overline{X},\\[2ex]\mu^2+\sigma^2=\dfrac{1}{n}\sum\limits_{i=1}^{n}X_i^2,\end{cases}$$

解此方程组，得到矩估计量

$$\hat{\mu}=\overline{X},\quad \hat{\sigma}^2=\frac{1}{n}\sum_{i=1}^{n}X_i^2-\overline{X}^2=\frac{1}{n}\sum_{i=1}^{n}(X_i-\overline{X})^2.$$

在作矩估计时，也可用中心矩建立关于未知参数的方程组，因而矩估计不唯一. 在矩估计中最常用的是用样本均值作为总体期望的估计量，但若总体矩不存

在,则矩法失效.

例 3 设总体 X 服从参数为 λ 的 Poisson 分布,求参数 λ 的矩估计.

解 由于 $\lambda=E(X)=D(X)$,故由例 2 可知:

$$\hat{\lambda}_1=\overline{X},\quad \hat{\lambda}_2=\frac{1}{n}\sum_{i=1}^{n}(X_i-\overline{X})^2$$

均为 λ 的矩估计量.

例 4 设样本 $X_1,X_2,\cdots,X_n$ 来自总体 X,其密度函数

$$f(x;\theta_1,\theta_2)=\begin{cases}\dfrac{1}{\theta_2-\theta_1}, & \theta_1\leqslant x\leqslant\theta_2,\\ 0, & \text{其他},\end{cases}$$

求 θ_1,θ_2 的矩估计.

解 由 $E(X)=\dfrac{\theta_1+\theta_2}{2}$, $D(X)=\dfrac{1}{12}(\theta_2-\theta_1)^2$,得方程组:

$$\begin{cases}\dfrac{\theta_1+\theta_2}{2}=\overline{X},\\ \dfrac{1}{12}(\theta_2-\theta_1)^2=B_2=\dfrac{1}{n}\displaystyle\sum_{i=1}^{n}(X_i-\overline{X})^2.\end{cases}$$

解此方程组,得到矩估计量:

$$\hat{\theta}_1=\overline{X}-\sqrt{3B_2},\qquad \hat{\theta}_2=\overline{X}+\sqrt{3B_2}.$$

7.1.3 极大似然估计法

矩法虽然常用,但其估计量往往不是很理想.由总体的样本统计量 $\hat{\theta}$ 去估计总体的未知参数 θ,自然希望作为估计量的 $\hat{\theta}$ 最接近未知参数 θ 的真值,或者说使 $\hat{\theta}$ 达到或接近 θ 的最大值.这正是极大似然估计法的基本出发点.下面先看一个例子.

例 5 设总体 X 服从(0—1)分布,即其分布律为

$$P(X=x)=f(x;\theta)=\theta^x(1-\theta)^{1-x},\quad x=0,1,$$

其中 $0<\theta<1$ 未知,样本为 $X_1,X_2,\cdots,X_n$.设样本观察值为 $x_1,x_2,\cdots,x_n$,则事件 $(X_1=x_1,X_2=x_2,\cdots,X_n=x_n)$ 发生的概率

$$\begin{aligned}&P(X_1=x_1,X_2=x_2,\cdots,X_n=x_n)\\ &=\prod_{i=1}^{n}f(x_i;\theta)=\prod_{i=1}^{n}\theta^{x_i}(1-\theta)^{1-x_i}=\theta^{\sum_{i=1}^{n}x_i}(1-\theta)^{n-\sum_{i=1}^{n}x_i}.\end{aligned}$$

对于给定的样本观察值,上述概率关于 θ 的函数,称为似然函数,并记为 $L(\theta)$,即

$$L(\theta)=\theta^{\sum_{i=1}^{n}x_i}(1-\theta)^{n-\sum_{i=1}^{n}x_i}.$$

为了使上述随机事件的概率达到最大,应选取使 $L(\theta)$ 达到最大的参数值(如果存在)$\hat{\theta}$,即选取的估计量 $\hat{\theta}$ 应满足:$L(\hat{\theta}) = \max\limits_{0<\theta<1} L(\theta)$. 这种寻求参数估计量的方法称为**极大似然估计法**.

上例的讨论也适用于一般的离散型总体.

设总体 X 为离散型,其分布律为

$$P(X = x) = f(x;\theta), \quad \theta \in \Theta,$$

这里 θ 为待估参数,Θ 是 θ 可能取值的范围. 设 $X_1, X_2, \cdots, X_n$ 为取自总体 X 的一个样本,则 $X_1, X_2, \cdots, X_n$ 的联合分布律为 $\prod\limits_{i=1}^{n} f(x_i;\theta)$.

若 $x_1, x_2, \cdots, x_n$ 是样本 $X_1, X_2, \cdots, X_n$ 的一个观察值,则事件$\{X_1 = x_1, X_2 = x_2, \cdots, X_n = x_n\}$发生的概率

$$P\{X_1 = x_1, X_2 = x_2, \cdots, X_n = x_n\} = \prod_{i=1}^{n} f(x_i;\theta), \quad \theta \in \Theta.$$

令

$$L(\theta) = L(x_1, x_2, \cdots, x_n;\theta) = \prod_{i=1}^{n} f(x_i;\theta),$$

则 $L(\theta)$ 随 θ 的取值而变化,它是 θ 的函数,称 $L(\theta)$ 为样本的**似然函数**.

当样本观察值 $x_1, x_2, \cdots, x_n$ 给定时,我们在 θ 的取值范围 Θ 内挑选使概率 $L(x_1, x_2, \cdots, x_n;\theta)$ 达到最大值的参数值 $\hat{\theta}$,把 $\hat{\theta}$ 作为 θ 的估计值,即选取 $\hat{\theta}$ 使

$$L(x_1, x_2, \cdots, x_n;\hat{\theta}) = \max_{\theta \in \Theta} L(x_1, x_2, \cdots, x_n;\theta).$$

这样得到的 $\hat{\theta}$ 与样本观察值有关,常记为 $\hat{\theta}(x_1, x_2, \cdots, x_n)$,称 $\hat{\theta}(x_1, x_2, \cdots, x_n)$ 为参数 θ 的**极大似然估计值**,并称相应的统计量 $\hat{\theta}(X_1, X_2, \cdots, X_n)$ 为参数 θ 的**极大似然估计量**.

若 X 为连续型总体,其密度函数为 $f(x_i;\theta)$,$\theta \in \Theta$ 为待估参数. 设$(x_1, x_2, \cdots, x_n)$为总体 X 的样本$(X_1, X_2, \cdots, X_n)$的观察值,则 $X_1, X_2, \cdots, X_n$ 的联合密度函数为 $\prod\limits_{i=1}^{n} f(x_i;\theta)$.

与离散型的情形类似,称 $L(\theta) = L(x_1, x_2, \cdots, x_n;\theta) = \prod\limits_{i=1}^{n} f(x_i;\theta)$ 为样本的**似然函数**. 若有 $\hat{\theta} = \hat{\theta}(x_1, x_2, \cdots, x_n)$ 使 $L(\hat{\theta}) = \max\limits_{\theta \in \Theta}\{L(\theta)\}$,则称 $\hat{\theta}$ 为参数 θ 的**极大似然估计值**,相应地称 $\hat{\theta} = \hat{\theta}(X_1, X_2, \cdots, X_n)$ 为 θ 的**极大似然估计量**.

一般地,设总体 X 的分布律或概率密度函数为 $f(x;\theta_1, \theta_2, \cdots, \theta_k)$,其中 $\theta_1, \theta_2, \cdots, \theta_k$ 为 k 个未知待估参数,$(x_1, x_2, \cdots, x_n)$为样本观察值,则称

$$L(\theta_1,\theta_2,\cdots,\theta_k)=\prod_{i=1}^{n}f(x_i;\theta_1,\theta_2,\cdots,\theta_k)$$

为似然函数. 若存在 $\hat{\theta}_1(x_1,x_2,\cdots,x_n),\hat{\theta}_2(x_1,x_2,\cdots,x_n),\cdots,\hat{\theta}_k(x_1,x_2,\cdots,x_n)$，使得

$$L(\hat{\theta}_1,\hat{\theta}_2,\cdots,\hat{\theta}_k)=\max_{\theta_1\cdots\theta_k}\ L(\theta_1,\theta_2,\cdots,\theta_k),$$

则称 $\hat{\theta}_1(x_1,x_2,\cdots,x_n),\hat{\theta}_2(x_1,x_2,\cdots,x_n),\cdots,\hat{\theta}_k(x_1,x_2,\cdots,x_n)$分别为 $\theta_1,\theta_2,\cdots,\theta_k$ 的极大似然估计值,而称 $\hat{\theta}_1(X_1,X_2,\cdots,X_n),\hat{\theta}_2(X_1,X_2,\cdots,X_n),\cdots,\hat{\theta}_k(X_1,X_2,\cdots,X_n)$为极大似然估计量.

例 6 在一袋内放有很多的白球和黑球,已知两种球数目之比为 1∶3,但不知道哪一种颜色的球多. 现从中有放回地抽取 3 次,试求黑球所占比例的极大似然估计.

解 设 X 表示 3 次抽球中黑球出现的次数,θ 表示黑球所占比例,由题意 $\theta=\frac{1}{4}$或$\frac{3}{4}$,则似然函数

$$L(\theta)=P\{X=x\}=c_3^x\theta^x(1-\theta)^{3-x},\quad x=0,1,2,3.$$

将 θ 值代入:

$$L\left(\frac{1}{4}\right)=c_3^x\left(\frac{1}{4}\right)^x\left(\frac{3}{4}\right)^{3-x},\qquad L\left(\frac{3}{4}\right)=c_3^x\left(\frac{3}{4}\right)^x\left(\frac{1}{4}\right)^{3-x},$$

将 X 的可能取值代入,其结果见下表:

x	0	1	2	3
$L\left(\frac{1}{4}\right)$	$\frac{27}{64}$	$\frac{27}{64}$	$\frac{9}{64}$	$\frac{1}{64}$
$L\left(\frac{3}{4}\right)$	$\frac{1}{64}$	$\frac{9}{64}$	$\frac{27}{64}$	$\frac{27}{64}$

因此 θ 的极大似然估计值

$$\hat{\theta}(X)=\begin{cases}\frac{1}{4}, & X=0,1,\\ \frac{3}{4}, & X=2,3.\end{cases}$$

由上面的讨论可知,求待估参数的极大似然估计量,实际上是求似然函数的最大值点. 又由于 $\ln L(\theta)$与 $L(\theta)$在同一点处取得极值,故可用对 $\ln L$ 求极大值的方法求出参数 θ 的极大似然估计. 一般方法如下:

先求出似然函数 $L(\theta)$并取对数,然后由 $\ln L(\theta)$分别对 θ_i 求偏导 $\frac{\partial \ln L}{\partial \theta_i}$,并使

$\dfrac{\partial \ln L}{\partial \theta_i}=0, i=1,2,\cdots,k$，解此方程组，即可得其解 $\hat{\theta}_1,\hat{\theta}_2,\cdots,\hat{\theta}_k$. 当然，似然方程组的解是否为最大值点，仍需进一步验证.

在例 5 中，求出了似然函数

$$L(\theta)=\theta^{\sum\limits_{i=1}^{n}x_i}(1-\theta)^{n-\sum\limits_{i=1}^{n}x_i},$$

先作对数变换：

$$\ln L(\theta)=\ln\left[\theta^{\sum\limits_{i=1}^{n}x_i}(1-\theta)^{n-\sum\limits_{i=1}^{n}x_i}\right]=\ln\theta\sum_{i=1}^{n}x_i+\left(n-\sum_{i=1}^{n}x_i\right)\ln(1-\theta),$$

再对 θ 求导数并使之为零：

$$\frac{\mathrm{d}}{\mathrm{d}\theta}\ln L(\theta)=\frac{\sum\limits_{i=1}^{n}x_i}{\theta}-\frac{n-\sum\limits_{i=1}^{n}x_i}{1-\theta}=0,$$

解得：$\hat{\theta}=\dfrac{1}{n}\sum\limits_{i=1}^{n}x_i=\overline{X}$，且

$$\frac{\mathrm{d}^2\ln L}{\mathrm{d}\theta^2}=-\frac{\sum\limits_{i=1}^{n}x_i}{\theta^2}-\frac{n-\sum\limits_{i=1}^{n}x_i}{(1-\theta)^2}<0,$$

因此 θ 的极大似然估计 $\hat{\theta}=\overline{X}$.

例 7　设样本 $(X_1,X_2,\cdots,X_n)$ 来自正态总体 $X\sim N(\mu,\sigma^2)$，μ,σ^2 未知，求 μ,σ^2 的极大似然估计.

解　设 $(x_1,x_2,\cdots,x_n)$ 为对应的样本观察值，则关于 μ,σ^2 的似然函数

$$L(\mu,\sigma^2)=\prod_{i=1}^{n}\frac{1}{\sqrt{2\pi}\sigma}\mathrm{e}^{-\frac{(x_i-\mu)^2}{2\sigma^2}}=(2\pi\sigma^2)^{-\frac{n}{2}}\mathrm{e}^{-\frac{1}{2\sigma^2}\sum\limits_{i=1}^{n}(x_i-\mu)^2},$$

于是

$$\ln L(\mu,\sigma^2)=-\frac{n}{2}\ln 2\pi-\frac{n}{2}\ln\sigma^2-\frac{1}{2\sigma^2}\sum_{i=1}^{n}(x_i-\mu)^2,$$

得

$$\begin{cases}\dfrac{\partial \ln L}{\partial \mu}=\dfrac{1}{\sigma^2}\sum\limits_{i=1}^{n}(x_i-\mu)=0,\\[2ex]\dfrac{\partial \ln L}{\partial \sigma^2}=-\dfrac{n}{2\sigma^2}+\dfrac{1}{2\sigma^4}\sum\limits_{i=1}^{n}(x_i-\mu)^2=0,\end{cases}$$

解之得

$$\hat{\mu}=\frac{1}{n}\sum_{i=1}^{n}x_i=\overline{x},\quad \hat{\sigma}^2=\frac{1}{n}\sum_{i=1}^{n}(x_i-\overline{x})^2,$$

易验证，$\hat{\mu}$，$\hat{\sigma}^2$ 为 $L(\mu,\sigma^2)$ 的最大值点. 因此，μ,σ^2 的极大似然估计值为

$$\hat{\mu}=\frac{1}{n}\sum_{i=1}^{n}x_i,\qquad \hat{\sigma}^2=\frac{1}{n}\sum_{i=1}^{n}(x_i-\overline{x})^2.$$

注意,若参数 μ 已知,则 σ^2 的极大似然估计为 $\hat{\sigma}^2=\frac{1}{n}\sum_{i=1}^{n}(x_i-\mu)^2$. 请读者自己验证.

在计算参数的极大似然估计值时,还应注意到,若总体的密度函数 $f(x,\theta)$ 为分段函数且参数 θ 出现在分段点上,则必须直接根据似然函数进行分析,求出其极大似然估计.

例 8 设样本 $X_1,X_2,\cdots,X_n$ 取自密度函数为

$$f(x;\theta)=\begin{cases}1, & \theta-\frac{1}{2}\leqslant x\leqslant\theta+\frac{1}{2},\\ 0, & \text{其他}\end{cases}$$

的总体 X,其中 θ 未知,试求 θ 的极大似然估计量.

解 设样本对应的观察值为 $(x_1,x_2,\cdots,x_n)$,则关于 θ 的似然函数

$$L(\theta)=\begin{cases}1, & \theta-\frac{1}{2}\leqslant x_i\leqslant\theta+\frac{1}{2}(1\leqslant i\leqslant n),\\ 0, & \text{其他}\end{cases}$$

$$=\begin{cases}1, & \theta-\frac{1}{2}\leqslant x_{(1)}\leqslant x_{(n)}\leqslant\theta+\frac{1}{2},\\ 0, & \text{其他}\end{cases}$$

$$=\begin{cases}1, & x_{(n)}-\frac{1}{2}\leqslant\theta\leqslant x_{(1)}+\frac{1}{2},\\ 0, & \text{其他}.\end{cases}$$

显然区间 $\left[x_{(n)}-\frac{1}{2},x_{(1)}+\frac{1}{2}\right]$ 中的每一点均为 $L(\theta)$ 的最大值点,于是 θ 的极大似然估计值

$$\hat{\theta}=x_{(n)}-\frac{1}{2}+t(x_{(1)}-x_{(n)}+1),\qquad 0\leqslant t\leqslant 1,$$

其极大似然估计量

$$\hat{\theta}=X_{(n)}-\frac{1}{2}+t(X_{(1)}-X_{(n)}+1),\qquad 0\leqslant t\leqslant 1.$$

由例 8 可以看出,极大似然估计不一定唯一,当然也可能不存在. 在这里值得一提的是,若 $\hat{\theta}$ 为 θ 的一个极大似然估计,则当函数 $g(\theta)$ 具有单值反函数时,$g(\hat{\theta})$ 为 $g(\theta)$ 的一个极大似然估计. 例如在例 7 中,标准差 σ 的极大似然估计

$$\hat{\sigma}=\sqrt{\frac{1}{n}\sum_{i=1}^{n}(x_i-\overline{x})^2}.$$

7.2　点估计的评价标准

从上节可以看出,对同一个未知参数,可以有多种方法进行估计,即使用同一种方法,有时也可得到多个估计量.那么在同一参数的许多可能的估计量中哪一个是最好的估计量呢?自然地想到,需要有一个评价估计量优劣的标准.本节给出三个评价的标准.

7.2.1　无偏性

估计量$\hat{\theta}(X_1,X_2,\cdots,X_n)$是一个随机变量,对一次具体的观察或试验的结果,估计值可能较真实的参数值偏小或偏大,而一个好的估计量不应总是偏小或总是偏大,在多次试验中所得估计量的平均值应与真实参数吻合,这就是无偏性所要求的.

定义 7.1　设$(X_1,X_2,\cdots,X_n)$为来自总体 X 的样本,$\theta\in\Theta$ 为总体的未知参数,$\hat{\theta}$ 为 θ 的一个估计量.若 $E(\hat{\theta})=\theta$,则称$\hat{\theta}$ 为 θ 的一个**无偏估计量**.若$\hat{\theta}$ 不是无偏的,则称 $b(\hat{\theta})=E(\hat{\theta}-\theta)$为$\hat{\theta}$ 的**偏差**.

例 1　设总体的 k 阶矩存在,则样本的 k 阶矩是总体 k 阶矩的无偏估计.

证　因为

$$E(A_k)=E(\frac{1}{n}\sum_{i=1}^{n}X_i^k)=\frac{1}{n}\sum_{i=1}^{n}E(X_i^k)=\frac{1}{n}\sum_{i=1}^{n}E(X^k)=E(X^k)=\mu_k,$$

所以 A_k 是 μ_k 的无偏估计.

例 2　设总体 $X\sim N(\mu,\sigma^2)$,其中参数 μ,σ^2 未知,试用极大似然估计法求 μ,σ^2 的估计量,并问 $\hat{\mu},\hat{\sigma}^2$ 是否是无偏估计?若不是,请修正使它成为无偏估计.

解　设 $X_1,X_2,\cdots,X_n$ 为取自总体的一个样本,则由上节中的例 7 可知,μ,σ^2 的极大似然估计 $\hat{\mu}=\overline{X},\hat{\sigma}^2=\frac{1}{n}\sum_{i=1}^{n}(X_i-\overline{X})^2$.

由于 $E(\hat{\mu})=E(\overline{X})=\mu$,可知 $\hat{\mu}=\overline{X}$ 是 μ 的无偏估计.又由第六章定理 6.1 可知,$\frac{n\hat{\sigma}^2}{\sigma^2}\sim\chi^2(n-1)$,故 $E\left(\frac{n\hat{\sigma}^2}{\sigma^2}\right)=n-1$,即 $E(\hat{\sigma}^2)=\frac{n-1}{n}\sigma^2\neq\sigma^2$,所以$\hat{\sigma}^2$ 不是 σ^2 的无偏估计,但

$$\frac{n}{n-1}\hat{\sigma}^2=\frac{1}{n-1}\sum_{i=1}^{n}(X_i-\overline{X})^2=S^2$$

为 σ^2 的无偏估计量.

由此可知样本方差 $S_n^2=\frac{1}{n}\sum_{i=1}^{n}(X_i-\overline{X})^2$ 不是 σ^2 的无偏估计量,而修正后的

样本方差

$$S^2=\frac{1}{n-1}\sum_{i=1}^{n}(X_i-\overline{X})^2$$

是 σ^2 的无偏估计，这也正是在实际中样本方差采用 $S^2=\frac{1}{n-1}\sum_{i=1}^{n}(X_i-\overline{X})^2$，而不用 $S_n^2=\frac{1}{n}\sum_{i=1}^{n}(X_i-\overline{X})^2$ 的原因.

7.2.2 有效性

对于参数 θ 的无偏估计量，其取值应在真值附近波动，我们自然希望它与真值之间的偏差越小越好，也就是说无偏估计量的方差越小越有效.

定义 7.2 设 $\hat{\theta}_1$，$\hat{\theta}_2$ 均为未知参数 θ 的无偏估计量，若 $D(\hat{\theta}_1)<D(\hat{\theta}_2)$，则称 $\hat{\boldsymbol{\theta}}_1$ **比** $\hat{\boldsymbol{\theta}}_2$ **有效.**

在 θ 的所有无偏估计量中，若 $\hat{\theta}$ 是具有最小方差的无偏估计量，则称 $\hat{\theta}$ 为**一致最小方差无偏估计量**，显然也是最有效的无偏估计量，简称有效估计量.

例 3 设总体 X 服从区间 $[1,\theta]$ 上的均匀分布，$\theta>1$ 未知，$X_1,X_2,\cdots,X_n$ 是取自总体 X 的样本.

(1)求 θ 的矩估计和极大似然估计量；

(2)上述两个估计量是否为无偏估计量，若不是请修正为无偏估计量；

(3)问在(2)中的两个无偏估计量哪一个更有效？

解 X 的密度函数

$$f(x;\theta)=\begin{cases}\dfrac{1}{\theta-1}, & 1\leqslant x\leqslant\theta,\\ 0, & \text{其他}.\end{cases}$$

(1)由 $E(X)=\dfrac{\theta+1}{2}$，得矩估计量

$$\hat{\theta}_1=2\overline{X}-1.$$

设对应的样本观察值为 $x_1,x_2,\cdots,x_n$，则似然函数

$$L(\theta)=\begin{cases}\dfrac{1}{(\theta-1)^n}, & 1\leqslant x_{(1)}\leqslant x_{(n)}\leqslant\theta,\\ 0, & \text{其他}\end{cases}=\begin{cases}\dfrac{1}{(\theta-1)^n}, & \theta\geqslant x_{(n)},\\ 0, & \text{其他}.\end{cases}$$

易知，θ 的极大似然估计 $\hat{\theta}_2=x_{(n)}$.

(2)因为 $E(\hat{\theta}_1)=\theta$，所以 $\hat{\theta}_1$ 为 θ 的无偏估计.

利用概率论的知识可求得 $x_{(n)}$ 的密度函数

$$f_{x_{(n)}}(t)=\begin{cases}\dfrac{n(t-1)^{n-1}}{(\theta-1)^n}, & 1\leqslant t\leqslant\theta,\\ 0, & \text{其他}.\end{cases}$$

故

$$E(\hat{\theta}_2) = \int_1^\theta t \cdot \frac{n(t-1)^{n-1}}{(\theta-1)^n} dt = \frac{n}{n+1}(\theta-1)+1,$$

显见，$\hat{\theta}_2$不是θ的无偏估计，现修正如下：

$$\tilde{\theta}_2 = \frac{n+1}{n}(\hat{\theta}_2-1)+1 = \frac{n+1}{n}\hat{\theta}_2 - \frac{1}{n},$$

则$\tilde{\theta}_2$是θ的无偏估计.

$$(3)\ D(\hat{\theta}_1) = D(2\overline{X}-1) = 4D(\overline{X}) = \frac{4}{n} \cdot \frac{(\theta-1)^2}{12} = \frac{(\theta-1)^2}{3n}.$$

由于

$$E(\hat{\theta}_2^2) = \int_1^\theta t^2 \frac{n(t-1)^{n-1}}{(\theta-1)^n} dt = \frac{n(\theta-1)^2}{n+2} + \frac{2n(\theta-1)}{n+1} + 1,$$

故

$$\begin{aligned} D(\hat{\theta}_2) &= E(\hat{\theta}_2^2) - [E(\hat{\theta}_2)]^2 \\ &= \frac{n(\theta-1)^2}{n+2} + \frac{2n(\theta-1)}{n+1} + 1 - \left[\frac{n}{n+1}(\theta-1)+1\right]^2 \\ &= \frac{n(\theta-1)^2}{(n+2)(n+1)^2}, \end{aligned}$$

从而

$$D(\tilde{\theta}_2) = D\left(\frac{n+1}{n}\hat{\theta}_2 - \frac{1}{n}\right) = \frac{(n+1)^2}{n^2}D(\hat{\theta}_2) = \frac{(\theta-1)^2}{n(n+2)},$$

当$n>1$时，$D(\tilde{\theta}_2)<D(\hat{\theta}_1)$对一切$\theta>1$都成立，因此$\tilde{\theta}_2$比$\hat{\theta}_1$更有效.

在实际应用中，常用 Rao-Cramer 不等式来证明$\hat{\theta}$是有效估计量.

可以证明，无偏估计量$\hat{\theta}$的方差$D(\hat{\theta})$永远不会小于一个正数$D_0(\theta)$，即

$$D(\hat{\theta}) \geqslant D_0(\theta) = \frac{1}{nE\left[\frac{\partial}{\partial\theta}\ln f(x,\theta)\right]^2} > 0.$$

上式即为 Rao-Cramer 不等式. $D_0(\theta)$称为**方差的下界**，当$D(\hat{\theta})=D_0(\theta)$时，则称无偏估计量$\hat{\theta}$为达到方差下界的无偏估计量，这时也称$\hat{\theta}$为最有效的估计量，简称$\hat{\theta}$为$\theta$的**有效估计量**.

例 4　设总体$X\sim P(\lambda)$，$X_1,X_2,\cdots,X_n$为来自总体的样本，试用极大似然估计求参数λ的估计量$\hat{\lambda}$，并证明$\hat{\lambda}$是一个有效估计量.

解　设$x_1,x_2,\cdots,x_n$为样本观察值，则

$$L(\theta) = \prod_{i=1}^n \frac{\lambda^{x_i}}{x_i!}e^{-\lambda} = e^{-n\lambda}\prod_{i=1}^n \frac{\lambda^{x_i}}{x_i!},$$

$$\ln L(\theta) = -n\lambda + \sum_{i=1}^n (\ln\lambda^{x_i} - \ln(x_i!)),$$

令

$$\frac{\mathrm{d}\ln L}{\mathrm{d}\lambda}=-n+\frac{1}{\lambda}\sum_{i=1}^{n}x_i=0,$$

得

$$\hat{\lambda}=\frac{1}{n}\sum_{i=1}^{n}x_i=\overline{X}.$$

由于 $E(\hat{\lambda})=E\left(\frac{1}{n}\sum_{i=1}^{n}x_i\right)=E(X)=\lambda$，故 $\hat{\lambda}$ 是 λ 的无偏估计量.

又因

$$D(\hat{\lambda})=D(\overline{X})=\frac{1}{n^2}\sum_{i=1}^{n}D(X_i)=\frac{\lambda}{n},$$

$$f(x;\lambda)=P(X=x)=\frac{\lambda^x}{x!}\mathrm{e}^{-\lambda},$$

$$\ln f(x;\lambda)=-\lambda+x\ln\lambda-\ln(x!),$$

$$E\left\{\left[\frac{\partial}{\partial\lambda}\ln f(x;\lambda)\right]^2\right\}=E\left[\frac{1}{\lambda^2}(x-\lambda)^2\right]$$

$$=\frac{1}{\lambda^2}E[x-E(x)]^2=\frac{1}{\lambda^2}D(X)=\frac{1}{\lambda},$$

故由 Rao-Cramer 不等式知

$$D_0(\lambda)=\frac{1}{nE\left[\frac{\partial}{\partial\lambda}\ln f(x;\lambda)\right]^2}=\frac{1}{n\cdot\frac{1}{\lambda}}=\frac{\lambda}{n}.$$

因此，$D(\hat{\lambda})=D_0(\theta)=\frac{\lambda}{n}$，即 $\hat{\lambda}=\overline{X}$ 是达到方差下界的无偏估计量，也是最有效的估计量.

7.2.3 一致性

在参数的估计中，如果样本容量越大，就越能精确地估计总体的未知参数，随着 n 的无限增大，一个好的估计量与被估计参数的真值之间任意接近的可能性会越来越大. 特别对有限总体，若将其所有个体全部抽出，则其估计值应与真实参数一致，估计量的这种性质称为一致性.

定义 7.3 设 $\hat{\theta}$ 为未知参数 θ 的估计量，若对任意给定的 $\varepsilon>0$，都有

$$\lim_{n\to\infty}P(|\hat{\theta}-\theta|\geqslant\varepsilon)=0,$$

即 $\hat{\theta}$ 依概率收敛于参数 θ，则称 $\hat{\theta}$ 为 θ 的一个**一致估计量**.

例 5 设 $\overline{X}$ 是总体 X 的样本均值，则当 $\overline{X}$ 作为总体期望 $E(X)$ 的估计量时，$\overline{X}$ 是 $E(X)$ 的一致估计量.

这是因为由大数定律可知，当 $n\to\infty$ 时，

$$\lim_{n\to\infty}P(|\overline{X}-E(X)|\geqslant\varepsilon)=\lim_{n\to\infty}P\left(\left|\frac{1}{n}\sum_{i=1}^{n}X_i-E(X)\right|\geqslant\varepsilon\right)=0,$$

所以 $\overline{X}$ 是 $E(X)$ 的一致估计量.

一般地，若总体 X 的 r 阶矩 $\mu_r=E(X^r)$ 存在，则由大数定律可知，$\frac{1}{n}\sum_{i=1}^{n}X_i^r$ 依概率收敛于 μ_r，故 r 阶样本矩都可以作为总体 r 阶矩的一致估计量.

例 6 设 $\hat{\theta}$ 为 θ 的无偏估计量，若成立 $\lim\limits_{n\to\infty}D(\hat{\theta})=0$，则 $\hat{\theta}$ 为 θ 的一致估计量.

证 由切比雪夫不等式可知，对任意 $\varepsilon>0$ 都成立 $P(|\hat{\theta}-\theta|\geqslant\varepsilon)\leqslant\frac{D(\hat{\theta})}{\varepsilon^2}$，由题设条件 $\lim\limits_{n\to\infty}D(\hat{\theta})=0$ 可知

$$\lim_{n\to\infty}P(|\hat{\theta}-\theta|\geqslant\varepsilon)=0,$$

因此 $\hat{\theta}$ 为 θ 的一致估计量.

由本例的结论可知，例 3 中的 $\hat{\theta}$ 与 $\tilde{\theta}$ 均为 θ 的一致估计量.

可以证明，在一定的条件下，极大似然估计具有一致性.

在实际问题中，估计量的无偏性、一致性和有效性往往不能同时满足，尤其是一致性，要求样本容量充分大，这在实际问题中不易做到，而无偏性和有效性无论在直观上还是理论上都比较合理，故应用的场合也较多.

7.3 区间估计

由点估计得到的参数估计值没有给出它与真值之间的可靠程度，在实际应用中往往还需要知道参数的估计值落在其真值附近的一个范围. 为此，要求由样本构造一个以较大的概率包含真实参数的一个范围或区间，这种带有概率的区间称为**置信区间**，通过构造一个置信区间对未知参数进行估计的方法称为**区间估计**.

定义 7.4 设 $X_1,X_2,\cdots,X_n$ 为来自总体 X 的一个样本，$\theta\in\Theta$ 为总体分布所包含的未知参数. 若对于给定的 $\alpha(0<\alpha<1)$，存在统计量 $\hat{\theta}_L$ 和 $\hat{\theta}_U$，对所有的 $\theta\in\Theta$ 满足：

$$P(\hat{\theta}_L<\theta<\hat{\theta}_U)=1-\alpha,$$

则称随机区间 $(\hat{\theta}_L,\hat{\theta}_U)$ 为参数 θ 的**置信度**为 $1-\alpha$ 的置信区间，$\hat{\theta}_L$ 和 $\hat{\theta}_U$ 分别称为**置信下限**和**上限**. 置信度 $1-\alpha$ 也称**置信水平**.

由定义可知，置信区间是以统计量为端点的随机区间，对于给定的样本观察值 $(x_1,x_2,\cdots,x_n)$，由统计量 $\hat{\theta}_L(X_1,X_2,\cdots,X_n)$，$\hat{\theta}_U(X_1,X_2,\cdots,X_n)$ 构成的置信区间 $(\hat{\theta}_L,\hat{\theta}_U)$ 可能包含真值 θ，也可能不包含真值 θ，但在多次观察或试验中，每一个样

本皆得到一个置信区间$(\hat{\theta}_L,\hat{\theta}_U)$，在这些区间中包含真值$\theta$的区间占$100(1-\alpha)\%$，不包含$\theta$的仅占$100\alpha\%$. 例如取$\alpha=0.05$，在100次区间估计中，大约有95个区间包含真值$\theta$，而不包含$\theta$的约占5个.

下面通过具体例子给出构造置信区间的方法与步骤.

例1　设$X_1,X_2,\cdots,X_n$为来自正态总体$X\sim N(\mu,\sigma^2)$的样本，其中σ^2已知，μ未知，试求出μ的置信水平为$1-\alpha$的置信区间.

解　由前述可知，样本均值$\overline{X}$是μ的极大似然估计量，且$\overline{X}\sim N\left(\mu,\frac{\sigma^2}{n}\right)$，故统计量

$$U=\frac{\overline{X}-\mu}{\sigma/\sqrt{n}}\sim N(0,1),$$

于是由标准正态分布的上α分位点的定义(图7-1)可知，

$$P\{-z_{\frac{\alpha}{2}}<U<z_{\frac{\alpha}{2}}\}=1-\alpha,$$

即

$$P\left(-z_{\frac{\alpha}{2}}<\frac{\overline{X}-\mu}{\sigma/\sqrt{n}}<z_{\frac{\alpha}{2}}\right)=P\left(\overline{X}-\frac{\sigma}{\sqrt{n}}z_{\frac{\alpha}{2}}<\mu<\overline{X}+\frac{\sigma}{\sqrt{n}}z_{\frac{\alpha}{2}}\right)=1-\alpha,$$

再由置信区间的定义可知，$\left(\overline{X}-\frac{\sigma}{\sqrt{n}}z_{\frac{\alpha}{2}},\overline{X}+\frac{\sigma}{\sqrt{n}}z_{\frac{\alpha}{2}}\right)$即为所求均值$\mu$的置信度为$1-\alpha$的置信区间.

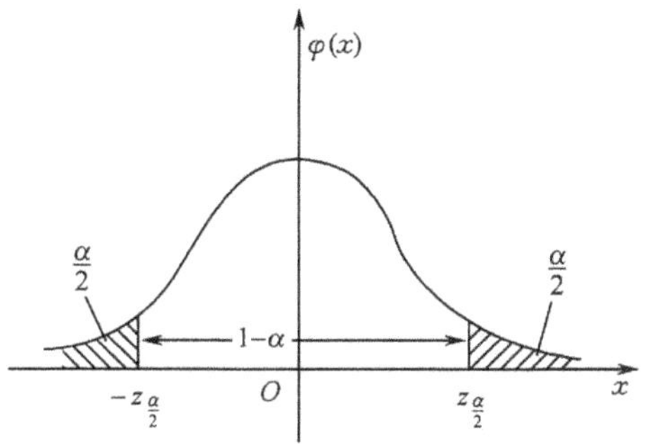

图7-1　标准正态分布的双侧α分位点

分析此例，发现随机变量u在区间的构造过程中起关键作用，它具有下述特点：

(1)是待估参数μ和统计量$\overline{X}$的函数；

(2)不含其他未知参数；

(3)服从与未知参数无关的已知分布.

满足上述三条性质的量Q称为**枢轴量**(或**主元**). 在引入枢轴量Q的概念后，便可

把求置信区间的步骤归纳如下：

(1)根据待估参数构造枢轴量 Q,一般可由未知参数的极大似然估计量改造得到；

(2)对于给定的置信水平 $1-\alpha$,利用枢轴量 Q 的分布的上 α 分位点求出常数 a,b,使

$$P(a<Q<b)=1-\alpha,$$

通常为方便起见,取 a,b 分别为 Q 的上 $1-\frac{\alpha}{2}$ 和上 $\frac{\alpha}{2}$ 分位点；

(3)利用不等式的恒等变形,将(2)中不等式变形即可得到置信区间$(\hat{\theta}_L,\hat{\theta}_U)$.

这种利用枢轴量构造置信区间的方法称为**枢轴量法**.

下面给出正态总体关于参数 μ 和 σ^2 的置信区间. 首先考虑单个正态总体 $X\sim N(\mu,\sigma^2)$的情形,并设总体的样本为 $X_1,X_2,\cdots,X_n$.

7.3.1　均值 μ 的置信区间

1. *方差 σ^2 已知*

由例 1 可知,枢轴量 $Q=U=\dfrac{\overline{X}-\mu}{\sigma/\sqrt{n}}\sim N(0,1)$,则置信度为 $1-\alpha$ 的置信区间为

$$\left(\overline{X}-\frac{\sigma}{\sqrt{n}}z_{\frac{\alpha}{2}},\overline{X}+\frac{\sigma}{\sqrt{n}}z_{\frac{\alpha}{2}}\right).$$

2. *方差 σ^2 未知*

由于 σ^2 未知,故考虑用 σ^2 的无偏估计 $S^2=\dfrac{1}{n-1}\sum\limits_{i=1}^{n}(X_i-\overline{X})^2$ 来代替,即得

$$T=\frac{\overline{X}-\mu}{S/\sqrt{n}}\sim t(n-1),$$

易验证 T 为关于 μ 的枢轴量,由关系式

$$P\left[-t_{\frac{\alpha}{2}}(n-1)<\frac{\overline{X}-\mu}{S/\sqrt{n}}<t_{\frac{\alpha}{2}}(n-1)\right]=1-\alpha$$

进行恒等变形,即可得到置信度为 $1-\alpha$ 的置信区间：

$$\left(\overline{X}-\frac{S}{\sqrt{n}}t_{\frac{\alpha}{2}}(n-1),\overline{X}+\frac{S}{\sqrt{n}}t_{\frac{\alpha}{2}}(n-1)\right).$$

7.3.2 方差 σ^2 的置信区间

1. 均值 μ 已知

σ^2 的极大似然估计为 $\hat{\sigma}^2=\frac{1}{n}\sum_{i=1}^{n}(X_i-\mu)^2$，且

$$Q=\frac{\sum_{i=1}^{n}(X_i-\mu)^2}{\sigma^2}\sim\chi^2(n),$$

故取 Q 为 σ^2 的枢轴量，由概率

$$P\left(\chi^2_{1-\frac{\alpha}{2}}(n)<\frac{\sum_{i=1}^{n}(X_i-\mu)^2}{\sigma^2}<\chi^2_{\frac{\alpha}{2}}(n)\right)=1-\alpha$$

可得 σ^2 的置信度为 $1-\alpha$ 的置信区间

$$\left(\frac{\sum_{i=1}^{n}(X_i-\mu)^2}{\chi^2_{\frac{\alpha}{2}}(n)},\frac{\sum_{i=1}^{n}(X_i-\mu)^2}{\chi^2_{1-\frac{\alpha}{2}}(n)}\right).$$

2. 均值 μ 未知

取 $Q=\frac{\sum_{i=1}^{n}(X_i-\overline{X})^2}{\sigma^2}=\frac{(n-1)S^2}{\sigma^2}\sim\chi^2(n-1)$ 为相应的枢轴量，其中 $S^2=\frac{1}{n-1}\sum_{i=1}^{n}(X_i-\overline{X})^2$ 为样本方差. 类似地可得 σ^2 的置信度为 $1-\alpha$ 的置信区间

$$\left(\frac{(n-1)S^2}{\chi^2_{\frac{\alpha}{2}}(n-1)},\frac{(n-1)S^2}{\chi^2_{1-\frac{\alpha}{2}}(n-1)}\right).$$

例 2 已知某种灯泡的寿命 X(单位：小时)服从正态分布 $N(\mu,8)$. 现从这批灯泡中抽取 10 个，测得其寿命分别为

1050 1100 1080 1120 1200 1250 1040 1130 1300 1200.

若 $\alpha=0.05$，试求 X 的期望 μ 的置信区间.

解 由样本得 $\overline{X}=1147$，$n=10$，$\alpha=0.05$，查表得 $z_{\frac{\alpha}{2}}=z_{0.025}=1.96$. 由于 $\sigma^2=8$ 已知，故 μ 的置信度为 0.95 的置信区间为

$$\overline{X}\pm\frac{\sigma}{\sqrt{n}}z_{\frac{\alpha}{2}}=1147\pm\frac{\sqrt{8}}{\sqrt{10}}\times1.96=1147\pm1.75,$$

即(1145.25,1148.75)为所求的置信区间.

例 3　为确定某种溶液中的甲醛浓度，取得 4 个独立测量值的样本，并算得样本均值为$\overline{X}=8.34\%$，样本标准差为 $S=0.03\%$. 设被测总体近似地服从正态分布，$\alpha=0.05$，试分别求出 μ,σ^2 的置信区间.

解　因为 σ^2 未知，所以 μ 的置信区间为

$$\left(\overline{X}-\frac{S}{\sqrt{n}}t_{\frac{\alpha}{2}}(n-1),\overline{X}+\frac{S}{\sqrt{n}}t_{\frac{\alpha}{2}}(n-1)\right),$$

这里$\overline{X}=8.34\%,n=4,S=0.03\%,\alpha=0.05$，将 $t_{\frac{\alpha}{2}}(n-1)=t_{0.025}(3)=3.1824$ 代入，即得 μ 的置信区间

$$(8.292\%,8.388\%).$$

对于 σ^2，由于 μ 未知，其置信区间为

$$\left(\frac{(n-1)S^2}{\chi^2_{\frac{\alpha}{2}}(n-1)},\frac{(n-1)S^2}{\chi^2_{1-\frac{\alpha}{2}}(n-1)}\right).$$

又 $S^2=(0.03\%)^2,\chi^2_{\frac{\alpha}{2}}(n-1)=\chi^2_{0.025}(3)=9.348,\chi^2_{1-\frac{\alpha}{2}}(n-1)=\chi^2_{0.975}(3)=0.216$，代入即得 σ^2 的置信区间

$$(0.00029\times10^{-4},0.0125\times10^{-4}).$$

下面讨论两个正态总体的情形.

在实际问题中，虽然已知某产品的质量指标服从正态分布，但由于原料，设备条件、操作人员不同或工艺过程的改变等原因，都会引起总体的均值、方差有所改变. 这种改变有多大？这就需要考察两个正态总体的均值差、方差比的区间估计.

7.3.3　两个总体均值差的置信区间

设样本 $X_1,X_2,\cdots,X_n$ 来自正态总体 $X,X\sim N(\mu_1,\sigma_1^2)$，样本 $Y_1,Y_2,\cdots,Y_m$ 来自正态总体$Y,Y\sim N(\mu_2,\sigma_2^2)$，两个样本相互独立，$\overline{X},S_1^2,\overline{Y},S_2^2$ 分别表示两个样本的均值和方差.

1) σ_1^2,σ_2^2 已知，计算 $\mu_1-\mu_2$ 的区间估计.

由于 $\overline{X}\sim N\left(\mu_1,\frac{\sigma_1^2}{n}\right),\overline{Y}\sim N\left(\mu_2,\frac{\sigma_2^2}{m}\right)$，且$\overline{X},\overline{Y}$相互独立，所以 $\overline{X}-\overline{Y}\sim N\left(\mu_1-\mu_2,\frac{\sigma_1^2}{n}+\frac{\sigma_2^2}{m}\right)$. 同时$\overline{X}-\overline{Y}$又是 $\mu_1-\mu_2$ 的极大似然估计，故取

$$U=\frac{\overline{X}-\overline{Y}-(\mu_1-\mu_2)}{\sqrt{\frac{\sigma_1^2}{n}+\frac{\sigma_2^2}{m}}}\sim N(0,1)$$

为枢轴量，可得置信度为 $1-\alpha$ 的置信区间

$$\left(\overline{X}-\overline{Y}-z_{\frac{\alpha}{2}}\sqrt{\frac{\sigma_1^2}{n}+\frac{\sigma_2^2}{m}},\overline{X}-\overline{Y}+z_{\frac{\alpha}{2}}\sqrt{\frac{\sigma_1^2}{n}+\frac{\sigma_2^2}{m}}\right).$$

2) σ_1^2,σ_2^2 未知,但已知 $\sigma_1^2=\sigma_2^2$,计算 $\mu_1-\mu_2$ 的区间估计.

由于总体方差 σ_1^2,σ_2^2 未知,但 $\sigma_1^2=\sigma_2^2$,故取

$$S_w^2=\frac{\sum_{i=1}^{n}(X_i-\overline{X})^2+\sum_{j=1}^{m}(Y_j-\overline{Y})^2}{n+m-2}=\frac{(n-1)S_1^2+(m-1)S_2^2}{n+m-2}$$

作为 $\sigma_1^2=\sigma_2^2$ 的估计,可得枢轴量

$$T=\frac{\overline{X}-\overline{Y}-(\mu_1-\mu_2)}{S_w\sqrt{\frac{1}{n}+\frac{1}{m}}}\sim t(n+m-2),$$

由此可得 $\mu_1-\mu_2$ 的置信区间

$$\left(\overline{X}-\overline{Y}-t_{\frac{\alpha}{2}}(n+m-2)\,S_w\sqrt{\frac{1}{n}+\frac{1}{m}},\right.$$
$$\left.\overline{X}-\overline{Y}+t_{\frac{\alpha}{2}}(n+m-2)\,S_w\sqrt{\frac{1}{n}+\frac{1}{m}}\right).$$

3)若 σ_1^2,σ_2^2 均未知,且不知两者是否相等,但 $n=m$,即进行配对试验,计算 $\mu_1-\mu_2$的区间估计.

令 $Z_i=X_i-Y_i$,则

$$Z_i\sim N(\mu_1-\mu_2,\sigma_1^2+\sigma_2^2),\quad i=1,2,\cdots,n.$$

$Z_1,Z_2,\cdots,Z_n$ 可来自正态总体 $Z\sim N(\mu_1-\mu_2,\sigma_1^2+\sigma_2^2)$的一个样本,根据单个正态总体的区间估计方法,立即可得 $\mu_1-\mu_2$ 的置信区间

$$\left(\overline{Z}-t_{\frac{\alpha}{2}}(n-1)\frac{S_Z}{\sqrt{n}},\overline{Z}+t_{\frac{\alpha}{2}}(n-1)\frac{S_Z}{\sqrt{n}}\right),$$

其中 $\overline{Z}=\overline{X}-\overline{Y},S_Z^2=\frac{1}{n-1}\sum_{i=1}^{n}[X_i-Y_i-(\overline{X}-\overline{Y})]^2$.

4) σ_1^2,σ_2^2 未知,但 n,m 都很大(实用上要求 n,m 大于 50 即可),计算 $\mu_1-\mu_2$ 的区间估计.

这就是所谓大样本情形,可用

$$\left(\overline{X}-\overline{Y}-z_{\frac{\alpha}{2}}\sqrt{\frac{S_1^2}{n}+\frac{S_2^2}{m}},\overline{X}-\overline{Y}+z_{\frac{\alpha}{2}}\sqrt{\frac{S_1^2}{n}+\frac{S_2^2}{m}}\right)$$

作为 $\mu_1-\mu_2$ 的置信度为 $1-\alpha$ 的近似置信区间.

7.3.4 方差比$\frac{\sigma_1^2}{\sigma_2^2}$的置信区间

根据 σ_1^2,σ_2^2 的估计,容易构造$\frac{\sigma_1^2}{\sigma_2^2}$的枢轴量

$$F=\frac{S_1^2/\sigma_1^2}{S_2^2/\sigma_2^2}=\frac{S_1^2}{S_2^2}\cdot\frac{\sigma_2^2}{\sigma_1^2}\sim F(n-1,m-1),$$

因此在 μ_1,μ_2 未知时,方差比$\frac{\sigma_1^2}{\sigma_2^2}$的置信度为 $1-\alpha$ 的置信区间

$$\left(\frac{S_1^2}{S_2^2}F_{1-\frac{\alpha}{2}}(m-1,n-1),\frac{S_1^2}{S_2^2}F_{\frac{\alpha}{2}}(m-1,n-1)\right).$$

例 4 研究由机器 A 和机器 B 生产的钢管的内径,随机抽取机器 A 生产的管子 18 只,测量样本均值$\overline{X}=91.73$ 毫米,样本方差 $S_1^2=0.34$毫米^2;抽取机器 B 生产的管子 13 只,测得样本均值$\overline{Y}=93.75$ 毫米,样本方差 $S_2^2=0.29$ 毫米^2. 设两样本相互独立,且这两台机器生产的管子内径分别服从正态分布 $N(\mu_1,\sigma_1^2),N(\mu_2,\sigma_2^2)$. 取$\alpha=0.1$,求(1)$\frac{\sigma_1^2}{\sigma_2^2}$的置信区间; (2)若 $\sigma_1^2=\sigma_2^2$,求 $\mu_1-\mu_2$ 的置信区间.

解 已知 $n=18,m=13,\overline{X}=91.73,\overline{Y}=93.75,S_1^2=0.34,S_2^2=0.29$.

(1)由 $\alpha=0.1$,查 F 分布表可得 $F_{\frac{\alpha}{2}}(n-1,m-1)=F_{0.05}(17,12)=2.59$, $F_{1-\frac{\alpha}{2}}(n-1,m-1)=F_{0.95}(17,12)=\frac{1}{F_{0.05}(12,17)}=\frac{1}{2.38}$, 于是$\frac{\sigma_1^2}{\sigma_2^2}$的置信水平为 0.90 的置信区间

$$\left(\frac{0.34}{0.29}\times\frac{1}{2.59},\frac{0.34}{0.29}\times 2.38\right)=(0.45,2.79).$$

由于区间中包含 1,在实际中可以认为 σ_1^2 与 σ_2^2 没有显著差异.

(2)由

$$S_w^2=\frac{(n-1)S_1^2+(m-1)S_2^2}{n+m-2}=\frac{17\times 0.34+12\times 0.29}{17+12}$$
$$=0.32,t_{\frac{\alpha}{2}}(n+m-2)=t_{0.05}(29)=1.6991,$$

故 $\mu_1-\mu_2$ 的置信区间

$$\left(91.73-93.75-1.6991\times\sqrt{0.32}\sqrt{\frac{1}{18}+\frac{1}{13}},\right.$$
$$\left.91.73-93.75+1.6991\times\sqrt{0.32}\sqrt{\frac{1}{18}+\frac{1}{13}}\right)$$
$$=(-2.37,-1.67).$$

由于该区间中没有包含 0,在实际问题中可以认为 μ_1 与 μ_2 有显著差异,且置信区间的上限小于零,故可认为 μ_1 小于 μ_2.

下面介绍在实际中比较有用的单侧置信区间的概念.

7.3.5 单侧置信区间

定义 7.5 设总体 $X\sim F(x;\theta)$,$\theta\in\Theta$ 未知,若由样本 $X_1,X_2,\cdots,X_n$ 确定的统计量

$$\theta_L(X_1,X_2,\cdots,X_n)\quad 和\quad \theta_U(X_1,X_2,\cdots,X_n)$$

分别满足

$$P(\theta > \theta_L) = 1-\alpha \quad 或 \quad P(\theta < \theta_U) = 1-\alpha,$$

则称随机区间$(\theta_L, +\infty)$和$(-\infty, \theta_U)$为θ的置信度为$1-\alpha$的**单侧置信区间**，称θ_L为θ的置信水平为$1-\alpha$的**单侧置信区间下限**，θ_U称为θ的置信水平为$1-\alpha$的**单侧置信区间上限**.

1)若正态总体$X \sim N(\mu, \sigma^2)$，均值μ，方差σ^2均未知，$X_1, X_2, \cdots, X_n$为总体X的一个样本，则均值μ的枢轴量

$$T = \frac{\overline{X}-\mu}{S/\sqrt{n}} \sim t(n-1),$$

对给定的α有

$$P\left(\frac{\overline{X}-\mu}{S/\sqrt{n}} < t_\alpha(n-1)\right) = 1-\alpha,$$

即

$$P\left(\mu > \overline{X} - \frac{S}{\sqrt{n}} t_\alpha(n-1)\right) = 1-\alpha,$$

于是可得μ的单侧置信区间

$$\left(\overline{X} - \frac{S}{\sqrt{n}} t_\alpha(n-1), +\infty\right),$$

其中$\mu_L = \overline{X} - \frac{S}{\sqrt{n}} t_\alpha(n-1)$为单侧置信区间下限.

2)设正态总体$X \sim N(\mu, \sigma^2)$，μ, σ^2未知，$X_1, X_2, \cdots, X_n$为总体的一个样本，则关于σ^2的枢轴量

$$\chi^2 = \frac{(n-1)S^2}{\sigma^2} \sim \chi^2(n-1),$$

对于给定的α，有$P\left(\frac{(n-1)S^2}{\sigma^2} > \chi^2_{1-\alpha}(n-1)\right) = 1-\alpha$，即

$$P\left(\sigma^2 < \frac{(n-1)S^2}{\chi^2_{1-\alpha}(n-1)}\right) = 1-\alpha,$$

于是得σ^2的单侧置信区间

$$\left(0, \frac{(n-1)S^2}{\chi^2_{1-\alpha}(n-1)}\right),$$

其中$\sigma_U^2 = \frac{(n-1)S^2}{\chi^2_{1-\alpha}(n-1)}$为单侧置信区间上限.

由上可知，单侧置信区间的估计与双侧情形完全类似，只须注意用单侧分位点即可.

例 5 设某种清漆的9个样品，其干燥时间(单位:小时)分别为

6.0　5.7　5.8　6.5　7.0　6.3　5.6　6.1　5.0.

设干燥时间为随机变量 $X\sim N(\mu,\sigma^2)$，求 μ 的置信度为 0.95 的单侧置信区间上限.

解　由样本得 $\overline{X}=6.0$，$S^2=\dfrac{1}{n-1}\left(\sum\limits_{i=1}^{n}X_i^2-n\overline{X}^2\right)=\dfrac{1}{8}(326.64-9\times 36)=0.33$，由 $\alpha=0.05$ 查得 $t_{0.05}(8)=1.8595$，于是

$$\mu_U=\overline{X}+\frac{S}{\sqrt{n}}t_\alpha(n-1)=6.0+\frac{\sqrt{0.33}}{3}\times 1.8595=6.356.$$

习　题　七

1. 设总体 $X\sim N(\mu,1)$，在对其作 20 次独立观察中，事件"$X>0$"出现了 14 次，试用频率替换法求参数 μ 的估计值.

2. 设总体 X 服从参数为 λ 的泊松分布，其中 $\lambda>0$ 为未知参数，现在知道在样本观察值 x_1，x_2，…，x_{2608} 中有 57 个取值为零，试用频率替换法求参数 λ 的估计值.

3. 设总体 X 服从 $[0,\theta]$ 上的均匀分布，即其密度

$$f(x;\theta)=\begin{cases}\dfrac{1}{\theta}, & 0\leqslant x\leqslant\theta,\\ 0, & \text{其他},\end{cases}$$

试求 θ 的矩估计.

4. 设总体 X 服从正态分布 $N(\mu,\sigma^2)$，如果样本观察值为 $x_1,x_2,\cdots,x_n$，求参数 μ 及 σ^2 的矩估计值.

5. 电话总机在某一段时间内接到呼唤次数 X 是服从泊松分布的随机变量，观察一分钟内接到的呼唤次数，获得数据如下：

接到呼唤次数/分	0	1	2	3	4	5	6	7
观察次数	5	10	12	8	3	2	0	0

求泊松分布中未知参数 λ 的估计值.

6. 设 $X_1,X_2,\cdots,X_n$ 是来自总体 X 的样本，X 的分布密度

$$f(x;\theta)=\begin{cases}\theta x^{\theta-1}, & 0<x<1,\\ 0, & \text{其他},\end{cases}$$

试用矩估计法估计总体参数 θ.

7. 设 X 的密度函数

$$f(x;\alpha)=\begin{cases}\dfrac{2}{\alpha^2}(\alpha-x), & 0<x<\alpha,\\ 0, & \text{其他},\end{cases}$$

$X_1,X_2,\cdots,X_n$ 为总体的一个样本，求参数 α 的矩估计量.

8. 设总体 X 服从二项分布 $B(n,p)$，其中 n 为已知数. 如果由总体 X 取得样本观察值 x_1，x_2，…，x_n，求参数 p 的矩估计和极大似然估计值.

9. 设总体 X 的分布密度

$$f(x;\lambda)=\begin{cases}\lambda e^{-\lambda x}, & x>0,\\ 0, & x\leqslant 0,\end{cases}$$

样本为$(X_1,X_2,\cdots,X_n)$，试用矩法和极大似然估计法求参数 λ 的估计量.

10. 设 $X_1,X_2,\cdots,X_n$ 为来自总体 X 的一个样本，X 的密度函数为 $f(x;\theta)$，求参数 θ 的矩估计和极大似然估计，其中

(1) $f(x;\theta)=\begin{cases}\sqrt{\theta}x^{\sqrt{\theta}-1}, & 0\leqslant x\leqslant 1,\\ 0, & \text{其他}\end{cases}(\theta>0)$；

(2) $f(x;\theta)=(\theta+1)x^{\theta}$， $0<x<1$.

11. 设 $X_1,X_2,\cdots,X_n$ 是来自指数分布

$$f(x;\theta)=\begin{cases}e^{-(x-\theta)}, & x\geqslant\theta,\\ 0, & x<\theta\end{cases}$$

的一个样本，试求参数 θ 的极大似然估计量.

12. 一地质学家为研究 Michigan 湖的湖滩地区的岩石成分，随机地从该地区取 100 个样品，每个样品有 10 块石子，记录了每个样品中属石灰石的石子数. 假设这 100 次观察相互独立，并且由过去的经验知，它们都服从参数为 $n=10$，p 的二项分布，p 为该地区一块石子是石灰石的概率. 该地质学家所得的数据如下表：

样本中属石灰石的石子数	0	1	2	3	4	5	6	7	8	9	10
观察到石灰石的样品个数	0	1	6	7	23	26	21	12	3	1	0

求 p 的极大似然估计值.

13. 设总体 X 服从区间$[a,b]$上的均匀分布，其中 $a<b$ 未知，求 a,b 的极大似然估计.

14. 设 $X_1,X_2,\cdots,X_n$ 为取自对数正态总体的样本，即 $\ln X\sim N(\mu,\sigma^2)$，其中 $\mu,\sigma^2>0$ 未知，试求 $E(X)$，$D(X)$的极大似然估计.

15. 设 $X_1,X_2,\cdots,X_n$ 为取自参数 λ 的泊松分布的一个样本. 证明样本均值$\overline{X}$和样本方差 $S^2=\frac{1}{n-1}\sum_{i=1}^{n}(X_i-\overline{X})^2$ 都是参数 λ 的无偏估计，并且对任一值 $\alpha(0\leqslant\alpha\leqslant 1)$，$\alpha\overline{X}+(1-\alpha)S^2$ 也是 λ 的无偏估计.

16. 设随机变量 X 服从二项分布，其分布律为 $P\{X=x\}=C_n^x\theta^x(1-\theta)^{n-x}$，$x=1,2,\cdots,n$，试求 θ^2 的无偏估计量.

17. 设样本 $X_1,X_2,\cdots,X_n$ 是来自数学期望为 μ，方差为 σ^2 的总体 X，试证样本方差

$$S^2=\frac{1}{n-1}\sum_{i=1}^{n}(X_i-\overline{X})^2$$

是 σ^2 的无偏估计.

18. 设 $\xi_1,\xi_2,\cdots,\xi_n$ 是取自正态总体 $N(\mu,\sigma^2)$的一个样本，试证 $S^2=\frac{1}{n-1}\sum_{i=1}^{n}(\xi_i-\bar{\xi})^2$ 是 σ^2

的一致估计.

19. 设 $X_1, X_2, \cdots, X_n$ 是取自具有下列指数分布的一个样本：

$$f(x;\theta)=\begin{cases}\dfrac{1}{\theta}e^{-\frac{x}{\theta}}, & x\geqslant 0,\\ 0, & \text{其他}\end{cases}\quad(\theta>0).$$

证明 $\overline{X}=\dfrac{1}{n}\sum\limits_{i=1}^{n}X_i$ 是 θ 的无偏、一致、有效的估计.

20. 对于方差已知的正态总体 $N(\mu,\sigma^2)$，若均值 μ 的无偏估计量 $\hat{\mu}=\overline{X}$，且 $D(\overline{X})=\dfrac{\sigma^2}{n}$，则 $\overline{X}$ 是 μ 的有效估计量.

21. 某工厂生产的一批滚珠，其直径服从正态分布，并且 $\sigma^2=0.05$，今从中抽取 8 个，测得其直径(单位:毫米)分别为

14.7　15.1　14.8　14.9　15.2　14.2　14.6　15.1，

求直径均值的 95%的置信区间.

22. 随机地从一批钉子中抽取 16 枚，测得的长度(单位:厘米)分别为

2.14　2.10　2.13　2.15　2.13　2.12　2.13　2.10

2.15　2.12　2.14　2.10　2.13　2.11　2.14　2.11.

设钉长服从正态分布，试求总体均值 μ 的 90%的置信区间：

(1)若已知 $\sigma=0.01$(厘米)；

(2)若 σ 为未知.

23. 冷抽铜丝的折断力服从正态分布. 从一批铜丝中任取 10 根，试验折断力，所得数据分别为(单位:千克)

578　572　570　568　572　570　570　569　584　572，

求方差 σ^2 的置信区间($\alpha=0.05$).

24. 随机地取某种炮弹 9 发作试验，得炮口速度的样本均方差为 11(米/秒). 设炮口速度是服从正态分布的，求这种炮弹的炮口速度均方差 σ 的 95%的置信区间.

25. 为了研究我国所生产的真丝被面的销路，在纽约所举办的我国纺织品展销会上，对 1000 名成年人进行调查，得知其中有 600 人喜欢这种产品. 试以 0.95 的置信水平确定纽约市民中成年人喜欢此种产品的比率的置信区间.

26. 随机地从 A 种导线中抽取 4 根，从 B 种导线中抽取 5 根，测得其电阻(Ω)如下：

A 种导线	0.143	0.142	0.143	0.137	
B 种导线	0.140	0.142	0.136	0.138	0.140

设测试数据分别服从正态分布 $N(\mu_1,\sigma^2)$，$N(\mu_2,\sigma^2)$，并且两样本相互独立，μ_1,μ_2,σ^2 均未知，试求 $\mu_1-\mu_2$ 的 0.95 的置信区间.

27. 研究两种固体燃料火箭推进器的燃烧率. 设两者都服从正态分布，并且已知燃烧率的标准差均近似地为 0.05 厘米/秒，取样本容量为 $n_1=n_2=20$；得燃烧率的样本均值分别为 $\overline{X}=$ 18 厘米/秒，$\overline{Y}=24$ 厘米/秒，求两燃烧率总体均值差 $\mu_1-\mu_2$ 的置信度为 0.99 的置信区间.

28. 设两位化验员 A，B 独立地对某种聚合物含氯量用相同的方法各作 10 次测定，其测定

值的样本方差依次为$S_A^2=0.5419$，$S_B^2=0.6065$. 设σ_A^2，σ_B^2分别为A，B所测定的测定值总体的方差，设总体均为正态的. 求方差比$\frac{\sigma_A^2}{\sigma_B^2}$的置信度为0.95的置信区间.

29. 为了比较A，B两种灯泡的寿命，从A型号中随机地抽取80只，测得平均寿命$\overline{X}=2000$(小时)，样本标准差$S_1=80$(小时)；从B型号中随机地抽取100只，测得其平均寿命$\overline{Y}=1900$(小时)，样本标准差$S_2=100$(小时). 假设两种型号的灯泡的寿命均服从正态分布且相互独立，试求：

(1)置信水平为0.99的$\mu_1-\mu_2$的置信区间；

(2)总体方差$\frac{\sigma_1^2}{\sigma_2^2}$的置信度为0.90的置信区间.

30. 设某种清漆的干燥时间(单位：小时)服从正态分布$N(\mu,\sigma^2)$. 现测得其9个样品的干燥时间分别为

5.8　5.7　6.0　6.5　7.0　6.3　5.6　6.1　5.0.

若$\sigma=0.6$(小时)，求μ的置信度为0.95的单侧置信区间上限.

31. 为了研究某种汽车轮胎的磨损特性，随机地选择16只轮胎，每只轮胎行驶到磨坏为止. 记录行驶的路程(千米)如下：

41250　40187　43175　41010　39265　41872

42654　41287　38970　40200　42550　41095

40680　43500　39775　40400.

假设这些数据来自正态总体$N(\mu,\sigma^2)$，其中μ，σ^2未知，试求μ的置信度为0.95的单侧置信区间下限.

32. 从一批电子元件中随机地取出5只作寿命试验，测得寿命数据(单位：小时)如下：

1050　1100　1120　1250　1280.

若寿命服从正态分布，试求寿命均值的置信水平为0.95的置信区间下限.

第八章　假 设 检 验

在科研、生产和日常生活中，人们常常要对很多问题作出一定的论断或猜测，这就是假设，而假设需要作出是或非的回答. 为此，需要安排一些试验，试验的结果与所讨论的问题有着某种关系，根据试验的结果对所作出的论断或猜测制定判断规则并作出是或非的回答. 以上的过程称之为假设检验. 假设检验为统计推断的重要内容之一. 本章在建立假设检验的有关概念之后，重点介绍正态总体的参数的检验方法，最后再简单介绍非参数的 χ^2 检验.

8.1　假设检验的基本概念

本节将给出假设检验问题的公式化描述，这归功于奈曼(Neyman)和皮尔逊(Pearson).

8.1.1　统计假设

设总体 X 的分布函数为 $F(x)$，$F(x)$一般完全或部分未知，对未知的总体分布所作的假设称为一个统计假设. 当总体分布的类型已知，对分布的一个或几个未知参数的值作出假设，或者对总体分布函数的类型或某些特征提出某种假设，这种假设称为待检假设或零假设，通常用 H_0 表示. 事实上，提出了零假设的同时，也给出了另外一个假设，即提供选择的备择假设，记为 H_1. H_0 与 H_1 是互不相容的.

在参数模型下，如果总体的分布类型已知，仅是某个参数未知，只要对未知参数作出假设，就可确定总体的分布. 这种仅涉及总体分布的未知参数的统计假设称为参数假设. 若是对总体的分布类型或某些特征提出假设，则称为非参数假设.

例 1　海达手表厂生产的女表表壳，在正常情况下，其直径(单位：毫米)服从正态分布 $N(20,1)$. 为了检查该厂某天生产是否正常，对生产过程中的手表表壳随机地抽查了 5 只，测得表面直径分别为 19，19.5，19，20，20.5. 问这天生产情况是否正常？

问题的实质是要检查这天生产的手表表壳的直径 μ 是否为 20，即提出假设 $H_0:\mu_0=20$ 及备择假设 $H_1:\mu_0\neq 20$. 这样，问题就转化为如何利用抽查得到的样本去检验零假设 $\mu_0=20$ 的真伪，因此，需要设置一种检验的规则以及研究如何根据规则进行检验.

8.1.2 检验法则

在确定了待检假设以后，必须在 H_0 与 H_1 之间作出决择，而对一个假设的确定只有接受或拒绝两种，在例 1 中，如果接受 H_0，即表示该厂这天的生产是正常的，如果拒绝 H_0，亦即接受 H_1，则表示该天生产不正常. 为此，必须设计一种合理的法则，根据这一法则，就可利用已得到的样本作出判断. 在例 1 中，由于要检验的假设涉及总体均值 μ，故容易想到借助样本均值 $\overline{X}$ 这一统计量来进行判断. 这是因为 $\overline{X}$ 是 μ 的无偏估计，样本均值 $\overline{X}$ 的大小在一定程度上反映了 μ 的大小. 因此，当假设 H_0 为真时，则观测值 $\bar{x}$ 与 $\mu_0=20$ 的偏差 $|\bar{x}-20|$ 一般不应太大. 如果 $|\bar{x}-20|$ 过分大，就应怀疑假设 H_0 的正确性并拒绝 H_0. 而衡量 $|\bar{x}-\mu_0|$ 的大小可归结为衡量统计量 $\dfrac{|\overline{X}-\mu_0|}{\sigma/\sqrt{n}}$ 的大小，在 H_0 为真时统计量 $\dfrac{\overline{X}-\mu_0}{\sigma\sqrt{n}}\sim N(0,1)$. 基于上面的设想，可适当选定一正数 k，使得当 $\overline{X}$ 满足不等式 $\dfrac{|\overline{X}-\mu_0|}{\sigma/\sqrt{n}}\geqslant k$ 时拒绝 H_0，当 $\dfrac{|\overline{X}-\mu_0|}{\sigma/\sqrt{n}}<k$ 时则接受 H_0. 正数 k 的每一个选择都对应着一个不同的检验法则.

在给定的一个检验法则中，以 $\mathscr{X}_0$ 表示在此检验法中引起拒绝 H_0 的所有可能的样本观察值的集合，并称 $\mathscr{X}_0$ 为此检验法的**拒绝域**，而它的余集称为**接受域**. 显然，检验法与拒绝域是一一对应的.

8.1.3 两类错误

作出判断的依据是一个样本，由于样本的随机性，进行假设检验时不可避免地会出现误判而犯错误，当 H_0 为真时，仍可能作出拒绝 H_0 的判断，这类错误称为犯第Ⅰ类错误，也称为**"弃真"**或**"拒真"**；也可能在 H_0 不真时，却接受 H_0，称为犯第Ⅱ类错误，也称为**"取伪"**或**"受伪"**. 犯第Ⅰ类错误的概率为 P(拒绝 $H_0|H_0$ 为真)，由于在实际中无法排除犯这类错误的可能性，因此，希望将犯第Ⅰ类错误的概率控制在一定的限度之内. 例如可给定一个较小的正数 $\alpha(0<\alpha<1)$，并使 P(拒绝 $H_0|H_0$ 为真)$\leqslant\alpha$，α 一般称为检验水平. 下面将作进一步讨论.

8.1.4 水平为 α 的检验

犯两类错误的大小自然就决定着相应的检验法则的优劣，但在样本容量固定的条件下，犯两类错误的概率不可能同时达到很小. 通常 H_0 是比较重要的假设，因此如何使犯第Ⅰ类错误的概率控制在小概率的范围内就显得非常重要. 其作法如下：给定 $\alpha(0<\alpha<1)$，构造一个检验的拒绝域，使其犯第Ⅰ类错误的概率不超过 α，即 P(拒绝 $H_0|H_0$ 为真)$\leqslant\alpha$. 例如在例 1 中，为了检验 $H_0:\mu_0=20$，构造统计量

$\frac{|\overline{X}-\mu_0|}{\sigma/\sqrt{n}}=\frac{|\overline{X}-20|}{1/\sqrt{5}}\sim N(0,1)$. 如果给定 $\alpha=0.05$，并使犯第Ⅰ类错误的概率最大为 α，则可构造一个拒绝域：$\frac{|\overline{X}-\mu_0|}{1/\sqrt{5}}\geqslant z_{\frac{\alpha}{2}}$，并使 $P\left(\frac{|\overline{X}-20|}{1/\sqrt{5}}\geqslant z_{\frac{\alpha}{2}}\right)=\alpha$，这里 $z_{\frac{\alpha}{2}}$ 可由标准正态分布表查得：$z_{\frac{\alpha}{2}}=z_{0.025}=1.96$，于是可得拒绝域

$$\mathscr{X}_0:\quad \frac{|\overline{X}-20|}{1/\sqrt{5}}\geqslant 1.96, \text{即} |\overline{X}-20|\geqslant 1.96/\sqrt{5}.$$

这种把犯第Ⅰ类错误的概率控制在不超过给定的 α 的检验法称为显著性水平为 α 的检验，并称 α 为**显著性水平**，或简称为水平.

下面的例子给出构造检验的一般方法.

例 2 设 $X_1,X_2,\cdots,X_n$ 为来自总体 X 的一个样本，$X\sim N(\mu,\sigma_0^2)$，其中 σ_0^2 已知，μ 未知. 给定显著性水平 $\alpha(0<\alpha<1)$，试构造假设

$$H_0:\quad \mu=\mu_0,\qquad H_1:\quad \mu\neq\mu_0 (\mu_0 \text{为已知})$$

的水平为 α 的检验.

解 考虑 μ 的无偏估计 $\overline{X}$，且 $\overline{X}\sim N\left(\mu,\frac{\sigma_0^2}{n}\right)$. 因为当 H_0 为真时，$\overline{X}\sim N\left(\mu_0,\frac{\sigma_0^2}{n}\right)$，$\overline{X}$ 的值应落在 μ_0 的附近，所以 $|\overline{X}-\mu_0|$ 取较大值应为小概率事件. 由此选择 H_0 的拒绝域

$$\mathscr{X}_0: |\overline{X}-\mu_0|\geqslant k,\quad k \text{为某待定正常数},$$

当检验水平为 α 时，k 应满足

$$\begin{aligned}\alpha &= P_{H_0}((X_1,X_2,\cdots,X_n)\in\mathscr{X}_0)\\ &= P_{\mu=\mu_0}(|\overline{X}-\mu_0|\geqslant k)=P_{\mu=\mu_0}\left(\frac{|\overline{X}-\mu_0|}{\sigma_0/\sqrt{n}}\geqslant\frac{k}{\sigma_0/\sqrt{n}}\right),\end{aligned}$$

故 $\frac{k}{\sigma_0/\sqrt{n}}=z_{\frac{\alpha}{2}}$，即 $k=z_{\frac{\alpha}{2}}\frac{\sigma_0}{\sqrt{n}}$. 因此所求的水平为 α 的拒绝域

$$\mathscr{X}_0:\quad \frac{|\overline{X}-\mu_0|}{\sigma_0/\sqrt{n}}\geqslant z_{\frac{\alpha}{2}}.$$

由此例可见，统计量 $\overline{X}-\mu_0$ 或 $\frac{|\overline{X}-\mu_0|}{\sigma_0/\sqrt{n}}$ 在检验的构造过程中起着关键作用，一般称其为**检验统计量**. 要求在 H_0 为真时，检验统计量的分布应是确定(已知)的，且不含任何未知参数. 例如在例 1 中，检验统计量 $\frac{|\overline{X}-\mu_0|}{\sigma_0/\sqrt{n}}\sim N(0,1)$，它满足上述要求，故在 $\alpha=0.05$ 时，拒绝域

$$\mathscr{X}_0:\quad \frac{|\overline{X}-\mu_0|}{\sigma_0/\sqrt{n}}=\frac{|\overline{X}-20|}{1/\sqrt{5}}\geqslant z_{\frac{\alpha}{2}}=1.96.$$

由样本得 $\overline{X}=19.6$,代入检验统计量中可得

$$\frac{|\overline{X}-20|}{1/\sqrt{5}}=|19.6-20|\times\sqrt{5}=0.8944<z_{\frac{\alpha}{2}}=1.96,$$

这表明落在接受域内,故应接受 H_0,从而认为该天生产的女表表壳的直径的均值是 20,亦即认为该天的生产是正常的.

例 3 安装一台新仪器,要求元件尺寸的均值保持原有仪器的水平.已知原有仪器的元件尺寸均值为 3.278 厘米,均方差为 0.002 厘米.现测量 10 个新元件,得尺寸数据(单位:厘米)为

3.277 3.281 3.278 3.278 3.286

3.279 3.278 3.281 3.279 3.280.

设元件尺寸服从正态分布,且新、旧元件尺寸分布的方差相同,问新、旧元件尺寸的均值有无显著差别?(取 $\alpha=0.05$)

解 设元件尺寸 X 服从正态分布 $N(\mu,\sigma^2)$,因新旧元件尺寸的方差相同,故 $\sigma^2=0.002^2$.由题意设

$$H_0:\quad \mu=3.278,\qquad H_1:\quad \mu\neq 3.278.$$

由例 2 可知,水平为 α 的拒绝域

$$\mathscr{X}_0:\quad \frac{|\overline{X}-\mu_0|}{\sigma/\sqrt{n}}\geqslant z_{\frac{\alpha}{2}}.$$

现在 $\alpha=0.05$,由例 1 知 $z_{\frac{\alpha}{2}}=z_{0.025}=1.96$,又由样本得均值 $\overline{X}=3.2795$,且 $\mu_0=3.278$,$\sigma^2=0.002^2$,$n=10$,从而得

$$\frac{|\overline{X}-\mu_0|}{\sigma/\sqrt{n}}=\left|\frac{3.2795-3.278}{0.002}\times\sqrt{10}\right|=2.37>1.96.$$

由于它落在拒绝域 $\mathscr{X}_0$ 内,故拒绝 H_0,接受 H_1,即认为新旧元件尺寸的均值之间存在显著差异.

8.1.5 假设检验的程序

上面叙述的检验法则具有普遍意义,可用在各种各样的假设检验问题上.假设检验的一般步骤如下:

(1)根据题意合理地建立**零假设** H_0 和**备择假设** H_1;

若零假设为 $H_0:\mu=\mu_0$,则备择假设 H_1 根据实际情况可以有下面三种:

$$H_1:(1)\ \mu\neq\mu_0,\quad (2)\ \mu<\mu_0,\quad (3)\ \mu>\mu_0.$$

在一般情况下 H_1 常选择(1),这时称为**双侧检验**;若选择(2)或(3),则称为**单侧检验**.如所考虑总体的均值应越大越好,则 H_1 可选择(3).

(2)选择适当的检验统计量 T;

要求在 H_0 为真时,统计量 T 的分布是确定和已知的.

(3)规定检验水平 α,并由 H_0 和 H_1 确定一个合理的拒绝域 $\mathscr{X}_0$(含有待定常数);

(4)由样本观测值,计算出统计量 T_0 的值;

(5)作出判断:若统计量的值 T_0 落在拒绝域内,则拒绝 H_0,否则接受 H_0.

8.2 正态总体的参数检验

下面分单个正态总体与两个正态总体的情形来讨论正态总体参数的假设检验问题.

8.2.1 单个总体均值 μ 的检验

设样本 $X_1, X_2, \cdots, X_n$ 来自正态总体 $X \sim N(\mu, \sigma^2)$.

1)方差 σ^2 已知,检验假设 $H_0: \mu=\mu_0$.

这时备择假设 H_1 可根据具体问题选择(1)$\mu \neq \mu_0$,(2)$\mu < \mu_0$,(3)$\mu > \mu_0$ 中的一种. 检验统计量 $U=\dfrac{\overline{X}-\mu_0}{\sigma/\sqrt{n}} \sim N(0,1)$. 在给定水平为 α 时,若备择假设 $H_1: \mu \neq \mu_0$,则其拒绝域 $\mathscr{X}_0: \dfrac{|\overline{X}-\mu_0|}{\sigma/\sqrt{n}} \geqslant z_{\frac{\alpha}{2}}$;若 $H_1: \mu < \mu_0$,则其拒绝域 $\mathscr{X}_0: \dfrac{\overline{X}-\mu_0}{\sigma/\sqrt{n}} \leqslant -z_\alpha$;若 $H_1: \mu > \mu_0$,则拒绝域 $\mathscr{X}_0: \dfrac{\overline{X}-\mu_0}{\sigma/\sqrt{n}} \geqslant z_\alpha$.

由于在以上检验中,取统计量 $U=\dfrac{\overline{X}-\mu_0}{\sigma/\sqrt{n}} \sim N(0,1)$,故称为 **$U$ 检验法.**

有时,可能遇上更为完整的假设,或者说由具体问题提出以下的假设更为合理:

$$H_0: \mu \leqslant \mu_0, \quad H_1: \mu > \mu_0,$$

在这里 H_0 包含了多种情形,称为复合假设. 这时在水平 α 下的拒绝域

$$\mathscr{X}_0: \frac{\overline{X}-\mu_0}{\sigma/\sqrt{n}} \geqslant z_\alpha.$$

2)方差 σ^2 未知,检验假设 $H_0: \mu=\mu_0$.

由于 σ^2 未知,$\dfrac{\overline{X}-\mu_0}{\sigma/\sqrt{n}}$ 已不能作为检验统计量,而样本方差 $S^2=\dfrac{1}{n-1}\sum\limits_{i=1}^{n}(X_i-\overline{X})^2$ 是方差 σ^2 的无偏估计,故以 S 代替 σ 可得统计量

$$T=\frac{\overline{X}-\mu_0}{S/\sqrt{n}},$$

在 H_0 为真时,统计量 $T \sim t(n-1)$. 在给定 α 时,若 H_1 为 $\mu \neq \mu_0$,则其拒绝域

$$\mathscr{X}_0:\quad \frac{|\overline{X}-\mu_0|}{S/\sqrt{n}} \geqslant t_{\frac{\alpha}{2}}(n-1).$$

这种检验法称为 t **检验法.**

类似地可写出 t 检验法的单边假设检验,结果见表 8-1.

例 1 用某仪器间接测量温度,重复 5 次,测得结果分别为

$$1250^\circ \quad 1265^\circ \quad 1245^\circ \quad 1260^\circ \quad 1275^\circ.$$

设测量值 X 服从正态分布 $N(\mu,\sigma^2)$,水平 $\alpha=0.05$. 问是否有理由认为该仪器测量值大于 1277°(真实值)?

解 由题意,$H_0:\mu\leqslant\mu_0=1277$,$H_1:\mu>1277$. 因方差 σ^2 未知,用 T 检验法,这时拒绝域

$$\mathscr{X}_0:\quad \frac{\overline{X}-\mu_0}{S/\sqrt{n}} \geqslant t_\alpha(n-1),$$

其中 $n=5$,$t_\alpha(n-1)=t_{0.05}(4)=2.1348$. 由样本得 $\overline{X}=1259$,$S^2=142.5$ 代入可得

$$T_0=\frac{1259-1277}{\sqrt{\frac{142.5}{5}}}\approx -3.372<2.1348.$$

因此接受 H_0,即认为测量值不大于 1277°.

8.2.2 单个总体的方差 σ^2 的检验

设样本 $X_1,X_2,\cdots,X_n$ 来自正态总体 $X\sim N(\mu,\sigma^2)$,均值 μ 未知,检验假设 $H_0:\sigma^2=\sigma_0^2$,$H_1:\sigma^2\neq\sigma_0^2$($\sigma_0^2$ 为已知常数).

由于样本方差 $S^2=\frac{1}{n-1}\sum\limits_{i=1}^{n}(X_i-\overline{X})^2$ 是总体方差 σ^2 的无偏估计,故当 H_0 为真时,样本方差 S^2 的值应在 σ_0^2 的附近. 取检验统计量

$$\chi^2=\frac{(n-1)S^2}{\sigma_0^2}\sim\chi^2(n-1).$$

其拒绝域应具有以下形式:

$$\frac{(n-1)S^2}{\sigma_0^2}\leqslant k_1 \quad 或 \quad \frac{(n-1)S^2}{\sigma_0^2}\geqslant k_2,$$

此处 k_1,k_2 由下式确定:

$$P(拒绝\ H_0 \mid H_0\ 为真)=P_{\sigma_0^2}\left(\left(\frac{(n-1)S^2}{\sigma_0^2}\leqslant k_1\right)\cup\left(\frac{(n-1)S^2}{\sigma_0^2}\geqslant k_2\right)\right)=\alpha,$$

为了计算方便起见,习惯上取

$$P_{\sigma_0^2}\left(\frac{(n-1)S^2}{\sigma_0^2}\leqslant k_1\right)=\frac{\alpha}{2},\quad P_{\sigma_0^2}\left(\frac{(n-1)S^2}{\sigma_0^2}\geqslant k_2\right)=\frac{\alpha}{2},$$

故得 $k_1=\chi^2_{1-\frac{\alpha}{2}}(n-1)$,$k_2=\chi^2_{\frac{\alpha}{2}}(n-1)$. 因此,拒绝域

$$\mathscr{X}_0: \frac{(n-1)S^2}{\sigma_0^2} \leqslant \chi^2_{1-\frac{\alpha}{2}}(n-1) \text{ 或} \frac{(n-1)S^2}{\sigma_0^2} \geqslant \chi^2_{\frac{\alpha}{2}}(n-1).$$

上述检验法称为 **χ^2 检验法**. 从以上的构造过程可知，k_1，k_2 的取法可以不唯一，完全在于方便计算，对于具有对称分布的检验统计量，这种取法具有优越性. 对于方差的单边检验见表 8-1.

当 μ 已知时，通常取检验统计量

$$\chi^2 = \frac{\sum_{i=1}^{n}(X_i-\mu)^2}{\sigma_0^2}.$$

在 H_0 为真时，有

$$\chi^2 = \frac{\sum_{i=1}^{n}(X_i-\mu)^2}{\sigma_0^2} \sim \chi^2(n),$$

这时可得拒绝域

$$\mathscr{X}_0: \chi^2 \geqslant \chi^2_{\frac{\alpha}{2}}(n) \text{ 或 } \chi^2 \leqslant \chi^2_{1-\frac{2}{\alpha}}(n).$$

在 μ 已知时，也可用 μ 未知时的 χ^2 检验法，两者比较，用自由度为 n 的拒绝域有较小的犯第Ⅱ类错误的概率，因而更有效一些.

例 2　某厂生产的铜丝，质量一向比较稳定，今从中随机地抽出 10 根检查其折断力，测得数据(单位：千克)如下：

575　576　570　569　572　582　577　580　571　585.

设铜丝的折断力服从正态分布 $N(\mu,\sigma^2)$，检验水平 $\alpha=0.05$，试问：是否可以认为该厂生产的铜丝的折断力的方差为 64?

解　由题意，检验假设 $H_0:\sigma^2=64$，$H_1:\sigma^2\neq 64$. 因为 μ 未知，故检验统计量

$$\chi^2 = \frac{(n-1)S^2}{\sigma_0^2} \sim \chi^2(n-1),$$

其中 $n=10$，$\alpha=0.05$，$\chi^2_{\frac{\alpha}{2}}(n-1)=\chi^2_{0.025}(9)=19.02$，$\chi^2_{1-\frac{\alpha}{2}}(n-1)=\chi^2_{0.975}(9)=2.70$，并由样本得$\overline{X}=575.7$，$(n-1)S^2=\sum_{i=1}^{10}(X_i-\overline{X})^2=260.1$，由此得

$$\chi_0^2 = \frac{\sum_{i=1}^{n}(X_i-\overline{X})^2}{\sigma_0^2} = \frac{260.1}{64} \approx 4.06,$$

因为 $2.70<4.06<19.02$，所以由 χ^2 检验法应接受 H_0，即认为这批铜丝的折断力的方差是 64.

例 3　在进行工艺改革时，如果方差显著增大，则改革需朝相反方向进行以缩小方差；若方差变化不显著，需试行别的改革方案. 现在加工 25 个活塞，对某项工

艺进行改革，对新工艺下加工好的 25 个活塞的直径进行测量，并由测量值算得样本方差 $S^2=0.00066$. 已知在工艺改革前活塞直径的方差为 0.00040，问进一步改革的方向应如何？($\alpha=0.05$)

解 设测量值 X 服从正态分布 $N(\mu,\sigma^2)$. 已知工艺改革前方差 $\sigma^2=0.00040$，现要确定下一步改革的方向，需考察改革后的活塞直径的方差 σ^2 是否不大于改革前的方差？因此待检假设可设为

$$H_0: \sigma^2 \leqslant 0.00040, \quad H_1: \sigma^2 > 0.00040,$$

这是一个复合假设，可采取效果相同的单边假设检验：

$$H_0: \sigma^2 = 0.00040, \quad H_1: \sigma^2 > 0.00040,$$

从而确定拒绝域

$$\mathscr{X}_0: \frac{(n-1)S^2}{\sigma_0^2} > \chi_\alpha^2(n-1).$$

这里 $n=25, S^2=0.00066$，由 $\alpha=0.05$ 查 χ^2 分布表得 $\chi_\alpha^2(n-1)=\chi_{0.05}^2(24)=36.415$，于是

$$\frac{(n-1)S^2}{\sigma_0^2}=\frac{24\times 0.00066}{0.00040}=39.60>36.415,$$

故应拒绝 H_0，即改革后的方差显著大于改革前的方差，因此下一步改革应朝相反方向进行.

下面考虑两个正态总体的参数检验问题.

8.2.3 关于均值差 $\mu_1-\mu_2$ 的假设检验

设样本 $(X_1,X_2,\cdots,X_n)$ 和 $(Y_1,Y_2,\cdots,Y_m)$ 分别取自正态总体 $X\sim N(\mu_1,\sigma_1^2)$ 和 $Y\sim N(\mu_2,\sigma_2^2)$，且两个样本相互独立.

考虑假设 $H_0:\mu_1-\mu_2=\delta, H_1:\mu_1-\mu_2\neq\delta$，其中 δ 为已知常数.

当方差 σ_1^2,σ_2^2 为已知时，$\mu_1-\mu_2$ 的估计量 $\overline{X}-\overline{Y}$ 在 H_0 为真时有

$$\overline{X}-\overline{Y}\sim N\left(\delta,\frac{\sigma_1^2}{n}+\frac{\sigma_2^2}{m}\right),$$

取检验统计量

$$U=\frac{\overline{X}-\overline{Y}-\delta}{\sqrt{\dfrac{\sigma_1^2}{n}+\dfrac{\sigma_2^2}{m}}}\sim N(0,1),$$

易知水平为 α 的拒绝域

$$\mathscr{X}_0: |U|\geqslant z_{\frac{\alpha}{2}}.$$

当方差 σ_1^2,σ_2^2 未知，但已知 $\sigma_1^2=\sigma_2^2$ 时，取检验统计量

$$T=\frac{\overline{X}-\overline{Y}-\delta}{S_w\sqrt{\frac{1}{n}+\frac{1}{m}}},$$

当 H_0 为真时,统计量 $T\sim t(n+m-2)$,其中 $S_w^2=\frac{(n-1)S_1^2+(m-1)S_2^2}{n+m-2}$,这时可得水平为 α 的拒绝域

$$\mathscr{X}_0:\ |T|\geqslant t_{\frac{\alpha}{2}}(n+m-2).$$

例 4　用自动车床采用新旧两种工艺加工同种零件,测量的加工偏差(单位:微米)分别为

旧工艺	2.7	2.4	2.5	3.1	2.7	3.5	2.9	2.7	3.5	3.3,
新工艺	2.6	2.1	2.7	2.8	2.3	3.1	2.4	2.4	2.7	2.3.

设测量的加工偏差服从正态分布,所得的两个样本相互独立,且总体方差相等,试问自动车床在新旧两种工艺下的加工精度有无显著差异?($\alpha=0.01$)

解　由题意,检验假设为

$$H_0:\mu_1=\mu_2,\quad H_1:\mu_1\neq\mu_2.$$

在 H_0 为真时,检验统计量

$$T=\frac{|\overline{X}-\overline{Y}|}{S_w\sqrt{\frac{1}{n}+\frac{1}{m}}}\sim t(n+m-2),$$

由此可得水平为 α 的拒绝域

$$\mathscr{X}_0:\ \frac{|\overline{X}-\overline{Y}|}{S_w\sqrt{\frac{1}{n}+\frac{1}{m}}}\geqslant t_{\frac{\alpha}{2}}(n+m-2),$$

这里 $n=m=10,\alpha=0.01,t_{\frac{\alpha}{2}}(n+m-2)=t_{0.005}(18)=2.8784$,并由样本得 $\overline{X}=2.93,\overline{Y}=2.54,S_w^2=0.125$,于是

$$\frac{|\overline{X}-\overline{Y}|}{S_w\sqrt{\frac{1}{n}+\frac{1}{m}}}=\frac{|2.93-2.54|}{\sqrt{\frac{0.125}{5}}}\approx 2.47<2.8784,$$

故接受 H_0,即认为新旧工艺对零件的加工精度无显著差异.

如果 σ_1^2,σ_2^2 未知,且也不知两者是否相等,但已知 $n=m$,即两个样本的容量相同,这种情形称为配对试验.这时可作变换 $Z_i=X_i-Y_i$,易知 $Z_i\sim N(\mu_1-\mu_2,\sigma_1^2+\sigma_2^2),1\leqslant i\leqslant n$,样本 $Z_1,Z_2,\cdots,Z_n$ 可视为来自单个正态总体 $N(\mu_1-\mu_2,\sigma_1^2+\sigma_2^2)$,于是检验假设 $H_0:\mu_1-\mu_2=\delta$ 相应地看作是单个正态总体在方差未知时检验均值是否为 δ 的假设,故水平为 α 的拒绝域

$$\mathscr{X}_0:\ \frac{|\overline{Z}-\delta|}{S_Z/\sqrt{n}}\geqslant t_{\frac{\alpha}{2}}(n-1),$$

其中$\overline{Z}=\overline{X}-\overline{Y}$，$S_Z^2=\frac{1}{n-1}\sum_{i=1}^{n}[X_i-Y_i-(\overline{X}-\overline{Y})]^2$.

例 5 考虑例 4 中，不知新旧工艺的方差是否相同，检验$H_0:\mu_1=\mu_2$，$H_1:\mu_1\neq\mu_2$，$\alpha=0.01$.

解 注意到$n=m=10$，为配对试验模型. 由样本算得$\overline{Z}=\overline{X}-\overline{Y}=2.93-2.54=0.39$，$S_Z^2=0.112$，故$\frac{|\overline{Z}|}{S_Z/\sqrt{n}}=\frac{0.39}{0.106}=3.68$，由$\alpha=0.01$查$t$分布表得$t_{\frac{\alpha}{2}}(n-1)=t_{0.005}(9)=3.2496$，由于$3.68>3.2496$，故拒绝$H_0$，而接受$H_1$，即认为新旧工艺下的均值有显著差异.

这结论与例 4 的结论完全不同，这时应该考虑两者的方差相等的假设是否合理，这必须根据实际情况进行考察，若假设是合理的，则可认为例 4 的结论更准确一些.

8.2.4 方差比$\frac{\sigma_1^2}{\sigma_2^2}$的假设检验

在实际问题中，需要考察两个总体的方差是否相等的问题，即检验假设：

$$H_0: \sigma_1^2=\sigma_2^2, \quad H_1: \sigma_1^2\neq\sigma_2^2.$$

由于样本方差

$$S_1^2=\frac{1}{n-1}\sum_{i=1}^{n}(X_i-\overline{X})^2, \quad S_2^2=\frac{1}{m-1}\sum_{j=1}^{m}(Y_j-\overline{Y})^2$$

分别是σ_1^2和σ_2^2的无偏估计，当H_0为真时，S_1^2/S_2^2应在 1 附近摆动，当此比值很大或很小时H_0都不大可能成立. 因此，取检验统计量

$$F=\frac{S_1^2/\sigma_1^2}{S_2^2/\sigma_2^2}=\frac{S_1^2}{S_2^2}\cdot\frac{\sigma_2^2}{\sigma_1^2},$$

在H_0为真时，$F=\frac{S_1^2}{S_2^2}\sim F(n-1,m-1)$，由此可得水平为$\alpha$的拒绝域：

$$\mathscr{X}_0: F=\frac{S_1^2}{S_2^2}\geqslant F_{\frac{\alpha}{2}}(n-1,m-1) \quad 或 \quad F\leqslant F_{1-\frac{\alpha}{2}}(n-1,m-1).$$

同样，对方差比，也可进行单边检验，在此不再进行讨论，将结论一并列入后面的表 8-1 中.

例 6 某一橡胶配方中，原用氧化锌 5 克，现减为 1 克. 今分别对两种配方作一批试验，分别测得橡胶伸长率如下：

氧化锌 1 克　565 577 580 575 556 542 560 532 570 561

氧化锌 5 克　540 533 525 520 545 531 541 529 534

假设橡胶伸长率服从正态分布，问这两种配方对橡胶伸长率的总体方差有无显著差异？（$\alpha=0.10$）

解　检验 $H_0:\sigma_1^2=\sigma_2^2, H_1:\sigma_1^2\neq\sigma_2^2$. 由 $n=10, m=9, \alpha=0.10$, 可得

$$F_{\frac{\alpha}{2}}(n-1,m-1)=F_{0.05}(9,8)=3.39,$$

$$F_{1-\frac{\alpha}{2}}(n-1,m-1)=F_{0.95}(9,8)=\frac{1}{F_{0.05}(8,9)}=\frac{1}{3.23},$$

由样本得 $S_1^2=236.8, S_2^2=63.86$, 于是

$$F=\frac{S_1^2}{S_2^2}=\frac{236.8}{63.86}\approx 3.7>3.39,$$

故拒绝 H_0, 即认为两总体方差有显著性差异.

例 7　现有甲、乙两台车床生产同一型号的滚珠. 根据经验认为两台车床生产的滚珠直径都服从正态分布. 现从这两台车床生产的产品中分别抽出 8 个和 9 个, 测得的直径(单位:毫米)分别为

甲	15.0	14.5	15.2	15.5	14.8	15.1	15.2	14.8	
乙	15.2	15.0	14.8	15.2	15.0	15.0	14.8	15.1	14.8

试问:乙车床生产的滚珠直径的方差是否比甲车床生产的小? ($\alpha=0.05$)

解　设 X、Y 分别表示甲、乙两台车床生产的滚珠的直径, 即 $X\sim N(\mu_1,\sigma_1^2)$, $Y\sim N(\mu_2,\sigma_2^2)$, 依题意需检验:

$$H_0:\ \sigma_1^2\leqslant\sigma_2^2,\quad H_1:\ \sigma_1^2>\sigma_2^2.$$

其水平为 α 的拒绝域

$$\mathscr{X}_0:\quad \frac{S_1^2}{S_2^2}\geqslant F_\alpha(n-1,m-1).$$

由 $n=8, m=9, \alpha=0.05, F_\alpha(n-1,m-1)=F_{0.05}(7,8)=3.50$, 由样本得 $S_1^2=\frac{0.67}{7}$, $S_2^2=\frac{0.21}{8}$, 于是

$$F=\frac{S_1^2}{S_2^2}=\frac{0.67}{0.21}\times\frac{8}{7}=3.65>3.50.$$

故拒绝 H_0, 即表示乙车床生产的滚珠直径的方差比甲车床生产的小.

*8.2.5　利用置信区间确定检验的拒绝域

由上面的讨论, 容易发现参数的置信区间与假设检验的接受域之间存在着对应关系, 即参数的置信区间为相应参数在假设检验中的接受域. 因此, 由参数的置信区间可以导出相应参数假设检验的拒绝域, 从显著性水平为 α 的假设检验的接受域出发, 也可以导出参数的置信水平为 $1-\alpha$ 的置信区间. 对此不作详细深入的研究, 仅举例来说明.

例 8　设总体 $X\sim N(\mu,\sigma_0^2)$, 其中 σ_0^2 为已知常数, 在水平 α 下, 检验假设

$$H_0:\ \mu=\mu_0,\quad H_1:\ \mu\neq\mu_0.$$

解 在前一章中,已知在方差 σ_0^2 已知的条件下,正态总体 X 的均值 $\mu=E(X)$ 的置信水平为 $1-\alpha$ 的置信区间为

$$\left(\overline{X}-\frac{\sigma_0}{\sqrt{n}}z_{\frac{\alpha}{2}},\overline{X}+\frac{\sigma_0}{\sqrt{n}}z_{\frac{\alpha}{2}}\right).$$

对于给定的样本观察值 $x_1,x_2,\cdots,x_n$,与之对应的置信区间为 $\left(\overline{x}-\frac{\sigma_0}{\sqrt{n}}z_{\frac{\alpha}{2}},\overline{x}+\frac{\sigma_0}{\sqrt{n}}z_{\frac{\alpha}{2}}\right)$. 若 H_0 为真,则应有 $\overline{x}-\frac{\sigma_0}{\sqrt{n}}z_{\frac{\alpha}{2}}<\mu<\overline{x}+\frac{\sigma_0}{\sqrt{n}}z_{\frac{\alpha}{2}}$,即

$$P\left(\overline{x}-\frac{\sigma_0}{\sqrt{n}}z_{\frac{\alpha}{2}}<\mu<\overline{x}+\frac{\sigma_0}{\sqrt{n}}z_{\frac{\alpha}{2}}\right)=P\left(\left|\frac{\overline{x}-\mu}{\sigma_0/\sqrt{n}}\right|<z_{\frac{\alpha}{2}}\right)=1-\alpha,$$

从而 $P\left(\left|\frac{\overline{x}-\mu}{\sigma_0/\sqrt{n}}\right|\geqslant z_{\frac{\alpha}{2}}\right)=\alpha$,由此可知拒绝域

$$\mathscr{X}_0=\left\{(x_1,x_2,\cdots,x_n)\,\middle|\,\left|\frac{\overline{x}-\mu}{\sigma_0/\sqrt{n}}\right|\geqslant z_{\frac{\alpha}{2}}\right\}.$$

这与前面推得的拒绝域完全一致.

因此,在进行假设检验时,也可以先求出相应的置信区间,若 H_0 中的 $\mu=\mu_0$ 或 $\sigma^2=\sigma_0^2$ 恰好包含在求出的置信区间内,则 H_0 成立,否则说明它落在拒绝域内,故应拒绝 H_0,从而接受备择假设 H_1.

最后给出正态总体参数检验表(表 8-1).

表 8-1 正态总体参数检验表

名称	原假设 H_0	条件	检验统计量在 H_0 下的分布	备择假设 H_1	水平为 α 的拒绝域
U 检验	$\mu=\mu_0$	σ^2 已知	$U=\dfrac{\overline{X}-\mu_0}{\frac{\sigma}{\sqrt{n}}}\sim N(0,1)$	$\mu>\mu_0$ $\mu<\mu_0$ $\mu\neq\mu_0$	$U\geqslant z_\alpha$ $U\leqslant -z_\alpha$ $\|U\|\geqslant z_{\frac{\alpha}{2}}$
	$\mu_1-\mu_2=\delta$	σ_1^2,σ_2^2 都已知	$U=\dfrac{\overline{X}-\overline{Y}-\delta}{\sqrt{\frac{\sigma_1^2}{n}+\frac{\sigma_2^2}{m}}}\sim N(0,1)$	$\mu_1-\mu_2>\delta$ $\mu_1-\mu_2<\delta$ $\mu_1-\mu_2\neq\delta$	$U\geqslant z_\alpha$ $U\leqslant -z_\alpha$ $\|U\|\geqslant z_{\frac{\alpha}{2}}$
t 检验	$\mu=\mu_0$	σ^2 未知	$t=\dfrac{\overline{X}-\mu_0}{\frac{S}{\sqrt{n}}}\sim t(n-1)$	$\mu>\mu_0$ $\mu<\mu_0$ $\mu\neq\mu_0$	$t\geqslant t_\alpha(n-1)$ $t\leqslant -t_\alpha(n-1)$ $\|t\|\geqslant t_{\frac{\alpha}{2}}(n-1)$
	$\mu=\mu_0$	σ_1^2,σ_2^2 均未知 但 $\sigma_1^2=\sigma_2^2$	$t=\dfrac{\overline{X}-\overline{Y}-\delta}{S_w\sqrt{\frac{1}{n}+\frac{1}{m}}}\sim t(n+m-2)$ $S_w^2=\dfrac{(n-1)S_1^2+(m-1)S_2^2}{n+m-2}$	$\mu_1-\mu_2>\delta$ $\mu_1-\mu_2<\delta$ $\mu_1-\mu_2\neq\delta$	$t\geqslant t_\alpha(n+m-2)$ $t\leqslant -t_\alpha(n+m-2)$ $\|t\|\geqslant t_{\frac{\alpha}{2}}(n+m-2)$

续表

名称	原假设 H_0	条件	检验统计量在 H_0 下的分布	备择假设 H_1	水平为 α 的拒绝域
t 检验	$\mu_1-\mu_2=\delta$	σ_1^2 与 σ_2^2 均未知 但 $m=n$	$T=\dfrac{\overline{Z}-\delta}{\frac{S_z}{\sqrt{n}}}\sim t(n-1)$ $Z_i=X_i-Y_i,\overline{Z}=\overline{X}-\overline{Y}$ $i=1,2,\cdots,n$ $S_Z^2=\dfrac{1}{n-1}\sum\limits_{i=1}^{n}(Z_i-\overline{Z})^2$	$\mu_1-\mu_2>\delta$ $\mu_1-\mu_2<\delta$ $\mu_1-\mu_2\neq\delta$	$T\geqslant t_\alpha(n-1)$ $T\leqslant -t_\alpha(n-1)$ $\lvert T\rvert\geqslant t_{\frac{\alpha}{2}}(n-1)$
χ^2 检验	$\sigma^2=\sigma_0^2$	μ 已知	$\chi^2=\dfrac{\sum\limits_{i=1}^{n}(X_i-\mu)^2}{\sigma_0^2}\sim\chi^2(n)$	$\sigma^2>\sigma_0^2$ $\sigma^2<\sigma_0^2$ $\sigma^2\neq\sigma_0^2$	$\chi^2\geqslant\chi_\alpha^2(n)$ $\chi^2\leqslant\chi_{1-\alpha}^2(n)$ $\chi^2\geqslant\chi_{\frac{\alpha}{2}}^2(n)$ 或 $\chi^2\leqslant\chi_{1-\frac{\alpha}{2}}^2(n)$
	$\sigma^2=\sigma_0^2$	μ 未知	$\chi^2=\dfrac{\sum\limits_{i=1}^{n}(X_i-\overline{X})^2}{\sigma_0^2}$ $\sim\chi^2(n-1)$	$\sigma^2>\sigma_0^2$ $\sigma^2<\sigma_0^2$ $\sigma^2\neq\sigma_0^2$	$\chi^2\geqslant\chi_\alpha^2(n-1)$ $\chi^2\leqslant\chi_{1-\alpha}^2(n-1)$ $\chi^2\geqslant\chi_{\frac{\alpha}{2}}^2(n-1)$ 或 $\chi^2\leqslant\chi_{1-\frac{\alpha}{2}}^2(n-1)$
F 检验	$\sigma_1^2=\sigma_2^2$	μ_1 与 μ_2 均未知	$F=\dfrac{S_1^2}{S_2^2}\sim F(n-1,m-1)$	$\sigma_1^2>\sigma_2^2$ $\sigma_1^2<\sigma_2^2$ $\sigma_1^2\neq\sigma_2^2$	$F\geqslant F_\alpha(n-1,m-1)$ $F\leqslant F_{1-\alpha}(n-1,m-1)$ $F\geqslant F_{\frac{\alpha}{2}}(n-1,m-1)$ 或 $F\leqslant F_{1-\frac{\alpha}{2}}(n-1,$ $m-1)$
	$\sigma_1^2=\sigma_2^2$	μ_1 与 μ_2 均已知	$F=\dfrac{m\sum\limits_{i=1}^{n}(X_i-\mu_1)^2}{n\sum\limits_{j=1}^{m}(Y_j-\mu_2)^2}$ $\sim F(n,m)$	$\sigma_1^2>\sigma_2^2$ $\sigma_1^2<\sigma_2^2$ $\sigma_1^2\neq\sigma_2^2$	$F\geqslant F_\alpha(n,m)$ $F\leqslant F_{1-\alpha}(n,m)$ $F\geqslant F_{\frac{\alpha}{2}}(n,m)$ 或 $F\leqslant F_{1-\frac{\alpha}{2}}(n,m)$

*8.2.6　样本容量与犯第二类错误的概率

在 8.1.3 节中，已知在 H_0 为真时，拒绝 H_0 称为犯第Ⅰ类错误. 在假设检验中，把犯第Ⅰ类错误的概率控制在水平 α 内，即 P(拒绝 $H_0\mid H_0$ 为真)$\leqslant\alpha$. 这实际上也是样本观察值落入拒绝域中的概率. 当 H_1 为真时，样本观察值落在接受域内，即在 H_1 为真时接受 H_0，称为犯第Ⅱ类错误，通常把犯第Ⅱ类错误的概率表示成 P(接受 $H_0\mid H_1$ 为真)$=\beta$.

在实际问题中，除了希望控制犯第Ⅰ类错误的概率外，往往还希望能控制犯第Ⅱ类错误的概率. 在上面介绍的各种检验中，总是预先给出显著性水平 α 以控制犯第Ⅰ类错误的概率，对犯第Ⅱ类错误的概率不再加以控制. 事实上，只要适当选取样本容量的值，就可以使犯第Ⅱ类错误的概率控制在预先给定的限度内，为此，引入势函数的概念.

定义 8.1 设 $\mathscr{X}_0$ 为原假设 H_0 的拒绝域，则称函数

$$M(\mathscr{X}_0,\theta)=P_\theta\{(x_1,x_2,\cdots,x_n)\in\mathscr{X}_0\},\quad \theta\in\Theta$$

为具有拒绝域 $\mathscr{X}_0$ 的势函数(或称功效函数)，其中 Θ 为由 H_0 与 H_1 所规定的参数 θ 的取值集合.

由定义可知，势函数既依赖于拒绝域 $\mathscr{X}_0$，又依赖于参数 θ. 对于给定的拒绝域，势函数是 θ 的一元函数. 上述显著性水平的假设检验与其对应的势函数具有如下的性质：

若记 Θ_i 为由 $H_i(i=0,1)$ 所规定的参数 θ 的取值集合，显然 $\Theta_i\subset\Theta,i=0,1$，且 $\Theta_0\cap\Theta_1=\varnothing$，则对任一 $\theta\in\Theta_0$，皆有

$$M(\mathscr{X}_0,\theta)\leqslant\alpha.$$

当 $\theta\in\Theta_1$ 时，$M(\mathscr{X}_0,\theta)$ 就是不犯第Ⅱ类错误的概率，这时也称它为备择假设 H_1 的势函数，故此值越大越好. 由此可知犯第Ⅱ类错误的概率

$$\beta=1-M(\mathscr{X}_0,\theta),\quad \theta\in\Theta_1.$$

由于拒绝域取决于备择假设 H_1 及检验法，因此，下面通过 U 检验法介绍犯第Ⅱ类错误的概率 β 的计算方法及如何利用样本容量 n 去控制 β 的大小的方法.

设在 U 检验法中，检验假设

$$H_0:\mu=\mu_0,\quad H_1:\mu>\mu_0,$$

势函数

$$\begin{aligned}M(\mathscr{X}_0,\mu)&=P_\mu\left(\frac{\overline{X}-\mu_0}{\sigma/\sqrt{n}}\geqslant z_\alpha\right)\\&=1-P_\mu\left(\frac{\overline{X}-\mu_0}{\sigma/\sqrt{n}}<z_\alpha\right)=1-P\left(\frac{\overline{X}-\mu}{\sigma/\sqrt{n}}<z_\alpha-\frac{\mu-\mu_0}{\sigma/\sqrt{n}}\right)\\&=1-\Phi\left(z_\alpha-\frac{\mu-\mu_0}{\sigma/\sqrt{n}}\right)=1-\Phi(z_\alpha-\lambda),\end{aligned}$$

其中 $\lambda=\dfrac{\mu-\mu_0}{\sigma/\sqrt{n}}$. 可以证明：(1) 势函数 $M(\mathscr{X}_0,\mu)$ 是 λ 的单调递增的连续函数；(2) $\lim\limits_{\mu\to\mu_0^+}M(\mathscr{X}_0,\mu)=\alpha$，$\lim\limits_{\mu\to\infty}M(\mathscr{X}_0,\mu)=1$. 由势函数的连续性可知，当参数的真值 $\mu(\mu>\mu_0)$ 在 μ_0 附近时，势函数 $M(\mathscr{X}_0,\mu)$ 很小，即犯第Ⅱ类错误的概率很大. 由于 α 通常取得比较小，而不管 σ 多么小，n 多么大，只要 n 给定，总存在 μ_0 附近的点 $\mu(\mu>\mu_0)$ 使得 $\beta=1-M(\mathscr{X}_0,\mu)$ 几乎等于 $1-\alpha$. 这表明，无论样本容量 n 多么大，要想对所有的 $\mu\in\Theta_1$，控制犯第Ⅱ类错误的概率都很小是不可能的. 但若样本容量没有给

定，那么可以通过势函数来确定样本容量 n，使当真值 $\mu>\mu_0+\delta(\delta>0$ 为取定的值)时，犯第Ⅱ类错误的概率不超过给定的概率 β. 这是因为$M(\mathscr{X}_0,\mu)=1-\Phi(z_\alpha-\lambda)\left(\lambda=\dfrac{\mu-\mu_0}{\sigma/\sqrt{n}}\right)$是关于 μ 的单调递增的连续函数，故当 $\mu\geqslant\mu_0+\delta$ 即 $\mu-\mu_0\geqslant\delta$ 时，有 $\beta\geqslant\Phi\left(z_\alpha-\dfrac{\delta}{\sigma/\sqrt{n}}\right)$，由此可得

$$\sqrt{n}\geqslant\frac{(z_\alpha+z_\beta)\sigma}{\delta},$$

亦即只要 $n\geqslant\left(\dfrac{z_\alpha+z_\beta}{\delta}\sigma\right)^2$ 时，就能使 $\mu\geqslant\mu_0+\delta$ 时犯第Ⅱ类错误的概率不超过 β.

类似地，当待检假设

$$H_0:\mu=\mu_0,\quad H_1:\mu<\mu_0,$$

这时势函数 $M(\mathscr{X}_0,\mu)=1-\Phi(z_\alpha+\lambda)$，$\lambda=\dfrac{\mu-\mu_0}{\sigma/\sqrt{n}}$. 故当 $\mu\leqslant\mu_0-\delta(\delta>0$ 为取定的值)时，要使犯第Ⅱ类错误的概率不超过给定的 β，只要

$$\sqrt{n}>\frac{z_\alpha+z_\beta}{\delta}\sigma.$$

若待检假设为双侧检验：

$$H_0:\mu=\mu_0,\quad H_1:\mu\neq\mu_0,$$

这时势函数

$$\begin{aligned}M(\mathscr{X}_0,\mu)&=P_\mu\left(\left|\frac{\overline{X}-\mu_0}{\sigma/\sqrt{n}}\right|\geqslant z_{\frac{\alpha}{2}}\right)=1-P_\mu\left(\frac{|\overline{X}-\mu_0|}{\sigma/\sqrt{n}}<z_{\frac{\alpha}{2}}\right)\\&=1-\left[\Phi\left(z_{\frac{\alpha}{2}}-\frac{\mu-\mu_0}{\sigma/\sqrt{n}}\right)-\Phi\left(-z_{\frac{\alpha}{2}}-\frac{\mu-\mu_0}{\sigma/\sqrt{n}}\right)\right]\\&=1-[\Phi(z_{\frac{\alpha}{2}}-\lambda)-\Phi(-z_{\frac{\alpha}{2}}-\lambda)],\quad\lambda=\frac{\mu-\mu_0}{\sigma/\sqrt{n}},\end{aligned}$$

于是 $\beta=\Phi(z_{\frac{\alpha}{2}}-\lambda)+\Phi(z_{\frac{\alpha}{2}}+\lambda)-1$. 因此，若要求 μ 满足 $|\mu-\mu_0|\geqslant\delta>0$ 时犯第Ⅱ类错误的概率不超过给定的 β，只要样本容量 n 满足

$$\sqrt{n}\geqslant(z_{\frac{\alpha}{2}}+z_\beta)\frac{\sigma}{\delta}.$$

用同样的方法，可以推得 t 检验法的势函数，以及控制犯第Ⅱ类错误的概率不超过给定的 β 时样本容量 n 需满足的条件，对此不作进一步的讨论. 为了使用的方便，在书后的附表 7 中，给出了在给定 α,β 及 $\delta(>0)$时，样本容量 n 的值，当 $\mu\in\Theta_1$ 时，它可以控制犯第Ⅱ类错误的概率不超过给定的 β.

例 9　梅林食品厂生产的火腿金枪鱼罐头规定每听的标准重量为 500 克，这

些罐头由一条生产线自动包装. 在正常情况下,生产线包装的罐头的重量服从正态分布 $N(500,2^2)$. 为了检验该天生产线工作是否正常,从中随机地抽取 5 听,测得重量(单位:克)如下:

$$501\quad 507\quad 498\quad 502\quad 504.$$

(1)若假定总体方差不变,试检验假设 $H_0: \mu=500$, $H_1:\mu\neq 500$, 取 $\alpha=0.05$;

(2)若要求(1)中 H_1 中的 $\mu\neq 500$ 时犯第Ⅱ类错误的概率不超过 $\beta=0.1$,求所需的样本容量 n.

解 (1)由 $\alpha=0.05$ 得 $z_{\frac{\alpha}{2}}=1.96$;由样本得 $\bar{x}=502.4$. 因为方差已知,故取 U 统计量

$$U=\frac{\overline{X}-\mu_0}{\sigma/\sqrt{n}}=\frac{\overline{X}-500}{2/\sqrt{5}}\sim N(0,1),$$

于是

$$|U_0|=\frac{502.4-500}{2}\sqrt{5}=2.7.$$

由于 $U_0=2.7>z_{\frac{\alpha}{2}}=1.96$,因此拒绝 H_0,即罐头生产自动线工作异常.

(2)由 $\beta=0.1$ 得 $z_\beta=z_{0.1}=1.285$,已知 $\sigma=2$,$\delta=|\mu-\mu_0|=|\bar{x}-\mu_0|=2.4$,于是

$$\sqrt{n}\geqslant\frac{z_{\frac{\alpha}{2}}+z_\beta}{\delta}\sigma=\frac{(1.96+1.285)\times 2}{2.4}=2.7,$$

即 $n\geqslant 7.29$,故取 $n=8$.

由前面的讨论可知,利用势函数可以求出犯第Ⅱ类错误的概率,即 $\beta=1-M(\mathscr{X}_0,\theta)$,故在 U 检验法中当 $H_0:\mu=\mu_0$, $H_1:\mu>\mu_0$ 时,势函数为 $M(\mathscr{X}_0,\mu)=1-\Phi\left(z_\alpha-\frac{\mu-\mu_0}{\sigma/\sqrt{n}}\right)$,因此

$$\beta=1-M(\mathscr{X}_0,\mu)=\Phi\left(z_\alpha-\frac{\mu-\mu_0}{\sigma/\sqrt{n}}\right).$$

当 $H_0:\mu=\mu_0$, $H_1:\mu<\mu_0$ 时,可得

$$\beta=1-M(\mathscr{X}_0,\mu)=\Phi\left(z_\alpha+\frac{\mu-\mu_0}{\sigma/\sqrt{n}}\right).$$

当 $H_0:\mu=\mu_0$, $H_1:\mu\neq\mu_0$ 时,可得

$$\beta=\Phi\left(z_{\frac{\alpha}{2}}-\frac{\mu-\mu_0}{\sigma/\sqrt{n}}\right)+\Phi\left(z_{\frac{\alpha}{2}}+\frac{\mu-\mu_0}{\sigma/\sqrt{n}}\right)-1.$$

例 10 袋装佳美洗衣粉由自动生产线包装,每袋的标准重量是 1000 克,根据经验标准差为 40 克. 为了保证佳美洗衣粉的重量符合出厂的规定标准,质量检查

员随机地抽取容量为 100 的样本进行检查，测得 $\overline{x}=990$ 克，若取显著性水平为 0.05，试计算犯第Ⅱ类错误的概率 β.

解　由题意知，待检假设

$$H_0: \mu = 1000, \quad H_1: \mu \neq 1000.$$

由于 σ^2 已知，故采用 U 检验法，且 $n=100, \alpha=0.05, z_{\frac{\alpha}{2}}=z_{0.025}=1.96, \overline{x}=990$，这时 $\delta=|\mu-\mu_0|=|\overline{x}-\mu_0|=|990-1000|=10, \lambda=\frac{\sqrt{n}}{\sigma}\delta=\frac{10\times\sqrt{100}}{40}=2.5$，于是

$$\begin{aligned}\beta &= \Phi(z_{\frac{\alpha}{2}}+\lambda)+\Phi(z_{\frac{\alpha}{2}}-\lambda)-1\\ &= \Phi(1.96+2.5)+\Phi(1.96-2.5)-1\\ &= \Phi(4.46)-\Phi(0.54)\approx 1-0.7054=0.2946.\end{aligned}$$

上述概率表明，在洗衣粉平均每包重量为 990 克（标准重量应为每包 1000 克）时，仍有 29.46%的可能性被认为包装的洗衣粉合乎标准而出厂，实际上这批产品是不能投放市场的.

例 11　考虑在显著性水平 $\alpha=0.05$ 下进行 t 检验：

$$H_0: \mu = 100, \quad H_1: \mu > 100.$$

(1)求在 H_1 中 $\mu>100+\sigma$ 时犯第Ⅱ类错误的概率不超过 $\beta=0.01$ 时所需的样本容量 n；

(2)若样本容量 $n=21$，问在 H_1 中 $\mu>\mu_1=100+0.75\sigma$ 时犯第Ⅱ类错误的概率是多少？

解　(1)由 $\alpha=0.05, \beta=0.01, \mu_0=100, \delta=\frac{\mu_1-\mu_0}{\sigma}=\frac{100+\sigma-100}{\sigma}=1$，查附表 7 得 $n=18$.

(2)由 $\alpha=0.05, n=21, \delta=\frac{\mu_1-\mu_0}{\sigma}=\frac{0.75\sigma}{\sigma}=0.75$，查附表 7 得 $\beta=0.05$.

*8.3　非参数 χ^2 检验

上节介绍的假设检验问题都是在总体分布形式为已知的条件下进行的，但在很多场合，往往事先并不知道总体的分布类型，这时需要根据样本对总体的分布或分布类型提出假设并进行检验，这种检验一般称为分布拟合检验或非参数检验. 在本节中，简要介绍一种分布拟合检验方法——**非参数 χ^2 检验.**

设离散型总体 X 只能取 $m_1, m_2, \cdots, m_r$ 个值，现在需检验

$$H_0: P(X=m_i)=p_i, \quad i=1,2,\cdots,r, \tag{8.3.1}$$

这里 $\sum_{i=1}^{r} p_i = 1$，且 p_i 已知. 令事件 $A_i=(X=m_i)$，$i=1,2,\cdots,r$，则(8.3.1)可写成

$$H_0: P(A_i) = p_i, i = 1,2,\cdots,r, \quad H_1: P(A_i) \neq p_i. \tag{8.3.2}$$

设 $X_1, X_2, \cdots, X_n$ 为来自总体 X 的样本，记 n_i 为样本中取值为 m_i 的个数($1\leqslant i\leqslant r$)，$\sum_{i=1}^{r} n_i = n$，且$\frac{n_i}{n}$为 A_i 发生的频率. 由于频率是概率的反映，故当 n 较大时，两者应比较接近，所以在 H_0 成立时，$\frac{n_i}{n}$应与 p_i 非常接近. 由此可知，$\frac{n_i}{n}$与 p_i 的差异的大小就可反映出 H_0 的真伪. 皮尔逊(Pearson)提出用

$$\chi^2 = \sum_{i=1}^{r} \frac{(n_i - np_i)^2}{np_i} \tag{8.3.3}$$

作为检验 H_0 的统计量，利用 χ^2 可衡量两者差异的程度，当 H_0 不真时，χ^2 的值应较大，这时拒绝域

$$\mathscr{X}_0: \chi^2 \geqslant k, k \text{ 为某正数}.$$

为了得到水平为 α 的检验，还需要知道检验统计量 χ^2 在 H_0 下的分布. 下面的皮尔逊定理给出了 χ^2 的渐近分布.

定理 8.1(皮尔逊定理) 若总体的真实分布为 $P(X=m_i)=p_i$，$i=1,2,\cdots,r$，则(8.3.3)所定义的统计量 χ^2 近似地服从自由度为 $r-1$ 的 χ^2 分布(证明略).

由定理 8.1 可知，假设(8.3.1)和(8.3.2)的一个水平为 α 的拒绝域

$$\mathscr{X}_0: \chi^2 = \sum_{i=1}^{r} \frac{(n_i - np_i)^2}{np_i} \geqslant \chi^2_\alpha(r-1), \tag{8.3.4}$$

注意到事件群 $\{A_i, 1\leqslant i\leqslant r\}$ 满足：

(1) A_i 互不相容，即 $A_iA_j=\varnothing$，$i\neq j$；

(2) $\bigcup_{i=1}^{r} A_i=\Omega$.

称 $\{A_i\}$ 为有限完备事件群，所以上述检验也称为有限完备事件群的 χ^2 检验.

由于定理 8.1 的结论为近似结果，应用时一般要求 $n\geqslant 50$，且每个 $np_i\geqslant 5$，否则相邻组要进行合并.

例 1 生物学家孟德尔根据颜色与形状将豌豆分成 4 类：黄圆的，青圆的，黄有角，青有角，且运用遗传学的理论指出这 4 类豌豆之比为 9∶3∶3∶1. 他观察了 556 颗豌豆，发现各类的颗数分别为 315，108，101，32，试问可否认为孟德尔的分类论断是正确的？($\alpha=0.05$)

解 设 A_1, A_2, A_3, A_4 分别表示豌豆为黄圆、青圆、黄有角和青有角四个事件，依据题意需检验：

$$H_0: P(A_1) = \frac{9}{16},\ P(A_2) = \frac{3}{16},\ P(A_3) = \frac{3}{16},\ P(A_4) = \frac{1}{16}.$$

由 $n=556, n_1=315, n_2=108, n_3=101, n_4=32, r=4, \chi^2_\alpha(r-1)=\chi^2_{0.05}(3)=7.815$，而

$$\chi^2 = \sum_{i=1}^{4} \frac{(n_i - np_i)^2}{np_i} = 0.47 < 7.815,$$

故接受 H_0，即认为孟德尔的论断是正确的.

有时在假设(8.3.1)或(8.3.2)中 p_i 为未知参数 $\theta_1, \theta_2, \cdots, \theta_k$ 的函数，即 $p_i = p_i(\theta_1, \theta_2, \cdots, \theta_k), i=1,2,\cdots,r$. 这时首先在 H_0 下利用样本给出 θ_i 的极大似然估计，记为 $\hat{\theta}_i (1 \leqslant i \leqslant k)$，然后计算出 $\hat{p}_i = p_i(\hat{\theta}_1, \hat{\theta}_2, \cdots, \hat{\theta}_k)$，构造相应的皮尔逊统计量

$$\chi^2 = \sum_{i=1}^{r} \frac{(n_i - n\hat{p}_i)^2}{n\hat{p}_i}, \tag{8.3.5}$$

可以证明，当 H_0 为真时，(8.3.5)定义的统计量服从渐近自由度为 $r-k-1$ 的 χ^2 分布($r>k+1$). 这样得到一个近似的水平为 α 的拒绝域

$$\mathscr{X}_0: \sum_{i=1}^{r} \frac{(n_i - n\hat{p}_i)^2}{n\hat{p}_i} \geqslant \chi^2_\alpha(r-k-1).$$

利用上述的非参数 χ^2 检验，就可以对一般的离散型总体和连续型总体进行检验.

例 2 已知某袋内放着白球和黑球，现作下面的试验，进行有放回地抽球，直到抽到白球为止. 记录下抽取的次数，重复进行如此试验 100 次，结果如下：

抽取次数	1	2	3	4	≥5
频　数	43	31	15	6	5

试问该袋内黑、白球个数是否相等？($\alpha=0.05$)

解 记 X 为首次出现白球所需抽取的次数，则 $P(X=k)=(1-p)^{k-1}p, k=1, 2, \cdots$，其中 p 表示从袋内任取一球为白球的概率. 若 $p=\frac{1}{2}$，即表示黑球与白球的个数相等，则

$$P(X=1) = \frac{1}{2},\quad P(X=2) = \frac{1}{4},\quad P(X=3) = \frac{1}{8},$$

$$P(X=4) = \frac{1}{16},\quad P(X \geqslant 5) = \frac{1}{16}.$$

记

$$A_i = (X = i),\quad i = 1,2,3,4,\qquad A_5 = (X \geqslant 5).$$

根据题意需检验：

$$H_0: P(A_1)=\frac{1}{2}, P(A_2)=\frac{1}{4}, P(A_3)=\frac{1}{8}, P(A_4)=\frac{1}{16}, P(A_5)=\frac{1}{16}.$$

将试验结果代入计算得

$$\chi^2=\sum_{i=1}^{5}\frac{(n_i-np_i)^2}{np_i}=\frac{(43-50)^2}{50}+\frac{(31-25)^2}{25}+\frac{(15-12.5)^2}{12.5}+\frac{(6-6.25)^2}{6.25}+\frac{(5-6.25)^2}{6.25}=3.2,$$

而$r=5$，$\chi^2_\alpha(r-1)=\chi^2_{0.05}(4)=9.488>3.2$，故接受$H_0$，即认为白球与黑球个数相等.

例 3 在一实验中，每隔一定时间观察一次由某种铀所放射的到达计算器上的α粒子数，共观察了100次，得结果如下：

i	0	1	2	3	4	5	6	7	8	9	10	11	≥12
n_i	1	5	16	17	26	11	9	9	2	1	2	1	0

其中n_i为观察到i个α粒子的次数. 从理论上可知次数X应服从泊松(Poisson)分布，即

$$P(X=i)=\frac{\lambda^i}{i!}e^{-\lambda}, \quad i=0,1,2,\cdots,$$

试问根据实验的结果，X是否可认为服从泊松(Poisson)分布？($\alpha=0.05$)

解 根据题意需检验

$$H_0: P(X=i)=\frac{\lambda^i e^{-\lambda}}{i!}, \quad 常数\lambda>0, \quad i=0,1,2,\cdots,$$

根据实验结果构造有限完备事件群：$A_i=(X=i)$，$i=0,1,2,\cdots,11$，$A_{12}=(X\geqslant 12)$，由此H_0可简化为

$$H_0': P(A_i)=\frac{\lambda^i e^{-\lambda}}{i!}, \quad i=0,1,\cdots,11, \quad P(A_{12})=1-\sum_{i=0}^{11}\frac{\lambda^i e^{-\lambda}}{i!},$$

因为H_0和H_0'中含有未知参数λ，由极大似然估计得$\hat{\lambda}=\overline{X}=4.2$. 然后再计算各事件的概率估计值：

$$\hat{p}_i=\hat{P}(A_i)=\hat{P}(X=i)=\frac{4.2^i e^{-4.2}}{i!}, \quad i=0,1,\cdots,11, \quad \hat{p}_{12}=1-\sum_{i=0}^{11}\hat{p}_i.$$

结果见表：

A_i	n_i	$\hat{p}_i$	$n\hat{p}_i$	$n_i-n\hat{p}_i$	$(n_i-n\hat{p}_i)^2/n\hat{p}_i$
A_0	1	0.015	1.5	−1.8	0.415
A_1	5	0.063	6.3		
A_2	16	0.132	13.2	2.8	0.594
A_3	17	0.185	18.5	−1.5	0.122
A_4	26	0.194	19.4	6.6	2.245
A_5	11	0.163	16.3	−5.3	1.723
A_6	9	0.114	11.4	−2.4	0.505
A_7	9	0.069	6.9	2.1	0.639
A_8	2	0.036	3.6	−0.5	0.0385
A_9	1	0.017	1.7		
A_{10}	2	0.007	0.7		
A_{11}	1	0.003	0.3		
A_{12}	0	0.002	0.2		
$\sum$					6.2815

注意到有些 $n\hat{p}_i<5$ 的组与相邻组进行适当合并，使 $n\hat{p}_i\geqslant 5$. 并组后 $r=8$，且估计一个参数，故 χ^2 的自由度为 $8-1-1=6$.

因为

$$\chi_\alpha^2(r-k-1)=\chi_{0.05}^2(6)=12.592>6.2815,$$

故接受 H_0，即可以认为样本来自泊松分布.

例 4　下表给出某地 120 名 12 岁男孩身高的资料(单位:厘米). 试问能否认为该地区 12 岁男孩的身高服从正态分布?($\alpha=0.05$)

128.1	144.4	150.3	146.2	140.6	139.7	134.1	124.3	147.9
143.0	143.1	142.7	126.0	125.6	127.7	154.4	142.7	141.2
133.4	131.0	125.4	130.3	146.3	146.8	142.7	137.6	136.9
122.7	131.8	147.7	135.8	134.8	139.1	139.0	132.3	134.7
138.4	136.6	136.2	141.6	141.0	138.4	145.1	141.4	139.9
140.6	140.2	131.0	150.4	142.7	144.3	136.4	134.5	132.3
152.7	148.1	139.6	138.9	136.1	135.9	140.3	137.3	134.6
145.2	128.2	135.9	140.2	136.6	139.5	135.7	139.8	129.1
141.4	139.7	136.2	138.4	138.1	132.9	142.9	144.7	118.8
138.3	135.3	140.6	142.2	152.1	142.4	142.7	136.2	135.0
154.3	147.9	141.3	143.8	138.1	139.7	127.4	146.0	155.8
141.2	146.4	139.4	140.8	127.7	150.7	100.3	148.5	147.5
138.9	123.1	126.0	150.0	143.7	156.9	133.1	142.8	136.8
133.1	144.5	142.4						

解　以 X 记为该地区 12 岁男孩的身高，则依题意需检验:

$$H_0: X \sim N(\mu, \sigma^2).$$

由于 H_0 中含有未知参数，故需先进行参数估计，μ 与 σ^2 的极大似然估计分别为

$$\hat{\mu} = \overline{X} = 139.5, \quad \hat{\sigma}_2 = \frac{1}{n}\sum_{i=1}^{n}(X_i - \overline{X})^2 = 55.$$

因为 X 是连续型随机变量，为利用非参数 χ^2 检验，首先要将 X 的取值离散化，这里 X 取值可分成 9 组如下表：

组限	$(-\infty,126)$	$[126,130)$	$[130,134)$	$[134,138)$	$[138,142)$
频数	5	8	10	22	33
组限	$[142,146)$	$[146,150)$	$[150,154)$	$[154,+\infty)$	
频数	20	11	6	5	

下面计算概率 $\hat{p}_i$：

$$\hat{p}_1 = \hat{p}(X < 126) = \Phi\left(\frac{126 - \hat{\mu}}{\hat{\sigma}}\right),$$

$$\hat{p}_i = \hat{p}(x_{i-1} \leqslant X < x_i) = \Phi\left(\frac{x_i - \hat{\mu}}{\hat{\sigma}}\right) - \Phi\left(\frac{x_{i-1} - \hat{\mu}}{\hat{\sigma}}\right), \quad i = 1,2,\cdots,8,$$

$$\hat{p}_9 = P(154 \leqslant X < +\infty) = 1 - \Phi\left(\frac{154 - \hat{\mu}}{\hat{\sigma}}\right).$$

算得的结果列成下表：

A_i	n_i	$\hat{p}_i$	$n\hat{p}_i$	$n_i - n\hat{p}_i$	$(n_i - n\hat{p}_i)^2/n\hat{p}_i$
$X<126$	5	0.0344	4.128	0.844	0.0586
$126 \leqslant X<130$	8	0.0669	8.028		
$130 \leqslant X<134$	10	0.1294	15.53	−5.53	1.9659
$134 \leqslant X<138$	22	0.1910	22.92	−0.92	0.0369
$138 \leqslant X<142$	33	0.2124	25.49	7.51	0.2126
$142 \leqslant X<146$	20	0.1775	21.30	−1.30	0.0793
$146 \leqslant X<150$	11	0.1116	13.39	−2.39	0.4265
$150 \leqslant X<154$	6	0.0522	6.26	1.664	0.2966
$154 \leqslant X<+\infty$	5	0.0256	3.07		
$\sum$					5.0764

因为 $r=7$，χ^2 的自由度为 $r-k-1=7-2-1=4$，

$$\chi_{\alpha}^{2}(r-k-1)=\chi_{0.05}^{2}(4)=9.488>5.0764,$$

故接受 H_0，即可以认为该地区 12 岁男孩的身高服从正态分布.

关于对连续型随机变量的观察值的分组，若 $n<50$ 时可取组数为 5 左右，当 $n>100$ 时，可大致取 10 组，并且为方便起见，每组的组距常取成相等的.

分布拟合检验还有很多方法，这里不再介绍.

习　题　八

1. 长期以来，某砖瓦厂生产的砖的抗断强度(单位：千克/厘米^2)服从 $N(30,1.2)$，今从该厂生产的一批新砖中随机地抽取 6 块，测得抗断强度分别为：

32.56　29.66　31.64　30.00　31.87　31.03.

如果总体方差不变，这批新砖的抗断强度是否同以往生产的砖的抗断强度无差异？($\alpha=0.05$)

2. 设切割机切割每段碳棒的长度服从正态分布，在切割机正常工作时，每段碳棒的平均长度为 6.5 厘米. 由长期经验知其方差为 $\sigma_0^2=0.08^2$ 厘米^2，为了检验该天切割机工作是否正常，随机地抽取 15 段进行测量，其结果如下：

6.4　6.6　6.1　6.4　6.5　6.3　6.3　6.2　6.9　6.6　6.8　6.5　6.7　6.2　6.7.

如果其方差不变，试问该机工作是否正常？($\alpha=0.05$)

3. 一种元件，要求其使用寿命不得低于 1000 小时. 现从一批这种元件中随机抽取 25 件，测得其寿命平均值为 950 小时. 已知该种元件寿命服从方差为 $\sigma^2=100^2$ 的正态分布，试在显著性水平 0.05 下确定这批元件是否合格.

4. 设某产品指标服从正态分布，它的均方差 $\sigma=150$ 小时. 今从一批产品中随机地抽查了 26 个，测得指标的平均值为 1637 小时，问在 5% 的显著性水平下，能否认为这批产品的指标为 1600 小时？

5. 某批矿砂的五个样品的镍含量经测定分别为 3.25%，3.27%，3.24%，3.26%，3.24%. 设测定值服从正态分布，问在 $\alpha=0.01$ 下能否接受假设：这批矿砂的镍含量为 3.25%.

6. 化肥厂用自动包装机包装化肥，某日测得 9 包化肥的质量(单位：千克)如下：

49.7　50.4　49.9　50.5　50.1　49.7　49.8　50.3　50.5.

设每包化肥的质量服从正态分布，是否可以认为每包化肥的平均质量为 50 千克(取 $\alpha=0.05$)？

7. 某厂生产的一种合金线，其抗拉强度的均值为 10620 千克. 改进工艺后重新生产了一批合金线，从中抽取 10 根，测得抗拉强度(千克)为：

10776　10554　10668　10512　10623　10557　10581　10707　10670　10666.

若抗拉强度服从正态分布，问新生产的合金线的抗拉强度是否比过去生产的合金线的抗拉强度要高？($\alpha=0.05$)

8. 某种电子元件的寿命(单位：小时)服从正态分布 $N(\mu,\sigma^2)$，μ，σ^2 均未知. 现测得 16 只元件的寿命如下：

179　264　101　224　379　280　159　212　362　222　168　260　485　149　170

250.

问是否有理由认为元件的平均寿命大于 225 小时?

9. 从由一台车床加工的一批轴料中取 15 件测量其椭圆度,计算得 $S=0.025$,问该批轴料椭圆度的总体方差与规定的 $\sigma^2=0.0004$ 有无显著差别? 设椭圆度服从正态分布,取 $\alpha=0.05$.

10. 一细纱车间纺出的某种细纱支数的标准差为 1.2,某日从纺出的一批纱中,随机抽取 15 缕进行支数测量,测量的样本标准差 S 为 2.1,问纱的均匀度有无显著变化? 设总体分布是正态分布.($\alpha=0.05$)

11. 电工器材厂生产一批保险丝,抽取 10 根试验其熔化时间(单位:秒),结果分别为:

$$42\quad 65\quad 75\quad 78\quad 71\quad 59\quad 57\quad 68\quad 54\quad 55.$$

熔化时间为正态变量,$\alpha=0.05$,试问是否可以认为整批保险丝的熔化时间的方差小于或等于 8?

12. 某种导线,要求其电阻的均方差不得超过 0.005(单位:Ω). 今在一批导线中取样品 9 根,测得 $S=0.007\Omega$,设总体为正态分布,问在 $\alpha=0.05$ 下能否认为这批导线的标准差显著地偏大吗?

13. 在正常情况下,维尼纶纤度服从正态分布,方差 σ^2 不大于 0.048^2. 某日从生产的维尼纶中随机地抽取 5 根纤维,测得纤度如下:

$$1.32\quad 1.55\quad 1.36\quad 1.40\quad 1.44.$$

判断该日生产的维尼纶纤度的方差是否正常(取 $\alpha=0.01$)?

14. 无线电厂生产某型号的高频管,其中一项指标服从正态分布 $N(\mu,\sigma^2)$. 现从该厂生产的一批高频管中任意抽取 9 个,测得该项指标的数据如下:

$$58\quad 72\quad 68\quad 70\quad 65\quad 55\quad 46\quad 56\quad 64.$$

(1)若已知 $\mu=60$,检验假设 $H_0:\sigma^2=48$,$H_1:\sigma^2>48$(取 $\alpha=0.05$);

(2)若 μ 未知,检验假设 $H_0:\sigma^2=48$,$H_1:\sigma^2>48$(取 $\alpha=0.05$).

15. 比较甲、乙两种安眠药的疗效. 将 20 个患者分成两组,每组 10 人;甲组病人服用甲种安眠药,乙组病人服用乙种安眠药. 设服药后延长的睡眠时间均服从正态分布. 两组病人服药的数据如下:

甲组　1.6　4.6　3.4　4.4　5.5　−0.1　1.1　0.1　0.8　1.9,

乙组　−1.2　−0.1　−0.2　−1.6　0.7　3.4　3.7　0　0.2　0.8.

问甲、乙两种安眠药的疗效有无显著性差异?($\alpha=0.05$)

16. 某化工研究所要考虑温度对产品断裂力的影响,在 70℃、80℃两种条件下分别作了 8 次重复试验,测得的断裂力(单位:千克)分别为:

70℃:20.9　19.8　18.8　20.5　21.5　19.5　21.0　21.2,

80℃:20.1　20.0　17.7　20.2　19.0　18.8　19.1　20.3.

由经验知断裂力服从正态分布.

(1)若已知两种温度试验的方差相等,问在 $\alpha=0.05$ 时,数学期望是否可认为相等?

(2)若不知道两种温度试验的方差是否相同,则在 $\alpha=0.05$ 时,数学期望是否可认为相等?

17. 电线 A 和 B 的电阻(单位:Ω)试验结果分别为:

电线 A　0.140　0.138　0.143　0.142　0.144　0.137,

电线 B　0.135　0.140　0.142　0.136　0.138　0.140.

已知电阻值服从正态分布,总体方差相同,在 $\alpha=0.01$ 的情况下能否认为两种电线的电阻有差异?

18. 对于两正态总体问题,欲检验假设

$$H_0: \mu_1=\mu_2, \quad H_1: \mu_1 \neq \mu_2.$$

已知当 n,m 都较大时,统计量 $\dfrac{\overline{X}-\overline{Y}}{\sqrt{\dfrac{S_1^2}{n}+\dfrac{S_2^2}{m}}}$ 近似服从 $N(0,1)$,试由此构造该假设的近似水平为 $1-\alpha$ 的拒绝域.

19. 甲乙两台机床,生产同一型号的滚珠,从甲机床生产的滚珠中随机抽取 8 个,从乙机床生产的滚珠中抽取 9 个,测得的直径(单位:毫米)分别为:

甲:15.0　14.5　15.2　15.5　14.8　15.1　15.2　14.8,

乙:15.2　15.0　14.8　15.2　15.0　15.0　14.8　15.1　14.8.

滚珠直径服从正态分布,问在 $\alpha=0.05$ 下两台机床产品的直径是否可认为具有同一均值?

20. 在 A,B 两台机床上加工零件的外径,各测得的 8 个样品的外径值(单位:毫米)分别为:

A 机床 10.28　10.34　10.45　10.47　10.30　10.25　10.27　10.29,

B 机床 10.30　10.34　10.36　10.29　10.38　10.46　10.29　10.27.

试问 B 机床加工的零件外径的方差是否小于(或等于)A 机床加工的零件外径的方差?($\alpha=0.05$)

21. 热处理车间工人为提高振动板的硬度,对淬火温度进行试验,在两种淬火温度 A 和 B 中,测得硬度如下:

温度 A: 85.6　85.9　85.9　85.7　85.8　85.7　86.0　85.5　85.4　85.5,

温度 B: 86.2　85.7　86.5　86.0　85.7　85.8　86.3　86.0　86.0　85.8.

设振动板的硬度服从正态分布,(1)在 $\alpha=0.05$ 下,可否认为两种温度下的硬度的方差相等;(2)在 $\alpha=0.05$ 下,可否认为改变淬火温度对振动板的硬度有显著影响?

22. 为检验两只光测高温计所确定的温度读数之间有无系统误差,设计了一个试验,用这两架仪器同时对 10 只热炽灯丝作观察,得数据如下:

灯丝号	1	2	3	4	5	6	7	8	9	10
高温计 x/℃	1050	825	918	1183	1200	980	1258	1308	1420	1550
高温计 y/℃	1072	820	936	1185	1211	1002	1254	1330	1425	1545

试根据这些数据来确定这两只高温计所确定的温度读数之间有无系统误差?($\alpha=0.01$)

23. 设 $X_1,X_2,\cdots,X_n$ 为来自参数为 λ 的指数分布的总体 X,即 X 的分布密度函数

$$f(x;\lambda)=\lambda e^{-\lambda x}, \quad x \geqslant 0.$$

希望检验假设“$H_0: \dfrac{1}{\lambda}=\mu_0, H_1: \dfrac{1}{\lambda} \neq \mu_0$($\mu_0>0$ 已知)”,试利用结论“$2\lambda\sum\limits_{i=1}^{n}X_i \sim \chi^2(2n)$”构造水平为 α 的拒绝域.

*24. 设需要对某一正态总体的均值进行假设检验

$$H_0:\mu = 15,\quad H_1:\mu < 15.$$

已知 $\sigma^2=2.5$,取 $\alpha=0.05$. 若要求当 H_1 中的 $\mu\leqslant 13$ 时犯第Ⅱ类错误的概率不超过 0.05,求所需的样本容量.

*25. 电池在货架上滞留时间不能太长. 在某商店随机选出 8 只电池在货架上的滞留时间(单位:天)分别为:

108　124　106　138　124　163　159　134.

设电池滞留时间服从正态分布,其中 μ,σ^2 未知. (1)试检验假设 $H_0:\mu=125, H_1:\mu>125$,取 $\alpha=0.05$;(2)若要求(1)中的 H_1 的 $(\mu-125)/\sigma\geqslant 1.4$ 时,犯第Ⅱ错误的概率不超过 0.1,求所需样本容量.

*26. 检查了 100 个零件上的疵点数,结果如下表:

疵点数	0	1	2	3	4	5	6
频　数	14	27	26	20	7	3	3

试检验整批零件上的疵点数是否服从泊松分布?($\alpha=0.05$)

*27. 用手枪对 100 个靶各打 10 发,只记录命中或不命中,射击结果列于下表:

命中数 x_i	0	1	2	3	4	5	6	7	8	9	10
频　数 f_i	0	2	4	10	22	26	18	12	4	2	0

在显著性水平 $\alpha=0.05$ 下用 χ^2 检验法检验射击结果服从的分布.

*28. 自 1965 年 1 月 1 日至 1971 年 2 月 9 日共 2231 天中,全世界记录到里氏震级 4 级和 4 级以上的地震共 162 次,统计结果如下:

相继两次地震间隔天数 x	0～4	5～9	1～14	15～19	20～24	25～29	30～34	35～39	≥40
出现的频数	50	31	26	17	10	8	6	6	8

其中震级≥40 的是 40,43,44,49,58,60,81,109(天)共 8 次,试检验相继两次地震间隔的天数 X 服从指数分布. ($\alpha=0.05$)

*29. 从某纱厂生产的一批棉纱中抽取 300 条进行拉力强度试验,得数据如下:

拉力强度 x	0.50～0.64	0.64～0.78	0.78～0.92	0.92～1.06	1.06～1.20	1.20～1.34
频数	1	2	9	24	37	53

拉力强度 x	1.34～1.48	1.48～1.6	1.62～1.76	1.76～1.90	1.90～2.04	2.04～2.18	2.18～2.32
频数	56	52	26	19	16	4	1

利用 χ^2 准则检验该批棉纱的拉力强度是否服从正态分布(取 $\alpha=0.05$).

*30. 在 20 天内,从维尼纶正常生产时的生产报表上看到的维尼纶纤度的情况,记录的 100 个数据如下表:

1.39	1.36	1.49	1.43	1.41	1.37	1.40	1.32	1.42	1.47
1.41	1.36	1.40	1.34	1.42	1.42	1.45	1.35	1.42	1.39
1.44	1.42	1.39	1.42	1.42	1.30	1.34	1.42	1.37	1.36
1.37	1.34	1.37	1.37	1.44	1.45	1.32	1.48	1.40	1.45
1.39	1.46	1.39	1.53	1.36	1.48	1.40	1.39	1.38	1.40
1.36	1.45	1.50	1.43	1.38	1.43	1.41	1.48	1.39	1.45
1.37	1.37	1.39	1.45	1.31	1.41	1.44	1.44	1.42	1.47
1.35	1.36	1.39	1.40	1.38	1.35	1.42	1.43	1.42	1.42
1.42	1.40	1.41	1.37	1.46	1.36	1.37	1.27	1.37	1.38
1.42	1.34	1.43	1.42	1.41	1.41	1.44	1.48	1.55	1.37.

试判断纤度是否服从正态分布.(提示:可分 10 组:1.265～1.295,…,1.535～1.565)

*第九章　方差分析和回归分析初步

方差分析和回归分析是统计推断中的重要内容且非常实用. 本书只简单介绍单因素方差分析和一元线性回归.

9.1　单因素方差分析

在科学试验和生产实践中,影响试验或生产的因素往往很多. 通常需要分析哪种因素对事物有着显著影响,并希望知道起决定性影响的因素在什么时候有着最有利的影响.

例如在农业科学试验中,为了提高农作物收获的产量需要考虑种子的品种、化肥的施用种类和数量等因素对作物的影响,并希望从中找出这些因素中的最佳搭配. 在化工生产中需要了解不同的原料成分、原料剂量、催化剂、温度等对产品的数量和质量的影响,并从中得到有影响的因素的适宜组合以提高生产.

为此需首先安排试验,然后利用试验结果的信息,对所关心的事情作出推断. 方差分析就是这样一种常用而有效的推断方法.

在试验中,所要考察的指标称为**试验指标**. 影响试验指标的条件称为**因素**,这里的因素主要是指可以人为控制的条件如原料、反应温度、化肥种类等等. 因素所处的状态称为**因素的水平**. 只有一个因素在改变的试验称为**单因素试验**,多于一个因素在改变的试验称为**多因素试验**. 本书只考虑单因素试验.

例 1　在工业生产中将产出的产品总重量与投入的各种原料的总重量之比称为产品的得率. 现考察温度对某化工产品的得率的影响,选取 5 种不同的温度,对同一温度都做了 3 次试验. 测得结果如下:

温度/℃	60	65	70	75	80
得率/(%)	90	97	96	84	84
	92	93	96	83	86
	88	92	93	88	82

这里试验指标为得率,温度为因素,5 种不同的温度代表 5 种不同的水平. 这是一项单因素试验,试验的目的是了解不同温度水平对得率有无显著影响.

例 2　为了考察蒸馏水的 pH 值和硫酸铜溶液浓度对化验血清中白蛋白与球

蛋白的影响，将蒸馏水的 pH 值和硫酸铜浓度分别区分成 4 个和 3 个水平，交叉安排试验，测得白蛋白与球蛋白之比的结果如下：

白蛋白与球蛋白之比 pH值 / 硫酸铜浓度	5.4	5.6	5.7	5.8
0.04	3.5	2.6	2.0	1.4
0.08	2.3	2.0	1.5	0.8
0.10	2.0	1.9	1.2	0.3

其中试验指标为白蛋白与球蛋白之比，pH 值和硫酸铜浓度为 2 个因素，这是一项简单的双因素试验，目的是研究不同的 pH 值和不同的硫酸铜溶液的浓度对指标有无显著影响.

下面详细讨论单因素试验的方差分析. 试验指标记为 X，对其有影响的因素记为 A，设 A 有 s 个水平 $A_1,A_2,\cdots,A_s$. 在水平 $A_i(i=1,2,\cdots,s)$下进行 $n_i(\geqslant 2)$次独立试验，得到的结果可列成下表的形式：

水平 / 观察值	A_1	A_2	$\cdots$	A_s
	X_{11}	X_{12}	$\cdots$	X_{1s}
	X_{21}	X_{22}	$\cdots$	X_{2s}
	$\vdots$	$\vdots$	$\vdots$	$\vdots$
	$X_{n_1 1}$	$X_{n_2 2}$	$\cdots$	$X_{n_s s}$
样本总和	$T_{\cdot 1}$	$T_{\cdot 2}$	$\cdots$	$T_{\cdot s}$
样本均值	$\overline{X}_{\cdot 1}$	$\overline{X}_{\cdot 2}$	$\cdots$	$\overline{X}_{\cdot s}$
总体均值	μ_1	μ_2	$\cdots$	μ_s

假定在各水平 $A_i(i=1,2,\cdots,s)$下的实验结果为 $X_{1i},X_{2i},\cdots,X_{n_i i}$，视为来自正态总体 $N(\mu_i,\sigma^2)$的一个简单随机样本，μ_i,σ^2 未知，且不同水平下的结果相互独立.

若记 $\varepsilon_{ij}=X_{ij}-\mu_j$，则 $\varepsilon_{ij}\sim N(0,\sigma^2)$表示随机误差，这样上述单因素模型可表示为

$$\begin{cases}X_{ij}=\mu_j+\varepsilon_{ij},i=1,2,\cdots,n_j,j=1,2,\cdots,s,\\ \varepsilon_{ij}\sim N(0,\sigma^2),\text{且 }\varepsilon_{ij}\text{ 相互独立}.\end{cases} \tag{9.1.1}$$

对于上面的模型(9.1.1)，方差分析的主要任务为

(1)检验在各个水平下的均值是否相等，即检验假设：

$$H_0: \mu_1 = \mu_2 = \cdots = \mu_s, \quad H_1: \mu_1, \mu_2, \cdots, \mu_s \text{ 不全相同.} \tag{9.1.2}$$

(2)作出未知参数 $\mu_1, \mu_2, \cdots, \mu_s, \sigma^2$ 的估计.

为了方便讨论,记

$$n = \sum_{j=1}^{s} n_j, \quad \mu = \frac{1}{n}\sum_{j=1}^{s} n_j \mu_j,$$

并称 μ 为**总平均**,又记 $\alpha_j = \mu_i - \mu, i = 1, 2, \cdots, s$,称为第 i 个水平对试验指标 X 的**效应**,且 $\sum\limits_{j=1}^{s} n_i \alpha_i = 0$. 这样模型(9.1.1)可表示为

$$\begin{cases} X_{ij} = \mu + \alpha_j + \varepsilon_{ij}, j = 1, 2, \cdots, s, i = 1, 2, \cdots, n_j, \\ \varepsilon_{ij} \sim N(0, \sigma^2), \text{且相互独立.} \end{cases} \tag{9.1.3}$$

假设(9.1.2)可变为

$$H_0: \alpha_1 = \alpha_2 = \cdots = \alpha_s = 0, \quad H_1: \alpha_1, \alpha_2, \cdots, \alpha_s \text{ 不全为 } 0, \tag{9.1.4}$$

为了检验不同水平的影响是否有显著差异,需要对影响给以度量. 在方差分析中,我们常以离差平方和来刻画影响的大小,并且从离差平方和的分解入手,导出假设检验(9.1.4)的检验统计量.

记 $\overline{X} = \frac{1}{n}\sum\limits_{j=1}^{s}\sum\limits_{i=1}^{n_j} X_{ij}$ 为样本总平均,称

$$S_T = \sum_{j=1}^{s}\sum_{i=1}^{n_j}(X_{ij} - \overline{X})^2$$

为**总平方和**. S_T 能反映出对试验指标的总影响,也称为**总变差**. 又记 $\overline{X}_{\cdot j} = \frac{1}{n_j}\sum\limits_{i=1}^{n_j} X_{ij}$ 为 A_j 水平下的样本均值,则 S_T 可分解为

$$\begin{aligned} S_T &= \sum_{j=1}^{s}\sum_{i=1}^{n_j}[(X_{ij} - \overline{X}_{\cdot j}) + (\overline{X}_{\cdot j} - \overline{X})]^2 \\ &= \sum_{j=1}^{s}\sum_{i=1}^{n_j}(X_{ij} - \overline{X}_{\cdot j})^2 + \sum_{j=1}^{s}\sum_{i=1}^{n_j}(\overline{X}_{\cdot j} - \overline{X})^2 \\ &\quad + 2\sum_{j=1}^{s}\sum_{i=1}^{n_j}(X_{ij} - \overline{X}_{\cdot j})(\overline{X}_{\cdot j} - \overline{X}). \end{aligned}$$

上式中交叉项为

$$2\sum_{j=1}^{s}\sum_{i=1}^{n_j}(X_{ij} - \overline{X}_{\cdot j})(\overline{X}_{\cdot j} - \overline{X}) = 2\sum_{j=1}^{s}(\overline{X}_{\cdot j} - \overline{X})\Big[\sum_{i=1}^{n_j}(X_{ij} - \overline{X}_{\cdot j})\Big]$$

$$= 2\sum_{j=1}^{s}(\overline{X}_{\cdot j} - \overline{X})\Big(\sum_{i=1}^{n_j} X_{ij} - n_j \overline{X}_{\cdot j}\Big) = 0.$$

若令

$$S_E = \sum_{j=1}^{s}\sum_{i=1}^{n_j}(X_{ij} - \overline{X}_{\cdot j})^2,$$

$$S_A = \sum_{j=1}^{s}\sum_{i=1}^{n_j}(\overline{X}_{\cdot j} - \overline{X})^2 = \sum_{j=1}^{s} n_j(\overline{X}_{\cdot j} - \overline{X})^2 = \sum_{j=1}^{s} n_j \overline{X}_{\cdot j}^2 - n\overline{X}^2,$$

则 $S_T=S_E+S_A$ 表明，S_T 分解成 S_A 与 S_E 的和，其中 S_E 反映随机误差对总体指标的影响，故 S_E 称为**误差平方和**，S_A 反映了在 A 的不同水平下对总体指标的影响程度，它是由水平 A_j 以及随机误差引起的，S_A 称为因素 A 的**效应平方和**.

为了得出假设(9.1.2)或(9.1.4)的检验统计量，先讨论效应平方和 S_A 及误差平方和 S_E 的统计特性. 将 S_E 写成下面的形式：

$$S_E = \sum_{i=1}^{n_1}(X_{i1} - \overline{X}_{\cdot 1})^2 + \sum_{i=1}^{n_2}(X_{i2} - \overline{X}_{\cdot 2})^2 + \cdots + \sum_{i=1}^{n_s}(X_{is} - \overline{X}_{\cdot s})^2.$$

由第六章定理 6.1 可知：

$$\sum_{i=1}^{n_j}(X_{ij} - \overline{X}_{\cdot j})^2/\sigma^2 \sim \chi^2(n_j - 1),$$

又由 X_{ij} 的独立性可知平方和

$$\sum_{i=1}^{n_1}(X_{i1} - \overline{X}_{\cdot 1})^2, \sum_{i=1}^{n_2}(X_{i2} - \overline{X}_{\cdot 2})^2, \cdots, \sum_{i=1}^{n_s}(X_{is} - \overline{X}_{\cdot s})^2$$

相互独立，再由 χ^2 分布的可加性知

$$S_E/\sigma^2 \sim \chi^2\left(\sum_{j=1}^{S} n_j - 1\right) = \chi^2(n-s),$$

同时 $E\left(\frac{S_E}{n-s}\right)=\sigma^2$.

对于 S_A，注意到

$$\overline{X}_{\cdot j} \sim N\left(\mu_j, \frac{\sigma^2}{n_j}\right), \quad \overline{X} \sim N\left(\mu, \frac{\sigma^2}{n}\right) \quad (j = 1,2,\cdots,s).$$

于是

$$\begin{aligned} E(S_A) &= \sum_{j=1}^{s} n_j E(\overline{X}_{\cdot j}^2) - nE(\overline{X}^2) \\ &= \sum_{j=1}^{s} n_j\left[\frac{\sigma^2}{n_j} + (\mu + \alpha_j)\right]^2 - n\left(\frac{\sigma^2}{n} + \mu^2\right) \\ &= (s-1)\sigma^2 + 2\mu\sum_{j=1}^{s} n_j\alpha_j + n\mu^2 + \sum_{j=1}^{s} n_j\alpha_j^2 - n\mu^2 \\ &= (s-1)\sigma^2 + \sum_{j=1}^{s} n_j\alpha_j^2 \geqslant (s-1)\sigma^2. \end{aligned}$$

上式中 $\sum_{j=1}^{s} n_j\alpha_j = 0$，当且仅当(9.1.4)中的 H_0 成立时上式中等号成立，从而知在

H_0 成立时 $E\left(\frac{S_A}{s-1}\right)=\sigma^2$，否则 $E\left(\frac{S_A}{s-1}\right)>\sigma^2$.

另外，S_A 是 s 个变量 $\sqrt{n_j}\,(\overline{X}_{\cdot j}-\overline{X})(j=1,2,\cdots,s)$ 的平方和，它们之间仅有一个线性约束条件

$$\sum_{j=1}^{s}\sqrt{n_j}\left[\sqrt{n_j}\,(\overline{X}_{\cdot j}-\overline{X})\right]=\sum_{j=1}^{s}n_j(\overline{X}_{\cdot j}-\overline{X})=\sum_{j=1}^{s}\sum_{i=1}^{n_j}X_{ij}-n\overline{X}=0,$$

因此 S_A 的自由度是 $s-1$.

进一步还可以证明 S_A 与 S_E 相互独立，且在 H_0 成立时有

$$S_A/\sigma^2\sim\chi^2(s-1).$$

证略.

根据上面的分析，可知在 H_0 成立时，$\frac{S_A}{s-1}$ 和 $\frac{S_E}{n-s}$ 均以 σ^2 为期望，即 $\frac{S_A}{s-1}$ 和 $\frac{S_E}{n-s}$ 都是 σ^2 的无偏估计，故两者比较接近，当然在 H_0 不成立时，$\frac{S_A}{s-1}$ 应较 $\frac{S_E}{n-s}$ 大. 因此取

$$F=\frac{S_A/(s-1)}{S_E/(n-s)},$$

则在 H_0 成立时，$F\sim F(s-1,n-s)$. 从而 F 可作为(9.1.4)的检验统计量，且在 H_0 不成立时，F 的取值有偏大的趋势，所以水平为 α 的拒绝域为

$$F=\frac{S_A/(s-1)}{S_E/(n-s)}\geqslant F_\alpha(s-1,n-s).$$

通常将上面的结果列成表，称为方差分析表 (表 9-1).

表 9-1 单因素方差分析表

方差来源	平方和	自由度	均方	F 比
因素 A	S_A	$s-1$	$\overline{S}_A=\frac{S_A}{s-1}$	$F=\frac{\overline{S}_A}{\overline{S}_E}$
误差	S_E	$n-s$	$\overline{S}_E=\frac{S_E}{n-s}$	
总和	S_T	$n-1$		

在实际计算时，常按下面的简便公式计算：

$$S_T=\sum_{j=1}^{s}\sum_{i=1}^{n_j}X_{ij}^2-n\overline{X}^2=\sum_{j=1}^{s}\sum_{i=1}^{n_j}X_{ij}^2-\frac{T_{\cdot\cdot}^2}{n},$$

$$S_A=\sum_{j=1}^{s}n_j\overline{X}_{\cdot j}^2-n\overline{X}^2=\sum_{j=1}^{s}\frac{T_{\cdot j}^2}{n_j}-\frac{T_{\cdot\cdot}^2}{n},$$

$$S_E = S_T - S_A,$$

其中 $T_{\cdot j} = \sum_{i=1}^{n_j} X_{ij}, j = 1,2,\cdots,s, T_{\cdot\cdot} = \sum_{j=1}^{s}\sum_{i=1}^{n_j} X_{ij}$.

例 3　对例 1,试检验:

$$H_0: \mu_1 = \mu_2 = \mu_3 = \mu_4 = \mu_5,$$

取水平 $\alpha=0.01$.

解　$s=5, n_1=n_2=n_3=n_4=n_5=3, n=15$,

$$S_T = \sum_{j=1}^{5}\sum_{i=1}^{3} X_{ij}^2 - \frac{T_{\cdot\cdot}^2}{15} = 120776 - \frac{1344^2}{15} = 353.6,$$

$$S_A = \sum_{j=1}^{5} \frac{T_{\cdot j}^2}{n_j} - \frac{T_{\cdot\cdot}^2}{n} = 303.6,$$

$$S_E = S_T - S_A = 50.$$

将结果写成方差分析表如下:

方差来源	平方和	自由度	均方	F 比
因　素	303.6	4	75.9	15.18
随机误差	50	10	5	
总和	353.6	14		

查表得 $F_\alpha(s-1,n-s)=F_{0.01}(4,10)=5.99<15.18$,故拒绝 H_0,即认为不同温度水平对得率有显著的影响.

例 4　某灯泡厂用 4 种不同配料方案制成的灯丝各生产一批灯泡,并在每批灯泡中随机地抽取若干个灯泡,测试其使用寿命(单位:小时)列于下表:

灯丝＼使用寿命＼灯泡	1	2	3	4	5	6	7	8
甲	1600	1610	1650	1680	1700	1700	1780	
乙	1500	1610	1400	1700	1750			
丙	1640	1550	1600	1620	1640	1600	1740	1800
丁	1510	1520	1530	1570	1640	1680		

希望了解这 4 批灯泡使用寿命有无显著差异. 若有显著差异,则希望从中选取一种较优的配料方案,若无显著差异,则可从中选取一种经济、易行的配料方案. ($\alpha=0.05$)

解 按上例的方法将计算结果列于下表：

方差来源	平方和	自由度	均方	F 比
因素	39776.457	3	13258.819	1.64
随机误差	178088.93	22	8094.95	
总和	217865.387	25		

这里 $s=4, n=26$，由 $\alpha=0.05$ 查 F 分布表得 $F_{0.05}(3,22)=3.05, F=1.64<3.05$，因此接受 H_0，即认为这 4 种灯丝产生的灯泡的平均使用寿命之间没有显著差异.

最后，考虑单因素模型中未知参数的估计. 从 S_E 的统计性质知：

$$\hat{\sigma}^2=\frac{S_E}{n-s}$$

为 σ^2 的无偏估计. 又由 $\overline{X}\sim N\left(\mu,\frac{\sigma^2}{n}\right), \overline{X}_{\cdot j}\sim N\left(\mu_j,\frac{\sigma^2}{n_j}\right), j=1,2,\cdots,s$，得到 μ 和 μ_j 的无偏估计：

$$\hat{\mu}=\overline{X},\quad \hat{\mu}_j=\overline{X}_{\cdot j}.$$

如果拒绝 H_0，即认为效应 $\alpha_1,\alpha_2,\cdots,\alpha_s$ 显著时，可以得到效应的无偏估计：

$$\hat{\alpha}_i=\overline{X}-\overline{X}_{\cdot i},$$

且容易验证 $\sum_{j=1}^{s}n_j\hat{\alpha}_i=\sum_{j=1}^{s}n_j\overline{X}_{\cdot j}-n\overline{X}=0.$

有时还需作出效应差 $\mu_i-\mu_j=\alpha_i-\alpha_j$ 的区间估计. 由效应差的估计满足

$$\overline{X}_{\cdot i}-\overline{X}_{\cdot j}\sim N\left(\mu_i-\mu_j,\left(\frac{1}{n_i}+\frac{1}{n_j}\right)\sigma^2\right),$$

且与 S_E 独立，得

$$T=\frac{\overline{X}_{\cdot i}-\overline{X}_{\cdot j}-(\mu_i-\mu_j)}{\sqrt{\frac{S_E}{n-s}\left(\frac{1}{n_i}+\frac{1}{n_j}\right)}}=\frac{\overline{X}_{\cdot i}-\overline{X}_{\cdot j}-(\mu_i-\mu_j)}{\hat{\sigma}\sqrt{\frac{1}{n_i}+\frac{1}{n_i}}}\sim t(n-s),$$

它可作为枢轴量，容易得到 $\alpha_i-\alpha_j$ 的置信水平为 α 的置信区间

$$\left(\overline{X}_{\cdot i}-\overline{X}_{\cdot j}-\hat{\sigma}\sqrt{\frac{1}{n_i}+\frac{1}{n_j}}t_{\frac{\alpha}{2}}(n-s), \overline{X}_{\cdot i}-\overline{X}_{\cdot j}+\hat{\sigma}\sqrt{\frac{1}{n_i}+\frac{1}{n_j}}t_{\frac{\alpha}{2}}(n-s)\right).$$

例 5（续例 3） 求 μ 和 α_i 的估计值及求出 $\alpha_1-\alpha_5$ 的水平为 $1-0.05$ 的置信区间.

解 $\hat{\mu}=\overline{X}=\frac{T_{\cdot\cdot}}{15}=\frac{1344}{15}=89.6,$

$\hat{\alpha}_1=\hat{\mu}_1-\hat{\mu}=\frac{270}{3}-89.6=0.4,\quad \hat{\alpha}_2=\hat{\mu}_2-\hat{\mu}=4.4,$

$$\hat{\alpha}_3=\hat{\mu}_3-\hat{\mu}=5.4,\quad \hat{\alpha}_4=\hat{\mu}_4-\hat{\mu}=-4.6,\quad \hat{\alpha}_5=\hat{\mu}_5-\hat{\mu}=-5.6,$$

由 $\overline{X}_{\cdot 1}-\overline{X}_{\cdot 5}=\hat{\alpha}_1-\hat{\alpha}_5=6, \alpha=0.05$，查得

$$t_{\frac{\alpha}{2}}(n-5)=t_{0.025}(15-5)=t_{0.025}(10)=2.2281,$$

$$\hat{\sigma}^2=\frac{S_E}{n-s}=\frac{50}{15-5}=5,$$

因此

$$\hat{\sigma}\cdot\sqrt{\frac{1}{n_1}+\frac{1}{n_5}}\cdot t_{\frac{\alpha}{2}}(n-s)=\sqrt{5}\times\sqrt{\frac{1}{3}+\frac{1}{3}}\times 2.2281\approx 4.068,$$

从而可得 $\alpha_1-\alpha_5$ 的置信水平为 $1-0.05$ 的置信区间

$$(6-4.068, 6+4.068)=(1.932, 10.068).$$

9.2　一元线性回归

在科学试验和生产实践中，通常需要研究事物之间存在的变量关系.一般来说，事物之间的关系可分为确定性与非确定性的两种.确定性关系是指事物或变量之间可以由函数关系来描述，而非确定性关系指的是事物或变量之间的关系不能完全由一个法则或函数来确定.例如父母的身高与子女的身高之间的关系，一般来说，父母的身材高一些，儿女的身材也长得高些，但父母的身高与子女的身高并不存在一种确定的函数关系，仅呈现出某种趋势.再如人的血压与年龄，某种商品的销售量与价格之间等等都属非确定性关系，这种不呈现确定性关系的变量间的关系称为**相关关系**.回归分析是研究相关关系的一种重要的工具，也是最常用的一种统计方法.在本节中只讨论简单的一元线性回归分析.

若两个变量中的一个变量是人力可以控制的、非随机的，称为控制变量，另一个变量是随机的，而且随着控制变量的变化而变化，则这两个变量之间的关系称为**回归关系**.若两个变量都是随机的，则它们之间的关系称作相关关系.其中的差别在于把自变量当作随机变量还是控制变量，这就是回归与相关的含义的不同之处.但从计算的角度来看，二者的差别不大，故在实际中常常忽略其区别而混杂使用.历史上的“回归”一词第一个被英国生物统计学家高尔顿(Galton)用于研究人类身高的遗传问题上，他分析了儿子的身高与他们双亲的平均高度，很高(或很矮)的双亲的儿子们一般高于(或低于)平均值但不像他们的双亲那么高(或矮)，因此儿子们的高度将“回归”到平均值而不是更趋极端，这也是“回归”一词的最初含义.

下面讨论一元线性回归问题.

设变量 Y 与 X 之间具有相关关系，X 的取值影响或制约着 Y 的变化.这里假

定 X 是可以人为控制和精确观测的控制变量，Y 为随机变量.

由于 X 不能完全确定 Y 的取值变化，在 $X=x$ 时 Y 是一个随机变量. 如果 Y 的期望存在，其期望值应随 X 取值而定，即期望值为 X 的函数，记为 $\mu_{Y|X}$或$\mu(X)$，并称为 Y 关于 X 的**回归**. 我们的任务就是得到或近似得到回归函数 $\mu(X)$，然后进行预测、控制等.

当 $\mu(X)$为关于 X 的线性函数时，称为线性回归，否则称为非线性回归. 首先要解决的问题是如何利用样本来估计回归函数 $\mu(X)$. 当然要先推测 $\mu(X)$的形式，这需通过专业知识、实际经验以及具体的观察才能得出.

假定 Y 关于 X 的回归为线性回归，即 $\mu(X)=a+bX$. 进一步假设 $Y\sim N(a+bX,\sigma^2)$，这里 a,b,σ^2 均为与 X 无关的常数.

令 $\varepsilon=Y-a-bX$，则上述假设可写为

$$\begin{cases}Y=a+bX+\varepsilon,\\ \varepsilon\sim N(0,\sigma^2),a,b,\sigma^2\ \text{为常数}.\end{cases}\tag{9.2.1}$$

(9.2.1)称为**一元线性回归模型**. 对一元线性回归模型的研究主要是对未知参数进行估计、检验、预测等. 下面先讨论参数的估计问题.

9.2.1 未知参数 a,b 的估计

取 X 的 n 个不完全相同的值 $X_1,X_2,\cdots,X_n$，分别对 Y 进行独立观察得到 $Y_1,Y_2,\cdots,Y_n$. 在模型(9.2.1)下，可将观察结果写成：

$$\begin{cases}Y_i=a+bX_i+\varepsilon_i,i=1,2,\cdots,n,\\ \varepsilon_i\sim N(0,\sigma^2)\ \text{且相互独立}.\end{cases}$$

对参数 a,b 的估计，通常采用最小二乘估计法，即寻找一个线性函数使误差平方和

$$Q(a,b)=\sum_{i=1}^{n}(Y_i-a-bX_i)^2$$

达到最小，等价于求 $Q(a,b)$的最小值点.

先对 $Q(a,b)$分别求关于 a,b 的偏导，并令它们等于零，即

$$\begin{cases}\dfrac{\partial Q}{\partial a}=-2\sum\limits_{i=1}^{n}(Y_i-a-bX_i)=0,\\ \dfrac{\partial Q}{\partial b}=-2\sum\limits_{i=1}^{n}(Y_i-a-bX_i)X_i=0.\end{cases}$$

由此得到关于 a,b 的方程组

$$\begin{cases} na + (\sum_{i=1}^{n} X_i)b = \sum_{i=1}^{n} Y_i, \\ (\sum_{i=1}^{n} X_i)a + (\sum_{i=1}^{n} X_i^2)b = \sum_{i=1}^{n} X_iY_i, \end{cases}$$

称之为**正规方程组**.

由于 X_i 不全相同,该正规方程组的系数行列式

$$\begin{vmatrix} n & \sum_{i=1}^{n} X_i \\ \sum_{i=1}^{n} X_i & \sum_{i=1}^{n} X_i^2 \end{vmatrix} = n\sum_{i=1}^{n} X_i^2 - (\sum_{i=1}^{n} X_i)^2 = n\sum_{i=1}^{n} (X_i - \overline{X})^2 \neq 0,$$

故方程组有唯一解,方程组的解即 a,b 的最小二乘估计(由于 Y 是正态变量,故最小二乘法与极大似然估计法的结果相同)为

$$\begin{cases} \hat{b} = \dfrac{n\sum_{i=1}^{n} X_iY_i - (\sum_{i=1}^{n} X_i)(\sum_{i=1}^{n} Y_i)}{n\sum_{i=1}^{n} X_i^2 - (\sum_{i=1}^{n} X_i)^2} = \dfrac{\sum_{i=1}^{n} (X_i - \overline{X})(Y_i - \overline{Y})}{\sum_{i=1}^{n} (X_i - \overline{X})^2}, \\ \hat{a} = \dfrac{1}{n}\sum_{i=1}^{n} Y_i - \dfrac{\hat{b}}{n}\sum_{i=1}^{n} X_i = \overline{Y} - \hat{b}\,\overline{X}. \end{cases}$$

容易验证 $\hat{a}$, $\hat{b}$ 确为 $Q(a,b)$ 的最小值点,并且也是 a,b 的极大似然估计. 称方程

$$\hat{y} = \hat{a} + \hat{b} X$$

为**线性回归方程**,其图形称为**回归直线**.

为了计算方便,通常按下列步骤运算:

$$S_{XX} = \sum_{i=1}^{n} (X_i - \overline{X})^2 = \sum_{i=1}^{n} X_i^2 - \frac{1}{n}(\sum_{i=1}^{n} X_i)^2,$$

$$S_{YY} = \sum_{i=1}^{n} (Y_i - \overline{Y})^2 = \sum_{i=1}^{n} Y_i^2 - \frac{1}{n}(\sum_{i=1}^{n} Y_i)^2,$$

$$S_{XY} = \sum_{i=1}^{n} (X_i - \overline{X})(Y_i - \overline{Y}) = \sum_{i=1}^{n} X_iY_i - \frac{1}{n}(\sum_{i=1}^{n} X_i)(\sum_{i=1}^{n} Y_i),$$

于是

$$\begin{cases} \hat{b} = \dfrac{S_{XY}}{S_{XX}}, \\ \hat{a} = \overline{Y} - \hat{b}\,\overline{X}. \end{cases}$$

例 1　为研究某一化学反应过程中,温度 X(℃)对产品得率 Y(%)的影响,测得数据如下:

温度 X/℃	100	110	120	130	140	150	160	170	180	190
得率 Y/(%)	45	51	54	61	66	70	74	78	85	89

试求 Y 关于 X 的回归方程.

解 这里 $n=10$,经计算得

$$S_{XX}=8250,\quad S_{XY}=3985,\quad \overline{Y}=67.3,\quad \overline{X}=145,$$

故得

$$\hat{b}=\frac{S_{XY}}{S_{XX}}=0.48303,$$

$$\hat{a}=\overline{Y}-\hat{b}\overline{X}=67.3-0.48303\times 145=-2.73935,$$

于是回归直线方程为

$$\hat{y}=-2.73935+0.48303X.$$

9.2.2 关于 σ^2 的估计

由于未知参数 σ^2 反映出观察误差的一个特性,因此样本中有关 σ^2 的信息应是观察 Y_i 中除去线性部分 $\hat{a}+\hat{b}X_i$ 后的剩余部分. 为此,定义

$$e_i=Y_i-\hat{a}-\hat{b}X_i=Y_i-\overline{Y},\quad i=1,2,\cdots,n,$$

称 e_i 为 X_i 处的**残差**. 而

$$Q_e=\sum_{i=1}^{n}e_i^2=\sum_{i=1}^{n}(Y_i-\hat{a}-\hat{b}X_i)^2$$

称之为**残差平方和**. 可以证明:

$$Q_e/\sigma^2\sim\chi^2(n-2),$$

于是 $E\left(\frac{Q_e}{n-2}\right)=\sigma^2$,因此 $\frac{Q_e}{n-2}$ 是 σ^2 的一个无偏估计:$\hat{\sigma}^2=\frac{Q_e}{n-2}$.

为了便于计算,通常将 Q_e 作如下分解:

$$\begin{aligned}Q_e&=\sum_{i=1}^{n}(Y_i-\hat{a}-\hat{b}X_i)^2=\sum_{i=1}^{n}[Y_i-\overline{Y}-\hat{b}(X_i-\overline{X})]^2\\&=\sum_{i=1}^{n}(Y_i-\overline{Y})^2-2\hat{b}\sum_{i=1}^{n}(X_i-\overline{X})(Y_i-\overline{Y})+(\hat{b})^2\sum_{i=1}^{n}(X_i-\overline{X})^2\\&=S_{YY}-2\hat{b}S_{XY}+\hat{b}^2S_{XX}\\&=S_{YY}-\hat{b}S_{XY}.\end{aligned}$$

例 2 某农科所为了试验某种有机综合肥料的用量对谷物产量的关系进行了科学试验,并将试验的结果制成下面的回归表:

序号	X_i	Y_i	X_i^2	Y_i^2	X_iY_i	$\hat{Y}_i$	$\hat{\varepsilon}_i=Y_i-\hat{Y}_i$
1	15	330	225	108900	4950	325.18	4.82
2	20	345	400	119025	6900	351.79	−6.79
3	25	365	625	133225	9125	378.40	−13.40
4	30	405	900	164025	12150	405.00	0
5	35	445	1225	198025	15575	431.61	13.39
6	40	490	1600	240100	19600	458.22	31.78
7	45	455	2025	207025	20475	484.82	−29.82
$\sum$	210	2835	7000	1170325	88775		

试用最小二乘法求谷物产量 Y 对肥料用量 X 的回归直线,并求出 σ^2 的估计.

解　$S_{XX}=\sum_{i=1}^{7}X_i^2-\dfrac{\left(\sum_{i=1}^{7}X_i\right)^2}{n}=7000-\dfrac{210^2}{7}=700,$

$$S_{XY}=\sum_{i=1}^{7}X_iY_i-\frac{\left(\sum_{i=1}^{7}X_i\right)\left(\sum_{i=1}^{7}Y_i\right)}{n}=88775-\frac{1}{7}\times 210\times 2835=3725,$$

$$S_{YY}=\sum_{i=1}^{7}Y_i^2-\frac{\left(\sum_{i=1}^{7}Y_i\right)^2}{n}=1170325-\frac{2835^2}{7}=22150,$$

$$\hat{b}=\frac{S_{XY}}{S_{XX}}=\frac{3725}{700}=5.3214,$$

$$\hat{a}=\overline{Y}-\hat{b}\,\overline{X}=405-5.3214\times 30=245.36,$$

所求回归直线为

$$\hat{Y}=245.36+5.3214X.$$

由此可计算出 $\hat{Y}_i$ 和 $\hat{\varepsilon}_i$ 的值:

$$\hat{Y}_1=245.36+5.3214\times 15=325.18,$$

$$\hat{Y}_2=245.36+5.3214\times 20=351.79,$$

$$\hat{Y}_3=378.40,\quad \hat{Y}_4=405.00,\quad \hat{Y}_5=431.61,$$

$$\hat{Y}_6=458.22,\quad \hat{Y}_7=484.82,$$

$$\hat{\varepsilon}_1=Y_1-\hat{Y}_1=330-325.18=4.82,$$

$$\hat{\varepsilon}_2=Y_2-\hat{Y}_2=345-351.79=-6.79,$$

类似地有

$\hat{\varepsilon}_3=-13.40,\quad \hat{\varepsilon}_4=0,\quad \hat{\varepsilon}_5=13.39,\quad \hat{\varepsilon}_6=31.78,\quad \hat{\varepsilon}_7=-29.82.$

这些计算结果已一并列入题中的表格中. 下面计算 σ^2 的估计值:

$$\hat{\sigma}^2=\frac{1}{n-2}(S_{YY}-\hat{b}S_{XY})$$

$$=\frac{1}{5}\times(22150-5.3214\times 3725)=465.557.$$

9.2.3 线性假设的显著性检验

在上面的讨论中,假定回归模型是线性模型,且回归函数为最简单的线性函数

$$Y=a+bX,$$

那么由此得到的回归直线是否与实际情形拟合? 即是否具有实用价值? 因此必须对回归函数是线性函数的假设作显著性检验. 若假设成立,则 b 不应为零;若 b 为零,则表示 Y 不依赖 X,即要检验回归函数是否为线性函数等价于检验参数 $b=0$ 是否成立. 为此可设检验假设

$$H_0: b=0,\quad H_1, b\neq 0. \tag{9.2.2}$$

由于(9.2.2)是检验回归函数是否为线性函数,因此(9.6)的检验也称为线性假设的显著性检验.

考虑 b 的最小二乘法估计 $\hat{b}$,可以证明:

$$\hat{b}\sim N\left(b,\frac{\sigma^2}{S_{XX}}\right).$$

又由 $\frac{(n-2)\hat{\sigma}^2}{\sigma^2}=\frac{Q_e}{\sigma^2}\sim\chi^2(n-2)$,且 $\hat{b}$ 与 Q_e 相互独立,故统计量

$$\frac{\hat{b}-b}{\sqrt{\sigma^2/S_{XX}}}\Bigg/\sqrt{\frac{(n-2)\hat{\sigma}^2}{\sigma^2(n-2)}}=\frac{\hat{b}-b}{\hat{\sigma}}\sqrt{S_{XX}}\sim t(n-2).$$

在 H_0 为真时,可取检验统计量

$$t=\frac{\hat{b}}{\hat{\sigma}}\sqrt{S_{XX}}\sim t(n-2).$$

并由 t 检验法可得水平为 α 的拒绝域

$$\mathscr{X}_0:\ |T|=\frac{|\hat{b}|}{\hat{\sigma}}\sqrt{S_{XX}}\geqslant t_{\frac{\alpha}{2}}(n-2).$$

当拒绝 H_0 时,表明回归假设合理;当接受 H_0 时,表示变量 X 通过线性关系对 Y 的影响是不显著的,即回归效果不显著. 这时需进一步分析原因,另作处理.

利用假设检验和区间估计所具有的对偶性,可得到参数 b 的置信度为 $1-\alpha$ 的置信区间

$$\left(\hat{b}-\frac{\hat{\sigma}}{\sqrt{S_{XX}}}t_{\frac{\alpha}{2}}(n-2),\hat{b}+\frac{\hat{\sigma}}{\sqrt{S_{XX}}}t_{\frac{\alpha}{2}}(n-2)\right).$$

例 3(续例 1)　试给出 σ^2 的估计,并对线性模型的线性假设是否显著进行检验.($\alpha=0.05$)

解　由例 1 知

$$S_{XX}=8250,\quad S_{XY}=3985,\quad \hat{b}=0.48303,$$

$$S_{YY}=\sum_{i=1}^{n}Y_i^2-\frac{1}{n}\left(\sum_{i=1}^{n}Y_i\right)^2=1932.1,$$

于是

$$Q_e=S_{YY}-\hat{b}\,S_{XY}=1932.1-0.48303\times 3985=7.23,$$

$$\hat{\sigma}^2=\frac{Q_e}{n-2}=\frac{1}{8}\times 7.23=0.90.$$

又由 $\alpha=0.05$,查 t 分布表得

$$t_{\frac{\alpha}{2}}(n-2)=t_{0.025}(8)=2.3060,$$

$$|T|=\frac{|\hat{b}|}{\hat{\sigma}}\sqrt{S_{XX}}=\frac{0.48303}{\sqrt{0.9}}\times\sqrt{8250}=46.25>2.3060,$$

故拒绝 H_0,即认为线性假设是显著的.

9.2.4　用回归模型预测

求出线性回归直线并通过检验,说明回归是显著的,因此可用它来进行预测.所谓预测就是给定点 $X=X_0$,以一定的置信度预测对应的 Y 的观察值 Y_0 的取值范围.这种预测的取值范围称为预测区间.

设 Y_0 是对应于 $X=X_0$ 的观察值,则

$$Y_0=a+bX_0+\varepsilon_0,\quad \varepsilon_0\sim N(0,\sigma^2).$$

容易想到,将回归值 $\hat{Y}_0=\hat{a}+\hat{b}\,X_0$ 作为 Y_0 的预测值,可求得

$$\hat{Y}_0\sim N\left(a+bX_0,\left(\frac{1}{n}+\frac{(X_0-\overline{X})^2}{S_{XX}}\right)\sigma^2\right),$$

又由模型的假设知

$$Y_0\sim N(a+bX_0,\sigma^2).$$

由于 (X_0,Y_0) 是独立试验的结果,故自然假定 Y_0 与 $Y_1,\cdots,Y_n$ 相互独立,且 $\overline{Y}_0$ 是 $Y_1,Y_2,\cdots,Y_n$ 的线性组合,由此可推得

$$Y_0-\hat{Y}_0\sim N\left(0,\left(1+\frac{1}{n}+\frac{(X_0-\overline{X})^2}{S_{XX}}\right)\sigma^2\right).$$

并且由 $\hat{\sigma}^2=\dfrac{Q_e}{n-2}$ 可以证明 $\hat{\sigma}^2$ 与 $\hat{a}$,$\hat{b}$ 相互独立,从而 $\hat{\sigma}^2$ 与 Y_0,$\hat{Y}_0$ 及 $Y_0-\hat{Y}_0$ 相互独立,因此构造统计量

$$T=\frac{Y_0-\hat{Y}_0}{\sigma\sqrt{1+\frac{1}{n}+\frac{(X_0-\overline{X})^2}{S_{XX}}}}\Bigg/\sqrt{\frac{(n-2)\ \hat{\sigma}^2}{\sigma^2(n-2)}}$$

$$=\frac{Y-\hat{Y}_0}{\hat{\sigma}\ \sqrt{1+\frac{1}{n}+\frac{(X_0-\overline{X})^2}{S_{XX}}}}\sim t(n-2).$$

将 T 作为预测区间的枢轴量，则置信水平为 $1-\alpha$ 的预测区间为

$$\left(\hat{Y}_0-\hat{\sigma}\ \sqrt{1+\frac{1}{n}+\frac{(X_0-\overline{X})^2}{S_{XX}}}\cdot t_{\frac{\alpha}{2}}(n-2),\right.$$

$$\left.\hat{Y}_0+\hat{\sigma}\ \sqrt{1+\frac{1}{n}+\frac{(X_0-\overline{X})^2}{S_{XX}}}t_{\frac{\alpha}{2}}(n-2)\right).\tag{9.2.3}$$

关于预测区间(9.2.3)，易知 X_0 越接近 $\overline{X}$，预测区间的宽度越窄，相应的预测也越精确. 另外，当样本容量 n 较大时，有

$$\sqrt{1+\frac{1}{n}+\frac{(X_0-\overline{X})^2}{S_{XX}}}\approx 1,$$

且 $t_{\frac{\alpha}{2}}(n-2)\approx z_{\frac{\alpha}{2}}$. 这时预测区间(9.2.3)近似等于

$$(\hat{Y}_0-\hat{\sigma}\ z_{\frac{\alpha}{2}},\hat{Y}_0+\hat{\sigma}\ z_{\frac{\alpha}{2}}).$$

例 4 求例 1 中当 $X_0=125$ 时，得率 Y_0 的预测区间. ($\alpha=0.05$)

解
$$\hat{Y}_0=\hat{a}+\hat{b}\ X_0=-2.73935+0.48303\times 125=57.64,$$

$$\alpha=0.05,\quad t_{\frac{\alpha}{2}}(n-2)=t_{0.025}(8)=2.3060,$$

$$\hat{\sigma}\ \sqrt{1+\frac{1}{n}+\frac{(X_0-\overline{X})^2}{S_{XX}}}t_{\frac{\alpha}{2}}(n-2)=2.34,$$

得所求的预测区间

$$(57.64-2.34,57.64+2.34)=(55.30,59.98).$$

线性回归模型除了预测外，还可以用来控制，也是回归模型的一种应用. 这里不再讨论.

另外，值得一提的是在实际应用中，有些问题虽然形式上并不直接表现为线性回归模型，但可以通过适当的变换化为线性回归问题. 例如：模型

$$Y=a+bf(t)+\varepsilon,\quad \varepsilon\sim N(0,\sigma^2),$$

其中 f 为已知函数，a,b,ε 为与 t 无关的未知参数. 令 $X=f(t)$，则上述模型化为

$$Y=a+bX+\varepsilon,\quad \varepsilon\sim N(0,\sigma^2),$$

即是一元线性回归模型.

模型

$$Y=e^{a+bX+\varepsilon},\quad \varepsilon\sim N(0,\sigma^2).$$

两边取对数且令 $Z=\ln Y$，则该模型化为

$$Z=a+bX+\varepsilon,\quad \varepsilon\sim N(0,\sigma^2),$$

即是一元线性回归模型. 更一般地，若

$$\varphi(Y)=a+bX+\varepsilon,\quad \varepsilon\sim N(0,\sigma^2),$$

其中 φ 为已知函数，只要作变换 $Z=\varphi(Y)$ 即可将其化成线性回归模型.

*习　题　九

1. 下面给出小白鼠在接种 3 种不同菌型伤寒杆菌后的存活天数，设存活天数服从有相同方差的正态分布，试问 3 种菌型的平均存活天数有无显著差异？($\alpha=0.005$)

存活天数 \ 鼠 / 菌型	1	2	3	4	5	6	7	8	9	10	11
Ⅰ型	2	4	3	2	4	7	7	2	5	4	
Ⅱ型	5	6	8	5	10	7	12	6	6		
Ⅲ型	7	11	6	6	7	9	5	10	6	3	10

2. 抽查某地区 3 所小学中五年级男生的身高，得数据如下：

小学	身　高/厘米					
第一小学	128.1	134.1	133.1	138.9	140.8	127.4
第二小学	150.3	147.9	136.8	126.0	150.7	155.8
第三小学	140.6	143.1	144.5	143.7	148.5	146.4

设男生身高服从具有相同方差的正态分布.

(1)试问该地区这 3 所小学五年级男生的平均身高有无显著差别？($\alpha=0.05$)

(2)试给出总体均值、每所学校男生身高的效应及方差 σ^2 的估计.

3. 下表列出 5 种常用的抗生素注入到牛的体内时，抗生素与血浆蛋白质结合的百分比. 试在水平 $\alpha=0.05$ 下检验这些百分比的均值有无显著的差异. 设各总体服从正态分布，且方差相同.

青霉素	四环素	链霉素	红霉素	氯霉素
29.6	27.3	5.8	21.6	29.2
24.3	32.6	6.2	17.4	32.8
28.5	30.8	11.0	18.3	25.0
32.0	34.8	8.3	19.0	24.2

4. 在考察 $NaNO_3$ 的可溶性程度时，对一系列不同的温度(℃)观察它在 100 毫升的水中溶

解的 $NaNO_3$ 的重量(克),得观察结果如下:

温度 X/℃	0	4	10	15	21	29	36	51	68
$NaNO_3$ 重量/克	66.7	71.0	76.3	80.6	85.7	92.9	99.4	113.6	125.1

从经验及理论上知道,Y 与 X 服从一元线性回归模型,试用最小二乘法估计 a,b 及 σ^2.

5. 设 Y_i 与 X_i 符合模型

$$\begin{cases} Y_i = a + b(X_i - \overline{X}) + \varepsilon_i, \quad i = 1,2,\cdots,n, \\ \varepsilon_i \sim N(0,\sigma^2),\text{且相互独立}, \end{cases}$$

试给出 a,b 和 σ^2 的最小二乘估计.

6. 某职工医院用光电比色计检验尿汞时,得尿汞含量(毫克/升)与消光系数读数的结果如下:

尿汞含量 X	2	4	6	8	10
消光系数 Y	64	138	205	285	360

假设 Y 关于 X 的回归是线性回归,试求:

(1)回归系数 a,b 及误差方差 σ^2 的估计;

(2)检验假设 H_0:$b=0$,H_1:$b\neq 0$($\alpha=0.05$);

(3)求出 b 的置信水平为 1%~5%的置信区间;

(4)求出 $X_0=12$ 时,Y_0 的置信水平为 1%~5%的预测区间.

*第十章　数学软件与应用实例

概率论与数理统计是一门应用性很强的数学学科，在实际运用时经常会遇到比较繁杂的计算. 在这种情况下，仅用笔和纸手工来计算无疑太费时费力了，而且几乎是不可能实现的. 这时我们必须借助于计算机. 早期我们采取编程加调用现成函数包(库函数)的方法，该方法要求使用者具有相当的计算机编程能力，而且也比较复杂. 随着这些年计算机软件的飞速发展，一些用于数学和工程计算的软件已相当成熟，而且功能也非常强大. 比如用于符号计算的 Mathematica 和 Maple，用于工程计算的 Matlab 以及专门的统计软件 SPSS 和 SAS 等，借助于这些软件我们能迅速有效地得到有关运算的结果. 本章将结合概率论与数理统计教学介绍数学软件 Mathematica 中有关运算的实现方法，并且利用软件来演示一些基本内容中没有证明的结果和运用概率论与数理统计知识来解决实际问题.

10.1　Mathematica 的基本操作

10.1.1　Mathematica 简介

Mathematica 1.0 版发布于 1988 年 6 月 23 日，最初主要限于物理学、工程学和数学领域. 但随着版本的不断更新(目前的最新版本为 5.2)，Mathematica 在许多重要领域得到了广泛的应用，其用户群也在不断增长，现在用户总数以百万计. Mathematica 已经成为许多组织的标准工具：包括财富 50 强的所有公司，美国政府所有 15 个主要机构和世界最大的 50 所大学.

本书介绍的是 Mathematica 5.1 版，主界面如图 10-1 所示.

我们可以直接在 Mathematica 的文档窗口中键入命令函数，然后以 Shift+Enter 键运行(或直接按数字小键盘上的回车键运行)，这时 Mathematica 将调用其后台 Kernel 程序运行输入的指令，并将运行结果显示在前端的文档窗口中，同时给输入指令和输出结果自动编号(该编号在同一个 Kernel 中具有唯一性)：

```
In[1]: = 2^30
Out[1] = 1073741824
```

我们可以在不关闭当前文档窗口的情况新建另外的文档窗口继续工作，而且可以保存我们想要的文档，Mathematica 文档的扩展名为. nb. 保存文档将同时保存文档中的所有输入指令和输出结果，但会丢失所有的输入和输出编号.

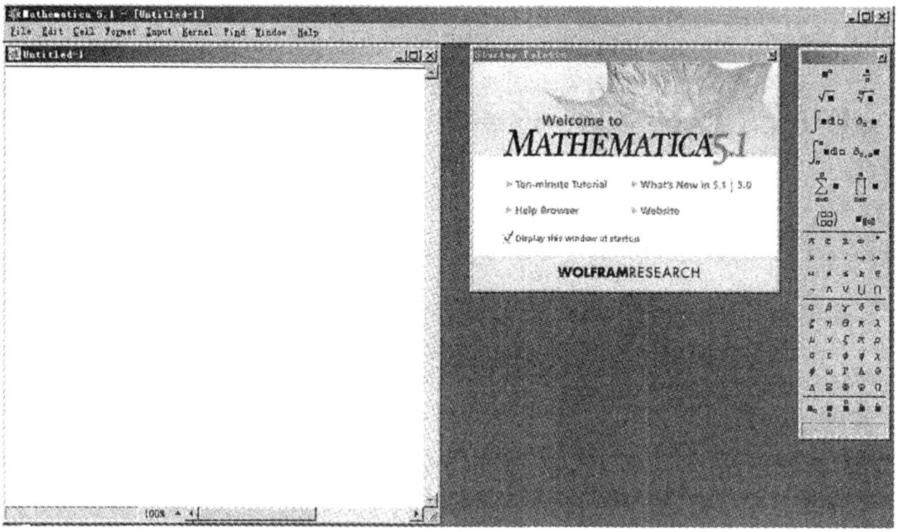

图 10-1

在图 10-1 的最右边可以看到一个类似 Word 中公式编辑器的输入模板，利用它可以在文档窗口中输入格式化的表达式和公式等，就像在 Word 公式编辑器中输入一样，然后再运算出该表达式或公式的结果. 如：

In[2]: = $\sqrt[5]{2^{30}}$

Out[2] = 64

10.1.2 基本运算和函数

1. 数与算术运算

Mathematica 中进行数的算术运算和在计算器上进行相应的运算类似，对一些数学常量也作了专门的记号，如表 10-1 所示：

表 10-1

算术表达式	意义	常量表达式	意义
a+b	$a+b$	I	i(虚数单位)
a−b	$a-b$	E	e(自然对数的底)
a * b 或 a b	$a\times b$	Pi	π(圆周率)
a/b	$a\div b$	Degree	度(角度单位)
a^b	a^b	Infinity	+∞(无穷大)
a!	a 的阶乘		

当然，我们也可以利用 Mathematica 的输入模板直接格式化输入上述表达式进行计算.

Mathematica 在运算时只要计算机内存允许，可以进行任意长度的整数运算和任意精度的小数运算，这也是利用数学软件进行计算的一个非常大的优点. 例如表达式：

```
In[3]: = 1000!
```

将返回一个非常大的整数，读者可以自己一试.

2. 函数

Mathematica 中的函数分为系统内置函数和用户自定义函数，系统函数调用时开头第一个字母必须大写. 要注意的是，Mathematica 中严格区分字母的大小写，即认为 Log 和 log 是两个不同的函数调用，对表达式运算也是如此.

不管是系统函数还是用户自定义函数，函数都是通过方括号[ ]调用，而不是圆括号( ). 圆括号( )在 Mathematica 中仅代表运算的优先级.

现在最新版的 Mathematica 中内置了 4000 多个函数，而本书只是介绍一些最基本和常用的函数，以及和线性代数有关的一些函数调用. 读者如欲了解更多的函数信息，请参考 Mathematica 的 help 系统或参看相关的书籍. 表 10-2 给出了 Mathematica 中的一些初等函数：

表 10-2

函数	说明	函数	说明
Exp[x]	e^x	Sqrt[x]	$\sqrt{x}$
Abs[x]	$\|x\|$	Log[x]	$\ln x$
Sin[x]	$\sin x$	Cos[x]	$\cos x$
Tan[x]	$\tan x$	Cot[x]	$\cot x$
ArcSin[x]i	$\arcsin x$	ArcTan[x]	$\arctan x$
ArcCos[x]	$\arccos x$	ArcCot[x]	$\operatorname{arccot} x$

Mathematica 在进行运算时还有一个特点：如果用户输入的表达式是一个精确值(即输入表达式中没有小数)，则返回值也是一个精确值，Mathematica 不会自动给出小数形式的近似值. 如果需要得到小数形式的值，必须借助 N[expr] 函数：

```
In[4]: = Sin[45 Degree]
```

$$\text{Out}[4] = \frac{1}{\sqrt{2}}$$

```
In[5]:= N[Sin[45 Degree]]
Out[5] = 0.707107
```

N 函数可以添加第二个参数指明精确度：

```
In[6]:= N[Sin [45 Degree], 30]
Out[6] = 0.707106781186547524400844362105
```

需要指出的是，Mathematica 中进行浮点数的运算仍然受机器字长限制，也就是说如果输入的表达式不是精确值的表达式，则 N 函数不会返回预想的精度. 看下面两个例子的区别：

```
In[7]:= N[4.0/31, 30]
Out[7] = 0.129032
In[8]:= N[4/31, 30]
Out[8] = 0.129032258064516129032258064516
```

10.1.3 变量及表达式

Mathematica 中可以自定义变量，然后由变量组成表达式，就像 C/C++语言或其它编程语言一样. 变量一般由字母、数字组成，但不能以数字开头，其中也不能含有空格或标点符号. 例如可以把多项式 x^2+3x-4 赋予变量 p：

```
In[9]:= p = x^2 + 3x - 4
Out[9] = -4 + 3x + x^2
```

注意，如上方法定义的变量将是全局有效的，除非你关闭 Kernel，否则变量的影响将一直存在. 如果要消除这种影响，我们可以使用 Clear 函数清除变量的定义：

```
In[10]:= Clear[p]
```

Mathematica 中有很多函数可以对上述的多项式进行操作，表 10-3 是一些常用的函数：

表 10-3

函　数	说　明
Expand[expr]	对多项式 expr 进行因式展开
Factor[expr]	对多项式 expr 进行因式分解
Together[expr]	对有理式 expr 进行通分
Apart[expr]	对有理式 expr 进行拆分
Simplify[expr]	化简表达式 expr
Collect[expr, x]	对 expr 中的 x 进行合并同类项操作
Coefficient[expr, form]	给出 expr 中 form 项前的系数
Exponent[expr, form]	给出 expr 中 form 项的最高次数

下面是几个简单的例子：

```
In[11]:= p = Expand[(a + b)^5]
Out[11] = a^5 + 5a^4 b + 10a^3 b^2 + 10a^2 b^3 + 5ab^4 + b^5
In[12]:= Coefficient[p,a^2]
Out[12] = 10b^3
In[13]:= Exponent[p,a]
Out[13] = 5
```

在多项式的操作中，替换符“/.”有时是非常有用的，例如当 $a=3,b=4$ 时求上面的多项式 p 的值：

```
In[14]:= p/.{a->3,b->4}
Out[14] = 16807
```

10.1.4　自定义函数

Mathematica 中同样也可以自定义函数，例如要定义一个函数名为 f、只含有一个自变量 x 的函数 $f(x)=x^2+2x$：

```
In[15]:= F[X_]:= x^2 + 2x
```

注意函数定义式右边的自变量后必须跟下划线“_”，而且定义时使用的是“:=”而不是“=”，定义函数的指令没有输出结果. 定义好函数后，我们就可以函数调用：

```
In[16]:= f[3]
Out[16] = 15
```

类似的，我们可以定义二元函数 $g(x,y)=3x^2+\sqrt{y^2+1}$ 并进行函数调用：

```
In[17]:= g[x_,y_]:= 3x^2 + Sqrt[y^2 + 1]
In[18]:= g[3,4]
Out[18] = 27 + √17
```

此外，我们经常还会遇到分段函数. Mathematica 中对分段函数的定义有很多种方法，这里介绍一种利用条件运算符“/;”进行分段函数定义的方法. 例如分段函数：

$$h(x)=\begin{cases}x^2, & \text{若 } x<0,\\ x^3, & \text{若 } x>5,\\ 0, & \text{其他}\end{cases}$$

可如下定义：

```
In[19]:= h[x_]:= x^2/;x<0
         h[x_]:= x^3/;x>5
         h[x_]:= 0/;x>=0&&x<=5
```

10.1.5 导数与微积分

函数 D[f,{x,n}]表示求函数 f 关于变量 x 的 n 次偏导，默认为 1 次求导. 例如：

```
In[22]:= D[x^n,x]
Out[22]= nx^(-1+n)
In[23]:= D[x^n,{x,3}]
Out[23]= (-2+n)(-1+n)nx^(-3+n)
In[24]:= D[x^2+y^2,x]
Out[24]= 2x
```

函数 D[f,x]表示求函数 f 的全导数，假设 y 是 x 的函数，则：

```
In[25]:= Dt[x^2+y^2,x]
Out[25]= 2x+2y Dt[y,x]
```

函数 Integrate[f,x]表示求不定积分 $\int f(x)\mathrm{d}x$ ，Integrate[f,{x,a,b}]表示求定积分 $\int_a^b f(x)\mathrm{d}x$ ，Integrate[f,{x,a,b},{y,c,d}]可以求二重积分 $\int_a^b \mathrm{d}x\int_c^d f\mathrm{d}y$. 看几个例子：

In[26]:= Integrate[x^2,x]

Out[26]= $\frac{x^3}{3}$

In[27]:= Integrate[x^2,{x,a,b}]

Out[27]= $-\frac{a^3}{3}+\frac{b^3}{3}$

In[28]:= Integrate[x^2+y^2,{x,0,1},{y,0,1}]

Out[28]= $\frac{2}{3}$

或者可以借助输入模板直观的输入积分的表达式，如：

In[29]:= $\int_a^b x^2\,\mathrm{d}x$

Out[29]= $-\frac{a^3}{3}+\frac{b^3}{3}$

在求定积分时，有时只需最后的数值结果而不关心原函数的形式，这时使用 NIntegrate 函数可能会更合适. 例如：

```
In[30]:= NIntegrate[Sin[Sin[x]],{x,0,1}]
Out[30]= 0.430606
```

10.1.6 方程(组)的求解

利用 Mathematica 可以求解代数方程、超越方程和微分方程，限于篇幅，我们这里仅介绍求解简单的代数方程和超越方程.

Solve 函数用于求解代数方程(组)，但由于它试图求出方程(组)的所有解，因此只适用于幂次不高、规模不大的代数方程(组). 它的优点是可以给出方程(组)的公式解的形式. 例如求解方程 $x^3-7x^2+3ax=0$：

```
In[31]: = Solve[x^3 - 7x^2 + 3a * x = = 0,x]
```

$$\text{Out[31]} = \left\{\{x\to 0\},\left\{x\to \frac{1}{2}(7-\sqrt{49-12a})\right\},\left\{x\to \frac{1}{2}(7+\sqrt{49-12a})\right\}\right\}$$

要注意的是，Solve 函数的第一个参数即方程的表达式中，要使用逻辑等号"=="，而不是赋值等号"=". 同定积分一样，如果只要方程数值解的形式而不关心公式解，使用 NSolve 可能会更合适：

```
In[32]: = NSolve[x^5 - 1331x + 11 == 0,x]
Out[32] = {{x→-6.04217},{x→-0.00206611 - 6.04011i},
          {x→-0.00206611 + 6.04011i},{x→0.00826446},{x→6.03804}}
```

同样，Solve 也可以求解简单的代数方程组：

```
In[33]: = Solve[{a * x + b * y == 1,x - y == 2},{x,y}]
```

$$\text{Out[33]} = \left\{\left\{x\to -\frac{-1-2b}{a+b},y\to -\frac{-1+2a}{a+b}\right\}\right\}$$

Solve 无法求解类似 $x^{600}-12.41x^{180}+11.41=0$ 的高次方程和类似 $\cos x=x$ 的超越方程，这时我们可以使用 FindRoot 函数. 使用 FindRoot 函数必须要给出迭代的初始值，而且求解的结果也会依赖于该初始值. 例如：

```
In[34]: = FindRoot[x^600 - 12.41x^180 + 11.41 == 0,{x,1.001}]
Out[34] = {x→1.}
In[35]: = FindRoot[Cos[x] == x,{x,1}]
Out[35] = {x→0.739085}
```

更换上面高次方程的迭代初始值，将得到不同的解：

```
In[36]: = FindRoot[x^600 - 12.41x^180 + 11.41 == 0,{x,1.01}]
Out[36] = {x→1.00485}
```

用 FindRoot 函数同样也可以求解超越方程组：

```
In[37]: = FindRoot[{Sin[x] == x - y,Cos[y] == x + y},{x,0},{y,1}]
Out[37] = {x→0.883401,y→0.1105}
```

10.1.7　表与矩阵的表示

1. 表及 Table 函数

Mathematica 中的表(List)是指一种数据结构，它可以将一些有关联的元素组成一个整体，既可以对整体进行操作，也可以对单个元素进行操作. 表在形式上是用花括号"{}"括起来的若干个元素，元素之间用逗号分隔.

最简单的建立表的方法就是将表的各个元素直接列出来，例如：

a = {1,2,3}

表的元素也可以是一个表,因此我们可以建立二维表或者更高维的表,例如:

aa = {{1,2,3},{2,3,4}}

Mathematica 中的矩阵就是用二维表来表示的,稍后我们将作详细介绍. 运算符"[[]]"表示从表中取出所需的元素,例如:

```
In[1]: = aa{{1, 2, 3},{2, 3, 4}};
         aa[[2]]
Out[2] = {2,3,4}
```

表示取表 aa 的第二个元素. 又如:

```
In[3]: = aa[[2,3]]
Out[3] = 4
```

表示先取表 aa 的第二个元素,然后对取出的元素再取其第三个元素.

有关表操作的一个重要函数是 Table,它可以自动生成有规律的表,主要是指矩阵元素是下标的函数时. 例如:

```
In[4]: = Table[i^2,{i, 1, 6}]
Out[4] = {1, 4, 9, 16, 25, 36}
In[5]: = Table[i - j,{i, 3},{j, 2}]
Out[5] = {{0, - 1},{1, 0},{2,1}}
```

2. 矩阵的表示与构造

上面我们提到,矩阵在 Mathematica 中是以二维表的形式来表示的. 对于向量,可以用一维表来表示,但考虑到区分行向量和列向量以及向量与矩阵的运算,我们建议向量仍使用二维表来表示,统一于矩阵的表示. 例如,对于行向量{a,b,c}表示为{{a,b,c}},而如果{a,b,c}是列向量,则表示为{{a},{b},{c}}.

指令 MatrixForm 可以将二维表以直观的矩阵形式显示出来,例如:

```
In[6]: = Table[i - j,{i, 3},{j, 2}]//MatrixForm
Out[6]//MatrixForm =
```

$$\begin{Bmatrix} 0 & -1 \\ 1 & 0 \\ 2 & 1 \end{Bmatrix}$$

但需要特别注意的是,MatrixForm 仅仅是一个输出的形式,不能使用它来作为矩阵运算的输入.

DiagonalMatrix 和 IdentityMatrix 分别用于产生对角阵和指定维数的单位阵. 例如:

```
In[7]: = DiagonalMatrix[{a,b,c}]
Out[7] = {{a,0,0},{0,b,0},{0,0,c}}
In[8]: = IdentityMatrix[3]
```

Out[8] = {{1,0,0,}{0,1,0},{0,0,1}}

3. 矩阵的运算

Mathematica 中向量和矩阵的加法运算与数的运算类似，如 $A+B$，$A-B$（A，B 为同类型矩阵）. 但乘法运算稍有不同，Mathematica 中的乘法分为数乘和矩阵乘法：数乘的运算符为“ * ”，它将向量或矩阵的对应位置的元素相乘，因此要求相乘的两个元素具有相同的维数；矩阵乘法的运算符为“▪”，如果相乘的两个元素都是向量，则求向量的内积.

表 10-4 是几个最常用的矩阵运算的函数命令：

表 10-4

函　数	说　明
Det[A]	求方阵 A 的行列式
Minors[A,k]	给出矩阵 A 的所有 k 阶子式
Dimensions[A]	给出矩阵 A 的维数
Transpose[A]	对矩阵 A 进行转置
Inverse[A]	求方阵 A 的逆矩阵
RowReduce[A]	用初等行变换将矩阵 A 化为规范的阶梯形矩阵
MatrixPower[A,n]	求方阵 A 的 n 次幂 A^n

10.1.8 基本图形函数

Mathematica 具有很强的二维和三维作图能力，作图也是 Mathematica 中一个很重要的内容，但限于篇幅，这里我们仅介绍最基本的作图函数.

- $y=f(x)$类显函数的作图：Plot[f,{x,xmin,xmax}]

  例如，作出函数 $f(x)=\sin x$ 在区间$[0,2\pi]$上的图形：

  In[38]: = Plot[Sin[x],{x,0,2Pi}]

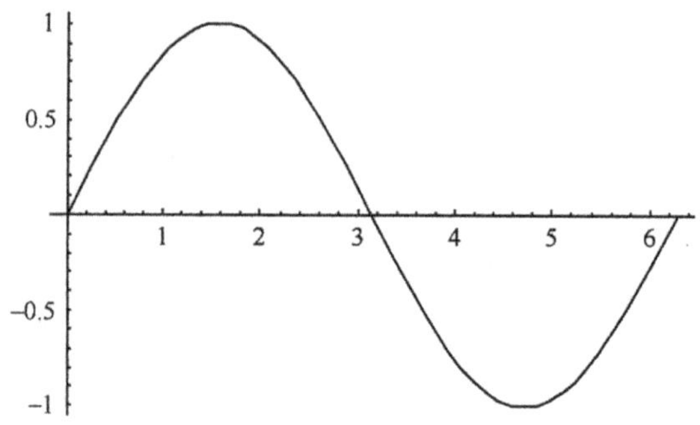

也可以在同一个坐标系下绘制多个图形：

```
In[39]: = Plot[{Sin[x],Sin[2x],Sin[3x]},{x, 0, 2Pi}];
```

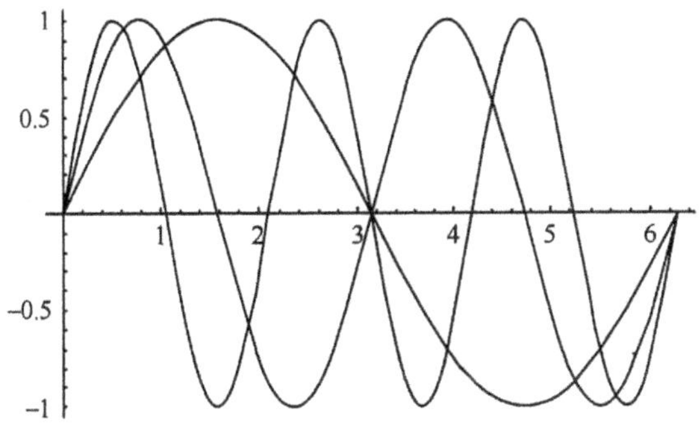

◆ 离散点的作图：ListPlot[List]

例如，有一组离散点{{1,1},{2,4},{3,9},{4,16},{5,25},{6,36}}：

```
In[40]: = ListPlot{{1,1},{2,4},{3,9},{4,16},{5,25},{6,36}},
        Prolog→AbsolutePointSize[5]];
```

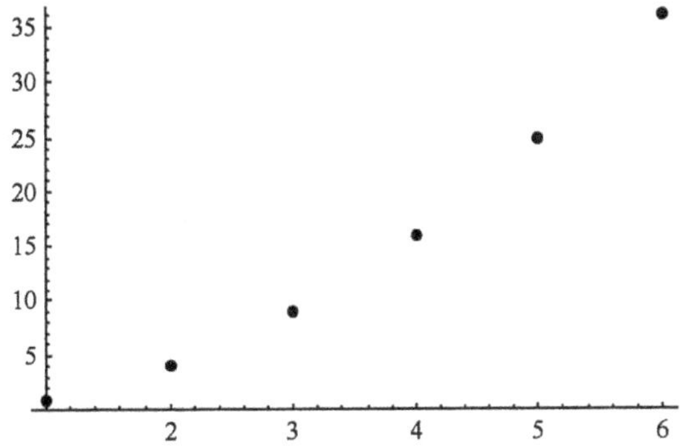

注意输入的离散点的形式是$\{\{x_1, y_1\},\{x_2, y_2\},\cdots,\{x_n, y_n\}\}$，而不是$\{\{x_1, x_2, \cdots, x_n\},\{y_1, y_2, \cdots, y_n\}\}$的形式.

命令中的 Prolog→AbsolutePointSize 是一个选项，用于设置绘图点的大小. ListPlot 函数另一个常用的选项是 PlotJoined→True，它把离散点用光滑曲线进行连接. 例如：

```
In[41]: = ListPlot{{1, 1}, {2, 4}, {3, 9},{4, 16},{5, 25}, {6, 36}},
        PlotJoined→True];
```

注意，PlotJoined 选项使用时，Prolog→AbsolutePointSize 选项会失效.

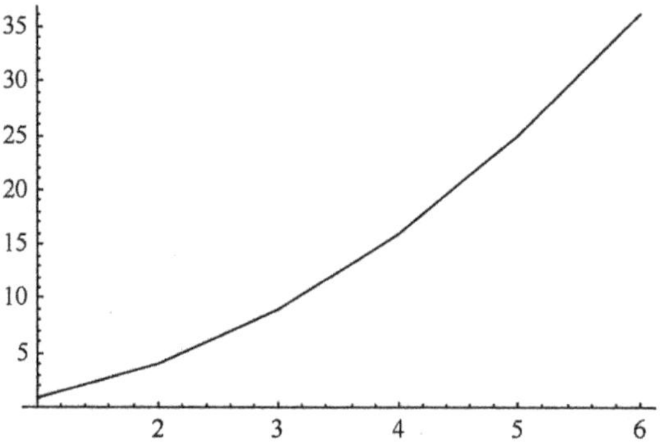

◆ 参数方程的作图：ParametricPlot[{ f_x, f_y},{t,tmin,tmax}]

利用 ParametricPlot 绘制参数方程的图形时，f_x，f_y 都是关于变量 t 的表达式，而不是方程的形式. 例如：

```
In[42]:= ParametricPlot[{Cos[5t],Sin[3t]}, {t, 0, 2π}, AspectRatio→1];
```

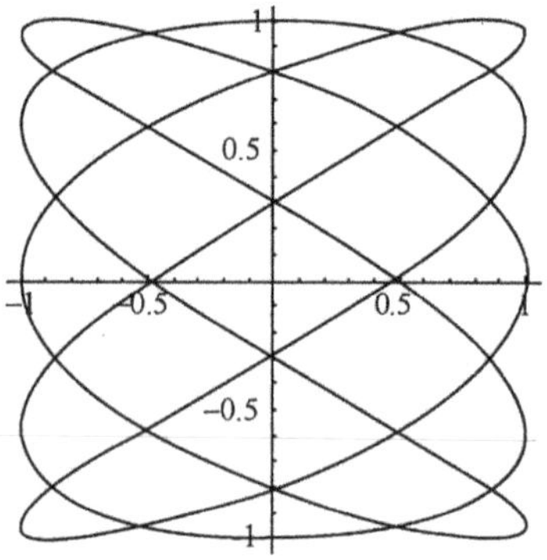

其中的 AspectRatio→1 选项把坐标的横纵轴显示比设为 1.

◆ 利用函数包作特殊图形

Mathematica 的标准函数包“Standard Packages”中包含了大量特殊应用的函数，但这些函数不属于 Mathematica 的内置函数，因此在使用前必须首先进行导入，导入的方法是：

≪类名`包名`

注意这里的`不是单引号，而是数字键“1”左边的那个符号. 本书仅对 Graphics 类中的一些函数包及其函数举两个简单例子.

(1)绘制极坐标方程 $\rho=4\cos\theta-2$ 的图形：

先导入函数包：

```
In[43]: = <<Graphics`Graphics`
```

然后调用其中的 PolarPlot 函数进行绘图：

```
In[44]: = PolarPlot[4Cos[t] - 2, {t, 0, 2Pi}];
```

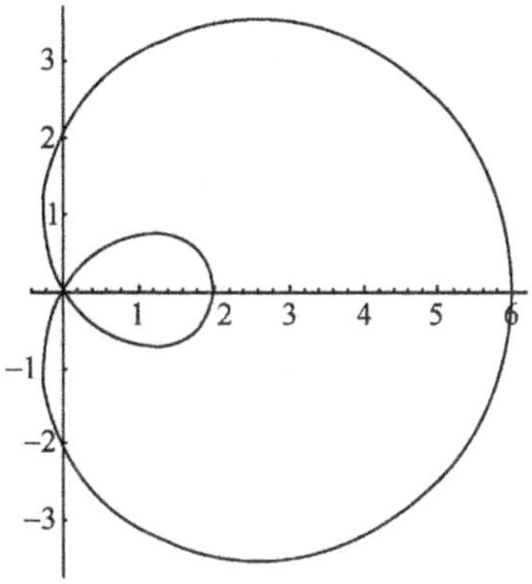

(2)绘制隐函数$(x^2+y^2)^2=2xy$在区间[−2,2]上的图形：

先导入函数包：

```
In[45]: = <<Graphics`ImplicitPlot`
```

然后调用其中的 ImplicitPlot 函数进行绘图：

```
In[46]: = ImplicitPlot[(x^2 + y^2)^2 = = 2xy, {x, - 2, 2}];
```

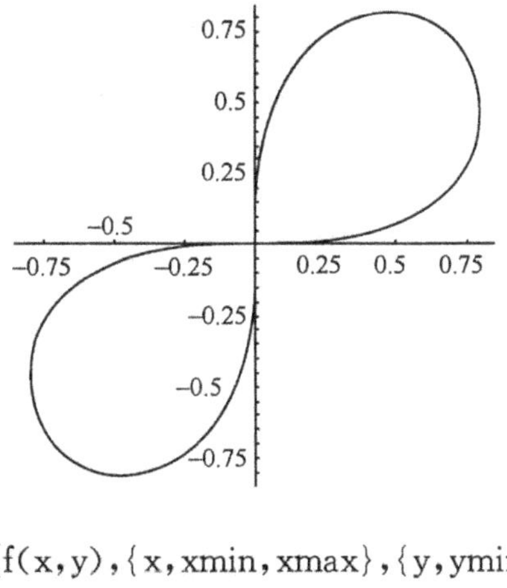

◆ 三维表面图：Plot3D[f(x,y),{x,xmin,xmax},{y,ymin,ymax}]

例如，作出函数 $f(x,y)=\frac{1}{2\pi}e^{-(x^2+y^2)}$ 的图形：

```
In[47]: = Plot3D[(1/(2Pi))Exp[ - (x^2 + y^2)], {x, - 3, 3}, {y, - 3, 3}];
```

该图形似乎并不能很好地反映曲面的真实情况，为此我们可以两个选项：

```
In[48]: = Plot3D[(1/(2Pi))Exp[ - (x^2 + y^2), {x, - 3, 3}, {y, - 3, 3},
            PlotRange->{0, 0.2}, PlotPoints->40];
```

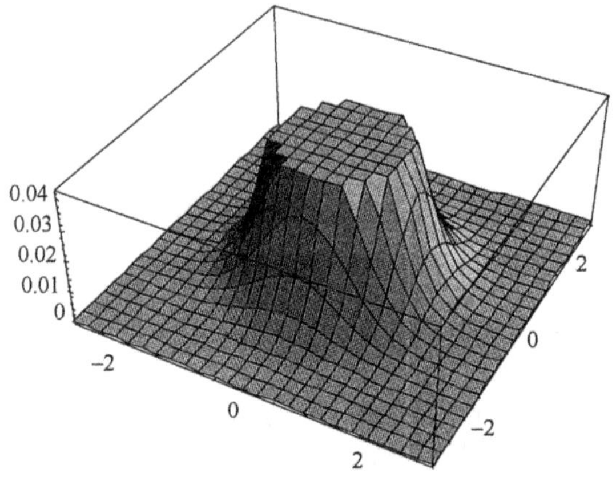

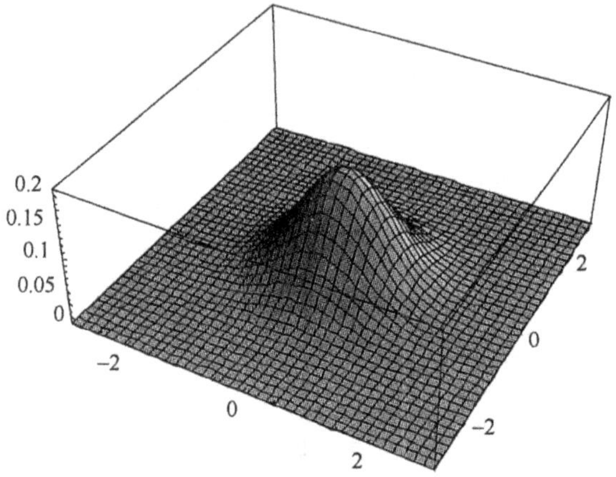

其中 PlotRange 选项用于设置 y 轴的显示范围，PlotPoints 选项用于设置绘图时取点的密度，增大该值可以提高图形的精细度.

10.2　Mathematica 中的概率统计软件包

Mathematica 可以求解概率统计问题，但求解的函数不是 Mathematica 的内置函数，而是属于 Statistics 软件包，因此在求解之前首先要导入该软件包.

Statistics 软件包中包含了大量的函数指令，本书不想对其中的指令作逐一介绍，而是通过例题介绍其中的四个大类：

ContinuousDistributions：　包括处理连续型随机变量及其分布的常用函数

DiscreteDistributions：　包括处理离散型随机变量及其分布的常用函数

ConfidenceIntervals：　包括求置信区间的常用函数

HypothesisTests: 包括作假设检验的常用函数

大类中相关函数指令的介绍也借助于例题进行.

例 1 设 X 服从参数为$\frac{1}{3}$的指数分布.

(1) 求 X 的数学期望与方差;

(2) 画出 X 的分布函数与概率密度函数的图形;

(3) 计算 $P(1<X<3)$.

解 X 为常见的连续型随机变量. Mathematica 求解过程如下:

```
In[1]: = <<Statistics ' ContinuousDistributions '
        X = ExponentialDistribution[1/3];
        StringForm["Mean of X = ", Variance of X = "",
        Mean[X], Variance[X]]
        f[x_]: = PDF[X, x];
        g[x_]: = CDF[X, x];
        StringForm["Probability density function: "", f[x]]
        Plot[f[x],{x, -10, 10}];
        StringForm["Cumulative distribution function:"",
          g[x]]
        Plot[g[x],{x, -10, 10}];
        StringForm["P = "", NIntegrate[f[x], {x, 1, 3}]]
Out[3] = Mean of X = 3, Variance of X = 9
```

Out[6] = Probability density function: $\frac{e^{-x/3}}{3}$

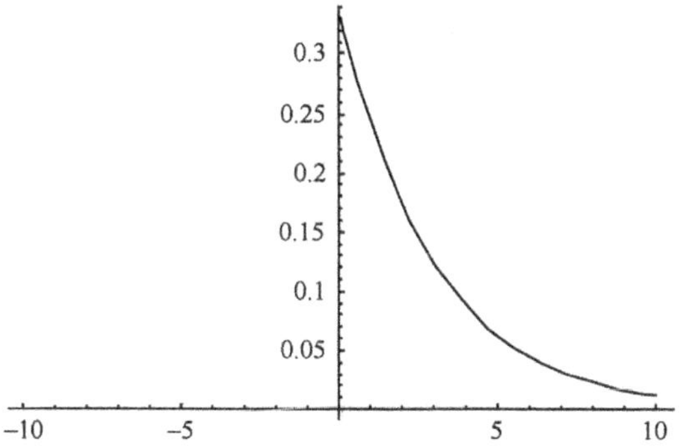

Out[8] = Cumulative distribution function: $1-e^{-x/3}$

Out[10] = P = 0.34865186940234694 '

说明 ≪Statistics ' ContinuousDistributions '指令用于导入连续型随机变量的软件包;ExponentialDistribution[λ] 给出参数为 λ 的指数分布;Mean 和 Variance 指令分别用于求随机变量的均值和方差;PDF 和 CDF 分别给出概率密度函

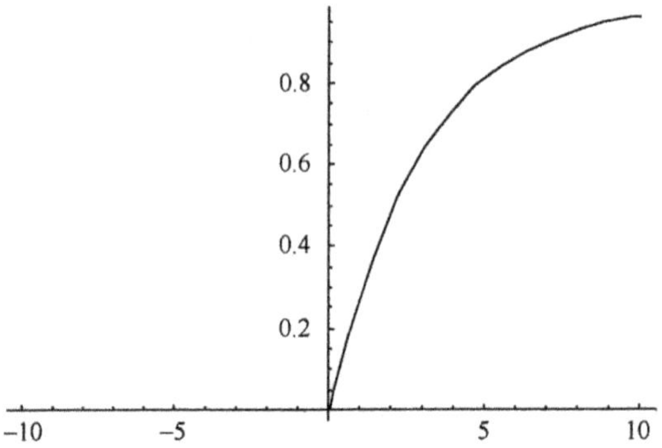

数和分布函数.

指数分布是我们熟悉的分布，对于不熟悉的分布，可以用这种方式了解其数值特征、密度函数、分布函数及其图形，并通过密度函数或分布函数计算相关事件的概率.

例 2　某人进行射击，设每次射击的命中率为 0.02，独立射击 400 次，试求击中次数超过 40 次，50 次，60 次，80 次的概率.

解　设击中的次数为 X，则 $X \sim B(400, 0.2)$，于是

$$P(X > 40) = 1 - \sum_{k=0}^{40} P(X = k) = 1 - \sum_{k=0}^{40} \binom{400}{k} (0.02)^k (0.98)^{400-k}.$$

我们知道，上式的数值计算是很复杂的. 现在，借助于 Mathematica 非常简单：

```
In[1]: = <<Statistics'DiscreteDistributions'
        X = BinomialDistribution[400, 0.2];
        f[x_]: = PDF[X, x];
        StringForm["Hit>40: ''", 1 - Sum[f[x],{x, 0, 40}]]
        StringForm["Hit>50: ''", 1 - Sum[f[x],{x, 0, 50}]]
        StringForm["Hit>60:''", 1 - Sum[f[x],{x, 0, 60}]]
        StringForm["Hit>80: ''", 1 - Sum[f[x],{x, 0, 80}]]
Out[4] = Hit>40: 0.9999999504054395'
Out[5] = Hit>50: 0.9999480476949827'
Out[6] = Hit>60: 0.9939340575855014'
Out[7] = Hit>80: 0.4701269617890975'
```

说明　BinomialDistribution[n, p]产生参数为 n, p 的二项分布.

例 3　已知某种灯泡的寿命 X(单位：小时)服从正态分布 $N(\mu, \sigma^2)$. 现从这批灯泡中抽取 10 个，测得寿命分别为

1050　1100　1080　1120　1200　1250　1040　1130　1300　1200.

(1)若 X 的方差 $\sigma^2 = 8$，试求 X 的数学期望 μ 的置信区间.(取 $\alpha = 0.05$)

(2)若 X 的方差未知,试求 X 的数学期望 μ 的置信区间.(取 $\alpha=0.10$)

解 求置信区间的方法已在第七章介绍过,Mathematica 中求解要导入软件包 ConfidenceIntervals,求解过程如下:

```
In[1]: = <<Statistics`ConfidenceIntervals`
        data = {1050, 1100, 1080, 1120, 1200, 1250, 1040, 1130,1300, 1200};
        StringForm["Confidence interval of Variance = 8:``",
          MeanCI[data, KnownVariance->8]]
        StringForm["Confidence interval of UnkownVariance:``",
          MeanCI[data, KnownVariance->None, ConfidenceLevel - >0.9]]
Out[3] = Confidence interval of Variance = 8:{1145.25, 1148.75}
Out[4] = Confidence interval of UnkownVariance:{1096.53, 1197.47}
```

说明 MeanCI[*data* , KnownVariance −>*var*] 函数用于求正态总体 data 的置信区间,参数 KnownVariance 用于指定方差,可选参数 ConfidenceLevel 用于指定置信水平(默认值为 0.95).

例 4 随机的从 A 批导线中抽取 4 根,又从 B 批导线中抽取 5 根,测得电阻(Ω)为

A 批:0.143　0.142　0.143　0.137

B 批:0.140　0.142　0.136　0.138　0.140

设测定数据分别来自分布 $N(\mu_1,\sigma_1^2)$与 $N(\mu_2,\sigma_2^2)$,且两样本相互独立.

(1)设两样本方差相同,记为 σ^2,μ_1、μ_2、σ^2 均未知,求 $\mu_1-\mu_2$ 的置信区间.(取 $\alpha=0.05$)

(2)求两样本方差比的置信区间.(取 $\alpha=0.05$)

解 求解过程如下:

```
In[1]: = <<Statistics`ConfidenceIntervals`
        data1 = {0.143, 0.142, 0.143, 0.137};
        data2 = {0.140, 0.142, 0.136, 0.138, 0.140};
        CI1 = MeanDifferenceCI[data1, data2, KnownVariance - > None,
          EqualVariances - > True];
        StringForm["CI of μ1 - μ2 = ``", CI1]
        CI2 = VarianceRatioCI[data1, data2];
        StringForm["CI of VarianceRatio = ``", CI2]
Out[5] = CI of μ1 - μ2 = {- 0.00199635, 0.00609635}
Out[7] = CI of VarianceRatio = {0.158985, 23.9583}
```

说明 MeanDifferenceCI 函数求正态总体均值差的置信区间,EqualVariances 参数指定方差相等;VarianceRatioCI 函数用 F 分布求正态总体方差比的置信区间.

例 5　用自动车床采用新旧两种工艺加工同种零件，测量的加工偏差(单位：微米)分别为：

旧：2.7　2.4　2.5　3.1　2.7　3.5　2.9　2.7　3.5　3.3

新：2.6　2.1　2.7　2.8　2.3　3.1　2.4　2.4　2.7　2.3

设测量的加工偏差服从正态分布，所得的两个样本相互独立，且总体方差相等. 试问自动车床在新旧两种工艺下的加工精度有无显著差异？($\alpha=0.01$)

解　由第八章假设检验知，该问题属于关于两个正态总体均值差是否相等的假设检验问题. 可设

$$H_0:\mu_1=\mu_2,\quad H_1:\mu_1\neq\mu_2$$

并用服从 $t(n+m-2)$ 的统计量检验. 本例中 $n=m=10$，求解前必须先导入用于假设检验的 HypothesisTests 软件包，过程如下：

```
In[1]: = <<Statistics`HypothesisTests`
        data1 = {2.7, 2.4, 2.5, 3.1, 2.7, 3.5, 2.9, 2.7, 3.5, 3.3};
        data2 = {2.6, 2.1, 2.7, 2.8, 2.3, 3.1, 2.4, 2.4, 2.7, 2.3};
        MeanDifferenceTest[data1, data2, 0, KnownVariance->None,
          EqualVariances->True, TwoSided->True,
          SignificanceLevel->0.01, FullReport->True]
Out[4] = {FullReport ->
        MeanDiff        TestStat        Distribution
        0.39            2.4804          StudentTDistribution[18]',
        TwoSidedPValue->0.0232348,
        Fail to reject null hypothesis at significance level ->0.01}
```

说明　MeanDifferenceTest 函数用于均值差的检验，data1、data2 为已知的两组样本数据，0 表示两总体的均值差为 0. 可选参数 TwoSided 表示是否进行双边检验，可选参数 SignificanceLevel 指定显著性水平.

FullReport 给出检验结果，其中各项的含义为：MeanDiff 表明两总体均值差的绝对值为 0.39，Distribution 表明检验统计量为自由度为 18 的 t 分布，TestStat 表明按样本值算得的统计量的值为 2.4804，TwoSidedPValue 表明，按此样本值与假设 $H_0:\mu_1=\mu_2$，检验统计量的取值与原假设之差的绝对值落在此区域之外得概率为 0.0232348，即

$$P\left(\frac{|\overline{X}-\overline{Y}|}{S_w\sqrt{\dfrac{1}{n}+\dfrac{1}{m}}}\geqslant \text{TestStat}\right)=\text{TwoSidedPValue}$$

最后，按显著性水平，作出接受原假设的结论(Fail to reject).

10.3 演示与应用实例

10.3.1 二项分布的概率分布的演示

二项分布是一种重要的离散型随机变量，它的概率分布当 n 较大时计算比较麻烦. 另外，二项分布最可能的取值是什么？有一个还是两个或多个？我们可以利用 Mathematica 加以演示：

```
In[1]: = n = 20;
        p = 1/3;
        f[k_]: = Binomial[n, k] * p^k(1 - p)^(n - k)
        Table[Print[k, "          ", f[k]//N], {k, 0, 20}];
0       0.000300729
1       0.00300729
2       0.0142846
3       0.0428538
4       0.0910644
5       0.145703
6       0.182129
7       0.182129
8       0.14798
9       0.0986531
10      0.0542592
11      0.0246633
12      0.00924873
13      0.00284576
14      0.000711441
15      0.000142288
16      0.0000222325
17      2.61559 × 10^-6
18      2.17966 × 10^-7
19      1.14719 × 10^-8
20      2.86797 × 10^-10
```

然后我们来看二项分布的最大概率以及取得最大概率的个数和位置：

```
In[5]: = BList = [Table[f[k]//N, {k, 0, 20}];
        BMax = Max[BList];
        "The max number is " OutputForm[BMax]
```

```
        StringForm["The count of max number is ''",
          Count[BList, BMax]]
        StringForm["The position of max number is ''",
        Position[BList, BMax]]
Out[7] = The max number is 0.182129
Out[8] = The count of max number is 2
Out[9] = The position of max number is {{7} , {8}}
```

最后,我们画出概率分布图以及概率最大点的图,并以不同的颜色在同一个坐标系下显示(其中的 DisplayFunction 选项用于控制图形的显示):

```
In[10]: = g1 = ListPlot[BList, PlotRange→{{0, n}, {0, 0.2}},
            PlotStyle→Hue[0.1], Prolog→AbsolutePointSize[4] ,
            DisplayFunction→Identity] ;
        g2 = ListPlot[{{7, BMax},{8, BMax}},
            PlotRange→{{0, n},{0, 0.2}}, Prolog→AbsolutePointSize[4],
            DisplayFunction→Identity];
        Show[g1, g2, DisplayFunction→ $DisplayFunction ];
```

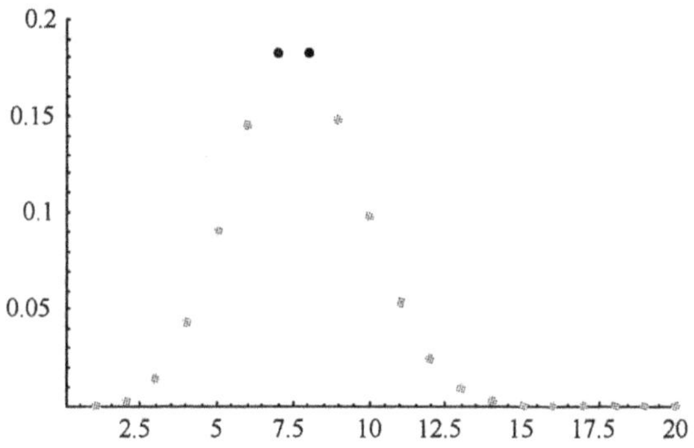

同样的,也可以选用不同的参数显示二项分布的概率分布.

10.3.2　中心极限定理的演示

由第五章可知,独立同分布的随机变量的和服从正态分布.我们用 Mathematica 演示二项分布 $B(n,p)$当 n 增大时的演化过程.

我们定义一个 draw 函数,用它来画三个图形:二项分布 $B(n,p)$、正态分布 $N(np,np(1-p))$以及它们之间的误差图形,在程序中分别用 g1,g2,g3 来表示.同时定义 n,p,xmin,xmax,ymax 为全局变量,分别表示二项分布的参数 n、p,图形的横坐标范围[xmin,xmax]以及纵坐标范围[0,ymax].程序中的 Module 函数为块定义函数,在其内部所定义的变量为局部变量,仅在其内部有效.程序及运行结果如下：

```
In[1]:= Clear[draw]
        draw[n_, p_, xmin_, xmax_, ymax_]:= Module[
          {μ,σ2, g1, g2, g3, gauss, x},
          μ = n * p;
          σ = √(n * p * (1 - p));
          Blist = Table[{k, Binomial[n, k] * p^k(1 - p)^(n - k)},{k, 0, n}];
          g1 = ListPlot[Blist, PlotRange→{{xmin, xmax},{0, ymax}},
            Prolog→AbsolutePointSize[4], PlotStyle→{RGBColor[1, 0, 0]},
            DisplayFunction→Identity];
          gauss[x_]:= 1/√(2π * σ^2) ⅇ^(-(x - μ)^2/(2σ^2));
          g2 = Plot[Evaluate[gauss[x]],{x, xmin, xmax},
            PlotStyle→{RGBColor[0, 1, 0]}, DisplayFunction→Identity];
          rBlist = Blist - Table[gauss[k]], {k, 0, n}];
          g3 = ListPlot[rBlist, PlotRange→{{xmin, xmax}},{0, ymax}},
            Prolog→AbsolutePointSize[4], PlotStyle→{RGBColor[0, 0, 1]},
            DisplayFunction→Identity];
          Show[g1, g2, g3, DisplayFunction → $DisplayFunction,
            PlotLabel→StringForm["n = ",μ = ",σ^2 = "", n, μ, σ^2]];
          ]
        Do[draw[n, 2/3, -5, 45, 0.4], {n, 5, 50, 5}]
```

$$n=5, \mu=\frac{10}{3}, \sigma^2=\frac{10}{9}$$

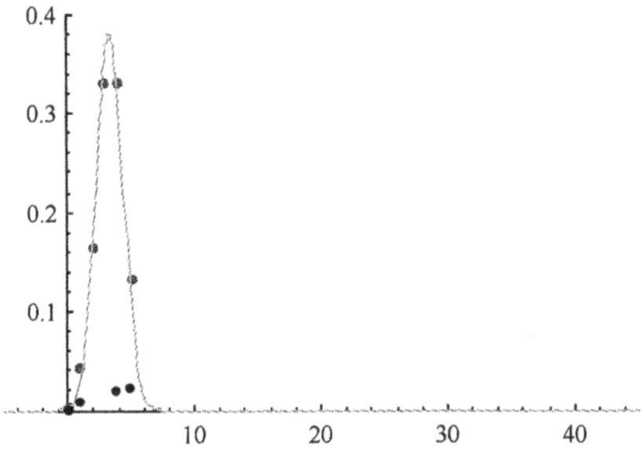

$n=10,\mu=\frac{20}{3},\sigma^2=\frac{20}{9}$

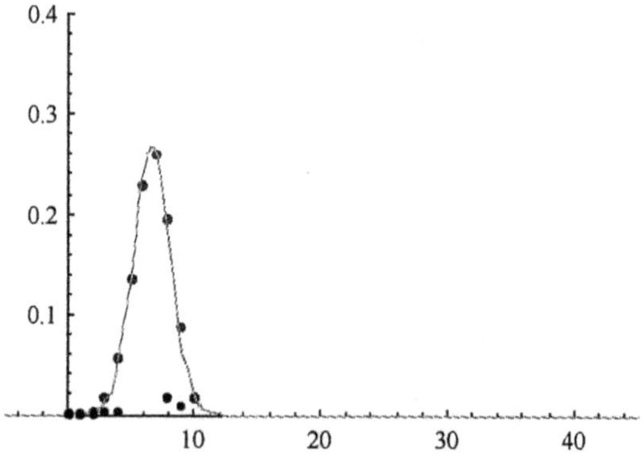

$n=15,\mu=10,\sigma^2=\frac{10}{3}$

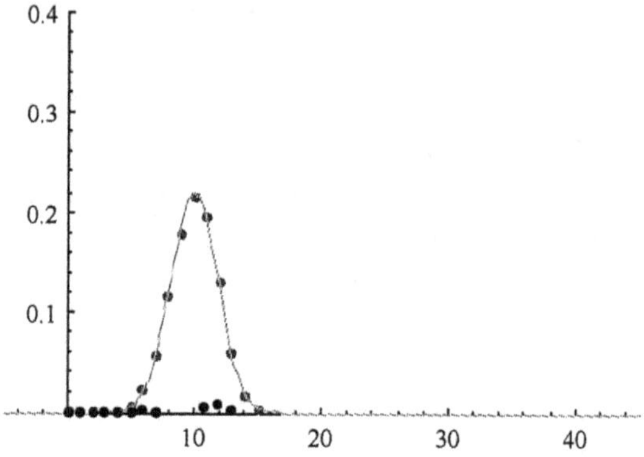

$n=20,\mu=\frac{40}{3},\sigma^2=\frac{40}{9}$

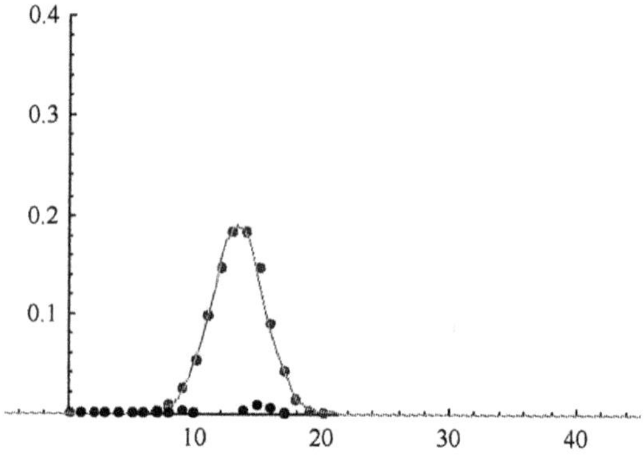

$n=25, \mu=\frac{50}{3}, \sigma^2=\frac{50}{9}$

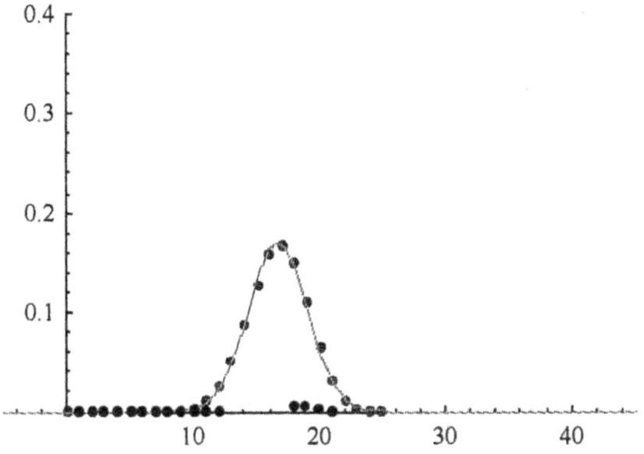

$n=30, \mu=20, \sigma^2=\frac{20}{3}$

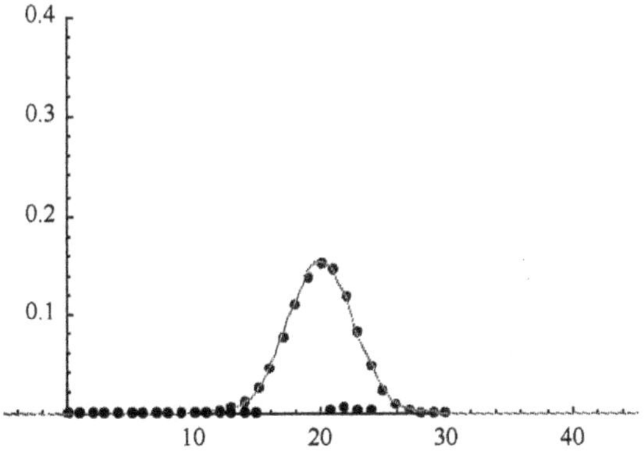

$n=35, \mu=\frac{70}{3}, \sigma^2=\frac{70}{9}$

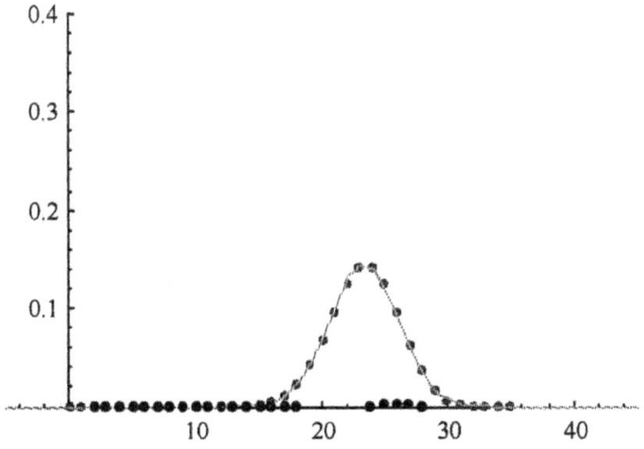

$n=40, \mu=\frac{80}{3}, \sigma^2=\frac{80}{9}$

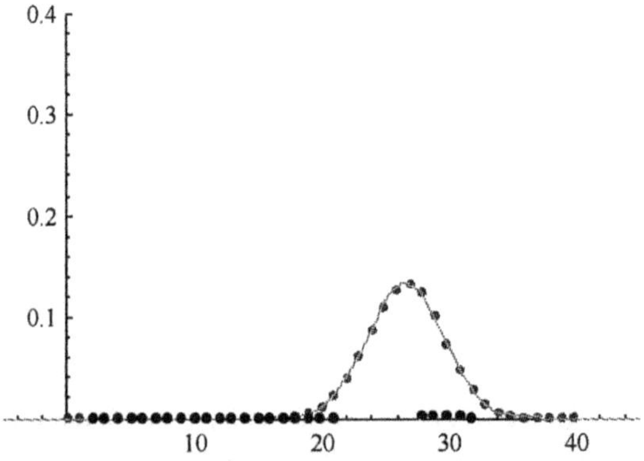

$n=45, \mu=30, \sigma^2=10$

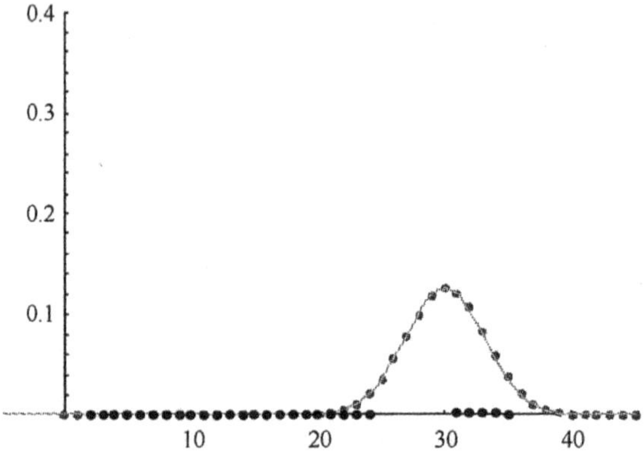

$n=50, \mu=\frac{100}{3}, \sigma^2=\frac{100}{9}$

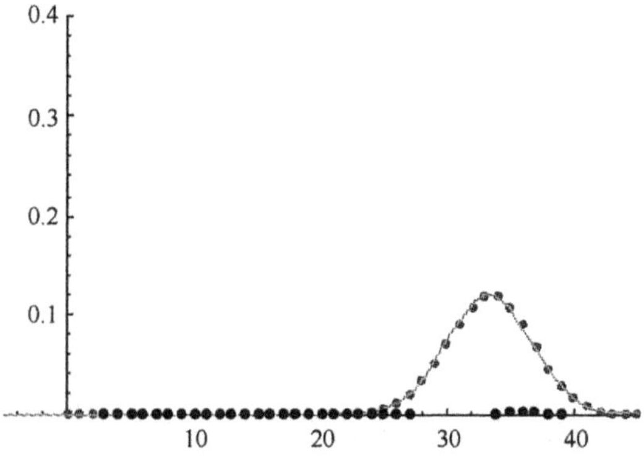

该程序的编写稍显复杂,需要读者具有一定的 Mathematica 基础.

10.3.3 π的一种求法

1. 问题和分析

著名的 Buffon 实验可以求得 π 的近似值. 在一大张纸上画出一组间距为 2(个单位)的平行线,用一根长度恰好等于 2 的针扔到纸面上,针可能与平行线相交,也可能不与平行线相交而位于相邻两线之间. 法国科学家 Buffon 指出:如果你不断的扔掷这根针,那么扔掷总次数的两倍除以针与平行线相交的总次数所得的商就算 π 的近似值. 这是为什么呢? 我们能否用这个思想来求 π 的近似值?

设落在纸面上的针的中心位置到其最近的平行线距离为 y,而针与平行线的夹角(取较小的那一个)为 x,那么从图 10-2 容易看出,落针是否与平行线相交取决于 y 是否小于 $\sin x$.

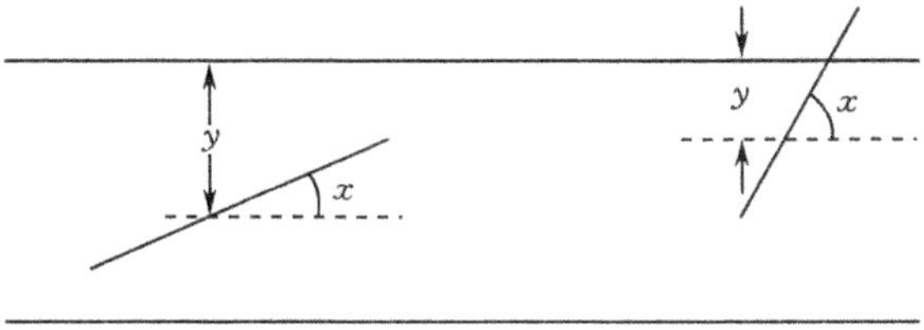

图 10-2

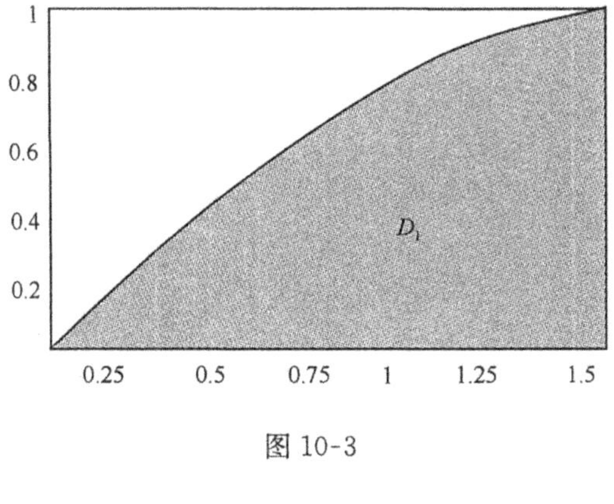

图 10-3

换一个等价的说法:落针是否与平行线相交取决于点(x,y)是否落在图 10-3 的阴影区域 D_1,即 $y=f(x)=\sin x\left(0\leqslant x\leqslant\frac{\pi}{2}\right)$下方的曲边梯形上. 由于每一次扔掷针是独立的，而落针的距离 y 和角度 x 分别是服从区间$[0,1]$和$\left[0,\frac{\pi}{2}\right]$上的均匀分布的随机变量，或者说$(X,Y)$是服从区域 $D=\left\{0\leqslant x\leqslant\frac{\pi}{2},0\leqslant y\leqslant 1\right\}$上均匀分布的二维随机变量. 显然每一次掷针，$(x_i,y_i)$落在区域 D_1 的概率 p 等于 D_1 的面积除以 D 的面积. 根据大数定律，则(x_i,y_i)落在 D_1 的频率$\frac{\mu_n}{n}$将依概率收敛于 p. 容易求出

$$p=\frac{S_{D_1}}{S_D}=\frac{\int_0^{\frac{\pi}{2}}\sin x\mathrm{d}x}{\frac{\pi}{2}}=\frac{2}{\pi}.$$

故只要试验(掷针)次数 n 足够多，那么$\frac{2n}{\mu_n}$就可以作为 π 的近似值. 这就是 Buffon 实验的原理.

利用这个原理，我们来求 π 的近似值. 当然不可能真的掷针，采用的方法是在正方形 $Q=\{(x,y)\mid 0\leqslant x\leqslant 1,0\leqslant y\leqslant 1\}$内产生 n 个随机点(x_i,y_i)，而考察其落在四分之一圆 $H=\{(x,y)\mid (x,y)\in Q,x^2+y^2\leqslant 1\}$上的频率$\frac{\mu_n}{n}$. 显然，在 n 充分大时，其接近 H 与 Q 的面积之比$\frac{\pi}{4}$，从而

$$\frac{4\mu_n}{n}\approx\pi.$$

上面这种计算面积的方法可以推广到计算积分. 例如在前述的四分之一圆 H 上考虑二重积分

$$I=\iint\limits_H\frac{\sin(x+y)}{x+y}\mathrm{d}x\mathrm{d}y.$$

我们定义

$$F(x,y)=\begin{cases}\dfrac{\sin(x+y)}{x+y}, & (x,y)\in H,\\ 0, & (x,y)\in Q\backslash H,\end{cases}$$

其中 Q 是前述的正方形，那么

$$I=\iint\limits_Q F(x,y)\mathrm{d}x\mathrm{d}y.$$

我们仍然在 Q 内产生数目较大的 n 个随机点(x_i,y_i)，于是

$$I\approx\frac{1}{n}\sum_{i=1}^{n}F(x_i,y_i),$$

或者说 I 可以由一个离散型随机变量函数的期望来近似.

上述求积分的方法称为 Monte-Carlo 方法,Monte-Carlo 方法简单易学,几乎适用于任何多重积分的情况,但计算量大、精度差是它的缺点.

2. 软件实现

求 π 的近似值的程序:

```
In[1]:= n = 10^6;
        For[i = 1;inpoints = 0, i<=n, i++ ,
        x = Random[];
        y = Random[];
        If[x^2 + y^2<1, inpoints ++ ];
        ]
        StringForm["Pi = ''", 4.0 * inpoints/n]
Out[3]= Pi = 3.142588'
```

Monte-Carlo 方法计算二重积分的程序:

```
In[1]:= n = 10^6;
        For[i = 1;int = 0, i <=n, i+ + ,
        x = Random[];
        y = Random[];
        If[x^2 + y^2<1, int = int + Sin[x + y]/(x + y)];
        ]
        StringForm["I = ''", int/n]
Out[3]= I = 0.6840656682265313'
```

10.3.4 航空公司机票预定额度的确定

1. 问题和分析

航空公司的机票可采用预定的方式. 在某一航班上,根据经验知道:预定了机票而届时又不能如期到机场的旅客占预定机票旅客数的 $p=3\%$. 为减少因此产生的损失,航空公司准备适当扩大机票预定数额,即允许预定票数略超出航班容量(客机可载旅客数). 然而这样就可能有些预定了机票且如期到达机场的旅客无法登机,公司必须给这些乘客以赔偿,初步确定赔偿为机票费的 $k=10\%$. 另外,公司的形象顾问认为每次航班这部分旅客的数目超过 5 名的概率 $P(5)$ 必须控制在 5%以内. 现在已知航班容量为 $N=300$ 人,飞行一次的成本 C 为全部机票(300 张)款额的 60%,为使公司的支出获得尽可能大的利润,试确定该航班机票预定额度为多少? 假定旅客是否如期到机场是相互独立的.

设每次航班公司所获得的利润为 L,单张机票的价格为 g,预定机票数为 m,

预定机票又未能如期到机场的旅客数为 n 的概率为 P_n，那么

$$L=\begin{cases}(m-n)g-0.6\times 300g, & m-n\leqslant 300,\\ 300g-0.6\times 300g-(m-n-300)\times 0.1g, & m-n>300.\end{cases}$$

于是航班平均利润为

$$EL=\sum_{n=0}^{m-299}[300g-0.6\times 300g-(m-n-300)\times 0.1g]P_n$$
$$+\sum_{n=m-300}^{n}[(m-n)g-0.6\times 300g]P_n,$$

而公司在该航班支出所获的平均利润为

$$\bar{L}=\frac{EL}{180g}.$$

2. 软件实现

```
In[1]: = <<Statistics'DiscreteDistributions'
        L[n_]: = If[m - n<=300, (m - n) - 0.6 * 300,
          300 - 0.6 * 300 - (m - n - 300) * .01];
        b = BinomialDistribution[m, 0.03];
        EL = Sum[L[n] * PDF[b, n],{n, 0, m}/(300 * 0.6);
        p5 = CDF[b, m - 305];
        result = Table[{m, EL, p5},{m, 305, 320}];
        TableForm[result, TableHeadings->{Automatic, {"m", "EL/f", "p5"}}]
Out[7]//TableForm =
```

	m	EL/f	p5
1	305	0.643209	0.0000923377
2	306	0.648035	0.000937227
3	307	0.652408	0.00481527
4	308	0.656185	0.0167209
5	309	0.659277	0.0442228
6	310	0.661665	0.0952114
7	311	0.663401	0.174244
8	312	0.664585	0.279582
9	313	0.66534	0.402829
10	314	0.665787	0.531416
11	315	0.666026	0.652545
12	316	0.666136	0.756605
13	317	0.666169	0.838813
14	318	0.666158	0.898952

15	319	0.666126	0.939932
16	320	0.666081	0.966077

由计算结果可以看出，随着 m 的增大，利润$\frac{EL}{f}$也逐渐增大，当 $m=317$ 时取得最大值，随后又逐渐减小. 因为要求 $P(5)\leqslant 5\%$，而 $P(5)$ 又是单调上升的，所以 m 的取值不能超过 309，在此范围内取利润最大的 m，可得 $m=309$.

习 题 十

1. 设每个人的生日在一年的 365 天中的任意一天是等可能的.

(1) 给出在一个 $n\ (n\leqslant 365)$ 个人的团体中，至少有两个人的生日相同的概率 $P_2(n)$ 的计算公式；

(2) 试用 Mathematica 软件分别算出 $P_2(k)$，$k=2,3,\cdots,100$；

(3) 利用产生随机数的方法，随机产生 30 个 1 到 365 之间的正整数，用计算机模拟 30 个人中至少有两个人的生日相同的概率，模拟 5 次，并与(2)的结果进行对照，与你自己的想象有没有不同?

2. 设随机变量 T 服从自由度为 10 的 t 分布，画出 T 的密度函数与分布函数的图形，并求其数学期望、方差与 $P(|T|<2)$.

3. 设随机变量 F 服从第一自由度为 2，第二自由度为 5 的 F 分布，画出 F 的密度函数与分布函数的图形，并求其数学期望、方差与 $P(1<F<5)$.

4. 一大批种子，其中良种占$\frac{1}{6}$，任选 6000 粒种子，问其中良种所占比例与$\frac{1}{6}$之差小于 1% 的概率是多少?

(1) 利用二项分布计算；

(2) 利用泊松分布近似计算；

(3) 利用切比雪夫不等式估算；

(4) 利用正态分布近似计算.

5. 一面粉制造厂接到许多顾客的订货，厂内采用自动流水线罐装面粉，按每袋 250 斤出售. 现随机地从中抽取 50 袋，其结果如下：

253	247	250	249	251	250	252	248	254	253
231	254	249	250	246	250	251	253	249	248
246	251	254	249	248	253	250	251	247	250
247	253	252	248	251	251	247	250	253	249
250	253	250	251	247	253	251	249	252	251.

以样本的平均值作为每袋平均重量的估计值，求其置信水平为0.90的置信区间.

6. 某银行经理发觉目前过于强调顾客的存款数，他认为必须同时强调存款的期限. 为此他设计了一种存款数与存款期限相乘的指数，然后介绍了一种有刺激性的有奖计划，尽量减少顾客取款. 现在他随机选择了 15 个储户，比较了他们在引用新计划前后的指数，其结果如下：

储户	后	前	差 Y_i(后－前)/元
1	10540	10020	520
2	780	720	60
3	9453	9105	348
4	1573	1062	511
5	3962	3905	57
6	4673	4401	272
7	8205	8100	105
8	12458	12011	447
9	959	847	112
10	7444	6853	591
11	4982	4602	380
12	8831	8452	379
13	648	182	466
14	6969	6740	229
15	2408	2378	30

试在 $\alpha=0.01$ 的水平下，检验该经理的计划是否有效.

7. 从某学校学生中选取 25 名学生参加英语词汇训练. 在年初和年底各进行了一场阅读考试，从下列成绩中是否能得出词汇训练是有效果的？取显著性水平 $\alpha=0.05$(设两次考试分数之差服从正态分布).

年初：65，72，64，43，55，84，72，52，49，80，38，93，77，62，69，58，45，91，60，54，72，49，53，82，66；

年底：67，70，72，50，52，86，80，50，62，81，56，90，78，64，72，57，55，88，62，52，70，53，56，84，70.

8. 利用计算机软件图示泊松定理.

9. 某厂生产一种螺钉，标准要求长度是 68 毫米，假定实际生产的产品的长度 X 服从正态分布 $N(\mu,3.6^2)$，现取了一个容量为 36 的样本，检验假设：

$$H_0:\mu=68,\qquad H_2:\mu\neq 68,$$

分别取 $\alpha=0.1,0.05,0.01,0.001$. 用实际数据说明，随着犯第一类错误的概率的减少，犯第二类错误的概率不会减少. 如果将样本容量提高到 64，结果会发生什么样的变化？

10. 用 Monte-Carlo 方法计算区域

$$D=\left\{(x,y)\mid 0\leqslant x\leqslant 1,0\leqslant y\leqslant \frac{\sin x}{x}\right\}$$

的面积 A：先用产生二维随机数的方法计算，再将 A 写成 $A=\int_0^1 \frac{\sin x}{x}\mathrm{d}x$ 用产生一维随机数的方法计算.

习题答案

习 题 一

1. (1)$\Omega=\left\{\frac{0}{n},\frac{1}{n},\cdots,\frac{n\times 100}{n}\right\}$,其中 n 为小班人数;(2)$\Omega=\{2,3,\cdots,12\}$;(3)$\Omega=\{3,4,\cdots,10\}$;(4)$\Omega=\{5,6,\cdots\}$;(5)$\Omega=\{v|v>0\}$;(6)$\Omega=\{(x,y)|x^2+y^2<1,x\in\mathbf{R},y\in\mathbf{R}\}$.

2. (1)$A\bar{B}\bar{C}$;(2)$AB\bar{C}$;(3)ABC;(4)$\bar{A}\bar{B}\bar{C}$;(5)$\overline{ABC}$;(6)$A\cup B\cup C$;(7)$\overline{AB}\cup\overline{BC}\cup\overline{CA}$ 或 $AB\bar{C}\cup\bar{A}B\bar{C}\cup\bar{A}\bar{B}C\cup\bar{A}\bar{B}\bar{C}$;(8)$AB\cup AC\cup BC$.

3. (1)该生是三年级男生,但不是运动员;(2)全系运动员都是三年级男生;(3)全系运动员都是三年级学生;(4)全系女生都在三年级,并且三年级学生都是女生.

4. 略.

5. (1)成立;(2)不成立;(3)成立;(4)成立;(5)成立;(6)成立;(7)成立;(8)不成立.

6. (1)$A\bar{B}=\left\{x|\frac{1}{4}<x<\frac{1}{2}\right\}$; (2)$A\cup\bar{B}=\{x|0\leqslant x\leqslant 1\}\cup\left\{x|\frac{5}{4}\leqslant x\leqslant\frac{3}{2}\right\}$; (3)$\overline{\bar{A}\bar{B}}=A\cup B=\left\{x|\frac{1}{4}<x\leqslant\frac{5}{4}\right\}$; (4)$\overline{AB}=\left\{x|0\leqslant x<\frac{1}{2}\right\}\cup\left\{x|1<x\leqslant\frac{3}{2}\right\}$.

7. 0.6. **8.** $\frac{5}{8}$. **9.** (1)$\frac{3}{10}$;(2)$\frac{1}{10}$;(3)$\frac{3}{5}$. **10.** 0.504. **11.** (1)$\frac{1}{10}$;(2)$\frac{3}{10}$;(3)$\frac{1}{5}$.

12. 0.3439. **13.** $\frac{48}{13!}$. **14.** 0.4271. **15.** $\frac{3}{8}$. **16.** 0.2. **17.** 0.0129. **18.** 0.105.

19. $\frac{16}{33}$. **20.** (1)$\frac{1}{4}$;(2)$\frac{5}{8}$. **21.** $\frac{1}{4}$. **22.** (1)0.68;(2)$\frac{1}{4}(1+2\ln 2)\approx 0.6$;(3)0.593.

23. 0.25. **25.** 0.483. **26.** 0.057. **27.** 0.089. **28.** $\frac{25}{69}$;$\frac{28}{69}$;$\frac{16}{69}$. **29.** $\frac{1}{2}$.

30. 0.245;0.220;0.198;0.178;0.159. **31.** 0.998. **32.** 0.6513. **34.** $\frac{1}{3}$.

36. (1)$\frac{1}{4}$;(2)$\frac{3}{4}$. **37.** $\frac{5}{14}$;$\frac{5}{14}$;$\frac{2}{7}$. **38.** $2p^2+2p^3-5p^4+2p^5$. **39.** $\frac{3}{5}$. **40.** 0.458.

41. (1)0.309;(2)0.472. **42.** $\frac{1}{3}$. **43.** (1)0.321;(2)0.436.

44. 三局二胜制甲获胜的概率为 0.648;五局三胜制甲获胜的概率为 0.682;五局三胜制甲获胜的可能性较大.

45. 0.8696.

习 题 二

1.

X	3	4	5
p_k	0.1	0.3	0.6

$$F(x)=\begin{cases}0, & x<3,\\ 0.1, & 3\leqslant x<4,\\ 0.4, & 4\leqslant x<5,\\ 1 & x>5.\end{cases}$$

2.

X_1	2	3	4	5	6	7	8	9	10	11	12
p_k	$\frac{1}{36}$	$\frac{2}{36}$	$\frac{3}{36}$	$\frac{4}{36}$	$\frac{5}{36}$	$\frac{6}{36}$	$\frac{5}{36}$	$\frac{4}{36}$	$\frac{3}{36}$	$\frac{2}{36}$	$\frac{1}{36}$

X_2	1	2	3	4	5	6
p_k	$\frac{11}{36}$	$\frac{9}{36}$	$\frac{7}{36}$	$\frac{5}{36}$	$\frac{3}{36}$	$\frac{1}{36}$

3.

X	0	1	2
p_k	$\frac{28}{45}$	$\frac{16}{45}$	$\frac{1}{45}$

4. $P(X=k)=(1/4)^{k-1}\cdot 3/4, k=1,2,\cdots$；$X$ 取偶数的概率为 $\sum_{m=1}^{+\infty}P(X=2m)=1/5$.

5. (1)

X	3	4	5
p_k	0.1	0.3	0.6

$P(X\leqslant 4)=0.4$.

(2)

Y	1	2	3
p_k	0.6	0.3	0.1

$P(Y>3)=0$.

6.

X	2	3	4
p_k	0.3	0.4	0.3

$$F(x)=\begin{cases}0, & x<2,\\ 0.3, & 2\leqslant x<3,\\ 0.7, & 3\leqslant x<4,\\ 1, & x\geqslant 4.\end{cases}$$

$P(X<2)=0$.

7. (1)$a=1$；(2) $a=e^{-\lambda}$.　**8.** (1)0.163；(2) 0.353.　**9.** (1)0.321；(2)0.243.

10. (1)1/70；(2) 猜对的概率仅为万分之三，此概率太小，按实际推断原理，认为他确有区分能力.

11. (1)$3p^2(1-p)$；(2)$p^2(3-2p)$.　**12.** (1)0.104；(2)0.997.　**13.** $2e^{-2}/3$.

14. 0.2240；0.1992；0.5768；0.9500.

15. (1)$e^{-3/2}$；(2)$1-e^{-5/2}$.　**16.** ln2；1；ln(5/4)；$f(x)=\begin{cases}1/x, & 1\leqslant x<e,\\ 0, & 其他.\end{cases}$

17. (1)$k=1$；(2)0.5；(3)$f(x)=\begin{cases}2x, & 0\leqslant x<1,\\ 0, & 其他；\end{cases}$；(4)0.25.

18. (1) $k=1/\pi$；(2)1/3；　(3)$F(x)=\begin{cases}0, & x<-1,\\ \dfrac{1}{2}+\dfrac{1}{\pi}\arcsin x, & -1\leqslant x<1,\\ 1, & x\geqslant 1.\end{cases}$

19. 8/27；4/9.　**20.** e^{-5}.　**21.** 0.7.　**22.** 0.6.　**23.** 0.3085；0.7745；0.0668.

24. (1)0.8414；(2)$C=5$.　**25.** 0.1587≈16%.　**26.** $\sigma\leqslant 228$.

27. (1)可以；(2)不可以；(3)不可以.

28.

Y	1	4
p_k	0.5	0.5

29.

Y	$1/\sqrt{2}$	1
p_k	0.3	0.7

30. $k=0.71$. **31.** $f_Y(y)=\begin{cases}\frac{1}{3}\lambda e^{-\lambda y^{\frac{1}{3}}}\cdot y^{-\frac{2}{3}}, & y>0;\\ 0, & y\leqslant 0.\end{cases}$

32. (1) $f_Y(y)=\begin{cases}1/3, & 0<y<4,\\ 0, & \text{其他};\end{cases}$ (2) $f_Y(y)=\begin{cases}0, & y\geqslant 0,\\ e^y, & y<0;\end{cases}$ (3) $f_Y(y)=\begin{cases}1/y, & 1<y<e,\\ 0, & \text{其他}.\end{cases}$

33. (1) $f_Y(y)=\begin{cases}\frac{1}{y\sqrt{2\pi}}e^{-\frac{(\ln y)^2}{2}}, & y>0,\\ 0, & y\leqslant 0;\end{cases}$ (2) $f_Y(y)=\begin{cases}\frac{1}{2\sqrt{\pi(y-1)}}e^{-\frac{y-1}{4}}, & y>1,\\ 0, & y\leqslant 1;\end{cases}$

(3) $f_Y(y)=\begin{cases}\frac{2}{\sqrt{2\pi}}e^{-\frac{y^2}{2}}, & y>0,\\ 0, & y\leqslant 0.\end{cases}$

34. $f_Y(y)=\begin{cases}\frac{2}{\pi\sqrt{1-y^2}}, & 0<y<1,\\ 0, & \text{其他}.\end{cases}$ **35.** $F_Y(y)=1-F\left(\frac{1}{3}(2-y)\right)$.

36. $F_Y(y)=\begin{cases}0, & y<0,\\ y, & 0\leqslant y<1,\\ 1, & y\geqslant 1.\end{cases}$

习 题 三

1.

X	0	1	2	3
p_k	$\frac{1}{8}$	$\frac{3}{8}$	$\frac{3}{8}$	$\frac{1}{8}$

Y	0	1	2
p_k	$\frac{1}{4}$	$\frac{1}{2}$	$\frac{1}{4}$

2.

$Y \backslash X$	0	1	2	3	$p_{\cdot j}$
1	0	$\frac{3}{8}$	$\frac{3}{8}$	0	$\frac{3}{4}$
3	$\frac{1}{8}$	0	0	$\frac{1}{8}$	$\frac{1}{4}$
$p_{i\cdot}$	$\frac{1}{8}$	$\frac{3}{8}$	$\frac{3}{8}$	$\frac{1}{8}$	

3. (1)

$Y \backslash X$	0	1
0	$\frac{25}{36}$	$\frac{5}{36}$
1	$\frac{5}{36}$	$\frac{1}{36}$

(2)

$Y \backslash X$	0	1
0	$\frac{45}{66}$	$\frac{10}{66}$
1	$\frac{10}{66}$	$\frac{1}{66}$

4.

Y \ X	0	1	2	3
0	0	0	$\frac{3}{35}$	$\frac{2}{35}$
1	0	$\frac{6}{35}$	$\frac{12}{35}$	$\frac{2}{35}$
2	$\frac{1}{35}$	$\frac{6}{35}$	$\frac{3}{35}$	0

5. (1)$\frac{1}{8}$；(2)$\frac{3}{8}$；(3)$\frac{27}{32}$；(4)$\frac{2}{3}$.

6. (1)$k=12$；(2) $(1-e^{-3})(1-e^{-8})=0.9499$；

(3)$F(x,y)=\begin{cases}(1-e^{-3x})(1-e^{-4y}), & x>0,y>0,\\ 0, & 其他.\end{cases}$

7. (1)$k=\frac{3}{8\pi}$；(2)$\frac{1}{2}$.

8.

(1) $F(x,y)=\begin{cases}1, & x>\frac{\pi}{2},y>\frac{\pi}{2},\\ 1-\cos x, & 0\leqslant x\leqslant\frac{\pi}{2},y>\frac{\pi}{2},\\ 1-\cos y, & x>\frac{\pi}{2},0\leqslant y\leqslant\frac{\pi}{2},\\ (1-\cos x)(1-\cos y), & 0\leqslant x\leqslant\frac{\pi}{2},0\leqslant y\leqslant\frac{\pi}{2},\\ 0, & 其他;\end{cases}$

(2)$P\left(X+Y\geqslant\frac{\pi}{2}\right)=\frac{\pi}{4}$.

9. $f_X(x)=\begin{cases}e^{-x}, & x>0,\\ 0, & x\leqslant 0;\end{cases}$　　$f_Y(y)=\begin{cases}ye^{-y} & y>0,\\ 0, & y\leqslant 0.\end{cases}$

10. $f_X(x)=\begin{cases}2.4x^2(2-x), & 0\leqslant x\leqslant 1,\\ 0, & 其他,\end{cases}$　　$f_Y(y)=\begin{cases}2.4y(3-4y+y^2), & 0\leqslant y\leqslant 1,\\ 0, & 其他.\end{cases}$

11. (1)$C=\frac{21}{4}$；

(2)$f_X(x)=\begin{cases}\frac{21}{8}x^2(1-x^4), & -1\leqslant x\leqslant 1,\\ 0, & 其他,\end{cases}$　　$f_Y(y)=\begin{cases}\frac{7}{2}y^{\frac{5}{2}}, & 0\leqslant y\leqslant 1,\\ 0, & 其他.\end{cases}$

12. (1)$f_X(x)=\begin{cases}3x^2, & 0\leqslant x\leqslant 1,\\ 0, & 其他,\end{cases}$　　$f_Y(y)=\begin{cases}\frac{3}{2}(1-y^2), & 0\leqslant y\leqslant 1,\\ 0, & 其他;\end{cases}$

(2)X与Y不相互独立.

13. (1) $f(x,y)=\begin{cases}\frac{1}{2\times 10^6}e^{-\frac{2x+y}{2000}}, & x>0,y>0,\\ 0, & 其他;\end{cases}$(2) $e^{-1.5}=0.223,\frac{2}{3}$.

14. $f(x,y)=\begin{cases}\dfrac{\lambda}{b-a}e^{-\lambda y}, & a\leqslant x\leqslant b, y\geqslant 0,\\ 0, & 其他,\end{cases}$ $P(Y\leqslant X)=1+\dfrac{1}{(b-a)\lambda}(e^{-\lambda b}-e^{-\lambda a})$.

15. (1) $f_X(x)=\dfrac{1}{\pi(1+x^2)}$, $f_Y(y)=\dfrac{1}{\pi(1+y^2)}$;(2) X 与 Y 相互独立.

16. (1)当 $0\leqslant y\leqslant 1$ 时,

$$f_{X|Y}(x|y)=\begin{cases}\dfrac{3}{2}x^2y^{-3/2}, & -\sqrt{y}<x<\sqrt{y},\\ 0, & 其他,\end{cases}\quad f_{X|Y}\left(x\,\middle|\,y=\frac{1}{2}\right)=\begin{cases}3\sqrt{2}x^2, & -\dfrac{1}{\sqrt{2}}<x<-\dfrac{1}{\sqrt{2}},\\ 0, & 其他;\end{cases}$$

(2) 当 $-1<x<1$ 时,

$$f_{Y|X}(y|x)=\begin{cases}\dfrac{2y}{1-x^4}, & x^2<y<1,\\ 0, & 其他,\end{cases}\quad f_{Y|X}\left(y\,\middle|\,x=\frac{1}{3}\right)=\begin{cases}\dfrac{81}{40}y, & \dfrac{1}{9}<y<1,\\ 0, & 其他;\end{cases}$$

(3) 由 $f_{Y|X}\left(y\,\middle|\,x=\frac{1}{2}\right)=\begin{cases}\dfrac{32}{15}y, & \dfrac{1}{4}<y<1,\\ 0, & 其他\end{cases}$ 得 $P\left(Y\geqslant\frac{1}{4}\,\middle|\,X=\frac{1}{2}\right)=1$,

$$P\left(Y\geqslant\frac{3}{4}\,\middle|\,X=\frac{1}{2}\right)=\frac{7}{15}.$$

17. 当 $|y|<1$ 时, $f_{X|Y}(x|y)=\begin{cases}\dfrac{1}{1-|y|}, & |y|<x<1,\\ 0, & 其他;\end{cases}$

当 $0<x<1$ 时, $f_{Y|X}(y|x)=\begin{cases}\dfrac{1}{2x}, & |y|<x,\\ 0, & 其他.\end{cases}$

18. $f(x,y)=\begin{cases}e^{-(x+y)}, & x>0, y>0,\\ 0, & 其他.\end{cases}$

当 $y>0$ 时, $f_{X|Y}(x|y)=\begin{cases}e^{-x}, & x>0,\\ 0, & x\leqslant 0.\end{cases}$

当 $x>0$ 时, $f_{Y|X}(y|x)=\begin{cases}e^{-y}, & y>0,\\ 0, & y\leqslant 0.\end{cases}$

19. (1) $f(x,y)=\begin{cases}\dfrac{1}{2}e^{-\frac{y}{2}}, & 0<x<1, y>0,\\ 0, & 其他;\end{cases}$

(2) $P(4X-4Y\geqslant 0)=1-\sqrt{2\pi}(\Phi(1)-\Phi(0))=0.1445$.

20. $f_Z(z)=\begin{cases}1-e^{-z}, & 0\leqslant z<1,\\ (e-1)e^{-z}, & z\geqslant 1,\\ 0, & 其他.\end{cases}$

21. (1) $f_1(x)=\begin{cases}\dfrac{x^3}{3!}e^{-x}, & x>0,\\ 0, & x\leqslant 0;\end{cases}$ (2) $f_2(x)=\begin{cases}\dfrac{x^5}{5!}e^{-x}, & x>0,\\ 0, & x\leqslant 0.\end{cases}$

22. $f_Z(z)=\begin{cases}\frac{1}{2}, & 0<z<1,\\ \frac{1}{2z^2}, & z\geqslant 1,\\ 0, & \text{其他}.\end{cases}$

24. $(0.1587)^4=0.00063$.

25. (1) $F_Z(z)=\begin{cases}(1-e^{-\frac{z^2}{8}})^5, & z\geqslant 0,\\ 0, & z<0;\end{cases}$ (2) $P(Z>4)=1-(1-e^{-2})^5=0.5167$.

28. $f_Z(z)=\begin{cases}4ze^{-2z}, & z>0,\\ 0, & z\leqslant 0.\end{cases}$

29. $f_Z(z)=\frac{1}{2b}\left(\Phi\left(\frac{z+b-\mu}{\sigma}\right)-\Phi\left(\frac{z-b-\mu}{\sigma}\right)\right)$.

30. (1) $\frac{3}{2}$; (2)

$X\|Y=1$	0	1	2
p_k	$\frac{1}{5}$	$\frac{2}{5}$	$\frac{2}{5}$

(3)

Z_1	0	1	2
p_k	$\frac{1}{8}$	$\frac{5}{8}$	$\frac{2}{8}$

Z_2	0	1
p_k	$\frac{1}{2}$	$\frac{1}{2}$

(4)

W	0	1	2	3
p_k	$\frac{1}{8}$	$\frac{3}{8}$	$\frac{2}{8}$	$\frac{2}{8}$

习　题　四

1. $E(X)=\frac{1}{3}, E(-X+1)=\frac{2}{3}, E(X^2)=\frac{35}{24}$.　**2.** $E(X)=\frac{93}{16}\approx 6$.　**3.** $E(X)=0.3$.

4. $P(X=-1)=0.4$, $P(X=0)=0.1$, $P(X=1)=0.5$.　**5.** $E(X)=n\left[1-\left(1-\frac{1}{n}\right)^m\right]$.

6. $E(X)=\frac{1}{3}$.　**7.** $E(2X)=2, E(e^{-2X})=\frac{1}{3}$.　**8.** $E(X)=\frac{\pi}{24}(a+b)(a^2+b^2)$.

9. $E(X)=0.8n$, $D(X)=0.36n$.　**10.** $E(X)=\frac{n+1}{2}, D(X)=\frac{n^2-1}{12}$.

11. (1) $a=\frac{1}{4}, b=1, c=-\frac{1}{4}$; (2) $E(Y)=\frac{1}{4}(e^2-1)^2, D(Y)=\frac{1}{4}e^2(e^2-1)^2$.

12. $E(X)=0, D(X)=\frac{1}{2}$.　**13.** $E(X+Y)=\frac{3}{4}$, $E(2X-3Y)^2=\frac{5}{8}$.　**14.** $E(XY)=4$.

15. 当 $\mu\approx 10.9$ 毫米时平均利润最大.　**16.** 乘客等候时间的数学期望值为 10 分 25 秒.

17. 数学期望为 42,方差为 35.　**18.** $E(X)=1$.　**19.** 数学期望为$\frac{l}{3}$,方差为$\frac{l^2}{18}$.

20. $E(2X^2)=\frac{1}{6}$, $D(2X^2)=\frac{1}{45}$.

22. $E(X)=0.7, E(\overline{Y})=0.6, D(X)=0.21, D(\overline{Y})=0.24, \mathrm{cov}(X,\overline{Y})=-0.02, \rho_{X\overline{Y}}=$

$-0.09, \begin{pmatrix} 0.21 & -0.02 \\ -0.02 & 0.24 \end{pmatrix}$.

25. $E(X)=\dfrac{7}{6}, E(\overline{Y})=\dfrac{7}{6}$, $D(X)=\dfrac{11}{36}, D(\overline{Y})=\dfrac{11}{36}$, $\text{cov}(X,\overline{Y})=-\dfrac{1}{36}, \rho_{X\overline{Y}}=-\dfrac{1}{11}, \begin{pmatrix} \dfrac{11}{36} & -\dfrac{1}{36} \\ -\dfrac{1}{36} & \dfrac{11}{36} \end{pmatrix}$.

26. $f(x,y)=\dfrac{1}{32\pi}e^{-\frac{25}{32}\left(\frac{x^2}{16}-\frac{3xy}{50}+\frac{y^2}{25}\right)}$. **27.** $E[(X+\overline{Y})^2]=2$.

28. $D(X+\overline{Y})=85$, $D(X-\overline{Y})=37$. **29.** $\rho_{UV}=\dfrac{a^2-b^2}{a^2+b^2}$.

30. $E(X+\overline{Y}+Z)=1, D(X+\overline{Y}+Z)=3$.

32. (1)

p_{ij} (X_2 \ X_1)	0	1
0	0.1	0.8
1	0.1	0

(2) $P=-\dfrac{2}{3}$.

习 题 五

1. 0.99995. **2.** 0.12. **3.** $\dfrac{8}{9}$. **4.** 0.98257. **5.** 0.975. **6.** (1)0.2912;(2)≥10421.4.
7. ≥144 支. **8.** (1)0.9996;(2)≥400 个. **9.** 14 条. **10.** ≥537 个. **11.** 643 件.
13. 0.8556. **14.** 0.1814. **15.** 0.8164.

习 题 六

4. 0.8293. **5.** 0.1336. **6.** 0.6744. **8.** (1)0.8944; (2)0.85. **9.** (1)0.10;(2)0.25.
10. (1)0.99;(2)$\dfrac{2\sigma^4}{n-1}$. **11.** 0.175. **12.** (1)0.95;(2)0.80.

习 题 七

1. $\hat{\mu}=-0.525$. **2.** $\hat{\lambda}=3.823$. **3.** $\hat{\theta}=2\overline{X}$. **4.** $\hat{\mu}=\overline{X}; \hat{\sigma}^2=\dfrac{1}{n}\sum\limits_{i=1}^{n}(X_i-\overline{X})$.

5. $\hat{\lambda}=2$. **6.** $\hat{\theta}=\dfrac{\overline{X}}{1-\overline{X}}$. **7.** $\hat{\alpha}=3\overline{X}$. **8.** (1) $\hat{p}=\dfrac{\overline{X}}{n}$;(2) $\hat{p}=\dfrac{1}{n^2}\sum\limits_{i=1}^{n}x_i$.

9. (1) $\hat{\lambda}=\dfrac{n}{\sum\limits_{i=1}^{n}x_i}$,(2) $\hat{\lambda}=\dfrac{n}{\sum\limits_{i=1}^{n}x_i}$.

10. (1) $\hat{\theta}=\left(\dfrac{\overline{X}}{1-\overline{X}}\right)^2$; $\hat{\theta}=\dfrac{n^2}{\left(\sum\limits_{i=1}^{n}\ln x_i\right)^2}$;(2) $\hat{\alpha}=\dfrac{2\overline{x}-1}{1-\overline{x}}$; $\hat{\alpha}=-1-\dfrac{n}{\sum\limits_{i=1}^{n}\ln x_i}$.

11. $\hat{\theta}=X_{(1)}$.　**12.** $\hat{p}=0.499$.　**13.** $\hat{a}=X_{(1)}$, $\hat{b}=X_{(n)}$.

14. $\hat{E}(X)=e^{\hat{\mu}+\frac{1}{2}\hat{\sigma}^2}$, $\hat{D}(X)=(\hat{E}(X))^2(e^{\hat{\sigma}^2}-1)$.　**16.** $\hat{\theta}^2=\dfrac{\sum\limits_{i=1}^{n}(\xi_i^2-\xi_i)}{n_n^2(n-1)}$.

21. (14.70,15.01).　**22.** (1)(2.121,2.129),(2)(2.1245,2.1255).　**23.** (11.28,79.44).

24. (7.43,21.07).　**25.** (0.57,0.63).　**26.** (−0.002,0.006).　**27.** (−6.04,−5.96).

28. (0.222,3.601).　**29.** (1)(65.4,134.6)；(2)(0.454,0.915).

30. 上限为6.329.　**31.** 下限为40526.　**32.** 下限为1065.

习　题　八

1. 拒绝 H_0,认为有显著差异.　**2.** 接受 H_0,该天生产正常.　**3.** 拒绝 H_0,元件不合格.

4. 接受 H_0.　**5.** 接受 H_0.　**6.** 接受 H_0.　**7.** 接受 H_0,认为抗拉强度比过去的高.

8. 接受 H_0.元件寿命不大于225.　**9.** 接受 H_0.　**10.** 拒绝 H_0,均匀度有显著变化.

11. 拒绝 H_0,方差大于8.　**12.** 拒绝 H_0,标准差偏大.　**13.** 拒绝 H_0,方差偏大.

14. (1)接受 H_0;(2)拒绝 H_0.　**15.** 拒绝 H_0,认为有显著性差异.

16. (1)拒绝 H_0,数学期望不相等;(2)拒绝 H_0,期望不相等.

17. 接受 H_0,两电阻值无显著差异.

18. $\mathscr{X}_0$: $\left|\dfrac{\overline{X}-\overline{Y}}{\sqrt{\frac{s_1^2}{n}+\frac{s_2^2}{m}}}\right|\geqslant Z_{\frac{\alpha}{2}}$.　**19.** 接受 H_0,认为直径相同.　**20.** 接受 H_0,认为方差相等.

21. (1)接受 H_0,认为方差相等;(2)拒绝 H_0,对硬度有显著影响.

22. 接受 H_0,无系统误差.　**23.** $\mathscr{X}_0$: $2\lambda\sum\limits_{i=1}^{n}X_i\geqslant\chi_\alpha^2(2n)$.　***24.** $n\geqslant 7$.

***25.** (1)接受 H_0；(2)$n\geqslant 5$.　***26.** 是服从泊松分布.

***27.** $\hat{p}=0.5$;接受 H_0,射击结果服从二项分布：

$$P(\xi=K)=C_{10}^{k}(0.5)^k(0.5)^{10-k},\quad k=0,1,2,\cdots,10.$$

***28.** $\hat{\theta}=\overline{x}=13.77$,接受 H_0,即 x 服从指数分布.

***29.** 接受 H_0,认为拉力强度服从正态分布 $N(1.41,0.299^2)$.

30. 服从正态分布.

习　题　九

1. 拒绝 H_0,认为三种菌型的平均存活天数有显著差异.

2. (1)接受 H_0,认为三校男生身高无差异;(2)$\hat{\sigma}^2=53.284$.

3. 差异显著.　**4.** $\hat{a}=67.507$, $\hat{b}=0.871$, $\hat{\sigma}^2=0.7387$.

6. (1)$\hat{a}=-11.3$, $\hat{b}=36.95$, $\hat{\sigma}^2=12.37$;(2)拒绝 H_0,回归效果显著;(3)(35.18,38.72);(4)(415.867,448.333).

附　　表

附表 1　二项分布表

$$P(X \leqslant c) = \sum_{k=0}^{c} \binom{n}{k} p^k (1-p)^{n-k}$$

n	c	p												
		.001	.002	.003	.005	.01	.02	.03	.05	.10	.15	.20	.25	.30
2	0	.9980	.9960	.9940	.9900	.9801	.9604	.9409	.9025	.8100	.7225	.6400	.5625	.4900
	1	1.0000	1.0000	1.0000	1.0000	.9999	.9996	.9991	.9975	.9900	.9775	.9600	.9375	.9100
3	0	.9970	.9940	.9910	.9851	.9703	.9412	.9127	.8574	.7290	.6141	.5120	.4219	.3430
	1	1.0000	1.0000	1.0000	.9999	.9997	.9988	.9974	.9928	.9720	.9392	.8960	.8438	.7840
	2				1.0000	1.0000	1.0000	1.0000	.9999	.9990	.9966	.9920	.9844	.9730
4	0	.9960	.9920	.9881	.9801	.9606	.9224	.8853	.8145	.6561	.5220	.4096	.3164	.2401
	1	1.0000	1.0000	.9999	.9999	.9994	.9977	.9948	.9860	.9477	.8905	.8192	.7383	.6517
	2			1.0000	1.0000	1.0000	1.0000	.9999	.9995	.9963	.9880	.9728	.9492	.9163
	3							1.0000	1.0000	.9999	.9995	.9984	.9961	.9919
5	0	.9950	.9900	.9851	.9752	.9510	.9039	.8587	.7738	.5905	.4437	.3277	.2373	.1681
	1	1.0000	1.0000	.9999	.9998	.9990	.9962	.9915	.9774	.9185	.8352	.7373	.6328	.5282
	2			1.0000	1.0000	1.0000	.9999	.9997	.9988	.9914	.9734	.9421	.8965	.8369
	3						1.0000	1.0000	1.0000	.9995	.9978	.9933	.9844	.9692
	4									1.0000	.9999	.9997	.9990	.9976
6	0	.9949	.9881	.9821	.9704	.9415	.8858	.8330	.7351	.5314	.3771	.2621	.1780	.1176
	1	1.0000	.9999	.9999	.9996	.9985	.9943	.9875	.9672	.8857	.7765	.6553	.5339	.4202
	2		1.0000	1.0000	1.0000	1.0000	.9998	.9995	.9978	.9842	.9527	.9011	.8206	.7443
	3						1.0000	1.0000	.9999	.9987	.9941	.9830	.9624	.9295
	4								1.0000	.9999	.9996	.9984	.9954	.9891
	5									1.0000	1.0000	.9999	.9998	.9993
7	0	.9930	.9861	.9792	.9655	.9321	.8681	.8080	.6983	.4783	.3206	.2097	.1335	.0824
	1	1.0000	.9999	.9998	.9995	.9980	.9921	.9829	.9556	.8503	.7166	.5767	.4449	.3294
	2		1.0000	1.0000	1.0000	1.0000	.9997	.9991	.9962	.9743	.9262	.8520	.7564	.6471
	3						1.0000	1.0000	.9998	.9973	.9879	.9667	.9291	.8740
	4								1.0000	.9998	.9988	.9953	.9871	.9712

续表

n	c	p												
		.001	.002	.003	.005	.01	.02	.03	.05	.10	.15	.20	.25	.30
	5									1.0000	.9999	.9996	.9987	.9962
	6										1.0000	1.0000	.9999	.9998
8	0	.9920	.9841	.9763	.9607	.9227	.8508	.7837	.6634	.4305	.2725	.1678	.1001	.0576
	1	1.0000	.9999	.9998	.9993	.9973	.9897	.9777	.9428	.8131	.6572	.5033	.3671	.2553
	2		1.0000	1.0000	1.0000	.9999	.9996	.9987	.9942	.9619	.8948	.7969	.6785	.5518
	3					1.0000	1.0000	.9999	.9996	.9950	.9786	.9437	.8862	.8059
	4							1.0000	1.0000	.9996	.9971	.9896	.9727	.9420
	5									1.0000	.9998	.9988	.9958	.9887
	6										1.0000	.9999	.9996	.9987
	7											1.0000	1.0000	.9999
9	0	.9910	.9821	.9733	.9559	.9135	.8337	.7602	.6302	.3374	.2316	.1342	.0751	.0404
	1	1.0000	.9999	.9997	.9991	.9966	.9869	.9718	.9288	.7748	.5995	.4362	.3003	.1960
	2		1.0000	1.0000	1.0000	.9999	.9994	.9980	.9916	.9470	.8591	.7382	.6007	.4628
	3					1.0000	1.0000	.9999	.9994	.9917	.9661	.9144	.8343	.7297
	4							1.0000	1.0000	.9991	.9944	.9804	.9511	.9012
	5									.9999	.9994	.9969	.9900	.9747
	6									1.0000	1.0000	.9997	.9987	.9957
	7											1.0000	.9999	.9996
	8												1.0000	1.0000
10	0	.9900	.9802	.9704	.9511	.9044	.8171	.7374	.5987	.3487	.1969	.1074	.0563	.0282
	1	1.0000	.9998	.9996	.9989	.9957	.9838	.9655	.9139	.7361	.5443	.3758	.2440	.1493
	2		1.0000	1.0000	1.0000	.9999	.9991	.9972	.9885	.9298	.8202	.6778	.5256	.3828
	3					1.0000	1.0000	.9999	.9990	.9872	.9500	.8791	.7759	.6496
	4							1.0000	.9999	.9984	.9901	.9672	.9219	.8497
	5								1.0000	.9999	.9986	.9936	.9803	.9527
	6									1.0000	.9999	.9991	.9965	.9894
	7										1.0000	.9999	.9996	.9984
	8											1.0000	1.0000	.9999
	9													1.0000
11	0	.9891	.9782	.9675	.9464	.8953	.8007	.7153	.5688	.3138	.1673	.0859	.0422	.0196
	1	.9999	.9998	.9995	.9987	.9948	.9805	.9587	.8981	.6974	.4922	.3221	.1971	.1130
	2	1.0000	1.0000	1.0000	1.0000	.9998	.9988	.9963	.9848	.9104	.7788	.6174	.4552	.3127
	3					1.0000	1.0000	.9998	.9984	.9815	.9306	.8389	.7133	.5695

续表

n	c	p												
		.001	.002	.003	.005	.01	.02	.03	.05	.10	.15	.20	.25	.30
	4							1.0000	.9999	.9972	.9841	.9496	.8854	.7897
	5								1.0000	.9997	.9973	.9883	.9657	.9218
	6									1.0000	.9997	.9980	.9924	.9784
	7										1.0000	.9998	.9988	.9957
	8											1.0000	.9999	.9994
	9												1.0000	1.0000
12	0	.9881	.9763	.9646	.9416	.8864	.7847	.6938	.5404	.2824	.1422	.0687	.0317	.0138
	1	.9999	.9997	.9994	.9984	.9938	.9769	.9514	.8816	.6590	.4435	.2749	.1584	.0850
	2	1.0000	1.0000	1.0000	1.0000	.9998	.9985	.9952	.9804	.8891	.7358	.5583	.3907	.2528
	3					1.0000	.9999	.9997	.9978	.9744	.9078	.7946	.6488	.4925
	4						1.0000	1.0000	.9998	.9957	.9761	.9274	.8424	.7237
	5								1.0000	.9995	.9954	.9806	.9456	.8822
	6									.9999	.9993	.9961	.9857	.9614
	7									1.0000	.9999	.9994	.9972	.9905
	8										1.0000	.9999	.9996	.9983
	9											1.0000	1.0000	.9998
	10													1.0000
13	0	.9871	.9743	.9617	.9369	.8775	.7690	.6730	.5133	.2542	.1209	.0550	.0238	.0097
	1	.9999	.9997	.9993	.9981	.9928	.9730	.9436	.8646	.6213	.3983	.2336	.1267	.0637
	2	1.0000	1.0000	1.0000	1.0000	.9997	.9980	.9938	.9755	.8661	.7296	.5017	.3326	.2025
	3					1.0000	.9999	.9995	.9960	.9658	.9033	.7473	.5843	.4206
	4						1.0000	1.0000	.9997	.9935	.9740	.9009	.7940	.6543
	5								1.0000	.9991	.9947	.9700	.9198	.8346
	6									.9999	.9987	.9930	.9757	.9376
	7									1.0000	.9998	.9988	.9944	.9818
	8										1.0000	.9990	.9990	.9960
	9											1.0000	.9999	.9993
	10												1.0000	.9999
	11													1.0000
14	0	.9861	.9724	.9588	.9322	.8687	.7536	.6528	.4877	.2288	.1028	.0440	.0178	.0068
	1	.9999	.9996	.9992	.9978	.9916	.9690	.9355	.8470	.5846	.3567	.1979	.1010	.0475
	2	1.0000	1.0000	1.0000	1.0000	.9997	.9975	.9923	.9699	.8416	.6479	.4481	.2811	.1608
	3					1.0000	.9999	.9994	.9958	.9559	.8535	.6982	.5213	.3552

续表

n	c	p												
		.001	.002	.003	.005	.01	.02	.03	.05	.10	.15	.20	.25	.30
	4						1.0000	1.0000	.9996	.9908	.9533	.8702	.7415	.5842
	5								1.0000	.9985	.9885	.9561	.8883	.7805
	6									.9998	.9978	.9884	.9617	.9067
	7									1.0000	.9997	.9976	.9897	.9685
	8										1.0000	.9996	.9978	.9917
	9											1.0000	.9997	.9983
	10												1.0000	.9998
	11													1.0000
15	0	.9851	.9704	.9559	.9276	.8601	.7386	.6333	.4633	.2059	.0874	.0352	.0134	.0047
	1	.9999	.9996	.9991	.9975	.9904	.9647	.9270	.8290	.5490	.3186	.1671	.0802	.0353
	2	1.0000	1.0000	1.0000	.9999	.9996	.9970	.9906	.9638	.8159	.6042	.3980	.2361	.1268
	3				1.0000	1.0000	.9998	.9992	.9945	.9444	.8227	.6482	.4613	.2969
	4						1.0000	.9999	.9994	.9873	.9383	.8358	.6865	.5155
	5							1.0000	.9999	.9978	.9832	.9389	.8516	.7216
	6								1.0000	.9997	.9964	.9819	.9434	.8689
	7									1.0000	.9994	.9958	.9827	.9500
	8										.9999	.9992	.9958	.9848
	9										1.0000	.9999	.9992	.9963
	10											1.0000	.9999	.9993
	11												1.0000	.9999
	12													1.0000
16	0	.9841	.9685	.9513	.9229	.8519	.7238	.6143	.4401	.1853	.0743	.0281	.0100	.0033
	1	.9999	.9995	.9989	.9971	.9891	.9601	.9182	.8108	.5147	.2839	.1407	.0635	.0261
	2	1.0000	1.0000	1.0000	.9999	.9995	.9963	.9887	.9571	.7892	.5614	.3518	.1971	.0994
	3				1.0000	1.0000	.9998	.9989	.9930	.9316	.7899	.5981	.4050	.2459
	4						1.0000	.9999	.9991	.9830	.9209	.7982	.6302	.4499
	5							1.0000	.9999	.9967	.9765	.9183	.8103	.6598
	6								1.0000	.9995	.9944	.9733	.9204	.8247
	7									.9999	.9989	.9930	.9729	.9256
	8									1.0000	.9998	.9985	.9925	.9743
	9										1.0000	.9998	.9984	.9929
	10											1.0000	.9997	.9984
	11												1.0000	.9997

续表

n	c	p												
		.001	.002	.003	.005	.01	.02	.03	.05	.10	.15	.20	.25	.30
	12													1.0000
17	0	.9831	.9665	.9502	.9183	.8429	.7093	.5958	.4181	.1668	.0631	.0225	.0075	.0023
	1	.9999	.9995	.9988	.9968	.9877	.9554	.9091	.7922	.4818	.2525	.1182	.0501	.0193
	2	1.0000	1.0000	1.0000	.9999	.9994	.9956	.9866	.9497	.7618	.5198	.3096	.1637	.0774
	3				1.0000	1.0000	.9997	.9986	.9912	.9174	.7556	.5489	.3530	.2019
	4						1.0000	.9999	.9988	.9779	.9013	.7582	.5739	.3887
	5							1.0000	.9999	.9953	.9681	.8943	.7653	.5968
	6								1.0000	.9992	.9917	.9623	.8929	.7752
	7									.9999	.9983	.9891	.9598	.8954
	8									1.0000	.9997	.9974	.9876	.9597
	9										1.0000	.9995	.9969	.9873
	10											.9999	.9994	.9968
	11											1.0000	.9999	.9993
	12												1.0000	.9999
	13													1.0000
18	0	.9822	.9646	.9474	.9137	.8345	.6951	.5780	.3972	.1501	.0536	.0180	.0056	.0016
	1	.9998	.9994	.9987	.9964	.9862	.9505	.8997	.7735	.4503	.2241	.0991	.0395	.0142
	2	1.0000	1.0000	1.0000	.9999	.9993	.9948	.9843	.8419	.7338	.4797	.2713	.1353	.0600
	3				1.0000	1.0000	.9996	.9982	.9891	.9018	.7202	.5010	.3057	.1646
	4						1.0000	.9999	.9985	.9718	.8794	.7164	.5187	.3327
	5							1.0000	.9998	.9936	.9581	.8671	.7175	.5344
	6								1.0000	.9988	.9882	.9487	.8610	.7217
	7									.9998	.9973	.9837	.9431	.8593
	8									1.0000	.9995	.9957	.9807	.9404
	9										.9999	.9991	.9946	.9790
	10										1.0000	.9998	.9988	.9939
	11											1.0000	.9998	.9986
	12												1.0000	.9997
	13													1.0000
19	0	.9812	.9627	.9445	.9092	.8262	.6812	.5606	.3774	.1351	.0456	.0144	.0042	.0011
	1	.9998	.9993	.9985	.9960	.9847	.9454	.8900	.7547	.4203	.1985	.0829	.0310	.0104
	2	1.0000	1.0000	1.0000	.9999	.9991	.9939	.9817	.9335	.7054	.4413	.2369	.1113	.0462

续表

n	c	p												
		.001	.002	.003	.005	.01	.02	.03	.05	.10	.15	.20	.25	.30
	3				1.0000	1.0000	.9995	.9978	.9868	.8850	.6841	.4551	.2631	.1332
	4						1.0000	.9998	.9980	.9648	.8556	.6733	.4654	.2822
	5							1.0000	.9998	.9914	.9463	.8369	.6678	.4739
	6								1.0000	.9983	.9837	.9324	.8251	.6655
	7									.9997	.9959	.9767	.9225	.8180
	8									1.0000	.9992	.9933	.9713	.9161
	9										.9999	.9984	.9911	.9674
	10										1.0000	.9997	.9977	.9895
	11											1.0000	.9995	.9972
	12												.9999	.9994
	13												1.0000	.9999
	14													1.0000
20	0	.9802	.9608	.9417	.9046	.8179	.6676	.5438	.3585	.1216	.0388	.0115	.0032	.0008
	1	.9998	.9993	.9984	.9955	.9831	.9401	.8802	.7358	.3917	.1756	.0692	.0243	.0076
	2	1.0000	1.0000	1.0000	.9999	.9990	.9929	.9790	.9245	.6769	.4049	.2061	.0913	.0355
	3				1.0000	1.0000	.9994	.9973	.9841	.8670	.6477	.4114	.2252	.1071
	4						1.0000	.9997	.9974	.9568	.8298	.6296	.4148	.2375
	5							1.0000	.9997	.9887	.9327	.8042	.6172	.4164
	6								1.0000	.9976	.9781	.9133	.7858	.6080
	7									.9996	.9941	.9679	.8982	.7723
	8									.9999	.9987	.9900	.9591	.8867
	9									1.0000	.9998	.9974	.9861	.9520
	10										1.0000	.9994	.9961	.9829
	11											.9999	.9991	.9949
	12											1.0000	.9998	.9987
	13												1.0000	.9997
	14													1.0000
25	0	.9753	.9512	.9276	.8822	.7778	.6035	.4670	.2774	.0718	.0172	.0038	.0008	.0001
	1	.9997	.9988	.9974	.9931	.9742	.9114	.8280	.6424	.2712	.0931	.0274	.0070	.0016
	2	1.0000	1.0000	.9999	.9997	.9980	.9868	.9620	.8729	.5371	.2537	.0982	.0321	.0090
	3			1.0000	1.0000	.9999	.9986	.9938	.9659	.7636	.4711	.2340	.0962	.0332

续表

n	c	p .001	.002	.003	.005	.01	.02	.03	.05	.10	.15	.20	.25	.30
	4					1.0000	.9999	.9992	.9928	.9020	.6821	.4270	.2137	.0905
	5						1.0000	.9999	.9988	.9666	.8385	.6167	.3783	.1935
	6							1.0000	.9998	.9905	.9305	.7800	.5611	.3407
	7								1.0000	.9977	.9745	.8909	.7265	.5118
	8									.9995	.9920	.9532	.8506	.6769
	9									.9999	.9979	.9827	.9287	.8106
	10									1.0000	.9995	.9944	.9703	.9022
	11										.9999	.9985	.9893	.9558
	12										1.0000	.9996	.9966	.9825
	13											.9999	.9991	.9940
	14											1.0000	.9998	.9982
	15												1.0000	.9995
	16													.9999
	17													1.0000
30	0	.9704	.9417	.9138	.8604	.7397	.5455	.4010	.2146	.0424	.0076	.0012	.0002	.0000
	1	.9996	.9983	.9963	.9901	.9639	.8795	.7731	.5535	.1837	.0480	.0105	.0020	.0003
	2	1.0000	1.0000	.9999	.9995	.9967	.9783	.9399	.8122	.4114	.1514	.0442	.0106	.0021
	3			1.0000	1.0000	.9998	.9971	.9881	.9392	.6474	.3217	.1227	.0374	.0093
	4					1.0000	.9997	.9982	.9844	.8245	.5245	.2552	.0979	.0302
	5						1.0000	.9998	.9967	.9268	.7106	.4275	.2026	.0766
	6							1.0000	.9994	.9742	.8474	.6070	.3481	.1595
	7								.9999	.9922	.9302	.7608	.5143	.2814
	8								1.0000	.9980	.9722	.8713	.6736	.4315
	9									.9995	.9903	.9389	.8034	.5888
	10									.9999	.9971	.9744	.8943	.7304
	11									1.0000	.9992	.9905	.9493	.8407
	12										.9998	.9969	.9784	.9155
	13										1.0000	.9991	.9918	.9599
	14											.9998	.9973	.9831
	15											.9999	.9992	.9936
	16											1.0000	.9998	.9979
	17												.9999	.9994
	18												1.0000	.9998
	19													1.0000

附表 2 泊松分布表

$$1-F(x-1)=\sum_{r=x}^{r=\infty}\frac{e^{-\lambda}\lambda^{r}}{r!}$$

x	λ=0.2	λ=0.3	λ=0.4	λ=0.5	λ=0.6	λ=0.7	λ=0.8	λ=0.9	λ=1.0	λ=1.2
0	1.0000000	1.0000000	1.0000000	1.0000000	1.0000000	1.0000000	1.0000000	1.0000000	1.0000000	1.0000000
1	0.1812692	0.2591818	0.3296800	0.323469	0.451188	0.503415	0.550671	0.593430	0.632121	0.698806
2	0.0175231	0.0369363	0.0615519	0.090204	0.121901	0.155805	0.191208	0.227518	0.264241	0.337373
3	0.0011485	0.0035995	0.0079263	0.014388	0.023115	0.034142	0.047423	0.062857	0.080301	0.120513
4	0.0000568	0.0002658	0.0007763	0.001752	0.003358	0.005753	0.009080	0.013459	0.018988	0.033769
5	0.0000023	0.0000158	0.0000612	0.000172	0.000394	0.000786	0.001411	0.002344	0.003660	0.007746
6	0.0000001	0.0000008	0.0000040	0.000014	0.000039	0.000090	0.000184	0.000343	0.000594	0.001500
7			0.0000002	0.000001	0.000003	0.000009	0.000021	0.000043	0.000083	0.000251
8						0.000001	0.000002	0.000005	0.000010	0.000037
9									0.000001	0.000005
10										0.000001

x	λ=1.4	λ=1.6	λ=1.8	λ=2.5	λ=3.0	λ=3.5	λ=4.0	λ=4.5	λ=5.0
0	1.000000	1.000000	1.000000	1.000000	1.000000	1.000000	1.000000	1.000000	1.000000
1	0.753403	0.798103	0.834701	0.917915	0.950213	0.969803	0.981684	0.988891	0.993262
2	0.408167	0.475069	0.537163	0.712703	0.800852	0.864112	0.908422	0.938901	0.959572
3	0.166502	0.216642	0.269379	0.456187	0.576810	0.679153	0.761897	0.826422	0.875348
4	0.053725	0.078813	0.108708	0.242424	0.352768	0.463367	0.566530	0.657704	0.734974
5	0.014253	0.023682	0.036407	0.108822	0.184737	0.274555	0.371163	0.467896	0.559507
6	0.003201	0.006040	0.010378	0.042021	0.083918	0.142386	0.214870	0.297070	0.384039
7	0.000622	0.001336	0.002569	0.014187	0.033509	0.065288	0.110674	0.168949	0.237817
8	0.000107	0.000260	0.000562	0.004247	0.011905	0.026739	0.051134	0.086586	0.133372
9	0.000016	0.000045	0.000110	0.001140	0.003803	0.009874	0.021363	0.040257	0.068094
10	0.000002	0.000007	0.000019	0.000277	0.001102	0.003315	0.008132	0.017093	0.031828
11		0.000001	0.000003	0.000062	0.000292	0.001019	0.002840	0.006669	0.013695
12				0.000013	0.000071	0.000289	0.000915	0.002404	0.005453
13				0.000002	0.000016	0.000076	0.000274	0.000805	0.002019
14					0.000003	0.000019	0.000076	0.000252	0.000698
15					0.000001	0.000004	0.000020	0.000074	0.000226
16						0.000001	0.000005	0.000020	0.000069
17							0.000001	0.000005	0.000020
18								0.000001	0.000005
19									0.000001

附表 3 标准正态分布表

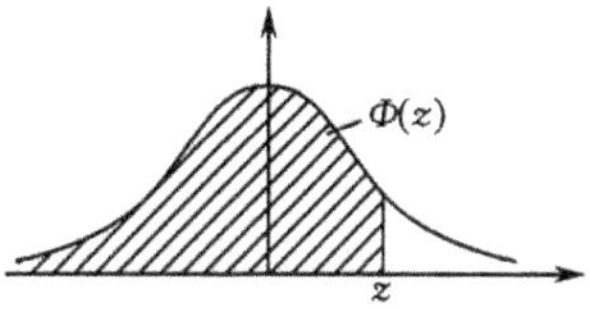

$$\Phi(z)=\int_{-\infty}^{z}\frac{1}{\sqrt{2\pi}}e^{-u^2/2}\mathrm{d}u=P\ (Z\leqslant z)$$

z	0	1	2	3	4	5	6	7	8	9
0.0	0.5000	0.5040	0.5080	0.5120	0.5160	0.5199	0.5239	0.5279	0.5319	0.5359
0.1	0.5398	0.5438	0.5478	0.5517	0.5557	0.5596	0.5636	0.5675	0.5714	0.5753
0.2	0.5793	0.5832	0.5871	0.5910	0.5948	0.5987	0.6026	0.6064	0.6103	0.6141
0.3	0.6179	0.6217	0.6255	0.6293	0.6331	0.6368	0.6406	0.6443	0.6480	0.6517
0.4	0.6554	0.6591	0.6628	0.6664	0.6700	0.6736	0.6772	0.6808	0.6844	0.6879
0.5	0.6915	0.6950	0.6985	0.7019	0.7054	0.7088	0.7123	0.7157	0.7190	0.7224
0.6	0.7257	0.7291	0.7324	0.7357	0.7389	0.7422	0.7454	0.7486	0.7517	0.7549
0.7	0.7580	0.7611	0.7642	0.7673	0.7703	0.7734	0.7764	0.7794	0.7823	0.7852
0.8	0.7881	0.7910	0.7939	0.7967	0.7995	0.8023	0.8051	0.8078	0.8106	0.8133
0.9	0.8159	0.8186	0.8212	0.8238	0.8264	0.8289	0.8315	0.8340	0.8365	0.8389
1.0	0.8413	0.8438	0.8461	0.8485	0.8508	0.8531	0.8554	0.8577	0.8599	0.8621
1.1	0.8643	0.8665	0.8686	0.8708	0.8729	0.8749	0.8770	0.8790	0.8810	0.8830
1.2	0.8849	0.8869	0.8888	0.8907	0.8925	0.8944	0.8962	0.8980	0.8997	0.9015
1.3	0.9032	0.9049	0.9066	0.9082	0.9099	0.9115	0.9131	0.9147	0.9162	0.9177
1.4	0.9192	0.9207	0.9222	0.9236	0.9251	0.9265	0.9278	0.9292	0.9306	0.9319
1.5	0.9332	0.9345	0.9357	0.9370	0.9382	0.9394	0.9406	0.9418	0.9430	0.9441
1.6	0.9452	0.9463	0.9474	0.9484	0.9495	0.9505	0.9515	0.9525	0.9535	0.9545
1.7	0.9554	0.9564	0.9573	0.9582	0.9591	0.9599	0.9608	0.9616	0.9625	0.9633
1.8	0.9641	0.9648	0.9656	0.9664	0.9671	0.9678	0.9686	0.9693	0.9700	0.9706
1.9	0.9713	0.9719	0.9726	0.9732	0.9738	0.9744	0.9750	0.9756	0.9762	0.9767
2.0	0.9772	0.9778	0.9783	0.9788	0.9793	0.9798	0.9803	0.9808	0.9812	0.9817
2.1	0.9821	0.9826	0.9830	0.9834	0.9838	0.9842	0.9846	0.9850	0.9854	0.9857
2.2	0.9861	0.9864	0.9868	0.9871	0.9874	0.9878	0.9881	0.9884	0.9887	0.9890
2.3	0.9893	0.9896	0.9898	0.9901	0.9904	0.9906	0.9909	0.9911	0.9913	0.9916
2.4	0.9918	0.9920	0.9922	0.9925	0.9927	0.9929	0.9931	0.9932	0.9934	0.9936
2.5	0.9938	0.9940	0.9941	0.9943	0.9945	0.9946	0.9948	0.9949	0.9951	0.9952
2.6	0.9953	0.9955	0.9956	0.9957	0.9959	0.9960	0.9961	0.9962	0.9963	0.9964
2.7	0.9965	0.9966	0.9967	0.9968	0.9969	0.9970	0.9971	0.9972	0.9973	0.9974
2.8	0.9974	0.9975	0.9976	0.9977	0.9977	0.9978	0.9979	0.9979	0.9980	0.9981
2.9	0.9981	0.9982	0.9982	0.9983	0.9984	0.9984	0.9985	0.9985	0.9986	0.9986
3.0	0.9987	0.9990	0.9993	0.9995	0.9997	0.9998	0.9998	0.9999	0.9999	1.0000

注:表中末行系函数值 $\Phi(3,0),\Phi(3,1),\cdots,\Phi(3,9)$

附表 4 *t* 分布表

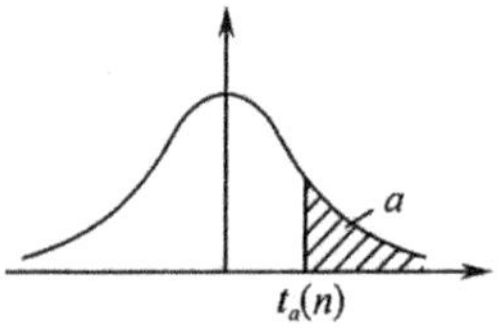

$P\{t(n)>t_a(n)\}=a$

n	a=0.25	0.10	0.05	0.025	0.01	0.005
1	1.0000	3.0777	6.3138	12.7062	31.8207	63.6574
2	0.8165	1.8856	2.9200	4.3027	6.9646	9.9248
3	0.7349	1.6377	2.3534	3.1824	4.5407	5.8409
4	0.7407	1.5332	2.1318	2.7764	3.7469	4.6041
5	0.7267	1.4759	2.0150	2.5706	3.3649	4.0322
6	0.7176	1.4398	1.9432	2.4469	3.1427	3.7074
7	0.7111	1.4149	1.8946	2.3646	2.9980	3.4995
8	0.7064	1.3968	1.8595	2.3060	2.8965	3.3554
9	0.7027	1.3830	1.8331	2.2622	2.8214	3.2498
10	0.6998	1.3722	1.8125	2.2281	2.7638	3.1693
11	0.6974	1.3634	1.7959	2.2010	2.7131	3.1058
12	0.6955	1.3562	1.7823	2.1788	2.6810	3.0545
13	0.6938	1.3502	1.7709	2.1604	2.6503	3.0123
14	0.6924	1.3450	1.7613	2.1448	2.6245	2.9768
15	0.6912	1.3406	1.7531	2.1315	2.6025	2.9467
16	0.6901	1.3368	1.7459	2.1199	2.5835	2.9208
17	0.6892	1.3334	1.7396	2.1098	2.5669	2.8982
18	0.6884	1.3304	1.7341	2.1009	2.5524	2.8784
19	0.6876	1.3277	1.7291	2.0930	2.5395	2.8609
20	0.6870	1.3253	1.7247	2.0860	2.5280	2.8453
21	0.6864	1.3232	1.7207	2.0796	2.5177	2.8314
22	0.6858	1.3212	1.7171	2.0739	2.5083	2.8188

续表

n	$\alpha=0.25$	0.10	0.05	0.025	0.01	0.005
23	0.6853	1.3195	1.7139	2.0687	2.4999	2.8073
24	0.6848	1.3178	1.7109	2.0639	2.4922	2.7969
25	0.6844	1.3163	1.7081	2.0595	2.4851	2.7874
26	0.6840	1.3150	1.7056	2.0555	2.4786	2.7787
27	0.6837	1.3137	1.7033	2.0518	2.4727	2.7707
28	0.6834	1.3125	1.7011	2.0484	2.4671	2.7633
29	0.6830	1.3114	1.6991	2.0452	2.4620	2.7564
30	0.6828	1.3104	1.6973	2.0423	2.4573	2.7500
31	0.6825	1.3095	1.6955	2.0395	2.4528	2.7440
32	0.6822	1.3086	1.6939	2.0369	2.4487	2.7385
33	0.6820	1.3077	1.6924	2.0345	2.4448	2.7333
34	0.6818	1.3070	1.6909	2.0322	2.4411	2.7284
35	0.6816	1.3062	1.6896	2.0301	2.4377	2.7238
36	0.6814	1.3055	1.6883	2.0281	2.4345	2.7195
37	0.6812	1.3049	1.6871	2.0262	2.4314	2.7154
38	0.6810	1.3042	1.6860	2.0244	2.4286	2.7116
39	0.6808	1.3036	1.6849	2.0227	2.4258	2.7079
40	0.6807	1.3031	1.6839	2.0211	2.4233	2.7045
41	0.6805	1.3025	1.6829	2.0195	2.4208	2.7012
42	0.6804	1.3020	1.6820	2.0181	2.4185	2.6981
43	0.6802	1.3016	1.6811	2.0167	2.4163	2.6951
44	0.6801	1.3011	1.6802	2.0154	2.4141	2.6923
45	0.6800	1.3006	1.6794	2.0141	2.4121	2.6896

附表 5　χ^2 分布表

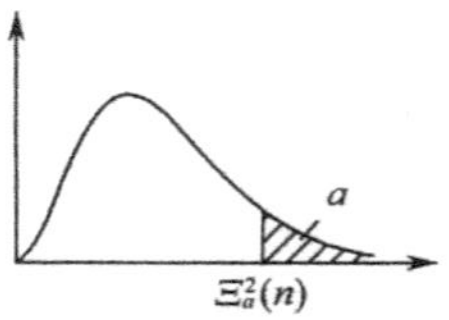

$$P\{\chi^2(n)>\chi_a^2(n)\}=a$$

n	a=0.995	0.99	0.975	0.95	0.90	0.75	0.25	0.10	0.05	0.025	0.01	0.005
1	—	—	0.001	0.004	0.016	0.102	1.323	2.706	3.841	5.024	6.635	7.879
2	0.010	0.020	0.051	0.103	0.211	0.575	2.773	4.605	5.991	7.378	9.210	10.597
3	0.072	0.115	0.216	0.352	0.584	1.213	4.108	6.251	7.815	9.348	11.345	12.838
4	0.207	0.297	0.484	0.711	1.064	1.923	5.385	7.779	9.488	11.143	13.277	14.860
5	0.412	0.554	0.831	1.145	1.610	2.675	6.626	9.236	11.071	12.833	15.086	16.750
6	0.676	0.872	1.237	1.635	2.204	3.455	7.841	10.645	12.592	14.449	16.812	18.548
7	0.989	1.239	1.690	2.167	2.833	4.255	9.037	12.017	14.067	16.013	18.475	20.278
8	1.344	1.646	2.180	2.733	3.490	5.071	10.219	13.362	15.507	17.535	20.090	21.955
9	1.735	2.088	2.700	3.325	4.168	5.899	11.389	14.684	16.919	19.023	21.666	23.589
10	2.156	2.558	3.247	3.940	4.865	6.737	12.549	15.987	18.307	20.483	23.209	25.188
11	2.603	3.053	3.816	4.575	5.578	7.584	13.701	17.275	19.675	21.920	24.725	26.757
12	3.074	3.571	4.404	5.226	6.304	8.438	14.845	18.549	21.026	23.337	26.217	28.299
13	3.565	4.107	5.009	5.892	7.042	9.299	15.984	19.812	22.362	24.736	27.688	29.819
14	4.075	4.660	5.629	6.571	7.790	10.165	17.117	21.064	23.685	26.119	29.141	31.319
15	4.601	5.229	6.262	7.261	8.547	11.037	18.245	22.307	24.996	27.488	30.578	32.801
16	5.142	5.812	6.908	7.962	9.312	11.912	19.369	23.542	26.296	28.845	32.000	34.267
17	5.697	6.408	7.564	8.672	10.085	12.792	20.489	24.769	27.587	30.191	33.409	35.718
18	6.265	7.015	8.231	9.390	10.865	13.675	21.605	25.989	28.869	31.526	34.805	37.156
19	6.844	7.633	8.907	10.117	11.651	14.562	22.718	27.204	30.144	32.852	36.191	38.582
20	7.434	8.260	9.591	10.851	12.443	15.452	23.828	28.412	31.410	34.170	37.566	39.997

续表

n	α=0.995	0.99	0.975	0.95	0.90	0.75	0.25	0.10	0.05	0.025	0.01	0.005
21	8.034	8.897	10.283	11.591	13.240	16.344	24.935	29.615	32.671	35.479	38.932	41.401
22	8.643	9.542	10.982	12.338	14.042	17.240	26.039	30.813	33.924	36.781	40.289	42.796
23	9.260	10.196	11.689	13.091	14.848	18.137	27.141	32.007	35.172	38.076	41.638	44.181
24	9.886	10.856	12.401	13.848	15.659	19.037	28.241	33.196	36.415	39.364	42.980	45.559
25	10.520	11.524	13.120	14.611	16.473	19.939	29.339	34.382	37.652	40.646	44.314	46.928
26	11.160	12.198	13.844	15.379	17.292	20.843	30.435	35.563	38.885	41.923	45.642	48.290
27	11.808	12.879	14.573	16.151	18.114	21.749	31.528	36.741	40.113	43.194	46.963	49.645
28	12.461	13.565	15.308	16.928	18.939	22.657	32.620	37.916	41.337	44.461	48.278	50.993
29	13.121	14.257	16.047	17.708	19.768	23.567	33.711	39.087	42.557	45.722	49.588	52.336
30	13.787	14.954	16.791	18.493	20.599	24.478	34.800	40.256	43.773	46.979	50.892	53.672
31	14.458	15.655	17.539	19.281	21.434	25.390	35.887	41.422	44.985	48.232	52.191	55.003
32	15.134	16.362	18.291	20.072	22.271	26.304	36.973	42.585	46.194	49.480	53.486	56.328
33	15.815	17.074	19.047	20.867	23.110	27.219	38.058	43.745	47.400	50.725	54.776	57.648
34	16.501	17.789	19.806	21.664	23.952	28.136	39.141	44.903	48.602	51.966	56.061	58.964
35	17.192	18.509	20.569	22.465	24.797	29.054	40.223	46.059	49.802	53.203	57.342	60.275
36	17.887	19.233	21.336	23.269	25.643	29.973	41.304	47.212	50.998	54.437	58.619	61.581
37	18.586	19.960	22.106	24.075	26.492	30.893	42.383	48.363	52.192	55.668	59.892	62.883
38	19.289	20.691	22.878	24.884	27.343	31.815	43.462	49.513	53.384	56.896	61.162	64.181
39	19.996	21.426	23.654	25.695	28.196	32.737	44.539	50.660	54.572	58.120	62.428	65.476
40	20.707	22.164	24.433	26.509	29.051	33.660	45.616	51.805	55.758	59.342	63.691	66.766
41	21.421	22.906	25.215	27.326	29.907	34.585	46.692	52.949	56.942	60.561	64.950	68.053
42	22.138	23.650	25.999	28.144	30.765	35.510	47.766	54.090	58.124	61.777	66.206	69.336
43	22.859	24.398	26.785	28.965	31.625	36.436	48.840	55.230	59.304	62.990	67.459	70.616
44	23.584	25.148	27.575	29.787	32.487	37.363	49.913	56.369	60.481	64.201	68.710	71.893
45	24.311	25.901	28.366	30.612	33.350	38.291	50.985	57.505	61.656	65.410	69.957	73.166

附表 6　F 分布表

$$P\{F(n_1,n_2)>F_a(n_1,n_2)\}=a$$

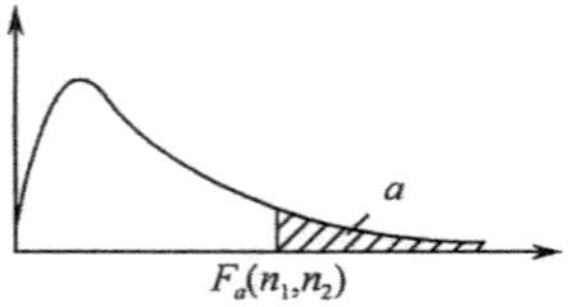

n_2 \ n_1	1	2	3	4	5	6	7	8	9	10	12	15	20	24	30	40	60	120	∞
$a=0.10$																			
1	39.86	49.50	53.59	55.83	57.24	58.20	58.91	59.44	59.86	60.19	60.71	61.22	61.74	62.00	62.26	62.53	62.79	63.06	63.33
2	8.53	9.00	9.16	9.24	9.29	9.33	9.35	9.37	9.38	9.39	9.41	9.42	9.44	9.45	9.46	9.47	9.47	9.48	9.49
3	5.54	5.46	5.39	5.34	5.31	5.28	5.27	5.25	5.24	5.23	5.22	5.20	5.18	5.18	5.17	5.16	5.15	5.14	5.13
4	4.54	4.32	4.19	4.11	4.05	4.01	3.98	3.95	3.94	3.92	3.90	3.87	3.84	3.83	3.82	3.80	3.79	3.78	3.76
5	4.06	3.78	3.62	3.52	3.45	3.40	3.37	3.34	3.32	3.30	3.27	3.24	3.21	3.19	3.17	3.16	3.14	3.12	3.10
6	3.78	3.46	3.29	3.18	3.11	3.05	3.01	2.98	2.96	2.94	2.90	2.87	2.84	2.82	2.80	2.78	2.76	2.74	2.72
7	3.59	3.26	3.07	2.96	2.88	2.83	2.78	2.75	2.72	2.70	2.67	2.63	2.59	2.58	2.56	2.54	2.51	2.43	2.47
8	3.46	3.11	2.92	2.81	2.73	2.67	2.62	2.59	2.56	2.54	2.50	2.46	2.42	2.40	2.38	2.36	2.34	2.32	2.29
9	3.36	3.01	2.81	2.69	2.61	2.55	2.51	2.47	2.44	2.42	2.38	2.34	2.30	2.28	2.25	2.23	2.21	2.18	2.16
10	3.29	2.92	2.73	2.61	2.52	2.46	2.41	2.38	2.35	2.32	2.28	2.24	2.20	2.18	2.16	2.13	2.11	2.08	2.06
11	3.23	2.86	2.66	2.54	2.45	2.39	2.34	2.30	2.27	2.25	2.21	2.17	2.12	2.10	2.08	2.05	2.03	2.00	1.97
12	3.18	2.81	2.61	2.48	2.39	2.33	2.28	2.24	2.21	2.19	2.15	2.10	2.06	2.04	2.01	1.99	1.96	1.93	1.90
13	3.14	2.76	2.56	2.43	2.35	2.28	2.23	2.20	2.16	2.14	2.10	2.05	2.01	1.98	1.96	1.93	1.90	1.88	1.85
14	3.10	2.73	2.52	2.39	2.31	2.24	2.19	2.15	2.12	2.10	2.05	2.01	1.96	1.94	1.91	1.80	1.86	1.83	1.80
15	3.07	2.70	2.49	2.36	2.27	2.21	2.16	2.12	2.09	2.06	2.02	1.97	1.92	1.90	1.87	1.85	1.82	1.79	1.76
16	3.05	2.67	2.46	2.33	2.24	2.18	2.13	2.09	2.06	2.03	1.99	1.94	1.89	1.87	1.84	1.81	1.78	1.75	1.72

续表

n_2 \ n_1	1	2	3	4	5	6	7	8	9	10	12	15	20	24	30	40	60	120	∞
17	3.03	2.64	2.44	2.31	2.22	2.15	2.10	2.06	2.03	2.00	1.96	1.91	1.86	1.84	1.81	1.78	1.75	1.72	1.69
18	3.01	2.62	2.42	2.29	2.20	2.13	2.08	2.04	2.00	1.98	1.93	1.89	1.84	1.81	1.78	1.75	1.72	1.69	1.66
19	2.99	2.61	2.40	2.27	2.18	2.11	2.06	2.02	1.98	1.96	1.91	1.86	1.81	1.79	1.76	1.73	1.70	1.67	1.63
20	2.97	2.59	2.38	2.25	2.16	2.09	2.04	2.00	1.96	1.94	1.89	1.84	1.79	1.77	1.74	1.71	1.68	1.64	1.61
21	2.96	2.57	2.36	2.23	2.14	2.08	2.02	1.98	1.95	1.92	1.87	1.83	1.78	1.75	1.72	1.69	1.66	1.62	1.59
22	2.95	2.56	2.35	2.22	2.13	2.06	2.01	1.97	1.93	1.90	1.86	1.81	1.76	1.73	1.70	1.67	1.64	1.60	1.57
23	2.94	2.55	2.34	2.21	2.11	2.05	1.99	1.95	1.92	1.89	1.84	1.80	1.74	1.72	1.69	1.66	1.62	1.59	1.55
24	2.93	2.54	2.33	2.19	2.10	2.04	1.98	1.94	1.91	1.88	1.83	1.78	1.73	1.70	1.67	1.64	1.61	1.57	1.53
25	2.92	2.53	2.32	2.18	2.09	2.02	1.97	1.93	1.89	1.87	1.82	1.77	1.72	1.69	1.66	1.63	1.59	1.56	1.52
26	2.91	2.52	2.31	2.17	2.08	2.01	1.96	1.92	1.88	1.86	1.81	1.76	1.71	1.68	1.65	1.61	1.58	1.54	1.50
27	2.90	2.51	2.30	2.17	2.07	2.00	1.95	1.91	1.87	1.85	1.80	1.75	1.70	1.67	1.64	1.60	1.57	1.53	1.49
28	2.89	2.50	2.29	2.16	2.06	2.00	1.94	1.90	1.87	1.84	1.79	1.74	1.69	1.66	1.63	1.59	1.56	1.52	1.48
29	2.89	2.50	2.28	2.15	2.06	1.99	1.93	1.89	1.86	1.83	1.78	1.73	1.68	1.65	1.62	1.58	1.55	1.51	1.47
30	2.88	2.49	2.28	2.14	2.05	1.98	1.93	1.88	1.85	1.82	1.77	1.72	1.67	1.64	1.61	1.57	1.54	1.50	1.46
40	2.84	2.44	2.23	2.09	2.00	1.93	1.87	1.83	1.79	1.76	1.71	1.66	1.61	1.57	1.54	1.51	1.47	1.42	1.38
60	2.79	2.39	2.18	2.04	1.95	1.87	1.82	1.77	1.74	1.71	1.66	1.60	1.54	1.51	1.48	1.44	1.40	1.35	1.29
120	2.75	2.35	2.13	1.99	1.90	1.82	1.77	1.72	1.68	1.65	1.60	1.55	1.48	1.45	1.41	1.37	1.32	1.26	1.19
∞	2.71	2.30	2.08	1.94	1.85	1.77	1.72	1.67	1.63	1.60	1.55	1.49	1.42	1.38	1.34	1.30	1.24	1.17	1.00

$a=0.05$

n_2 \ n_1	1	2	3	4	5	6	7	8	9	10	12	15	20	24	30	40	60	120	∞
1	161.4	199.5	215.7	224.6	230.2	234.0	236.8	238.9	240.5	241.9	243.9	245.9	248.0	249.1	250.1	251.1	252.2	253.3	254.3
2	18.51	19.00	19.16	19.25	19.30	19.33	19.35	19.37	19.38	19.40	19.41	19.43	19.45	19.45	19.46	19.47	19.48	19.49	19.50
3	10.13	9.55	9.28	9.12	9.01	8.94	8.89	8.85	8.81	8.79	8.74	8.70	8.66	8.64	8.62	8.59	8.57	8.55	8.53

续表

n_2 \ n_1	1	2	3	4	5	6	7	8	9	10	12	15	20	24	30	40	60	120	∞
4	7.71	6.94	6.59	6.39	6.26	6.16	6.09	6.04	6.00	5.96	5.91	5.86	5.80	5.77	5.75	5.72	5.69	5.66	5.63
5	6.61	5.79	5.41	5.19	5.05	4.95	4.88	4.82	4.77	4.74	4.68	4.62	4.56	4.53	4.50	4.46	4.43	4.40	4.36
6	5.99	5.14	4.76	4.53	4.39	4.28	4.21	4.15	4.10	4.06	4.00	3.94	3.87	3.84	3.81	3.77	3.74	3.70	3.67
7	5.59	4.74	4.35	4.12	3.97	3.87	3.79	3.73	3.68	3.64	3.57	3.51	3.44	3.41	3.38	3.34	3.30	3.27	3.23
8	5.32	4.46	4.07	3.84	3.69	3.58	3.50	3.44	3.39	3.35	3.28	3.22	3.15	3.12	3.08	3.04	3.01	2.97	2.93
9	5.12	4.26	3.86	3.63	3.48	3.37	3.29	3.23	3.18	3.14	3.07	3.01	2.94	2.90	2.86	2.83	2.79	2.75	2.71
10	4.96	4.10	3.71	3.48	3.33	3.22	3.14	3.07	3.02	2.98	2.91	2.85	2.77	2.74	2.70	2.66	2.62	2.58	2.54
11	4.84	3.98	3.59	3.36	3.20	3.09	3.01	2.95	2.90	2.85	2.79	2.72	2.65	2.61	2.57	2.53	2.49	2.45	2.40
12	4.75	3.89	3.49	3.26	3.11	3.00	2.91	2.85	2.80	2.75	2.69	2.62	2.54	2.51	2.47	2.43	2.38	2.34	2.30
13	4.67	3.81	3.41	3.18	3.03	2.92	2.83	2.77	2.71	2.67	2.60	2.53	2.46	2.42	2.38	2.34	2.30	2.25	2.21
14	4.60	3.74	3.34	3.11	2.96	2.85	2.76	2.70	2.65	2.60	2.53	2.46	2.39	2.35	2.31	2.27	2.22	2.18	2.13
15	4.54	3.68	3.29	3.06	2.90	2.79	2.71	2.64	2.59	2.54	2.48	2.40	2.33	2.29	2.25	2.20	2.16	2.11	2.07
16	4.49	3.63	3.24	3.01	2.85	2.74	2.66	2.59	2.54	2.49	2.42	2.35	2.28	2.24	2.19	2.15	2.11	2.06	2.01
17	4.45	3.59	3.20	2.96	2.81	2.70	2.61	2.55	2.49	2.45	2.38	2.31	2.23	2.19	2.15	2.10	2.06	2.01	1.96
18	4.41	3.55	3.16	2.93	2.77	2.66	2.58	2.51	2.46	2.41	2.34	2.27	2.19	2.15	2.11	2.06	2.02	1.97	1.92
19	4.38	3.52	3.13	2.90	2.74	2.63	2.54	2.48	2.42	2.38	2.31	2.23	2.16	2.11	2.07	2.03	1.98	1.93	1.88
20	4.35	3.49	3.10	2.87	2.71	2.60	2.50	2.45	2.39	2.35	2.28	2.20	2.12	2.08	2.04	1.99	1.95	1.92	1.84
21	4.32	3.47	3.07	2.84	2.68	2.57	2.49	2.42	2.37	2.32	2.25	2.18	2.10	2.05	2.01	1.96	1.92	1.87	1.81
22	4.30	3.44	3.05	2.82	2.66	2.55	2.46	2.40	2.34	2.30	2.23	2.15	2.07	2.03	1.98	1.94	1.89	1.84	1.78
23	4.28	3.42	3.03	2.80	2.64	2.53	2.44	2.37	2.32	2.27	2.20	2.13	2.05	2.01	1.96	1.91	1.86	1.81	1.76
24	4.26	3.40	3.01	2.78	2.62	2.51	2.42	2.36	2.30	2.25	2.18	2.11	2.03	1.98	1.94	1.89	1.84	1.79	1.73

续表

n_2 \ n_1	1	2	3	4	5	6	7	8	9	10	12	15	20	24	30	40	60	120	∞
25	4.24	3.39	2.99	2.76	2.60	2.49	2.40	2.34	2.28	2.24	2.16	2.09	2.01	1.96	1.92	1.87	1.82	1.77	1.71
26	4.23	3.37	2.98	2.74	2.59	2.47	2.39	2.32	2.27	2.22	2.15	2.07	1.99	1.95	1.90	1.85	1.80	1.75	1.69
27	4.21	3.35	2.96	2.73	2.57	2.46	2.37	2.31	2.25	2.20	2.13	2.06	1.97	1.93	1.88	1.84	1.79	1.73	1.67
28	4.20	3.34	2.95	2.71	2.56	2.45	2.36	2.29	2.24	2.19	2.12	2.04	1.96	1.91	1.87	1.82	1.77	1.71	1.65
29	4.18	3.33	2.93	2.70	2.55	2.43	2.35	2.28	2.22	2.18	2.10	2.03	1.94	1.90	1.85	1.81	1.75	1.70	1.64
30	4.17	3.32	2.92	2.69	2.53	2.42	2.33	2.27	2.21	2.16	2.09	2.01	1.93	1.89	1.84	1.79	1.74	1.68	1.62
40	4.08	3.23	2.84	2.61	2.45	2.34	2.25	2.18	2.12	2.08	2.00	1.92	1.84	1.79	1.74	1.69	1.64	1.58	1.51
60	4.00	3.15	2.76	2.53	2.37	2.25	2.17	2.10	2.04	1.99	1.92	1.84	1.75	1.70	1.65	1.59	1.53	1.47	1.39
120	3.92	3.07	2.68	2.45	2.29	2.17	2.09	2.02	1.96	1.91	1.83	1.75	1.66	1.61	1.55	1.50	1.43	1.35	1.25
∞	3.84	3.00	2.60	2.37	2.21	2.10	2.01	1.94	1.88	1.83	1.75	1.67	1.57	1.52	1.46	1.39	1.32	1.22	1.00
									$a=0.025$										
1	647.8	799.5	364.2	899.6	921.8	937.1	948.2	956.7	963.3	368.6	976.7	984.9	993.1	997.2	1001	1006	1010	1014	1018
2	38.51	39.00	39.17	39.25	39.30	39.33	39.36	39.37	39.39	39.40	39.41	39.43	39.45	39.46	39.46	39.47	39.48	39.49	39.50
3	17.44	16.04	15.44	15.10	14.88	14.73	14.62	14.54	14.47	14.42	14.34	14.25	14.17	14.12	14.08	14.04	13.99	13.95	13.90
4	12.22	10.65	9.98	9.60	9.36	9.20	9.07	8.98	8.90	8.84	8.75	8.66	8.56	8.51	8.46	8.41	8.36	8.31	8.26
5	10.01	8.43	7.76	7.39	7.15	6.98	6.85	6.76	6.68	6.62	6.52	6.43	6.33	6.28	6.23	6.18	6.12	6.07	6.02
6	8.81	7.26	6.60	6.23	5.99	5.82	5.70	5.60	5.52	5.46	5.37	5.27	5.17	5.12	5.07	5.01	4.96	4.90	4.85
7	8.07	6.54	5.89	5.52	5.29	5.12	4.99	4.90	4.82	4.76	4.67	4.57	4.47	4.42	4.36	4.31	4.25	4.20	4.14
8	7.57	6.06	5.42	5.05	4.82	4.65	4.53	4.43	4.36	4.30	4.20	4.10	4.00	3.95	3.89	3.84	3.78	3.73	3.67
9	7.21	5.71	5.08	4.72	4.48	4.23	4.20	4.10	4.03	3.96	3.87	3.77	3.67	3.61	3.56	3.51	3.45	3.39	3.33
10	6.94	5.46	4.83	4.47	4.24	4.07	3.95	3.85	3.78	3.72	3.62	3.52	3.42	3.37	3.31	3.26	3.20	3.14	3.08
11	6.72	5.26	4.63	4.28	4.04	3.88	3.76	3.66	3.59	3.53	3.43	3.33	3.23	3.17	3.12	3.06	3.00	2.94	2.88

续表

n_2 \ n_1	1	2	3	4	5	6	7	8	9	10	12	15	20	24	30	40	60	120	∞
12	6.55	5.10	4.47	4.12	3.89	3.73	3.61	3.51	3.44	3.37	3.28	3.18	3.07	3.02	2.96	2.91	2.85	2.79	2.72
13	6.41	4.97	4.35	4.00	3.77	3.60	3.48	3.39	3.31	3.25	3.15	3.05	2.95	2.89	2.84	2.78	2.72	2.66	2.60
14	6.30	4.80	4.24	3.89	3.66	3.50	3.38	3.29	3.21	3.15	3.05	2.95	2.84	2.79	2.73	2.67	2.61	2.55	2.49
15	6.20	4.77	4.15	3.80	3.58	3.41	3.29	3.20	3.12	3.06	2.96	2.86	2.76	2.70	2.64	2.59	2.52	2.46	2.40
16	6.12	4.69	4.08	3.73	3.50	3.34	3.22	3.12	3.05	2.99	2.89	2.79	2.68	2.63	2.57	2.51	2.45	2.38	2.32
17	6.04	4.62	4.01	3.66	3.44	3.28	3.16	3.06	2.98	2.92	2.82	2.72	2.62	2.56	2.50	2.44	2.38	2.32	2.25
18	5.92	4.59	3.95	3.61	3.38	3.22	3.10	3.01	2.93	2.87	2.77	2.67	2.56	2.50	2.44	2.38	2.32	2.26	2.19
19	5.92	4.51	3.90	3.56	3.33	3.17	3.05	2.96	2.88	2.82	2.72	2.62	2.51	2.45	2.39	2.33	2.27	2.20	2.13
20	5.87	4.46	3.86	3.51	3.29	3.13	3.01	2.91	2.84	2.77	2.68	2.57	2.46	2.41	2.35	2.29	2.22	2.16	2.09
21	5.83	4.42	3.82	3.48	3.25	3.09	2.97	2.87	2.80	2.73	2.64	2.53	2.42	2.37	2.31	2.25	2.18	2.11	2.04
22	5.79	4.38	3.78	3.44	3.22	3.05	2.93	2.84	2.76	2.70	2.60	2.50	2.39	2.33	2.27	2.21	2.14	2.08	2.00
23	5.75	4.35	3.75	3.41	3.18	3.02	2.90	2.81	2.73	2.67	2.57	2.47	2.36	2.30	2.24	2.18	2.11	2.04	1.97
24	5.72	4.32	3.72	3.38	3.15	2.99	2.87	2.78	2.70	2.64	2.54	2.44	2.33	2.27	2.21	2.15	2.08	2.01	1.94
25	5.69	4.29	3.69	3.35	3.13	2.97	2.85	2.75	2.68	2.61	2.51	2.41	2.30	2.24	2.18	2.12	2.05	1.98	1.91
26	5.66	4.27	3.67	3.33	3.10	2.94	2.82	2.73	2.65	2.59	2.49	2.39	2.28	2.22	2.16	2.09	2.03	1.95	1.88
27	5.63	4.24	3.65	3.31	3.08	2.92	2.80	2.71	2.63	2.57	2.47	2.36	2.25	2.19	2.13	2.07	2.00	1.93	1.85
28	5.61	4.22	3.63	3.29	3.06	2.90	2.78	2.69	2.61	2.55	2.45	2.34	2.23	2.17	2.11	2.05	1.98	1.91	1.83
29	5.59	4.20	3.61	3.27	3.04	2.88	2.76	2.67	2.59	2.53	2.43	2.32	2.21	2.15	2.09	2.03	1.96	1.89	1.81
30	5.57	4.18	3.59	3.25	3.03	2.87	2.75	2.65	2.57	2.51	2.41	2.31	2.20	2.14	2.07	2.01	1.94	1.87	1.79
40	5.42	4.05	3.46	3.13	2.90	2.74	2.62	2.53	2.45	2.39	2.29	2.18	2.07	2.01	1.94	1.88	1.80	1.72	1.64
60	5.29	3.93	3.34	3.01	2.79	2.63	2.51	2.41	2.33	2.27	2.17	2.06	1.94	1.88	1.82	1.74	1.67	1.58	1.48

续表

n_2 \ n_1	1	2	3	4	5	6	7	8	9	10	12	15	20	24	30	40	60	120	∞
120	5.15	3.80	3.23	2.89	2.67	2.52	2.39	2.30	2.22	2.16	2.05	1.94	1.82	1.76	1.69	1.61	1.53	1.43	1.31
∞	5.02	3.69	3.12	2.79	2.57	2.41	2.29	2.19	2.11	2.05	1.94	1.83	1.71	1.64	1.57	1.48	1.39	1.27	1.00
$\alpha=0.01$																			
1	4052	4999.5	5403	5625	5764	5859	5928	5982	6022	6056	6106	6157	6209	6235	6261	6287	6313	6339	6366
2	98.50	99.00	99.17	99.25	99.30	99.33	99.36	99.37	99.39	99.40	99.42	99.43	99.45	99.46	99.47	99.47	99.48	99.49	99.50
3	34.12	30.82	29.46	28.71	28.24	27.91	27.67	27.49	27.35	27.23	27.05	26.87	26.69	26.60	26.50	26.41	26.32	26.22	26.13
4	21.20	18.00	16.69	15.98	15.52	15.21	14.98	14.80	14.66	14.55	14.37	14.20	14.02	13.93	13.84	13.75	13.65	13.56	13.46
5	16.26	13.27	12.06	11.39	10.97	10.67	10.46	10.29	10.16	10.05	9.89	9.72	9.55	9.47	9.38	9.29	9.20	9.11	9.02
6	13.75	10.92	9.78	9.15	8.75	8.47	8.26	8.10	7.98	7.87	7.72	7.56	7.40	7.31	7.23	7.14	7.06	6.97	6.88
7	12.25	9.55	8.45	7.85	7.46	7.19	6.99	6.84	6.72	6.62	6.47	6.31	6.16	6.07	5.99	5.91	5.82	5.74	5.65
8	11.26	8.65	7.59	7.01	6.63	6.37	6.18	6.03	5.91	5.81	5.67	5.52	5.36	5.28	5.20	5.12	5.03	4.95	4.86
9	10.56	8.02	6.99	6.42	6.06	5.80	5.61	5.47	5.35	5.26	5.11	4.96	4.81	4.73	4.65	4.57	4.48	4.40	4.31
10	10.04	7.56	6.55	5.99	5.64	5.39	5.20	5.06	4.94	4.85	4.71	4.56	4.41	4.33	4.25	4.17	4.08	4.00	4.91
11	9.65	7.21	6.22	5.67	5.32	5.07	4.89	4.74	4.63	4.54	4.40	4.25	4.10	4.02	3.94	3.86	3.78	3.69	3.60
12	9.33	6.93	5.95	5.41	5.06	4.82	4.64	4.50	4.39	4.30	4.16	4.01	3.86	3.78	3.70	3.62	3.54	3.45	3.36
13	9.07	6.70	5.74	5.21	4.86	4.62	4.44	4.30	4.19	4.10	3.96	3.82	3.66	3.59	3.51	3.43	3.34	3.25	3.17
14	8.86	6.51	5.56	5.04	4.69	4.46	4.28	4.14	4.03	3.94	3.80	3.66	3.51	3.43	3.35	3.27	3.18	3.09	3.00
15	8.68	6.36	5.42	4.89	4.56	4.32	4.14	4.00	3.89	3.80	3.67	3.52	3.37	3.29	3.21	3.13	3.05	3.96	3.87
16	8.53	6.23	5.29	4.77	4.44	4.20	4.03	3.89	3.78	3.69	3.55	3.41	3.26	3.18	3.10	3.02	2.93	2.84	2.75
17	8.40	6.11	5.18	4.67	4.34	4.10	3.93	3.79	3.68	3.59	3.46	3.31	3.16	3.08	3.00	2.92	2.83	2.75	2.65
18	8.29	6.01	5.09	4.58	4.25	4.01	3.84	3.71	3.60	3.51	3.37	3.23	3.08	3.00	2.92	2.84	2.75	2.66	2.57
19	8.18	5.93	5.01	4.50	4.17	3.94	3.77	3.63	3.52	3.43	3.30	3.15	3.00	2.92	2.84	2.75	2.67	2.58	2.49

续表

n_2 \ n_1	1	2	3	4	5	6	7	8	9	10	12	15	20	24	30	40	60	120	∞
20	8.10	5.85	4.94	4.43	4.10	3.87	3.70	3.56	3.46	3.37	3.23	3.07	2.94	2.86	2.78	2.69	2.61	2.52	2.42
21	8.02	5.78	4.87	4.37	4.04	3.81	3.64	3.51	3.40	3.31	3.17	3.03	2.88	2.80	2.72	2.64	2.55	2.46	2.36
22	7.95	5.72	4.82	4.31	3.99	3.76	3.59	3.45	3.35	3.26	3.12	2.98	2.83	2.75	2.67	2.58	2.50	2.40	2.31
23	7.88	5.66	4.76	4.26	3.94	3.71	3.54	3.41	3.30	3.21	3.07	3.93	3.78	2.70	2.62	5.54	2.45	2.35	2.26
24	7.82	5.61	4.72	4.22	3.90	3.67	3.50	3.36	3.26	3.17	3.03	2.89	2.74	2.66	2.58	2.49	2.40	2.31	2.21
25	7.77	5.57	4.68	4.18	3.85	3.63	3.46	3.32	3.22	3.13	2.99	2.85	2.70	2.62	2.54	2.45	2.36	2.27	2.17
26	7.72	5.53	4.64	4.14	3.82	3.59	3.42	3.29	3.18	3.09	2.96	2.81	2.66	2.58	2.50	2.42	2.33	2.23	2.13
27	7.68	5.49	4.60	4.11	3.78	3.56	3.39	3.26	3.15	3.06	2.93	2.78	2.63	2.55	2.47	2.38	2.29	2.20	2.10
28	7.64	5.45	4.57	4.07	3.75	3.53	3.36	3.23	3.12	3.03	2.90	2.75	2.60	2.52	2.44	2.35	2.26	2.17	2.06
29	7.60	5.42	4.54	4.04	3.73	3.50	3.33	3.20	3.09	3.00	2.87	2.73	2.57	2.49	2.41	2.33	2.23	2.14	2.03
30	7.56	5.39	4.51	4.02	3.70	3.47	3.30	3.17	3.07	2.98	2.84	2.70	2.55	2.47	2.39	2.30	2.21	2.11	2.01
40	7.31	5.18	4.31	3.83	3.51	3.29	3.12	2.99	2.89	2.80	2.66	2.52	2.37	2.29	2.20	2.11	2.02	1.92	1.80
60	7.08	4.98	4.13	3.65	3.34	3.12	2.95	2.82	2.72	2.63	2.50	2.35	2.20	2.12	2.03	1.94	1.84	1.73	1.60
120	6.85	4.79	3.95	3.48	3.17	2.96	2.79	2.66	2.56	2.47	2.34	2.19	2.03	1.95	1.86	1.76	1.66	1.53	1.38
∞	6.63	4.61	3.78	3.32	3.02	2.80	2.64	2.51	2.41	2.32	2.18	2.04	1.88	1.79	1.70	1.59	1.47	1.32	1.00
$a=0.005$																			
1	16211	20000	21615	22500	23056	23437	23715	23925	24091	24224	24426	24630	24836	24940	25044	25148	25253	25359	25465
2	198.5	199.0	199.2	199.2	199.3	199.3	199.4	199.4	199.4	199.4	199.4	199.4	199.4	199.5	199.5	199.5	199.5	199.5	199.5
3	55.55	49.80	47.47	46.19	15.39	44.84	44.43	44.13	43.88	43.69	43.39	43.08	42.78	42.62	42.47	42.31	42.15	41.99	41.83
4	31.33	26.28	24.26	23.15	22.46	21.97	21.62	21.35	21.14	20.97	20.70	20.44	20.17	20.03	19.89	19.75	19.61	19.47	19.32
5	22.78	18.31	16.53	15.56	14.94	14.51	14.20	13.96	13.77	13.62	13.38	13.15	12.90	12.78	12.66	12.53	12.40	12.27	12.14
6	18.63	14.54	12.92	12.03	11.46	11.07	10.79	10.57	10.39	10.25	10.03	9.81	9.59	9.47	9.36	9.24	9.12	9.00	8.88

续表

n_2 \ n_1	1	2	3	4	5	6	7	8	9	10	12	15	20	24	30	40	60	120	∞
7	16.24	12.40	10.88	10.05	9.52	9.16	8.89	8.68	8.51	8.38	8.18	7.97	7.75	7.65	7.53	7.42	7.31	7.19	7.08
8	14.69	11.04	9.60	8.81	8.30	7.95	7.69	7.50	7.34	7.21	7.01	6.81	6.61	6.50	6.40	6.29	6.18	6.06	5.95
9	13.61	10.11	8.72	7.96	7.47	7.13	6.88	6.69	6.54	6.42	6.23	6.03	5.83	5.73	5.62	5.52	5.41	5.30	5.19
10	12.83	9.43	8.08	7.34	6.87	6.54	6.30	6.12	5.97	5.85	5.66	5.47	5.27	5.17	5.07	4.97	4.86	4.75	4.64
11	12.23	8.91	7.60	6.88	6.42	6.10	5.86	5.68	5.54	5.42	5.24	5.05	4.86	4.76	4.65	4.55	4.44	4.34	4.23
12	11.75	8.51	7.23	6.52	6.07	5.76	5.52	5.35	5.20	5.09	4.91	4.72	4.53	4.43	4.33	4.23	4.12	4.01	3.90
13	11.37	8.19	6.93	6.23	5.79	5.48	5.25	5.08	4.94	4.82	4.64	4.46	4.27	4.17	4.07	3.97	3.87	3.76	3.65
14	11.06	7.92	6.68	6.00	5.56	5.26	5.03	4.86	4.72	4.60	4.43	4.25	4.06	3.96	3.86	3.76	3.66	3.55	3.44
15	10.80	7.70	6.48	5.80	5.37	5.07	4.85	4.67	4.54	4.42	4.25	4.07	3.88	3.79	3.69	3.58	3.48	3.37	3.26
16	10.58	7.51	6.30	5.64	5.21	4.91	4.69	4.52	4.38	4.27	4.10	3.92	3.73	3.64	3.54	3.44	3.33	3.22	3.11
17	10.38	7.35	6.16	5.50	5.07	4.78	4.56	4.39	4.25	4.14	3.97	3.79	3.61	3.51	3.41	3.31	3.21	3.10	2.98
18	10.22	7.21	6.03	5.37	4.96	4.66	4.44	4.28	4.14	4.03	3.86	3.66	3.50	3.40	3.30	3.20	3.10	2.99	2.87
19	10.07	7.09	5.92	5.27	4.85	4.56	4.34	4.18	4.04	3.93	3.76	3.59	3.40	3.31	3.21	3.11	3.00	2.89	2.78
20	9.94	6.99	5.82	5.17	4.76	4.47	4.26	4.09	3.96	3.85	3.68	3.50	3.32	3.22	3.12	3.02	2.92	2.81	2.69
21	9.83	6.89	5.73	5.09	4.68	4.39	4.18	4.01	3.88	3.77	3.60	3.43	3.24	3.15	3.05	2.95	2.84	2.73	2.61
22	9.73	6.81	5.65	5.02	4.61	4.32	4.11	3.94	3.81	3.70	3.54	3.36	3.18	3.08	2.98	2.88	2.77	2.66	2.55
23	9.63	6.73	5.58	4.95	4.54	4.26	4.05	3.88	3.75	3.64	3.47	3.30	3.12	3.02	2.92	2.82	2.71	2.60	2.48
24	9.55	6.66	5.52	4.89	4.49	4.20	3.99	3.83	3.69	3.59	3.42	3.25	3.06	2.97	2.87	2.77	2.66	2.55	2.43
25	9.48	6.60	5.46	4.84	4.43	4.15	3.94	3.78	3.64	3.54	3.37	3.20	3.01	2.92	2.82	2.72	2.61	2.50	2.38
26	9.41	6.54	5.41	4.79	4.38	4.10	3.89	3.73	3.60	3.49	3.33	3.15	2.97	2.87	2.77	2.67	2.56	2.45	2.33
27	9.34	6.49	5.36	4.74	4.34	4.06	3.85	3.69	3.56	3.45	3.28	3.11	2.93	2.83	2.73	2.63	2.52	2.41	2.29
28	9.28	6.44	5.32	4.70	4.30	4.02	3.81	3.65	3.52	3.41	3.25	3.07	2.89	2.79	2.69	2.59	2.48	2.37	2.25
29	9.23	6.40	5.28	4.66	4.26	3.98	3.77	3.61	3.48	3.38	3.21	3.04	2.86	2.76	2.66	2.56	2.45	2.33	2.21

续表

n_2 \ n_1	1	2	3	4	5	6	7	8	9	10	12	15	20	24	30	40	60	120	∞
30	9.18	6.35	5.24	4.62	4.23	3.95	3.74	3.58	3.45	3.34	3.18	3.01	2.82	2.73	2.63	2.52	2.42	2.30	2.18
40	8.83	6.07	4.98	4.37	3.99	3.71	3.51	3.35	3.22	3.12	2.95	2.78	2.60	2.50	2.40	2.30	2.18	2.06	1.93
60	8.49	5.79	4.73	4.14	3.76	3.49	3.29	3.13	3.01	2.90	2.74	2.57	2.39	2.29	2.19	2.08	1.96	1.83	1.69
120	8.18	5.54	4.50	3.92	3.55	3.28	3.09	2.93	2.81	2.71	2.54	2.37	2.19	2.09	1.98	1.87	1.75	1.61	1.43
∞	7.88	5.30	4.28	3.72	3.35	3.09	2.90	2.74	2.62	2.52	2.36	2.19	2.00	1.90	1.79	1.67	1.53	1.36	1.00
$a=0.001$																			
1	4053†	5000†	5404†	5625†	5764†	5859†	5929†	5981†	6023†	6056†	6107†	6158†	6209†	6235†	6261†	6287†	6313†	6640†	6366†
2	998.5	999.0	999.2	999.2	999.3	999.3	999.4	999.4	999.4	999.4	999.4	999.4	999.4	999.5	999.5	999.5	999.5	999.5	999.5
3	167.0	148.5	141.1	137.1	134.6	132.8	131.6	130.6	129.9	129.2	128.3	127.4	126.4	125.9	125.4	125.0	124.5	124.0	123.5
4	74.14	61.25	56.18	53.44	51.71	50.53	49.66	49.00	48.47	48.05	47.41	46.76	46.10	45.77	45.43	45.09	44.75	44.40	44.05
5	47.18	37.12	33.20	31.09	29.75	28.84	28.16	27.64	27.24	26.92	26.42	25.91	25.39	25.14	24.87	24.60	24.33	24.06	23.79
6	35.51	27.00	23.70	21.92	20.81	20.03	19.46	19.03	18.69	18.41	17.99	17.56	17.12	16.89	16.67	16.44	16.21	15.99	15.75
7	29.25	21.69	18.77	17.19	16.21	15.52	15.02	14.63	14.33	14.08	13.71	13.32	12.93	12.73	12.53	12.33	12.12	11.91	11.70
8	25.42	18.49	15.83	14.39	13.49	12.86	12.40	12.04	11.77	11.54	11.19	10.84	10.48	10.30	10.11	9.92	9.73	9.53	9.33
9	22.86	16.39	13.90	12.56	11.71	11.13	10.70	10.37	10.11	9.89	9.57	9.24	8.90	8.72	8.55	8.37	8.19	8.00	7.81
10	21.04	14.91	12.55	11.28	10.48	9.92	9.52	9.20	8.96	8.75	8.45	8.13	7.80	7.64	7.47	7.30	7.12	6.94	6.76
11	19.69	13.81	11.56	10.35	9.58	9.05	8.66	8.35	8.12	7.92	7.63	7.32	7.01	6.85	6.68	6.52	6.35	6.17	6.00
12	18.64	12.97	10.80	9.63	8.89	8.38	8.00	7.71	7.48	7.29	7.00	6.71	6.40	6.25	6.09	5.93	5.76	5.59	5.42
13	17.81	12.31	10.21	9.07	8.35	7.86	7.49	7.21	6.98	6.80	6.52	6.23	5.93	5.78	5.63	5.47	5.30	5.14	4.97
14	17.14	11.78	9.73	8.62	7.92	7.43	7.08	6.80	6.58	6.40	6.13	5.85	5.56	5.41	5.25	5.10	4.94	4.77	4.60
15	16.59	11.34	9.34	8.25	7.57	7.09	6.74	6.47	6.26	6.08	5.81	5.54	5.25	5.10	4.95	4.80	4.64	4.47	4.31
16	16.12	10.97	9.00	7.94	7.27	6.81	6.46	6.19	5.98	5.81	5.55	5.27	4.99	4.85	4.70	4.54	4.39	4.23	4.06

续表

n_2 \ n_1	1	2	3	4	5	6	7	8	9	10	12	15	20	24	30	40	60	120	∞
17	15.72	10.66	8.73	7.68	7.02	7.56	6.22	5.96	5.75	5.58	5.32	5.05	4.78	4.63	4.48	4.33	4.18	4.02	3.85
18	15.38	10.39	8.49	7.46	6.81	6.35	6.02	5.76	5.56	5.39	5.13	4.87	4.59	4.45	4.30	4.15	4.00	3.84	3.67
19	15.08	10.16	8.28	7.26	6.62	6.18	5.85	5.59	5.39	5.22	4.97	4.70	4.43	4.29	4.14	3.99	3.84	3.68	5.51
20	14.82	9.95	8.10	7.10	6.46	6.02	5.69	5.44	5.24	5.08	4.82	4.56	4.29	4.15	4.00	3.86	3.70	3.54	3.38
21	14.59	9.77	7.94	6.95	6.32	5.88	5.56	5.31	5.11	4.95	4.70	4.44	4.17	4.03	3.88	3.74	3.58	3.42	3.26
22	14.38	9.61	7.80	6.81	6.19	5.76	5.44	5.19	4.99	4.83	4.58	4.33	4.06	3.92	3.78	3.63	3.48	3.32	3.15
23	14.19	9.47	7.67	6.69	6.08	5.65	5.33	5.09	4.89	4.73	4.48	4.23	3.96	3.82	3.68	3.53	3.38	3.22	3.05
24	14.03	9.34	7.55	6.59	5.98	5.55	5.23	4.99	4.80	4.64	4.39	4.14	3.87	3.74	3.59	3.45	3.29	3.14	2.97
25	13.88	9.22	7.45	6.49	5.88	5.46	5.15	4.91	4.71	4.56	4.31	4.06	3.79	3.66	3.52	3.37	3.22	3.06	2.89
26	13.74	9.12	7.36	6.41	5.80	5.38	5.07	4.83	4.64	4.48	4.24	3.99	3.72	3.59	3.44	3.30	3.15	2.99	2.82
27	13.61	9.02	7.27	6.33	5.73	5.31	5.00	4.76	4.57	4.41	4.17	3.92	3.66	3.52	3.38	3.23	3.08	2.92	2.75
28	13.50	8.93	7.19	6.25	5.66	5.24	4.93	4.69	4.50	4.35	4.11	3.86	3.60	3.46	3.32	3.18	3.02	2.86	2.69
29	13.39	8.85	7.12	6.19	5.59	5.18	4.87	4.64	4.45	4.29	4.05	3.80	3.54	3.41	3.27	3.12	2.97	2.81	2.64
30	13.29	8.77	7.05	6.12	5.53	5.12	4.82	4.58	4.39	4.24	4.00	3.75	3.49	3.36	3.22	3.07	2.92	2.76	2.59
40	12.61	8.25	6.60	5.70	5.13	4.73	4.44	4.21	4.02	3.87	3.64	3.40	3.15	3.01	2.87	2.73	2.57	2.41	2.23
60	11.97	7.76	6.17	5.31	4.76	4.37	4.09	3.87	3.69	3.54	3.31	3.08	2.83	2.69	2.55	2.41	2.25	2.08	1.89
120	11.38	7.32	5.79	4.95	4.42	4.04	3.77	3.55	3.38	3.24	3.02	2.78	2.53	2.40	2.26	2.11	1.95	1.76	1.54
∞	10.83	6.91	5.42	4.62	4.10	3.74	3.47	3.27	3.10	2.96	2.74	2.51	2.27	2.13	1.99	1.84	1.66	1.45	1.00

† 表示要将所列数乘以 100

附表 7 均值的 t 检验的样本容量

单边检验	显著性水平 $a=0.005$					$a=0.01$					$a=0.025$					$a=0.05$					
双边检验	$a=0.01$					$a=0.02$					$a=0.05$					$a=0.1$					
β	0.01	0.05	0.1	0.2	0.5	0.01	0.05	0.1	0.2	0.5	0.01	0.05	0.1	0.2	0.5	0.01	0.05	0.1	0.2	0.5	
$\Delta=\frac{\lvert\mu_1-\mu_0\rvert}{\sigma}$ 0.05																					0.05
0.10																					0.10
0.15																				122	0.15
0.20										139					99					70	0.20
0.25					110					90				128	64			139	101	45	0.25
0.30				134	78				115	63			119	90	45		122	97	71	32	0.30
0.35			125	99	58			109	85	47		109	88	67	34		90	72	52	24	0.35
0.40		115	97	77	45		101	85	66	37	117	84	68	51	26	101	70	55	40	19	0.40
0.45		92	77	62	37	10	81	68	53	30	93	67	54	41	21	80	55	44	33	15	0.45
0.50	100	75	63	51	30	190	66	55	43	25	76	54	44	34	18	65	45	36	27	13	0.50
0.55	83	63	53	42	26	75	55	46	36	21	63	45	37	28	15	54	38	30	22	11	0.55
0.60	71	53	45	36	22	63	47	39	31	18	53	38	32	24	13	46	32	26	19	9	0.60
0.65	61	46	39	31	20	55	41	34	27	16	46	33	27	21	12	39	28	22	17	8	0.65
0.70	53	40	34	28	17	47	35	30	24	14	40	29	24	19	10	34	24	19	15	8	0.70
0.75	47	36	30	25	16	42	31	27	21	13	35	26	21	16	9	30	21	17	13	7	0.75
0.80	41	32	27	22	14	37	28	24	19	12	31	22	19	15	9	27	19	15	12	6	0.80
0.85	37	29	24	20	13	33	25	21	17	11	28	21	17	13	8	24	17	14	11	6	0.85

续表

单边检验 双边检验 β	显著性水平																				
	$a=0.005$ $a=0.01$					$a=0.01$ $a=0.02$					$a=0.025$ $a=0.05$					$a=0.05$ $a=0.1$					
	0.01	0.05	0.1	0.2	0.5	0.01	0.05	0.1	0.2	0.5	0.01	0.05	0.1	0.2	0.5	0.01	0.05	0.1	0.2	0.5	
0.90	34	26	22	18	12	29	23	19	16	10	25	19	16	12	7	21	15	13	10	5	0.90
0.95	31	24	20	17	11	27	21	18	14	9	23	17	14	11	7	19	14	11	9	5	0.95
1.00	28	22	19	16	10	25	19	16	13	9	21	16	13	10	6	18	13	11	8	5	1.00
1.1	24	19	16	14	9	21	16	14	12	8	18	13	11	9	6	15	11	9	7		1.1
1.2	21	16	14	12	8	18	14	12	10	7	15	12	10	8	5	13	10	8	6		1.2
1.3	18	15	13	11	8	16	13	11	9	6	14	10	9	7		11	8	7	6		1.3
1.4	16	13	12	10	7	14	11	10	9	6	12	9	8	7		10	8	7	5		1.4
1.5	15	12	11	9	7	13	10	9	8	6	11	8	7	6		9	7	6			1.5
1.6	13	11	10	8	6	12	10	9	7	5	10	8	7	6		8	6	6			1.6
1.7	12	10	9	8	6	11	9	8	7		9	7	6	5		8	6	5			1.7
1.8	12	10	9	8	6	10	8	7	7		8	7	6			7	6				1.8
1.9	11	9	8	7	6	10	8	7	6		8	6	6			7	5				1.9
2.0	10	8	8	7	5	9	7	7	6		7	6	5			6					2.0
2.1	10	8	7	7		8	7	6	6		7	6				6					2.1
2.2	9	8	7	6		8	7	6	5		7	6				6					2.2
2.3	9	7	7	6		8	6	6			6	5				5					2.3
2.4	8	7	7	6		7	6	6			6										2.4
2.5	8	7	6	6		7	6	6			6										2.5
3.0	7	6	6	5		6	5	5			5										3.0
3.5	6	5	5			5															3.5
4.0	6																				4.0

教学支持说明

科学出版社高等教育出版中心为了对教师的教学提供支持，特对教师免费提供本教材的电子课件，以方便教师教学。

获取电子课件的教师需要填写如下情况的调查表，以确保本电子课件仅为任课教师获得，并保证只能用于教学，不得复制传播用于商业用途。否则，科学出版社保留诉诸法律的权利。

地址：北京市东黄城根北街 16 号，100717

科学出版社　高等教育出版中心　数理出版分社 姚莉丽 （收）

电话：010-64034635　　传真：010-64034725

E-mail：yaolili@mail.sciencep.com

（登陆科学出版社网站：www.sciencep.com“教材天地”栏目可下载本表。）

请将本证明签字盖章后，传真或者邮寄到我社，我们确认销售记录后立即赠送。

如果您对本书有任何意见和建议，也欢迎您告诉我们。意见经采纳，我们将赠送书目，教师可以免费赠书一本。

证　明

兹证明__________大学 __________学院/_____系第____学年☐上/☐下学期开设的课程，采用科学出版社出版的____________/__________（书名/作者）作为上课教材。任课老师为________共_____人，学生___个班共___人。

任课教师需要与本教材配套的电子课件。

电　话：______________________________

传　真：______________________________

E-mail：______________________________

地　址：______________________________

邮　编：________________

院长/系主任：__________　（签字）

（盖章）

_____年____月____日